SHENGZHU YANGZHI TIKANG ZHINAN

生猪养殖替抗指南

印遇龙　黄瑞华/主编

中国农业出版社
农村设备出版社
北　京

主　　编：印遇龙　黄瑞华
副 主 编：李铁军　牛培培　邓近平　刘莹莹　汪以真
编写人员（按姓氏笔画排序）：
王海峰　牛培培　邓近平　邓雨修　印遇龙
任慧波　刘莹莹　李平华　李铁军　吴买生
汪以真　沈　璐　黄瑞华　彭英林　董永毅
谭会泽　潘雨来

序 PREFACE

饲用促生长抗生素，简称饲用抗生素，指添加于饲料中既能促生长又有预防动物疾病用途的抗生素。饲用抗生素大量使用，造成耐药基因传递，严重危害人体健康。农业农村部已发布规定，从2021年1月1日开始禁止在饲料中使用抗生素促生长剂。饲料禁抗，畜禽抗炎抗病力和生产效率显著下降、生产成本显著上升。随着众多替抗产品、技术的深入研究，饲料行业会迎来新一轮的科技创新，生猪养殖也将步入新的发展阶段。

饲用抗生素禁用后，综合应对策略既包括建立动物福利与环境友好的养殖体系，还包括无抗饲料配方和开发新型的抗生素替代品。而理想的替抗产品应具备如下特征：一是自身无毒副作用，且无体内（有害）残留；二是不产生环境污染和细菌耐药性；三是在饲料和消化道中稳定；四是对正常菌群无害，且可杀灭致病菌；五是提高动物免疫力及生产性能；六是不增加成本。目前，随着饲用抗生素替代产品研究的不断发展，市场上替代抗生素的产品出现品种、功能的多样化，在促进畜禽生长与健康、改善畜产品品质等方面具有一定功效。在畜禽养殖中，主要的抗生素替代物有益生菌、抗菌肽、酶制剂、多糖和植物提取物等，但目前尚未出现一款替代产品可以真正取代之前抗生素的地位。因此，当前迫切需要开发上述饲用抗生素替代产品。同时，还需要加强饲养管理，从饲料营养、环境舒适度、生物安全防控等方面入手，在提高动物自身免疫力的同时，外防病原输入，减少动物疾病发生，保障动物健康，从而提高生产性能，确保中国生猪养殖行业的快速稳定发展。

目前，生猪养殖抗生素替代研究依然是全球范围内猪营养学研究中最热门的领域之一。近年来，由印遇龙院士带领的中国科学院亚热带农业生态研究所畜禽健康养殖研究中心与国内外顶尖研究团队合作，在“饲料替抗”和“养殖减抗”两方面积累了扎实的技术基础和理论基础，提出了一系列关于生猪替抗方面的新理论、新技术和新产品。印遇龙院士团队提出，日粮营养配方调整和营养性功能性添加剂的选用是“饲料替抗”的技术核心。日粮营养配方的调整主要集中在降低日粮蛋白质水平，充分考虑纤维、碳水化合物营养，兼顾微量元素、维生素和电解质营养平衡等。营养性功能性添加剂的研发与应用主要是以改善畜禽胃肠道功能、增强机体抗菌免疫作用、提高养分消化吸收能力、促进畜禽生长为目的，综合利用微生态制剂、植物提取物、酶制剂、酸化剂、生物活性肽等抗生素替代品。而在“养殖减抗”实践方面，印遇龙院士团队提出了在控制好饲料原料质量、配备合理的饲料营养策略、选择合适的替抗产品以外，还需要做好生物安全防控、打造舒适的养殖环境、制定科学的管理体系，以及不断提高从业人员的技术水平和整体素质等综合措施。只有在“饲料替抗”和“养殖减抗”两方面协同发力、统筹兼顾，把替抗作为一个系统工程去推动，才能最终实现生猪养殖减抗乃至无抗的成功。

鉴于中国目前在生猪养殖替抗方面还没有一本系统和高质量的参考书，印遇龙院士组织国内外动物科学和相关领域的科研人员或核心研发人员，根据作者的研究成果和经验，并总结国内外近20年来生猪替抗研究领域的最新成果，历经9个月夜以继日的不懈努力，终于编写成了《生猪养殖替抗指南》一书。《生猪养殖替抗指南》的主要内容有七大板块：首先，概述了生猪养殖替抗的产业需求（第一章）和现实挑战（第二章）；其次，进一步介绍了条件保障（第三章）；为了将生猪养殖的基本知识应用到实际生产中，进一步提出了生猪养殖替抗的营养方案（第四章）、实操策略（第五章）和监管体系（第六章）；最后，讨论了生猪养殖替抗应用案例（第七章），用实际的案例向读者更通俗易懂地介绍生猪养殖替抗领域的发展。本书内容丰富、数据翔实、资料全面、学术水平深厚，真正将生猪养殖替抗的理论与行业生产实际结合在一起。因此，本书是一本对于中国生猪养殖替抗行业具有指导意义的新著作，也必将推动我国生猪养殖行业研究在禁抗时代走向世界前沿。

我与印遇龙院士是多年的好朋友，承蒙印院士的重托和信任，自己首先阅读了这部书稿，深受启发和触动。于是，当印院士问我是否可以为这本书作序的时候，我毫不犹豫地答应了。这本书饱含着印院士以及各位编者的心血，凝聚着畜牧行业科学家的智慧，是他们对生猪养殖替抗研究的用心思考和丰硕成果。本书出版的目的既是希望能够提升生猪养殖替抗研究和教学水平，也是为有志于从事生猪养殖替抗研究的科研人员提供一本高质量的参考读物，同时对饲料禁抗提供导向性作用。本人真心祝愿此书的出版能够实现这一目的，同时能够促进中国生猪养殖替抗研究的人才培养，真正使中国生猪养殖替抗的研究迈向国际、走向世界。

中国工程院院士
中国农业大学教授　李德发

2022年9月14日

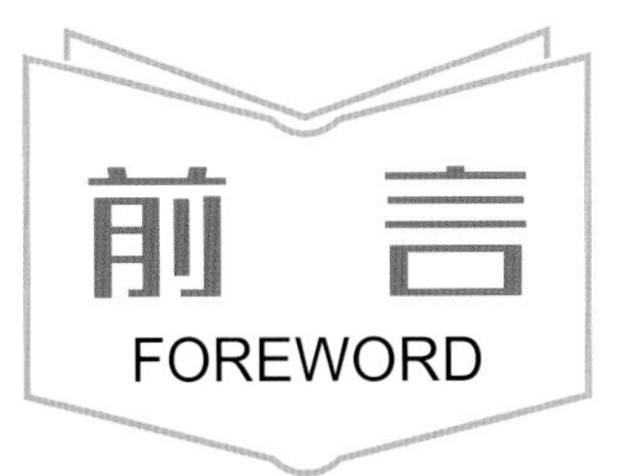

按照农业农村部2019年发布的第194号公告之规定，自2020年1月1日起，退出除中药外的所有促生长类药物饲料添加剂品种；自2020年7月1日起，饲料生产企业停止生产含有促生长类药物饲料添加剂（中药类除外）的商品饲料。我国实施“饲料禁抗”政策后，生猪养殖与国外一样，出现了生产水平下降、仔猪腹泻率和死亡率增加，营养等因素引起的仔猪腹泻也逐渐凸显。由于生物安全防疫和防治用抗生素用量增加导致养殖成本提高等问题，给我国生猪养殖稳产保供带来新的严峻挑战。

为此，在中国工程院院士印遇龙的倡导下，来自全国教学、科研、推广和企业等单位的一批志同道合的畜牧兽医工作者们，一边抗疫一边写作，笔耕不辍，历经9个月的策划、起草、讨论、修改和完善，从大纲的起草到“无抗”“减抗”“替抗”概念与内涵的比较，从《生猪养殖替抗指南》书名的确定到内容架构的多轮次、多形式、多范围的讨论与规范，从各章节负责人的确定到写作班子的遴选、组建与分工，从初稿的格式要求、遣词造句到出版社编审的亲自培训和初步审定，从敲定大纲到各章主要内容的起草、反复讨论与修改，再到指定审稿与出版社责任编辑把关……

为了保障书稿能够正常出版，主编印遇龙院士参与到每章的讨论，参与到行业著名专家和特色替抗产品研发企业的邀请，并参与了出版经费的筹集。中国农业出版社标准质量出版分社刘伟社长也提前介入写作环节，指导写作、润色与修改，从而保障了编写进度和书稿质量。

本书不仅从生猪养殖替抗的产业需求、现实挑战、条件保障、营养方案、实操策略、监管体系等方面进行了编撰，系统阐述了生猪养殖替抗的来龙去脉、面临的困境、相应的前提要求、具体的实操策略以及监管体系，而且将营养方案独立出来，让读者明晰营养方案其实是养殖替抗中的重要一环。同时，本书还收集了大量的来自一线的已经产生实际效应的应用案例，使读者不仅能够获得养殖替抗的理论常识，还能对号入座找到适宜的应用指南。

本书的成功编撰与出版，得益于中国科学院前沿科学重点研究计划项目（仔猪营养性腹泻的分子机制与干预修复，QYZDY-SSW-SMC008）、国家自然科学基金重点基金（仔猪肠道氧化应激损伤发生的分子机制及营养调控，32130099）、天津市合成生物技术创新能力提升行动（猪低蛋白日粮添加功能性氨基酸研发及应用，TSBICIP-CXRC-038）、国家生猪技术创新中心先导项目（粪污资源化利用创新团队基本建设项目）、财政部和农业农村部：国家现代农业产业技术体系资助（CARS-35）和云南省生猪产业提质增效关键技术研究（202202AE090032）等项目的研究成果和支持，得益于湖南宝东农牧科技股份有限公司、山东亚太海华生物科技有限公司、湖北浩华生物技术有限公司、广东海纳川生物科技股份有限公司、禹州市合同泰药业有限公司、广东驱动力生物科技股份有限公司、湖南普菲克生物科技有限公司、山东祥维斯生物科技股份有限公司、湖南诺泽生物科技有限公司、湖南乾坤生物科技有限公司、吉林省无抗养殖技术协会、湖南省林业科学院、四川合泰新光生物科技有限公司的解囊相助，在此一并致谢！

本书为了体现团队每一位付出者的劳动价值，不仅有全书的主编、副主编与编者队伍，还设计了每个章节的主编、副主编与编者队伍，特此说明。

由于时间仓促和水平受限，本书所有编者也都竭尽所能，但考虑不周之处、内容不适之处、描述不当之处甚至数据出错之处，等等谬误都在所难免，恳请各位读者帮助指正，以便后续修正、日臻完善。

编　者

2022年10月于长沙

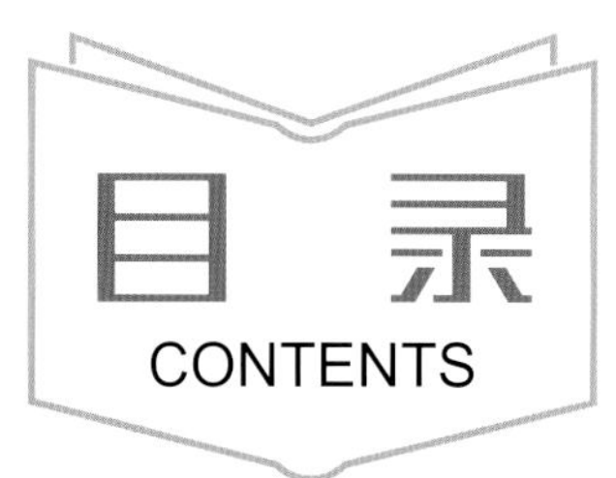
目 录
CONTENTS

第一章
产业需求

主　　编：印遇龙

副 主 编：汪以真　邓近平

编写人员（按姓氏笔画排序）：

王凤芹　邓百川　邓近平　印遇龙　汪以真

黄　鹏　黄兴国　靳明亮　路则庆

审稿人员：黄瑞华

内 容 概 要

本章系统梳理了生猪养殖替抗的产业需求，详细介绍了抗生素的发展历程与作用、促生长类饲用抗生素的历史与贡献、抗生素的副作用及潜在危害；回顾了国内外饲料的禁抗历程，并针对我国生猪养殖的现状，凝练了替抗的目的与意义、内涵与实践、现状与趋势，为生猪行业的健康发展提供借鉴和指导作用。

一、抗生素的发展历程与作用

抗生素的发现是20世纪科学技术史上最伟大的成就之一。抗生素不仅作为抗感染药物拯救了千万人的生命，也作为生长促进剂广泛应用于生猪养殖业。但是，伴随着细菌耐药性等诸多问题的产生，生猪养殖过程中促生长类抗生素的禁用已成必然。本章主要回顾了抗生素及其促生长作用的发展历史，总结了抗生素滥用潜在的危害和国内外饲料禁抗的历程，对了解生猪养殖产业禁抗的意义和“替抗”的需求提供参考。

（一）抗生素的发展历程

1.前抗生素时代——从细菌到青霉素 细菌是地球上历史最悠久的生命之一，从原始社会到农业文明，从工业文明到生态文明，在整个人类社会发展历程中都存在它们的身影。在人类以采集、游牧与狩猎为生的时代，由于人口密度低，零星的细菌感染无法造成大面积的传染；而随着部落、村庄与城镇的出现，人口密集程度增加，细菌则以人群聚集地为温床，有了广泛传播的可能，严重的就会发展成瘟疫。人类一旦被细菌感染，轻则伤口不愈，重则因全身溃烂而死。早在公元前430年前后，持续了4年的雅典大瘟疫掠走了半数希腊人的生命，近乎摧毁了希腊城邦。这些令人望而生畏的罪魁祸首，被人类视为“魔鬼作祟”或者“上天惩罚”。

在对感染途径、疫病防治、抗生素和疫苗接种等一无所知的日子里，人类饱受梅毒、天花、疟疾、斑疹伤寒、黄热病、麻风病、肺结核、流感、霍乱和瘟疫的危害。以鼠疫为例，鼠疫是由鼠疫耶尔森菌引起的，该菌是为了纪念其发现者亚历山大·埃米尔·耶尔森（Alexandre Émile Yersin）而命名。耶尔森是第一个从解剖的淋巴结中分离出瘟疫病原体的人。总体而言，鼠疫杆菌在历史上至少造成了3场大流行，即导致近1亿人死亡的查士丁尼瘟疫、14世纪导致欧洲数千万人死亡的“黑死病”，以及1895—1930年暴发造成约1 200万人受害的印度瘟疫。

因为细菌是微小的单细胞生物，用肉眼无法观测，人们也一直困扰于这些看不见的威胁。直到1683年，荷兰科学家安东尼·列文虎克（Antony van Leeuwenhoek）在自己设计的显微镜下第一次观察到微生物，人们才开始怀疑，这些微生物可能是疾病与瘟疫的源头。此后几百年，越来越多的医生或者研究人员把传染性疾病与微生物直接或间接地联系在一起，并把它们称之为“细菌”。

在17世纪，英国药剂师约翰·帕金森（John Parkinson）发现了霉菌的治疗效果。在他的著作《植物剧场》（*Theatrum Botanicum*）中建议使用这些微生物来治疗感染。此后约200年，在“感染研究”方面没有取得重大进展。直到19世纪，越来越多的科学家和医生对具有抗菌活性的霉菌产生了兴趣。生于德国的奥地利外科医生西奥多·比尔罗斯（Theodor Billroth）对细菌培养物和霉菌进行了实验，并研究它们在伤口治疗中的作用。他偶然发现，当青霉菌出现在培养基中，细菌则无法生长。于是他认为，青霉菌改变了培养基的环境进而不利于细菌生长，但无法得出准确的结论。此外，比尔罗斯还试图寻找脓毒症的病因。他研究了脓毒症病人血液中的细菌，并描述了“败血球菌”，后来称为葡萄球菌和链球菌。1870年，英国生理学家约翰·斯科特·伯登-桑德森（John Scott Burdon-Sanderson）爵士也提到培养基上覆盖霉菌培养液会抑制细菌生长。1875年，另一位英国医生约翰·廷德尔（John Tyndall）用暴露在空气中的肉汤培养基进行了污染实验以研究空气中细菌的污染，他发现，在装有青霉菌的试管中无法观察到细菌生长。廷德尔得出结论，霉菌对细菌的生长有抑制作用，当霉菌又厚又黏稠时，细菌就会休眠或死亡并沉积到底部。同时，他也观察到，青霉菌能够抑制从空气进入试管中细菌的生长。几年后，英国外科医生约瑟夫·李斯特（Joseph Lister）也推测细菌与感染有关，他通过使用化学防腐剂（如苯酚）来杀死手术设备和伤口上的细菌，率先开发了防腐手术。

在19世纪下半叶，科学家们面临两个主要问题：一是细菌如何产生；二是传染病的本质是什么。根据非生物发生理论，可以通过显微镜在腐烂的样本中观察到大量细菌，但不能从新鲜食物中观察到。非生物发生的支持者一致认为，空气是微生物发育所必需的，但他们无法解释根本原因。法国化学家路易斯·巴斯德（Louis Pasteur）明确驳斥了这个神话。他进行了实验以证明没有污染，微生物是不可能生长的；在无菌肉汤中，微生物不能自发生长，只有在接触空气后才能生长。他进一步发现，暴露于空气的肉汤中大量生长的相同微生物也存在于空气中。1880年，巴斯德成功研制出鸡霍乱疫苗、狂犬病疫苗等多种疫苗，其理论和免疫法引起了医学实践的重大变革，其被视为细菌学之祖，由其发明的巴氏消毒法直至现在仍被广泛应用。从此，整个医学迈进了细菌学时代，得到了空前的发展。

对于“传染病的本质”的问题，罗伯特·科赫（Robert Koch）是第一个成功证明细菌是传染病本质的人，他首次发现了炭疽杆菌与炭疽之间的相关性。后来在1877年，他的同事巴斯德观察到炭疽杆菌的培养物在被霉菌污染时会受到抑制。科赫的突出贡献包括开发用于细菌培养和分离的固体培养基、显微照相术以及1876年发现的炭疽芽孢杆菌孢子。他阐明了炭疽感染链，并提出了4个标准来建立特定微生物与疾病之间的因果关系（Henle-Koch假设），这些标准至今仍然有效。至此，细菌作为疾病病原体被确定。

在20世纪初之前，感染的治疗主要基于民间传说。2 000多年前，人们就发现了用于治疗感染的具有抗菌特性的混合物。许多古文明，如在古埃及和古希腊，人们使用特定的霉菌和植物材料来治疗感染，而研究者也在努比亚木乃伊中检测到四环素。而现代医学中使用的抗生素来自染料。19世纪80年代后期，德国科学家保罗·埃尔利希（Paul Ehrlich）开始了合成抗生素作为抗菌药物的开发。埃尔利希指出，某些染料会使细胞或细菌着色，而其他染料则不会。他提出了一个想法，即有可能创造出一种化学物质，作为一种选择性药物结合并杀死细菌而不伤害人类宿主。在筛选了数百种针对各种生物的染料后，1907年，他发现了一种药物，即第一种合成的抗菌有机砷化合物Salvarsan，称为砷凡纳明。他也因此于1908年获得了诺贝尔生理学或医学奖，这预示着抗菌治疗时代的开始。保罗·埃尔利希试验了从染料中提取的各种化学物质来治疗小鼠锥虫病和兔螺旋体感染。这些早期化合物毒性太大，但保罗·埃尔利希和日本细菌学家秦佐八郎（Sahachiro Hata）一起攻克了这个问题，在他们的系列试验中使用第606种化合物取得了成功。1910年，保罗·埃尔利希和秦佐八郎在威斯巴登的内科医学大会上宣布了他们的发现，他们称之为药物“606”。赫斯特公司（Hoechst AG）于1910年底开始销售砷凡纳明这种化合物，该药在20世纪上半叶被用于治疗梅毒。1932年，由格哈德·多马克（Gerhard Domagk）领导的研究小组在德国法本集团（I.G. Farben AG）的拜耳（Bayer）实验室开发出第一种磺胺类药物和第一种全身活性抗菌药物百浪多息（Prontosil），由此格哈德·多马克获得了1939年的诺贝尔生理学或医学奖。百浪多息对革兰氏阳性球菌有相对广泛的作用，但对革兰氏阴性肠杆菌则没有影响。这种磺胺类药物的发现和开发开启了抗菌药物的时代。

1928年9月28日，英国伦敦大学圣玛莉医学院（即现在的伦敦帝国理工学院）细菌学家亚历山大·弗莱明（Alexander Fleming）在实验楼的地下室无意间发现，他没有加盖子的培养平板上长出了一种蓝绿色的霉菌，而在这些蓝绿色霉菌孢子的周围，没有细菌能靠近孢子生长，出现了明显的无菌环界限。弗莱明敏锐地发觉这个霉菌孢子肯定存在一种能抑制细菌生长的化学物质，他将其称之为“青霉素”。这个偶然发现引起了一些细菌学家的关注，但受到生产以及提取技术的阻碍，弗莱明的研究也一度中断。直到1938年，青霉素被英国牛津大学的霍华德·弗洛里（Howard Florey）、恩斯特·伯利斯·钱恩（Ernst Boris Chain）和诺曼·希特利（Norman Heatley）领导的团队成功地提取，这才使这一跨时代的药物得以造福人类。由此，弗莱明、钱恩和弗洛里共同获得了1945年诺贝尔生理学或医学奖，这标志着抗生素发现进入黄金时代。

2.抗生素发现的黄金时代——从β-内酰胺类抗生素到喹诺酮类药物　在青霉素发现后，一些以青霉素特征骨架设计的新抗生素快速发展。青霉素及其衍生物属于β-内酰胺类抗生素，还包括头孢菌素类、碳青霉烯类和单环内酰胺类。该基团的特征是分子结构内的β-内酰胺环，大多数β-内酰胺类抗生素是细胞壁生物合成的有效抑制剂。第一种β-内酰胺类抗生素青霉素G主要对革兰氏阳性菌有效，因为这种药物不能渗透大多数革兰氏阴性菌的细胞壁。随后开发的半合成青霉素（甲氧西林、苯唑西林、氨苄西林、羧苄西林）显示出广谱活性，并且还抑制几种革兰氏阴性病原体。许多细菌，如葡萄球菌或大肠杆菌，能够产生破坏β-内酰胺环并使抗生素失效的酶——β-内酰胺酶（Privalsky T M et al.，2021）。

1939年，微生物学家勒内·J.杜博斯（René J. Dubos）从土壤中的短芽孢杆菌中分离出短杆菌素，其为一种线性和环状多肽抗生素的混合物。他发现，短杆菌素分解了肺炎球菌的荚膜，而肺炎球菌是从19世纪末至今导致肺炎的主要原因。除了亲脂性短杆菌肽A、亲脂性短杆菌肽B和亲脂性短杆菌肽C之外，短杆菌素的主要成分是碱性的短杆菌酪肽。短杆菌素是第一种市售抗生素，但目前的应用仅限于皮肤感染以及口腔和咽部感染。

前期抗微生物剂主要是通过筛选化学物质库发现的合成分子，如上文提到的磺胺类药物砷凡纳明，这种筛选库逐渐被环境中的细菌和真菌产生的代谢物所取代。这些代谢物可以治疗细菌感染，且具有显著的疗效和较小的毒副作用。1942年发现链霉素的土壤学家塞尔曼·威克斯曼（Selman Waksman）采用的策略包括筛选土壤中的细菌，特别是产孢放线菌，并分析其中阻止病原体生长的代谢物，威克斯曼也将这一类化合物称之为抗生素（Antibiotics）。这个名词很快被学术界接受，他也凭此获得了1952年诺贝尔生理学或医学奖。链霉素也是第一个用于治疗的抗结核药物。此外，它还展现出对青霉素无法治愈的其他几种疾病的活性。链霉素是此后一系列氨基糖苷类抗生素的鼻祖（如卡那霉素和庆大霉素）。直到今天，在筛选的各种微生物中，链霉菌仍然是最重要的天然抗生素生产者，生产大约2/3的已知抗生素（Lewis K，2013）。

发现链霉素的过程后来被称为威克斯曼（Waksman）平台。该平台还规定了后续药物研发的衡量标准，特别是使用体外细胞生长抑制和最小抑制浓度（Minimum Inhibitory Concentration, MIC）来衡量活性。该平台的简单性和有效性迎来了抗生素发现的黄金时代，在这个时期，大多数微生物天然骨架被发现。表1-1是黄金时代的抗生素、上市及发现耐药性的年份，以及它们的抗菌谱和作用机制（Brown E D et al.，2016）。

表1-1　抗生素的发现、作用机制与抗菌谱

抗生素类：例子	发现年份	上市年份	发现耐药性年份	作用机制	抗菌谱
磺胺类：质子素	1932	1936	1942	抑制二氢蝶酸合成酶	革兰氏阳性菌
β-内酰胺：青霉素	1928	1938	1945	抑制细胞壁生物合成	广谱
氨基糖苷类：链霉素	1943	1946	1946	30S核糖体亚基的结合	广谱
氯霉素：氯霉素	1946	1948	1950	50S核糖体亚基的结合	广谱
大环内酯类：红霉素	1948	1951	1955	50S核糖体亚基的结合	广谱
四环素类：金霉素	1944	1952	1950	30S核糖体亚基的结合	广谱

（续）

抗生素类：例子	发现年份	上市年份	发现耐药性年份	作用机制	抗菌谱
利福霉素：利福平	1957	1958	1962	RNA聚合酶β亚基的结合	革兰氏阳性菌
糖肽：万古霉素	1953	1958	1960	抑制细胞壁生物合成	革兰氏阳性菌
喹诺酮类药物：环丙沙星	1961	1968	1968	抑制DNA合成	广谱
链霉素：链霉素B	1963	1998	1964	50S核糖体亚基的结合	革兰氏阳性菌
噁唑烷酮类：利奈唑胺	1955	2000	2001	50S核糖体亚基的结合	革兰氏阳性菌
脂肽：达托霉素	1986	2003	1987	细胞膜去极化	革兰氏阳性菌
非达霉素	1948	2011	1977	RNA聚合酶的抑制	革兰氏阳性菌
二芳基喹啉：贝达喹啉	1997	2012	2006	F1FO-ATP酶的抑制	窄谱活性

在抗生素黄金时代的末期，喹诺酮类抗生素是最重要的一类抗感染药物。它最具代表性的产品是广谱氟喹诺酮环丙沙星，其具有与众不同的抗菌机制，通过抑制细菌酶DNA旋转酶（拓扑异构酶Ⅱ）起到杀菌作用。DNA促旋酶催化DNA拓扑结构的变化，可以相互转换松弛和超螺旋形式，引入和去除链烷和分子结。因此，这些酶对于所有细菌的生存都是必不可少的，但在高等真核生物中并不存在，这使得它们成为抗生素的明星靶标。相关机制被发现后，氟喹诺酮类药物成为对抗细菌感染的主要药物之一。迄今为止，人们已合成了10 000多种喹诺酮类药物。与其他抗生素类别相比，喹诺酮类药物的耐药性起初发展缓慢，归功于喹诺酮类药物作用于两个不同的靶点，即DNA促旋酶和拓扑异构酶Ⅳ。然而，由于这些酶的修饰与改变以及药物进入和流出的变化通常会导致耐药性的迅速出现，因此它们的实用性已然受到威胁（Jacoby G A，2005）。

3.抗生素发现的药物化学时代——新技术突破骨架束缚　到了20世纪60年代中期，使用Waksman平台发现新的有效抗生素骨架变得越来越困难。因为这些抗生素是在特定实验室条件下生产的，且大多数都具有一定的药理学或毒理学缺陷。而这些早期抗生素的耐药性，即细菌之间耐药基因的水平转移或染色体突变，也成为一个问题。这些问题催生了药物化学时代，即抗生素发现的下一个创新时期。这一时期抗生素的开发以创新为主，主要集中在创造黄金发现时代的天然支架的合成版本。这些衍生物显著改善了抗生素的应用，包括降低剂量、扩大针对各种病原体的抗菌谱以及避免耐药性（Lewis K，2013）。

因此，大多数现有的抗生素都来自天然产物，并倾向于靶向细菌壁、DNA或核糖体。除了少数例外，这些化合物对细菌发挥多效和复杂的作用，并且通常具有多个分子靶标。β-内酰胺类抗生素，如青霉素，共价修饰许多被称为青霉素结合蛋白（PBP）的靶酶。这些酶共同负责细菌壁的合成和重塑，以促进生长和分裂。抑制蛋白质合成的抗生素靶向核糖体，核糖体由多个核糖体DNA拷贝编码，而那些阻断DNA合成的抗生素则作用于几种拓扑异构酶。重要的是，这种对多个细胞靶点的影响限制了由靶基因突变引起的自发抗性频率（Brown E D et al.，2016）。抗生素分子靶点的抑制通常会导致复杂的下游效应，超过简单酶抑制的效应。越来越多的证据表明，β-内酰胺类抗生素以一种比简单抑制复杂得多的方式破坏了细菌壁合成（Comroe Jr J H，1978）。核糖体是一种具有许多酶功能、调控位点和组分的大分子复合物（Demirci H et al.，2013）。例如，当它被氨基糖苷类靶向时，异常蛋白质的合成会导致对细菌的多效性和毒性作用（Wilson D N，2014）。系统生物学方法表明，活性氧被忽视为细胞死亡的促成因素。尽管这一假设仍然存在争议，但人们越来越认识到细菌死亡是复杂的，并且可能需要多种途径的参与。许多天然产物抗生素是这些复杂性状经过数百万年进化选择的产物。因此，现代药物发现方法尚未提供具有与第一代天然抗生素及其半合成衍生物相当功效的化合物。

直到20世纪90年代初，新技术浪潮才促成了抗生素发现的复兴，这恰逢治疗领域出现了创新的药物发现方法。这些新方法得到了新技术的支持，例如，在重组DNA操作方面的突破以高产量生产所需蛋白质，以及在高通量合成以创建大型化学文库方面取得突破。简便的蛋白质结构测定方法的改进使合理的药物设计成为可能，而机器人液体处理促进了生化分析的高通量筛选。此外，计算革命使处理更大的数据集成为可能。

突破上述困境的方法是开发合成库，以捕捉天然产物的化学多样性和物理化学特性。这些正在被用于许多治疗类别，包括抗生素。另一种解决方案是利用合成化合物抑制基本细菌靶标的能力，通过开发解决细胞包膜穿透和外排挑战的递送系统。与铁载体的结合是这种“特洛伊木马”方法的一个例子，该方法已被探索但尚未被证明在临床上有效。进一步的解决方案是将这些化合物与增强其运输或以其他方式促进与细菌渗透屏障的分子结合。对细菌包膜的深入研究和指导潜在抗生素合成的规则的制定，提示可以增强此类化合物穿透细胞并避免外排的能力（Stokes J M et al.，2019）。

4.抗生素发现的人工智能时代——新型抗生素的崛起　伴随抗生素发现的近百年时间，抗生素耐药性被视为全球人类健康的重大威胁之一。据知名期刊《柳叶刀》（*The Lancet*）的研究报道，2019年，与细菌性抗生素耐药相关的死亡人数约495万，其中127万人直接死于抗生素耐药性（Murray C J et al.，2022），预计2050年将会有1 000万人死于抗生素耐药性。因此，现在药学家致力于发掘具有新抗菌机制的抗生素。在黄金时代，抗生素的发现很大程度上是通过筛选土壤微生物的次级代谢物来阻止致病菌的生长，但基于这种方法往往筛选出的是重复的化合物。到了药物化学时代，通过化学手段对现有化合物进行结构改造，结合高通量筛选的方法加快研发进度，是解决这一问题的主要方法。随着深度学习的发展及分子建模算法的进步，可以应用算法来预测分子性质，以识别抗生素的新结构类别。2020年，在《细胞》（*Cell*）上发表的基于深度学习的抗生素发现预示着抗生素发掘进入全新的时代。总体而言，首先基于美国食品与药品管理局（Food and Drug Administration，FDA）通过的药物建立抑制率模型，进一步利用该模型对数据库进行筛选，最后进行实验验证，由此发现了一个新作用机制的新型抗生素halicin，这也为科学家后续的抗生素开发提供了新的见解（Stokes J M et al.，2020）。

（二）抗菌药物作用方式和靶点

由于细菌对抗菌剂产生耐药性的能力，细菌感染的治疗变得越来越复杂。用于治疗细菌感染的抗菌剂通常根据其主要作用机制进行分类，其中包括6种主要作用方式：①干扰细胞壁合成；②抑制蛋白质合成；③干扰核酸合成；④抑制代谢途径；⑤抑制膜功能；⑥抑制三磷酸腺苷（ATP）合酶。因此，根据其作用机制，抗菌药物的作用靶点包括细胞膜、细胞壁、蛋白质合成、核酸合成和生物代谢化合物合成（表1-2）（Banin E et al.，2017；Sköld O，2011）。

表 1-2　抗生素分组机制

抗生素机制	抗生素
细胞壁生物合成抑制剂	青霉素、头孢菌素、万古霉素 β-内酰胺酶抑制剂碳青霉烯类 氨曲南、多霉素、杆菌肽

（续）

抗生素机制	抗生素
蛋白质生物合成抑制剂	抑制30S亚基 氨基糖苷类（庆大霉素） 四环素 抑制50S亚基 大环内酯类、氯霉素、克林霉素、利奈唑胺、链霉素
DNA生物合成抑制剂	氟喹诺酮类、甲硝唑
RNA合成抑制剂	利福平
霉菌酸合成抑制剂	异烟肼
叶酸合成抑制剂	磺胺类、甲氧苄啶

1.细胞壁生物合成抑制剂　细菌由肽聚糖组成的细胞壁包围，肽聚糖是细菌细胞壁的重要组成部分，其生物合成对细胞壁结构的完整性至关重要。特定的抗生素会干扰肽聚糖的生物合成，从而破坏细胞壁的完整性。由于哺乳动物细胞不具有肽聚糖壁结构，因此抑制细胞壁肽聚糖的生物合成是发现抗菌剂的优选目标，同时对哺乳动物宿主细胞没有显著的负面影响。

某些抗生素如β-内酰胺类抗生素通过与作为底物的青霉素结合蛋白质（PBPs）结合，并与和β-内酰胺类具有高亲和力的PBPs发生反应。这些药物是酰基-D-丙氨酰-D-丙氨酸的结构类似物，在转肽反应过程中作为PBPs的底物与PBPs的活性位点结合。这些抗生素使PBPs的转肽酶结构域失活，从而阻断转肽反应。微生物可以被这些抑制肽聚糖生物合成的细胞壁抑制剂杀死。

2.蛋白质生物合成抑制剂　蛋白质合成是一个复杂的多步骤过程，涉及许多酶和构象变化。大多数抗生素会干扰70S细菌核糖体的30S或50S亚基，从而阻断细菌蛋白质的合成。例如，四环素，包括多西霉素，通过阻断30S核糖体的A（氨酰基）位点来阻止氨酰基-转运RNA（tRNA）的结合。以氯霉素、红霉素和硫链丝菌素为蛋白质生物合成抑制剂的代表，则能够抑制70S和80S（真核）核糖体中的蛋白质合成（Golkar T et al.，2021；Sköld O et al.，2011）。

氯霉素是一种抑菌剂和23S核糖体RNA（23S rRNA）抑制剂，通过阻止氨酰tRNA与核糖体A位点结合，进而降低肽基转移酶反应来抑制转录。由于其能够进入血脑屏障，氯霉素被用于治疗许多中枢神经系统感染，如细菌性脑膜炎。如果细菌的核糖体蛋白基因发生突变或具有灭活氯霉素的相关酶如编码Tn9的基因，则细菌会对氯霉素产生抗药性。

红霉素属于大环内酯类抗生素，通过与23S rRNA结合来抑制翻译。由于红霉素阻断了E位点，即肽基-tRNA的出口位点，在易位步骤中释放了多肽。23S rRNA和外排泵的突变，以及由甲基化酶Erm对23S rRNA中的腺嘌呤进行甲基化引起的23S RNA构象变化，会导致细菌对红霉素产生抗药性。硫链丝菌素和其他硫肽抗生素通过在肽基转移酶反应中23S RNA结合来阻止翻译，并阻止将多肽基tRNA从A位点易位到P位点的易位酶延伸因子G（EF-G）的结合。

3.膜功能抑制剂　细菌膜可以为细胞稳态和代谢能量转导提供选择性渗透。一些抗生素可以通过亲脂部分与细菌膜的相互作用干扰多个靶标，导致膜结构的破坏和功能损害。目前，已有报道针对细菌质膜成分的抗菌剂，对革兰氏阴性菌和革兰氏阳性菌均有作用（Sköld O et al.，2011）。

多黏菌素B是一种杀菌抗生素，已成为治疗革兰氏阴性菌的极少数药物之一，如假单胞菌属。多黏菌素B具有亲油性和亲水性基团的去污剂样肽，会破坏膜的磷脂酰乙醇胺。缬氨霉素是一种离子载体，通过在细胞膜上形成孔洞来破坏有助于氧化磷酸化的细胞膜电位。达福霉素广泛用于由β-

内酰胺引起的伤口感染和软性皮肤感染，尤其是耐万古霉素的金黄色葡萄球菌可通过去极化破坏膜电位，这意味着钾离子从细胞质释放到细胞外基质。达托霉素、两性霉素B、黏菌素、咪唑和三唑也可作为细胞膜抑制剂。

4.核酸生物合成抑制剂　抗生素可以抑制微生物的复制、转录和叶酸合成。喹诺酮类药物可通过抑制拓扑异构酶（一种参与DNA复制的酶）来干扰DNA合成。例如，第二代喹诺酮类药物左氧氟沙星、诺氟沙星和环丙沙星对革兰氏阴性菌和革兰氏阳性菌均有活性，还有一些抗生素通过抑制RNA聚合酶来干扰RNA合成，如阿霉素和放线菌素D（放线菌素）。这些抗生素可以干扰细菌和哺乳动物系统，因此最常用作抗肿瘤药物，以攻击快速生长的恶性细胞（Golkar T et al.，2021；Stokes J M et al.，2019）。

5.代谢抑制剂　细菌代谢抑制剂是一类靶向核酸和氨基酸合成途径的抗生素。四氢叶酸（TH_4）是一种关键的辅酶，用于合成核酸和某些氨基酸。细菌从前体对氨基苯甲酸（PABA）合成叶酸，细菌代谢抑制剂则通过干扰细菌TH_4的合成来影响细菌代谢途径（Stokes J M et al.，2019）。

磺胺和3,4,5-三甲氧基苄基嘧啶是抑制代谢生物化合物合成的药物代表。磺胺类药物已用于许多感染，如尿路感染。磺胺类药物通常与其他化合物联合使用。磺胺嘧啶银是一种联合药物，用于治疗烧伤感染。甲氧苄啶-磺胺甲噁唑（TMP-SMZ）是另一种广泛使用的联合药物，因为它具有协同作用。甲氧苄啶和磺胺甲噁唑可以阻断DNA和RNA前体合成以及蛋白质的不同步骤。磺胺甲噁唑是在结构上与PABA相似的磺胺类药物，可以阻断从PABA合成二氢叶酸（DHF）的反应；而作为磺胺类药物的甲氧苄啶在结构上与DHF相似，可以阻断从DHF合成四氢叶酸（TH_4）的反应。

6.ATP合酶抑制剂　ATP合酶是从细菌到脊椎动物的所有生物中通过氧化磷酸化或光磷酸化产生能量的主要酶。细菌可以通过可发酵碳源的底物水平磷酸化或使用呼吸链和ATP合酶的氧化磷酸化来产生ATP。部分抗生素可以通过抑制ATP合酶的氧化磷酸化，从而影响细菌的能量产生，进而杀死细菌（Sköld O et al.，2011）。

二、促生长类饲用抗生素的历史与贡献

在畜禽饲料中添加的用于促进生长的抗生素统称为促生长类饲用抗生素，其应用的最初目的是杀灭病原微生物，包括细菌、真菌、病毒、支原体、衣原体和立克次体等，从而治疗和预防畜禽传染性疾病。促生长类饲用抗生素为全世界畜禽养殖业的发展作出了巨大贡献。

（一）促生长类饲用抗生素的历史

20世纪40年代，抗生素在美国的养牛业中开始了初步应用，但当时仅作为治疗传染病的药物。到了40年代中后期，科研人员在研究维生素B_{12}等添加剂对畜禽的影响时，在对照组日粮中加入抗生素，意外发现抗生素也具有促进畜禽生长的功能。1946年，首次报道了在饲料中添加青霉素能够改善家禽的生长性能。1949年，研究人员将金黄色链霉菌菌丝体添加到猪的饲料中，发现可以显著改善猪的生长性能；而随后进一步提取了菌丝体中的有效成分——金霉素，并开展了金霉素促进猪生长的试验，首次揭示了饲用抗生素能够有效提高猪的生长性能。

上述研究揭开了20世纪50年代促生长类饲用抗生素相关研究的序幕。最先被证明能够有效促生长的饲用抗生素是β-内酰胺类抗生素。研究发现，青霉素和链霉素可以减少猪粪便中的细菌数量，同时提高猪生长速率；同时，在生长育肥猪日粮中补充金霉素、链霉素和维生素B_{12}的效果对比试验

表明，与饲喂基础日粮的对照组育肥猪相比，添加15毫克/磅*日粮的链霉素或添加10毫克/磅日粮的金霉素可提高仔猪平均日增重11%～13%、提高饲料转化率14%～16%。同一时期，多种抗生素被陆续证明可以提高生猪养殖各个阶段的生长性能。氨基糖苷类抗生素自1946年上市，短短几年间即被用于畜禽养殖，同时发现其与β-内酰胺类抗生素、维生素等联用能达到更好的促生长效果。例如，补充金霉素、金霉素加维生素B_{12}、链霉素加维生素B_{12}，以及金霉素、链霉素和维生素B_{12}组合应用均可提高仔猪日增重。土霉素对猪的生长应用报道可追溯到1952年，研究表明，添加5毫克/磅日粮的土霉素可显著提高仔猪日增重和增重效率，且与日粮中蛋白质水平无关。随后，土霉素及盐酸土霉素被广泛应用于生猪各个养殖阶段。例如，添加10克/吨土霉素分别提高育肥猪日增重3.1%，提高饲料转化率2.3%；将含土霉素日粮中0.43%的钙替换为0.4%对苯二甲酸，能够显著上调生长猪血清中的土霉素水平。

随着大环内酯类、四环素类等多种抗生素的上市，20世纪60—90年代，国外促生长类饲用抗生素的使用达到了顶峰。1968年，首次报道了大观霉素在早期断奶仔猪上的应用效果。此后，多种人工或半人工合成的抗生素产品不断推出并在生猪养殖中使用，如泰万菌素、泰乐菌素、土拉霉素和克拉维酸等。泰万菌素于20世纪80年代早期首先由日本科学家冈本（Okamoto）等人研发，泰乐菌素作为饲料添加剂广泛应用于猪、鸡、牛等动物生产，都具有较好的促生长作用。而在出生到屠宰的整个阶段中，添加阿莫西林和克拉维酸与添加土霉素相比，可提高猪平均日增重13克。

相比国外促生长类饲用抗生素的迅速发展，我国开展饲用抗生素的使用和研究相对较晚。我国抗生素研发始于著名医学家、抗生素学家童村带领团队建成的华东人民制药公司青霉素实验所，并于1951年4月成功试制了青霉素钾盐，标志着中国抗生素产业的开启。1958年，华北制药厂建成投产，主要生产青霉素、链霉素等抗生素。同一时期，上海医药工业研究所和北京医药工业研究院均建立相关抗生素研究室。1956年，福建师范学院的蒋树威等人利用上海医药工业研究所研发的金霉素研究发现，金霉素有促进猪生长的作用。

1994年，为加强饲料药物添加剂的管理，农业部颁布了《饲料药物添加剂允许使用品种目录》，规定氨丙啉等16种抗球虫类、越霉素等2种驱虫类、喹乙醇等12种抑菌促生长类、苍术等12种中草药类、嗜酸乳杆菌等20种微生态制剂类、维生素A乙酸酯等21种维生素类、硫酸铜等11类微量元素类添加剂的使用。1997年，为预防动物疾病和促进动物生长、提高饲料转化率的需要，农业部发布了《允许作饲料药物添加剂的兽药品种及使用规定》，允许盐酸氨丙啉等17种抗球虫类、越霉素等2种驱虫类、喹乙醇等11种抑菌类添加剂的使用。2001年，农业部发布了《饲料药物添加剂使用规范》（第168号公告），规定了二硝托胺预混剂等33种可在饲料中长时间添加使用的饲料药物添加剂，以及越霉素A预混剂等24种用于防治疾病并规定疗程，仅通过混饲给药的饲料药物添加剂。2002年，农业部针对一些地方反映《饲料药物添加剂使用规范》执行过程中存在的问题，进一步发布了第220号公告，规定了养殖场根据需要可凭兽医处方将"第168号公告"附录二的产品预混后添加到特定的饲料中使用，或委托具有生产和质量控制能力并经省级饲料管理部门认定的饲料厂代加工生产为含药饲料。

（二）促生长类饲用抗生素的贡献

自20世纪40年代发现具有促进家禽和生猪生长的功能以来，在近80年的时间里，促生长类饲用抗生素对畜牧业发展作出了巨大的贡献。近10年，关于饲用抗生素大多伴随着替抗产品的研究被报道。例如，基础日粮中加入50毫克/千克硫酸黏杆菌素和75毫克/千克金霉素后，仔猪腹泻率降低了55%。与基础日粮组仔猪相比，添加100毫克/千克的50%吉他霉素组仔猪末重、平均日增重和平

* 磅为非法定计量单位，1磅=453.6克。

均日采食量分别提高7.8%、11.9%和8.6%，且显著降低了仔猪腹泻率，显著提高了仔猪皮毛指数。在基础日粮中添加0.05%的10%氟苯尼考可显著提高育肥猪日增重，降低料重比。饲喂高剂量硫酸黏杆菌素（添加10%硫酸黏杆菌素200毫克/千克）或肠杆菌肽和低剂量硫酸黏杆菌素组合（添加肠杆菌肽500毫克/千克和10%硫酸黏杆菌素20毫克/千克），均可以提高断奶仔猪的采食量和平均日增重，并降低断奶仔猪腹泻率和死亡率；同时，在基础日粮中添加10%硫酸黏杆菌素1 500毫克/千克，可以降低仔猪保育期间的腹泻率和料重比，提高平均日增重。在基础日粮中添加0.1%金霉素、磺胺二甲基嘧和普鲁卡因青霉素，可以增加断奶仔猪的日增重。在基础日粮中添加75毫克/千克金霉素降低了仔猪断奶后1 ～ 14天腹泻率，并能增加仔猪的日增重，降低料重比；添加440毫克/千克金霉素可增加仔猪的平均日增重和日采食量，降低料重比。在日粮中添加55毫克/千克吉他霉素和20毫克/千克硫酸黏杆菌素，可显著提高断奶仔猪平均日增重，降低料重比和腹泻率。

除了提高生长性能，促生长类饲用抗生素还能够改善猪肠道形态，增强肠道免疫功能。例如，在基础饲粮中添加20毫克/千克硫酸黏杆菌素和40毫克/千克杆菌肽锌可以改善小肠形态，从而提高断奶仔猪机体免疫功能。添加20克/吨硫酸黏杆菌素和40克/吨杆菌肽锌能够显著提高血清总抗氧化能力和空肠黏膜养分转运载体PepT1的mRNA水平，并显著缓解大肠杆菌攻毒导致的仔猪腹泻。在仔猪阶段添加20毫克/千克硫酸黏杆菌素、40毫克/千克吉他霉素和75毫克/千克喹乙醇，育肥阶段添加20毫克/千克吉他霉素至出栏时，添加抗生素显著提高了猪的末重、胴体重和平均日增重，显著提高空肠中白细胞介素（IL）-1含量。在24日龄断奶的“杜 × 长 × 大”仔猪日粮中添加75毫克/千克金霉素和50毫克/千克吉他霉素，可显著提高仔猪平均日增重和平均日采食量，显著降低仔猪腹泻率，显著提高仔猪回肠绒隐比、回肠杯状细胞数量和空肠杯状细胞数量，且有提高回肠IL-10含量的趋势。在基础日粮中添加100毫克/千克的50%吉他霉素和300毫克/千克的15%金霉素能够降低断奶仔猪回肠隐窝深度10.16%，提高盲肠内双歧杆菌数量，显著提高空肠黏膜中分泌型免疫球蛋白A的含量。

三、抗生素的副作用及潜在危害

虽然我国抗生素工业起步较晚，养殖过程中应用抗生素添加剂始于20世纪80年代，但随着畜牧业的不断发展，抗生素以其抗病、促生长的功效在养殖过程中得到广泛应用。特别是近年来养殖场药物保健概念的兴起，更是把抗生素的使用推向高潮。据统计，2015—2019年，我国每年抗生素原料生产量约为21万吨；其中，一半以上的抗生素用于畜禽养殖业。在抗生素大量使用的同时，也引发了一系列的食品安全和环境污染问题。抗生素滥用，对养殖业甚至人类的危害也凸显出来。例如，药物耐药性、畜产品药物残留等，成为不可忽视的问题。科学认识和对待饲用抗生素，正视抗生素残留的危害，正确引导、规范和合理使用抗生素饲料添加剂，是实现畜牧业可持续发展和高质量发展的基础。

（一）抗生素的副作用

1.对生猪健康的副作用　在生猪养殖过程中，一部分抗生素是以药物的形式用于疾病治疗，另一部分则是通过饲料添加剂进行使用。据统计，近些年我国平均每年约有6 000吨抗生素被用作饲料添加剂，其目的主要是促进生长。残留于生猪体内的抗生素不但会随着血液循环进入组织器官，直接抑制吞噬细胞的功能，还会通过二重感染间接性地对吞噬细胞的功能产生抑制作用。这不但会降低生猪的免疫力，增加生猪大规模患病的风险，剂量过大时还可诱发呼吸麻痹，抑制呼吸甚至死亡。

在养猪生产中长期使用抗生素会增加病毒的抗性，促使病毒进化，造成病毒耐药性上升，使生猪患病后难以治疗，并且感染疾病的机会增多；同时，抗生素影响生猪的免疫功能，长期使用会导致抗病能力极速下降，丧失免疫功能。生猪肠道系统的微生物之间存在着相互制约的平衡状态，大量抗生素在促生长过程中会影响肠道敏感微生物的活性与数量，而不敏感微生物则大量繁殖，从而破坏肠道微生物的平衡，诱发肠道感染疾病。在研究抗生素对仔猪肠道微生物的影响中证明，肠道微生物的结构确实因为抗生素的添加发生了显著改变。

2.对人类健康的副作用

（1）破坏肠道菌群。现有的临床和流行病学研究表明，肠道菌群失调与抗生素的大量使用有关，而肠道菌群失调会引发伪膜性结肠炎、结直肠癌等胃肠道疾病。有研究表明，由于菌群失调，金黄色葡萄球菌等不敏感细菌大量繁殖，可能会导致难以治愈的真菌性肺炎。斯坦福大学招募了22位18～45岁、身体健康的志愿者，分别给予抗生素和安慰剂，再接种流感疫苗。结果发现，服用抗生素所引起的肠道菌群紊乱会导致机体发生炎症反应和流感疫苗不良应答。

（2）引起肠道炎症。研究发现，除了破坏肠道菌群之外，相比于对照组小鼠，喂食含有甲硝唑或者链霉素饮用水的小鼠的肠道黏膜层厚度显著降低，由柠檬酸杆菌引发的小鼠结肠炎病情明显加重。氨基糖苷类抗生素可能通过破坏耳蜗基部的毛细胞而导致感觉神经性听力损失。过度使用抗生素可能会增加过敏相关疾病的风险。此外，一旦形成抗性基因，它们可能会通过水平基因转移进入病原菌，临床治疗相关的抗生素耐药性与抗生素耐药细菌感染住院患者数量的增加有关。一般来说，抗生素的副作用往往表现为一种或多种器官的药物不良反应，包括循环系统、免疫系统和消化系统等。

（二）抗生素的潜在危害

1.细菌耐药性

（1）细菌耐药性现状。目前研究已经证实，长期、过量使用抗生素会增多病原微生物的耐药性，同时促使更多细菌出现抗性基因，最后在种内或种属间传递，最终导致超级细菌的出现。世界卫生组织（WHO）于2015年发布了包括抗生素耐药性在内的抗微生物药物耐药性全球行动计划，以确保传染病治疗与预防的有效性和安全性。细菌突变引起的耐药性会削弱动物的免疫能力，增加死亡率；而滥用抗生素会进一步加剧微生物耐药性，导致抗生素失效。抗生素耐药性在中国非常普遍。例如，从动物和生肉中分离出的大肠杆菌多黏菌素耐药基因*Mcr*-1的比例分别为20.6%和14.9%。鸡大肠杆菌中*Mcr*-1携带者的比例从2009年的5.2%迅速增加到2014年的30.0%。此外，在家禽场的苍蝇中检测到携带黏蛋白基因的细菌，在北京的烟雾中检测到耐碳青霉烯类细菌的基因组。目前，越来越多的细菌对抗生素产生耐药性，包括结核分枝杆菌、病毒、疟原虫和真菌等。1980—2014年，对头孢噻肟、氟苯尼考和甲氨苄啶的耐药菌急剧增加。

（2）耐药性的危害——超级细菌出现。抗生素耐药性更是一个世界性的危机。世界卫生组织数据显示，大肠埃希氏菌对治疗尿路感染常用抗生素环丙沙星的耐药率为8.4%～92.9%；肺炎克雷伯菌对环丙沙星的耐药率为4.1%～79.4%。2019年，49个国家提供的大肠杆菌引发感染的数据显示，耐甲氧西林金黄色葡萄球菌的中位发生率为12.11%，而对第三代头孢菌素耐药的大肠杆菌的中位发生率为36.0%。世界卫生组织于2020年发布的全球抗生素耐药性和使用监测系统报告（Global Antimicrobial Resistance and Use Surveillance System，GLASS）指出，越来越多的细菌性疾病对抗生素产生抗性，包括金黄色葡萄球菌、大肠杆菌和肺炎克雷伯菌等；其中，耐多药结核病（MDR-TB）

已成为全球100多个国家的主要关注点，仅在2015年就导致超过25万人死亡。

(3) 细菌耐药性的传播。抗生素抗性基因可以通过各种环境介质（如土壤、河流和地下水）迁移、转化和整合到可移动的遗传元件中，如质粒、转座子和整合子，从而进入环境。在中国城市水生态系统，包括沿海城市污水处理厂的景观池塘、饮用水水库在内的多个地点的抗生素抗性基因的多样性和丰度调查中，共鉴定出包括氨基糖苷和各种β-内酰胺酶抗性基因在内的237个抗生素的耐药基因。尽管抗生素含量很低，从检测下限到0.290微克/千克不等，但已鉴定出许多对主要类型抗生素具有抗性的基因。此外，在鱼体和水中细菌上检测到的抗生素抗性基因非常相似，这表明细菌可以作为抗生素抗性基因的载体从水传播到鱼体。抗生素抗性基因在环境、临床医疗和动物相关细菌之间具有高流动性的特征，除了在饮用水系统中传播，有研究表明，多药耐药基因也可以在野生动物群中传播。

2. 畜产品抗生素残留

(1) 畜产品中抗生素残留的现状。抗生素很容易进入环境并聚集在野生动物和水生环境中，而且畜禽动物体内抗生素的残留也会通过食物链最终进入人体，对人类健康产生负面影响。我国多种农产品在检测中也发现了抗生素残留，其中包括肉、蛋、奶、鱼及蔬菜，且在牛奶、养殖鱼和蔬菜中的检出率高达90.9%～100%，鸡蛋、鸡肉和猪肉中检出率也达到了2.5%～35%。抗生素在食品中的残留主要以喹诺酮类、磺胺类和四环素类为主。喹诺酮类抗生素在食品中的检出率及残留量均较高，尤其是在养殖鱼中，喹诺酮类抗生素残留量最高达到47 108微克/千克，平均残留量也高达725.1微克/千克；而磺胺类和四环素类抗生素尽管在多种食品中均有检出，但其残留量均较低。根据我国2019年发布的《食品安全国家标准　食品中兽药最大残留限量》(GB 31650—2019)，喹诺酮类、磺胺类及四环素类抗生素中主要使用的兽用抗生素在食品中的最大残留限量为100微克/千克，目前养殖鱼中喹诺酮类抗生素远超过限量标准。

(2) 畜产品中抗生素残留的危害。食用抗生素残留超标的食品具有人体健康风险，长期抗生素超标食品的暴露则会造成人体健康危害。口腔、肠道、皮肤、腺体等部位的菌群在相互拮抗下处于相对稳定的状态，长期食用各种有抗生素残留的食品，会造成一些非致病菌的死亡，菌群失衡，并导致一些被抑制的细菌或外来细菌繁殖，进而引起疾病感染。某些抗生素类药物，如四环素和一些氨基糖苷类能使部分人群发生过敏反应。食用含有这些抗生素残留的动物源性食品后，部分人群会致敏，轻者出现发热、瘙痒、皮肤红肿、荨麻疹等症状，严重的甚至会发生过敏性休克。某些抗生素还可致畸、致癌、致突变，食用含有这些抗生素残留的动物源性食品会引起某些病变。如氯霉素的蓄积，可引起不可逆再生障碍性贫血。此外，大多数抗生素溶于水、容易随代谢物排出体外，而一些抗生素是脂溶性的，由于其可以轻松穿透大多数组织，它们通常用于治疗与屏障相关的感染。但与水溶性抗生素相比，脂溶性抗生素难以随尿液排出体外。为此，世界卫生组织建议设定乳制品（如乳脂和奶酪）中脂溶性抗生素残留的最大限量。因为牛奶中脂溶性抗生素的含量可能超过对人体健康无害的最高限度，这也可能给人类带来健康风险。

3. 生态环境污染

(1) 抗生素污染环境的现状。由于畜禽养殖过程中促进生长和预防疾病抗生素的过度使用，造成了抗生素的大量排放，从而带来了严重的环境问题。2017年全球兽用抗生素使用量约为93 309吨，预计到2030年将达到104 079吨（Tiseo K et al., 2020）。尽管自2005年以来欧洲和中国都禁止使用饲用抗生素作为生长促进剂，但很多发展中国家仍在使用饲用抗生素作为促生长剂。据估计，我国畜禽粪便的年产量可达38亿吨，约30%的粪便未经处理直接作为肥料施用。因粪肥施入和污水灌溉造成的土壤环境抗生素污染问题在我国部分地区已达到较为严重的程度。

研究表明，磺胺类、氟喹诺酮类、四环素类、甲氧苄啶、甲硝唑类、β-内酰胺酶和大环内酯类抗生素是畜禽养殖过程中最常用的抗生素，这些抗生素中只有一小部分在动物的内脏中被分解代谢，剩余的则随粪便和尿液一起排泄到环境中。例如，鸡饲料中阿莫西林、环丙沙星和多西霉素的排泄率分别约为67.8%、47.8%和82.7%。给家禽口服注射恩诺沙星，5天后有74%随家禽粪便排出。断奶仔猪中氟喹诺酮类药物和磺胺类药物的排泄率分别为91%和96%。抗生素的排放取决于动物种类、抗生素应用方法、抗生素类型和饲料中抗生素的用量等因素。现有文献调查发现，在牛粪、禽粪和猪粪中分别检测到0.3 ~ 1 030微克/千克、1.03 ~ 13 640微克/千克和0.2 ~ 183 446微克/千克四环素。氟喹诺酮类抗生素广泛用于养猪生产，但在粪便中的浓度范围为0.2 ~ 1 491微克/千克，而大环内酯类在猪粪中的检出量则很小。由此可见，抗生素按排泄率大小顺序大致为磺胺类和四环素类＞甲氧苄啶＞甲硝唑类＞氟喹诺酮类＞大环内酯类，而大多数β-内酰胺类抗生素在动物肠道消化后的排泄率最低。

（2）抗生素污染环境的危害。基于畜牧业抗生素的大量使用，而且大多数畜禽粪便直接或间接作为肥料施用于陆地土壤，使抗生素扩散到环境中。已有研究表明，抗生素在环境中的存在量持续增加。例如，在地表淡水、非洲水体、一些亚洲国家的土壤中均检测到了不同类型的抗生素。通过检测分析土壤、沉积物、废水、自来水和地下水中的抗生素发现，四环素类是环境中残留最广泛的抗生素，其次是氟喹诺酮类、磺胺类和大环内酯类。土壤中四环素的浓度范围为0.71 ~ 86 567微克/千克，沉积物中为1.43 ~ 300微克/千克，水体（废水、自来水和地下水）中为1.89 ~ 130 670纳克/升。此外，抗生素具有半衰期短的特点，持续存在导致其更容易积累于深层土壤中。残留在环境中的抗生素会抑制微生物的生长，降低微生物活动，从而增强抗生素抗性基因的传播。因此，将畜禽粪便直接或间接用于施肥，导致了土壤中抗生素的传播、抗生素抗性基因和移动遗传元素在陆地土壤中的扩散。

四、国内外饲料的禁抗历程、现状和趋势

饲用抗生素虽然对畜牧业作出了巨大贡献，但大量使用甚至滥用抗生素带来的细菌耐药性、抗生素残留和环境污染等问题，引起了人们对抗生素副作用和危害的关注。随着大量研究和讨论的进行，越来越多的国家走上了饲料禁抗的道路。

（一）国外饲料禁抗历程及现状

早在20世纪50—60年代，抗生素的耐药性及其可以在细菌间传播的现象已被学界所知。1969年，由于养殖场多重耐药性沙门氏菌导致肠炎的流行，英国议会发布了《畜牧业和兽医行业中抗生素使用联合委员会报告》，首次以报告形式表达了对细菌抗生素耐药性发展的关注，提出了限制抗生素在动物饲料中使用的建议，史称《斯旺报告》，相关建议在1971年得到了英国政府的采纳。20世纪70年代，FDA在美国国内严格的环境保护政策、科学界对细菌耐药性的发现和英国《斯旺报告》的影响下，开展了对饲用抗生素问题的全面调查。尽管FDA与相关行业开展了艰难的斗争，但饲用抗生素引发公共卫生风险的观念已经得到传播。

1977年，瑞典开始有了在饲料中限制抗生素使用的呼声。1981年，瑞典著名作家阿斯特里德·林德格伦（Astrid Lindgren）进一步呼吁禁止在饲料中添加抗生素；同时，瑞典的养殖户积极响应，请求政府全面禁止饲用抗生素，以改善畜产品安全和质量。1986年，瑞典出于对食品安全和国民健康的考虑，即使在没有充足证据证明抗生素副作用的情况下，仍然全面禁止畜禽饲料中抗生素的使用，

成为历史上首个禁止饲用抗生素的国家。

1993年，英国研究人员从食用动物中分离出糖肽类耐药肠球菌。糖肽并没有被批准用于治疗动物感染，但是糖肽类抗生素阿伏霉素（Avoparcin）被用作饲料抗生素添加剂，这一发现引发了人们对动物产品安全的关注。随后，科研人员对养殖场的细菌分离株进行了一项饲用抗生素阿伏霉素的耐药性调查，发现食用动物细菌的耐药性与人类感染之间没有必然联系。即使如此，丹麦为了回应国民对使用阿伏霉素可能造成糖肽类耐药肠球菌的畜产品残留，并对公共卫生构成潜在风险的担忧，在1995年禁止饲料中使用阿伏霉素。1998年，丹麦又禁止在饲料中使用维吉尼亚霉素。1999年，丹麦养猪业自愿停止在35千克以下的猪料中使用抗生素。2000年，丹麦开始在畜禽饲料中全面禁用抗生素。

1997年，欧盟委员会要求所有欧盟成员国禁止在饲料中使用阿伏霉素。同年，日本也禁止在饲料中添加阿伏霉素和东方霉素。随后，饲用抗生素的用量稳步降低。1999年，欧盟宣布：从1999年7月到2006年1月1日，饲料中仅允许使用莫能菌素、盐霉素、黄霉素、阿维拉霉素4种抗生素产品。2006年，欧盟全面禁止抗生素在饲料中的使用。

2000年，多种动物产品中的耐药基因残留问题引发了韩国公众的重大关注；2005年，韩国将超过45种饲用抗生素变为兽用；2011年，韩国宣布禁止饲用抗生素使用。2016年，越南计划在2020年前将饲料抗生素的数量减少到15种。此外，印度也制定了减少饲用抗生素种类的文件，并倡导在畜禽养殖中设置停药时间。2016年，世界动物卫生组织（OIE）制定了"同一健康共同应对抗菌药物耐药行动策略"，要求各成员履行承诺，按照世界卫生组织、联合国粮农组织和世界动物卫生组织三方共同制定的《耐药性全球行动计划》要求，参考世界动物卫生组织起草的重要抗菌药物使用标准和指南，制定法规，逐步停止将抗生素用作动物促生长剂。此后，孟加拉国、不丹、印度尼西亚、缅甸、尼泊尔、斯里兰卡和泰国先后制定了限制饲用抗生素使用的政策。

而在美国，2014年FDA曾发布公告，计划用3年时间实现禁止饲用抗生素，并敦促养殖企业自愿禁止促进动物生长、提高饲养效率的抗生素产品使用，对兽用抗生素进行监管。目前，FDA仍采取自愿原则限制医学相关抗生素的使用，而在动物生产中使用抗生素仍然是合法的。

欧洲饲料禁抗后，畜禽养殖生产性能和抗生素用量发生了巨大变化。瑞典从1986年禁抗后的几年里，猪的平均日增重下降，料重比、腹泻率和死亡率增加，断奶日龄推迟约7天，兽用抗生素需求明显增加。丹麦全面禁止饲用抗生素使用后，育肥猪的生长性能降低，母猪年提供仔猪数降低，仔猪日增重降低，死亡率升高。同时，兽用抗生素的用量增加。到2009年，兽用抗生素用量达到最高峰，相较于2000年提高了约40%；2009年之后，养殖场抗生素使用量开始逐年小幅度下降。

欧盟各国饲料禁抗执行情况有所不同，步调并非一致。一些畜牧业较为落后的欧洲国家，仍然会在饲料中使用少量抗生素来改善畜禽生产性能。而瑞典、丹麦等畜牧业发达国家，在欧盟的法规基础上，通过政府和行业协会实施了更为严格的抗生素使用措施。例如，根据抗生素用量给全国养殖企业进行排名，对于抗生素用量大的养殖企业给予红黄牌管理制度。同时，积极推进饲料行业转型升级，提高饲养管理水平，改善畜舍环境条件，加强对兽用抗生素的监管。欧洲这些措施和养殖模式的升级为其他国家减抗和禁抗奠定了基础，对我国推行饲料禁抗具有极大的借鉴意义。

（二）国内饲料禁抗历程及现状

在全球共同应对抗生素大量使用带来安全问题的形势下，出于保障动物产品质量和公共卫生安全的考虑，我国也积极推进从饲料减抗到禁抗的工作。2015年，农业部发布第2292号公告，禁止洛美沙星、培氟沙星、氧氟沙星、诺氟沙星4种人兽共用抗菌药物用于食品动物。2016年，农业部发布第2428号公告，禁止硫酸黏菌素预混剂用于动物促生长。2017年，农业部发布第2583号公告，禁止非泼罗尼用于食品动物，中国兽药典委员会也在同年6月发布通知，建议停止使用氨苯胂酸、洛克沙胂、喹乙醇等；同年，农业部印发了《全国遏制动物源细菌耐药行动计划（2017—2020年）》。2018年，农业农村部发布第2638号公告，禁止喹乙醇、氨苯胂酸、洛克沙胂3种兽药用于食品动物；同年，农业农村部又组织制订了《兽用抗菌药使用减量化行动试点工作方案（2018—2021年）》。2019年，农业农村部发布第194号公告：2020年1月1日起退出除中药外的所有促生长类药物饲料添加剂品种，2020年7月1日起，饲料生产企业停止生产含有促生长类药物饲料添加剂（中药类除外）的商品饲料。

我国实施“饲料禁抗”政策后，生猪养殖同样面临诸多问题，如生产水平下降、仔猪腹泻率和死亡率增加，由于生物安全防疫以及预防和治疗用抗生素的增加导致养殖成本提高，这些问题给我国生猪养殖稳产保供带来新的严峻挑战。《2020年中国兽用抗菌药使用情况报告》报道，2020年中国境内使用的全部抗菌药总量为32 776.298吨，较2019年增长6.06%，但是与启动遏制动物源细菌耐药性行动计划的2017年相比下降21.9%。按使用途径分类统计，兽用抗菌药以混饲途径给药为主，占40.22%；其次为饮水途径，占34.20%；注射途径和其他途径占比分别为10.90%和14.68%。按使用目的分类统计，促生长用途占28.69%，治疗用途占71.31%。2020年，中国每生产1吨动物产品使用的兽用抗菌药约为165克；与2018年欧盟相比，好于欧盟部分国家。

我国实施饲料禁抗政策以来，绿色养殖目前取得了较好的进展，药物饲料添加剂退出和兽用抗菌药使用减量化行动成效明显，2020年畜禽养殖抗菌药使用量比2017年下降21.4%。“十三五”期间，行业严格执行饲料添加剂安全使用规范，依法加强饲料监管。加强兽用抗菌药综合治理，实施动物源细菌耐药性监测、药物饲料添加剂退出和兽用抗菌药使用减量化行动。同时，努力建立健全饲料原料营养价值数据库，全面推广饲料精准配方和精细加工技术。积极加快生物饲料开发应用，研发推广新型安全高效饲料添加剂。调整优化饲料配方结构，促进玉米、豆粕减量替代。

（三）我国饲料禁抗后发展趋势

2021年，我国农业农村部发布了《允许在商品饲料中使用的兽药品种情况说明》，允许在商品饲料中使用的兽药品种，仅指经过农业农村部批准、正式发布公告的抗球虫类药物和促生长类中药，每个产品均有明确的适用动物范围、添加剂量和休药期等要求。饲用抗生素已成为历史，生猪养殖在一定时期内、一定程度上面临细菌性疾病频发、生产性能下降、腹泻率和死亡率显著增加、治疗用抗生素使用量增加以及养猪生产成本提高等问题。

饲料作为养殖业中最重要的物质基础，占养殖生产成本的70%左右。随着全国生猪养殖产能的逐步恢复，集团化养猪的比例越来越高，禁抗后的饲料成本控制和替抗产品研发将是提高企业竞争力的关键。饲用抗生素的禁用，一段时间内可能会使兽用抗生素的用量有所增加，但最后将趋于稳定。随着饲用抗生素逐渐退出历史舞台和众多替抗产品、技术的深入研究，饲料行业会迎来新一轮的科技创新，生猪养殖也将步入新的发展阶段。

五、生猪养殖替抗的目的与意义

农业农村部发布的饲料禁抗政策，其根本目的在于以人为本，减少耐药菌产生，保障食品安全，保护生态环境。相关政策的实施以及替抗技术的研发和应用，将推动我国畜牧业进入一个崭新的高质量发展阶段。

生猪养殖替抗将助力我国绿色畜牧业可持续发展。抗生素从发现到规模应用，曾经对畜牧业作出过巨大贡献。而由于抗生素的使用监管不严、养殖观念落后，养殖场频频出现滥用药物的问题。在集约化养殖下，农户随意延长用药时间和加大药物用量，且抗生素销售途径多样，市场上产品良莠不齐，加剧了抗生素在畜牧业中的不规范使用。实行替抗养殖，从可持续发展的角度来看，目的在于标本兼治，对不合规范的饲料企业进行全面清查，规范养殖生产、解决严重药物残留和细菌耐药性的问题，建立完善的抗生素用药检测认证制度，以适应畜牧业高质量发展的需要。

生猪养殖替抗将维护动物源食品安全和公共卫生安全。养殖业抗生素滥用导致的耐药菌株产生、畜产品残留及环境污染等问题，给食品安全和公共卫生安全带来了严峻的挑战。安全优质的畜产品和良好的生态环境是人类生存和健康的基础。习近平总书记在全国卫生与健康大会上强调，“要把人民健康放在优先发展的战略地位，切实解决影响人民群众健康的突出问题。”“健康中国”战略的确定，也为中国畜牧业，特别是养殖业的未来发展指明了方向，并提出了新的、更高的要求。当前，畜牧业普遍采用添加中草药、植物提取物、微生态制剂、酶制剂、益生素等绿色、安全、无毒副作用、无残留等的无抗添加剂饲料，目的是满足消费者对绿色健康高品质的农产品需求、保障畜牧业高质量发展，这对节能、节粮、减排、保护环境、促进人民健康等具有重大的现实意义。生猪养殖替抗必将为保障畜产品质量安全、改善生态环境、助力“健康中国”战略的实施作出贡献。

生猪养殖替抗将推动科学高效精细化养殖技术的进步。猪肉是我国国民消费量最大的肉类产品，我国曾是世界上抗生素使用量最多的国家。近年来，日本、欧美等发达国家为了防止我国畜产品的大量涌入，纷纷提高了进口畜产品检测标准，这给我国畜产品参与国际竞争带来了一定挑战。在畜牧业现代化步伐加快和食品质量安全问题日益凸显的国内外大背景下实行禁抗，一方面，需要寻找能够安全有效的替抗产品以保障终端食品安全；另一方面，需要兼顾市场消费能力和经济效益，从养殖品种的优选、管理的规范、饲料生产及饲料添加剂等多方面进行提升，降低无抗饲料生产成本。随着抗生素替代物的研究深入，饲养企业在管理水平上的不断提高，将摆脱对抗菌药物的依赖，提高饲料转化率和畜产品安全，最终实现“饲料禁抗-养殖减抗-产品无抗”。

六、生猪养殖替抗的内涵与实践

（一）生猪养殖替抗的内涵

生猪养殖“替抗”，严格意义上讲包括从“有抗”到“无抗”的整个演变过程。根据在生猪养殖上的使用场景不同，抗生素主要分为促生长类饲用抗生素和治疗用兽药抗生素。我国农业农村部规定，自2020年7月1日起，饲料生产企业停止生产含有促生长类药物饲料添加剂（中药类除外）的商品饲料。自此，我国已正式迈入“饲料禁抗”时代。

根据欧盟的过往经验和我国目前规模养殖的环境条件、密度条件、防疫条件等来看，我国“饲料禁抗”后将在一定程度上面临动物患病率增高、养殖效率下降、生产成本提高等问题，可能在一定时期内导致治疗用兽药抗生素使用量增加。现阶段如果完全禁止抗生素的使用，生猪养殖的健康就得不到保障，会给食品安全带来更大的威胁。因此，从“饲料禁抗”到“产品无抗”将是一个较为漫长的过程，可能要10 ～ 20年，甚至更长的时间。

生猪养殖替抗就是在保障生猪养殖生产效率的同时，提升猪群健康水平，减少养殖过程用药（包括保健用药和治疗用药），从而实现生猪养殖的减抗乃至无抗。

（二）生猪养殖替抗的实践

早在20世纪50年代初，细菌对抗生素具有耐药性就已为学界所发现。到了20世纪70年代，美国抗生素饲用问题开始了公众化的进程，科学家通常把造成细菌耐药性泛滥的主要原因归结为人类医疗领域和畜牧业对于抗生素的过度使用及错误使用，畜禽养殖替抗的实践也在同时期逐步开始了。截至目前，2006年欧盟所有成员国已禁止将抗生素作为促生长剂使用，而FDA已将人与动物共用的重要抗生素作为兽医处方药来加以管控，我国也于2020年7月1日起已正式迈入“饲料禁抗”时代。

在饲料替抗实践方面，国内外经过长期的研究已积累了较为扎实的技术基础，日粮营养配方调整和功能性添加剂的选用是“饲料替抗”的技术核心。日粮营养配方调整主要集中在降低日粮蛋白质水平，充分考虑纤维、碳水化合物营养，兼顾微量元素、维生素和电解质营养平衡等。功能性添加剂的研发与应用主要是以改善畜禽胃肠道功能、增强机体抗菌免疫作用、提高养分消化吸收、促进畜禽生长为目的，综合利用微生态制剂、植物提取物、酶制剂、酸化剂、生物活性肽等抗生素替代品。

在养殖减抗实践方面，除了要控制好饲料原料质量、配备合理的饲料营养策略、选择合适的替抗产品以外，还需要做好生物安全防控、打造舒适的养殖环境、制定科学的管理体系以及不断提高从业人员的技术水平和整体素质等综合措施。只有作为一个系统工程去推动，才能最终实现生猪养殖减抗乃至无抗。

在政府顶层规划方面，我国2018年启动实施了兽用抗菌药使用减量化行动。2021年10月，农业农村部印发了《全国兽用抗菌药使用减量化行动方案（2021—2025年）》，主要目标是以生猪、蛋鸡、肉鸡等畜禽品种为重点，稳步推进兽用抗菌药使用减量化行动，确保“十四五”时期全国产出每吨动物产品兽用抗菌药的使用量保持下降趋势。到2025年末，50%以上的规模养殖场实施养殖减抗行动，建立完善并严格执行兽药安全使用管理制度，做到规范科学用药，全面落实兽用处方药制度、兽药休药期制度和兽药规范使用承诺制度。同时，组织开展了饲料中抗菌药检测相关标准研究，先后批准发布了《饲料中泰乐菌素的测定　高效液相色谱法》等26项国家标准，下达了《饲料中尼卡巴嗪的测定》国家标准制定计划，为饲料中抗菌药的检测提供依据。

第二章
现实挑战

主　　编：邓雨修
副 主 编：沈　璐
编写人员（按姓氏笔画排序）：
邓雨修　刘纪玉　沈　璐　周庆华　赵康宁
鲍英慧
审稿人员：刘莹莹　黄瑞华

内 容 概 要

本章系统梳理了生猪养殖替抗所面临的现实挑战，主要围绕外围环境、内部环境和过程监管中凸显的问题，具体阐述自然资源、环境保护、食品安全、政策导向、社会环境、猪群健康，以及与生猪养殖相关的供应链管理中各种综合因素对于生猪养殖的替抗风险，对从事生猪养殖中需要规避的风险有很好的借鉴和指导作用。

一、外围环境并不友好

（一）自然资源压力

我国人多地少、人均耕地资源不足的基本国情没有改变。因此，国家出台了18亿亩*基本农田保护政策。加之农村城镇化的步伐不断加快，适宜生猪养殖的用地非常有限。即使是局部区域从土地性质、地形地势、周边环境等角度考虑适宜养殖，但由于城镇规划或乡村规划、水资源、电网覆盖及交通运输等原因有可能也不适宜。因此，生猪生产受到基本农田、城乡规划、水资源、交通运输等条件的制衡。

1.土地资源压力　生猪养殖企业动辄几十亩、上百亩乃至千亩，其土地性质虽然是农用土地，但并不是所有类别的农用地都可以搞养殖。《土地管理法》规定："第三条　十分珍惜、合理利用土地和切实保护耕地是我国的基本国策。各级人民政府应当采取措施，全面规划，严格管理，保护、开发土地资源，制止非法占用土地的行为。"可用于耕种的土地非常宝贵，法律对于土地资源的保护力度是很大的。农用地具体包括耕地、林地、草地、农田水利用地、养殖水面等类别。其中，基本农田是严禁搞养殖的。因此，在建养殖场时，除必须取得动物防疫条件合格证外，还必须要按照自然资源部最新关于《全国土地分类》和《关于养殖占地如何处理的请示》中各项规定，养殖用地必须对环境友好，在养殖用地上必须要做到不能破坏种植条件，不能破坏耕地的耕作层；同时不能在农田保护区内建设，只能建在非保护农田上；远离河流、饮用水源和村庄等。其根本目的是对养殖企业提出土地、水资源的保护要求，有红线，有使用规则。因此，养殖企业需在有限的土地资源上寻求生存和发展空间。

2.水资源压力　我国的淡水资源总量为28 000亿立方米，占全球水资源的6%，仅次于巴西、俄罗斯和加拿大，名列世界第四位。但是，我国的人均水资源量只有2 300立方米，仅为世界平均水平的1/4，是全球人均水资源最贫乏的国家之一。而养殖业对淡水资源需求量巨大，以一头哺乳母猪为例，其一天对水的需求量约为40升，而一个成年人一天的需求量最多为3升。因此，在人与畜禽用水的争夺战中，水资源更显贫瘠。

在养猪生产中，无论是肉猪饲养抑或是种猪饲养，猪流的管理严格执行全进全出式。每一批猪离开后，对于原有的猪舍均需进行全方位的冲洗，从粪沟、栏舍到墙壁则需要消耗大量的水资源，清除前一批污染物，可保证下一批猪进入的环境是无污染的状态，这其中的水资源消耗远远高于畜禽饮用水。因此，在贫瘠的水资源区域，畜禽水资源消耗将增加自然资源的压力。

3.矿产资源压力　我国矿产资源丰富，已探明的矿产资源约占世界总量的12%，居世界第三位，矿产资源遍布各地，且根据《矿产资源法（修正）》第三条规定："矿产资源属于国家所有，由国务院行使国家对矿产资源的所有权。地表或者地下的矿产资源的国家所有权，不因其所依附的土地的所有权或者使用权的不同而改变。"养殖场偶尔会碰到建成交付后，地表或地下被勘探到矿产资源，常面临畜禽转移及地表建筑的拆除，在某种程度上易挫伤养殖企业的信心。

4.城镇规划压力　国家不断推进乡村建设，城乡区域发展差距和居民生活水平差距显著缩小，基本公共服务均等化基本实现。城镇规划带来基础建设的飞跃提升，如城镇水、电、路、气、网络等基础设施显著改善，从而带来城镇化空间布局及形态的改变。在农村布局不断优化、交通路网不

*亩为非法定计量单位。1亩=1/15公顷。

断改变的同时，养殖场位置变得越来越被动。按照《动物防疫法》规定，养殖场距离生活饮用水源地、城镇村居民区、主要交通干线、动物屠宰加工场所、动物和动物产品集贸市场需500米以上。随着城镇规划的不断更新，很多养殖场被迫面临着大门口就是省道的防疫短板，或几公里上空架起高速公路。因此，在城镇规划压力下，猪场可能会面临拆迁或防疫短板问题。

（二）环境保护压力

近几年，在养猪行业中常提到“生态圈”这个定义，有上、下游供应链的定义，更深层次的是与外部环境的动态生态圈。养猪场需要利用外部的水资源、土地资源和大气资源，外部良好环境有利于生猪健康养殖；生猪呼出的二氧化碳、粪尿及污水通过直接或处理后排放至环境中，养猪场对于外界环境保护也存在巨大压力。

1.外部压力　近几年，禁养和环保关停风暴，导致不少大型养猪企业面临被拆除的风险。禁养区划定主要是依据《环境保护法》《畜牧法》《水污染防治法》《大气污染防治法》《畜禽规模养殖污染防治条例》《水污染防治行动计划》《饮用水水源保护区划分技术规范》及其他相关法律法规和技术规范。因此，养猪行业环保要求依旧呈现高压态势。随着工业化进程的加快，部分养猪场周边或所属县区存在化工或农药等污染企业，其对于土壤、水资源及大气均存在潜在污染，也给生猪健康带来隐患。

2.内部压力　粪污、抗生素或饲料及疾病对环境均存在污染。

生猪粪污中含有大量有机化合物，如猪场污水生化需氧量（BOD）、化学需氧量（COD）和悬浮物（SS）等都严重超出国家规定的污水排放标准。例如，不恰当的排放可能造成农作物烧苗、烂根甚至绝产等风险。

在生猪养殖过程中，为了防止各种疾病会添加部分抗生素，这些药物残留在生猪体内会通过食物链危害人类健康；在加工饲料的过程中，限制性氨基酸添加不当会造成蛋白饲料吸收不充分，致使过剩蛋白排出体外污染环境；饲料中钙磷比例失当，造成谷物饲料中生猪无法吸收的植物磷偏多，大部分磷会随着粪便排出体外，形成环境污染。

在养殖过程中，粪尿分解产生硫化氢和氨气。这两种气体具有强烈臭味，饲料在加工过程中也会产生大量硫化物和氮氧化物等气体，这些气体直接排放到空气中会产生空气污染。小规模个体养猪场常常设施简陋，依赖自然通风，粪便发酵后废气四处扩散，严重影响养殖场附近的居民生活，加剧邻里之间的社会矛盾。

当前在规范化养殖的背景下，仍有很多个体养殖户缺乏规范的养殖技术和科学有效的疫病防控措施。一旦疫病发生，很可能会导致病源排泄物外溢污染环境。如果有病死案例发生，随意丢弃的生猪尸体会把病原微生物扩散，加剧环境污染。

（三）生物安全压力

人们常说“家有万贯，带毛的不算”，这充分说明了疫病对生猪养殖危害的风险程度高。全球猪病呈现老病挥之不去、新病层出不穷，且病毒毒株不断变异、各种病毒混合感染、病毒细菌混合感染等现象，所以外围病原侵入压力巨大。尤其是非洲猪瘟疫情暴发以来，外部输入的生物安全压力巨大。

1.疾病形势压力　全国各地经历非洲猪瘟疫情洗礼后，大家都认识到依靠传统的“一苗二料三管理”已经没有办法养好猪，稳定生产的前提是做好疾病防控。以猪繁殖与呼吸综合征为代表，在近期监控过程当中，发现猪繁殖与呼吸综合征的流行毒株越来越多，包括以JXA1为代表的高致病性毒株，以Ch1a为代表的低致病性毒株，前几年就开始流行的NADC-30毒株，以及现在流行的

NADC-34毒株；还有类疫苗毒株和一些重组毒株，包括QYYZ、GM2、GDQJ等。此外，还有目前暂时挡在国门外的1-4-4毒株。不同毒株之间疫苗交叉保护性也各有差异。因此，想回到从前“一针定天下”已经基本不可能。生物安全只要“100”和“0”，谁能有效将病毒挡在门外，谁才能收获最后的经营收益；否则，只能用“溃不成军”来形容经历疾病洗礼的猪场。

2.内部扩散风险　受到资金和防疫水平等影响，更受禁止“违规复养”等政策的制约，小散户模式逐步退出主角地位，取而代之的是以牧原、温氏、新希望等为代表的专业化、规模化养殖企业，但规模化养殖在疾病防控中出现其弊端。

（1）硬件配套问题。

① 集约化程度高。因土地资源有限及经营效益的压力，专业化养殖采取的猪舍结构均是以集约化为主，单栋饲养密度大、猪舍密集。以一个年上市25万头猪苗的种猪场为例，其一栋配种＋怀孕的猪舍占地面积约为6 324平方米，里面约需容纳2 688头母猪，平均一头母猪占地约2.35平方米。但一头怀孕母猪平均体重均在200千克以上，体长约2米。因此，在猪舍内一排猪与另一排猪之间的距离只能容纳一个成年人行走。一头猪感冒后，一个喷嚏都可以直接飞溅到对面猪的料槽内。除栋舍内猪密度较大外，场内猪舍集约程度也较高。以江苏区域内某公司下辖种猪场为例，猪场占地面积为500亩，场内有部分林地和池塘，猪舍建设面积只有200亩，存栏种猪9 000多头，猪舍距离只有4米。因此，这种养殖模式需预防先行。一旦发生疾病，由点到面的暴发只是时间问题。

② 进风口生物安全配套。养猪场环控模式常常是建设中最大的痛点，因为环控的供应商只考虑进风口、温控模块及风机等硬件配套。最大根源是，承建商不了解养殖，养殖企业不了解猪舍建设及环控模式。因此，无论养殖场是使用正压送风还是负压通风，且因成本叠加因素而很少使用空气过滤系统。在进风口的设计上少有突破，虽然很多养殖场通过在进风口加套纱网或双层水帘，达到过滤器及降粉尘的目的，但实质上仍没有得到有效控制，尤其猪繁殖与呼吸综合征等疾病可以通过空气传播，在目前现有的进风模式下疾病控制依然很难。

③ 环控调整不及时。养猪场常因环控模式调整不及时或环控设备故障等问题，在夏季或冬季猪舍内含氧量普遍不足、氨气味大，从而诱发呼吸道疾病导致猪群健康度下降。

④ 传统猪舍生物安全配套不足。传统猪舍在建设之前很少考虑生物安全防控需求，存在猪场内部没有脏、净道划分，猪苗车及种猪车混用以及冲凉房配备不足等硬件设施问题。猪场内出现一个“点”的问题，常因为硬件配套不足而呈现出“燎原”的态势。

（2）软件配套问题。

① 种源问题。种猪群健康管理是生物安全防控的基础。国内种猪企业因规模小、技术力量欠缺，越来越看好从国外引种带来的品牌效应和销售利润，缺乏建立自有种群实现可持续发展的长远眼光和魄力，逐渐沦为世界庞大猪肉产业的低端生产者。因此，祖代群受到国外疫病影响较大，从而波及下游引种。引种关决定种猪场的未来和发展，隐藏的疫病风险必然会为猪场后续生产埋下巨大隐患。

② 员工熟练度。养殖场常因封闭式管理，员工更新率较高。而且，员工普遍存在文化水平不高、培训难度大、操作随意性强等问题，从而造成执行上存在较大偏差，内部出现扩散的风险巨大。

3.生物安全投资压力　生物安全涉及“五进五出”关，每一个关口均涉及硬件配套和改造升级。因此，生物安全硬件配套及运行成本均较高。以全闭环猪苗车洗消房为例，需建立一级洗消房、二级洗消烘干房和三级洗消点。一、三级主要以洗消为主，硬件投入主要涉及土地租赁，投资较大的主要为二级洗消烘干房，具体硬件投入及运行成本见表2-1。可以看出，一个全密闭式车辆消毒房加一个密闭式烘干房土建加设备费用为30万～50万元，猪苗车单趟在二级点洗消加烘干成本在300～500元。对于一个满负荷猪场来讲，每天均有猪苗排放，每月在猪苗车上的消毒费用为

9 000 ~ 15 000元。猪苗车在生物安全防线中只是其中一个板块，其他还有人员洗消、冲凉房改造、保暖设施、洗衣机损耗及洗消员工资等费用。

表2-1　车辆洗消中心硬件投入及运行成本

分类	明细	价格（元）
车辆洗消烘干房	土建及设备	30万 ~ 50万
洗消员	月工资	5 000
猪苗车	单次洗烘费用	300 ~ 500

非洲猪瘟暴发以来，各大企业猪苗成本快速增加，很大一部分原因均是因为生物安全的运行成本增高导致的。

（四）食品安全压力

食品安全是指食品无毒无害，符合应当具有的营养要求，对人体健康不造成任何急性、亚急性和慢性危害。因此，食品安全是系统性问题，需要加强从养殖源头、销售、屠宰到加工等全链条的管理。

1.基层兽药市场监管力度不足　2010年1月4日，农业部发布了《兽药经营质量管理规范》(GSP)。自此，兽药经营市场逐步走上规范化、法制化的道路。但是，部分兽药经营门店还是存在兽药经营场所和仓储面积等硬件条件不达标、兽药经营管理制度不完善、供应商档案和购销台账记录不完整、处方药与非处方药摆放不规范、仓库管理混乱等GSP贯彻不到位的情况。尤其是乡村兽药市场杂乱，存在无证经营、兽药与饲料混卖、没有建立相关制度和购销台账记录、不按规定使用处方药和非处方药、缺乏基本的辨别知识、经营的产品来自一些小作坊、可能涉及假劣兽药等情况，难以保障兽药质量安全和兽药产品的可追溯管理，很大程度上增加了兽药市场监管的难度，更会增加养殖市场中假兽药使用的概率。

2.养殖人员对兽药管理不到位　由于历史的原因，广大养猪户长期以来发现生猪有病不是先找兽医诊断咨询后再购药，而是凭经验自行购买，对药物有益、有害的两面性认识不足，对滥用兽用处方药的危害不甚了解。尤其是常见的腹泻、发烧和驱虫等，未形成凭执业兽医师或执业助理兽医师处方购买兽用处方药的习惯，片面认为凭处方购买兽用药不但会给自己购药带来不便，还会增加购药成本。因此，目前许多群众都不找执业兽医师而直接到零售药店购买处方药，从而给零售药店违规销售兽用处方药提供了“生存空间”。

3.无害化处理厂存在风险隐患　为规避病死猪带来的食品安全风险，2013年9月23日，农业部印发关于《建立病死猪无害化处理长效机制试点方案》的通知，其目的是尽快在全国建立完善的病死猪无害化处理长效机制，防止随意丢弃病死猪污染环境，防止病死猪流向餐桌引发食品安全事件，防止病死猪传播动物疫病，保障动物源性食品安全和畜牧业健康发展。但在实际运行中，无害化处理厂多为第三方企业运作，承运病死猪的车辆往返多个养殖企业且车辆洗消过程无监管人，导致大规模企业均不敢直接与无害化处理厂对接。无害化处理厂成为疫病蓄积点，给周边的养殖环境带来了重大的疫病隐患。

4.养猪企业面临的食品安全管控　食品安全除依靠政府管控外，更多地依靠企业的自律。各大规模养猪企业对于食品安全管控，主要是从吃得安全健康、生病合理用药、上市前休药期管理、按要求处理病死猪、上市前按要求执行药物残留检测、保证流入市场的生猪均符合国家食品安全管理规定等方面做起。在企业中，食品安全风险管控涉及管理及执行层的监管和对接问题，企业在真正实施过程中存在上下游思想不统一问题，常导致执行中存在偏差。如在休药期管理的问题，养殖人员常在“挽救和休药期”之间徘徊。

（五）社会认同压力

早几年北京大学毕业生卖猪肉的新闻一度火遍全网，虽然现在“壹号土猪”连锁点已经遍布北京、上海、广州等全国30多个大中城市，但该新闻却透露出另一个社会现象，即大家普遍认为卖猪肉和养猪业是一个低门槛的行业，认可度不高。

1.养猪业门槛低　在过去的小农经济时代，谁家门前不养几只鸡，喂几头猪，逢年过节屠夫穿梭在村落中宰杀年猪。因此，畜禽养殖从历史以来就是一个低门槛的行业。只是以前养殖可能更多的是为了糊口，饲养量低，没有任何技术含量。曾经在《兰州日报》中看到一篇《乡村兽医现状急需改善》的文章，其中有段话是“工作体系不完善，从业人数不足，质量不优及地位不高”，直接点出兽医在社会各行各业中的地位及处境。因此，在这样的社会背景下，即使现阶段在规模化养殖环境中，养猪业的招聘门槛依然很低。养殖技术岗位普遍处于常年招聘状态，部分岗位到岗培训后即可上手。

2.养猪企业风险高　一方面来自疾病不可控，损失不可预见；另一方面来自资金周转期长，投资成本高。

近几年，猪肉价格像坐过山车一样，其背后的原因正是因疫病原因导致供需关系的失衡，进而表现出价格的大幅度波动。目前，我国规模化养猪虽与美国相比仍有较大的差距，但与2007年我国规模化（年出栏大于500头）猪场只占26%相比已有显著的上升。虽然国家大力帮扶养猪企业，但养猪企业自身面临着巨大的资金周转问题，其自身必须承担银行利息、饲料费用、建筑投资、人力费用、药物费用以及种猪费用等。因此，养猪企业所面临的投资风险较高。

3.难以吸引高精尖人才　养猪业受到养殖环境的制约，地理位置偏远，且常年与猪打交道，很多人难以接受养猪场内的气味。高精尖人才常因工作环境、工作位置、社会地位及工资待遇等问题，很难接受养猪企业伸出的橄榄枝。

4.部分地方政府认可度不高　目前，各级政府片面理解习近平总书记提出的“绿水青山就是金山银山”理念，将养猪业与生态对立起来，将养猪业与农业割离开来，视生猪养殖为洪水猛兽，轰轰烈烈地在治理河道、退耕还田，打造绿色生态家园。但生猪养殖必然会面临粪尿的臭气及粪污的消纳处理问题。因此，部分地方政府对于生猪养殖企业认可度不够，已安营扎寨的养猪企业在高强度的环保压力下举步维艰。

5.自动化程度低　即使在高效养猪场内，采取全漏缝地板、自动化喂料、自动化环控设备等硬件条件，养殖业仍未能实现全自动，养殖生产仍需依靠人海战术加半自动化设备进行维持；且养殖人员对于设备维护和使用问题更加突出，导致养殖场内设备故障率高，反而增加从业人员的劳动强度。因此，自动化程度低导致劳动强度的增加，从业者离职率偏高。

二、内部环境并不安全

（一）猪群健康难以维持

在生猪养殖过程中，如何维持猪群良好的健康状况，充分发挥出猪应有的生长繁殖性能，被认为是生猪养殖最核心、最关键的内容。但是，目前猪病种类繁多危害大、养殖环境调控不精准、饲料霉菌毒素污染严重、治疗手段缺乏、养殖人员管理水平参差不齐等问题，都严重影响着猪群健康的维持。

1.受多种疫病影响 近年来，我国养猪业规模化发展速度很快，已进入集约化、自动化养殖生产模式，养殖管理模式也发生了很大的变化，但养猪生产仍然深受猪病困扰。其中，非洲猪瘟、猪繁殖与呼吸综合征、猪流行性腹泻等是影响最为严重的病毒性疫病；另外，猪大肠杆菌病、副猪嗜血杆菌病、猪传染性胸膜肺炎等细菌性疫病也严重影响着猪群健康（杨汉春等，2022）。

目前，非洲猪瘟呈现局部区域流行的散发态势，但临床的复杂性加剧。据《兽医公报》，2021年报告疫情15起，涉及新疆、云南、四川、湖北、湖南、内蒙古、河北、广东、海南9个省份；非洲猪瘟病毒毒株的多样性也正在加剧，增加了疫情监测与防控的难度；非洲猪瘟临床疫情的复杂性加重，一些变异毒株造成的感染，对于养殖场而言，由于感染猪的临床症状不典型和发病晚，临床监测与排查难以做到早发现，实验室检测也难以作出早诊断，因此造成的危害和对养猪生产的影响较大。由于非洲猪瘟病毒的抵抗力强，在环境中的存活时间长，造成的污染面较大，短时间内难以彻底消除。而且，一些场点（如病死猪无害化处理场、屠宰厂以及农贸市场）的污染持续存在，是造成非洲猪瘟病毒传播与扩散的重要风险点。非洲猪瘟仍是影响目前猪群健康的最重要杀手。

除非洲猪瘟外，猪繁殖与呼吸综合征也是严重影响我国养猪生产的重要疫病。从猪场层面来看，猪繁殖与呼吸综合征的流行范围较广、临床疫情持续不断，对养猪生产的危害非常严重。临床疫情以母猪繁殖障碍（流产、产死胎）、保育猪和生长育肥猪的呼吸道疾病以及继发感染为特征，导致母猪繁殖效率下降、仔猪和保育猪病死率高，猪只生长速度缓慢、料重比高、出栏天数延长、育肥生产成本上升。

猪流行性腹泻疫情近年来发病率高，成为影响养猪生产的关键疫病。据报道，2021年猪流行性腹泻疫情发生率高于2020年，南方部分地区养殖场在每年的1—4月和10—12月发病较为严重，引起刚出生哺乳仔猪的大批死亡，经济损失较大。

猪大肠杆菌病、副猪嗜血杆菌病和猪传染性胸膜肺炎仍然是对养猪生产影响较大的3种细菌性疫病。另外，猪伪狂犬病、猪链球菌病、猪支原体肺炎等仍然常见和多发。

在楼房集群式养殖条件下，由于养殖规模的扩大和饲养密度的加大，一些细菌性和病毒性疾病引发的猪只呼吸道疾病对养猪生产的危害可能会呈现加重的趋势。

2.猪群肠道健康问题严重 肠道健康是影响猪群健康的重要因素，猪肠道的主要功能是消化和吸收营养。饲料进入消化道后，在几种内源性和外源性酶的作用下，被分解成小分子、大分子营养物质和微量营养物质，供机体吸收利用。有效的肠道功能，通常伴随着最佳的消化和吸收。然而，当肠道发生炎症时，消化效率下降，对大量和微量营养物质的吸收减少。这时，过多的营养被输送到后肠发酵，导致后肠微生物群组成的改变，进而影响肠道健康。常见的猪肠道疾病包括仔猪黄痢、仔猪白痢、仔猪红痢、仔猪副伤寒、猪痢疾、传染性胃肠炎、流行性腹泻以及猪轮状病毒病。可以发现，很多肠道疾病都出现在仔猪阶段。因为随着现代化养猪生产水平的不断提高，国内外养殖场普遍缩短仔猪断奶日龄，而早期断奶带来的仔猪断奶应激综合征严重影响着猪只肠道健康。仔猪断奶后，饲粮来源由原来易消化和易吸收的母乳转变为难消化和口感差的固体颗粒饲料，同时加上其他应激因素的影响，在断奶后的前几天采食量降低，甚至有部分完全不采食，从而导致仔猪肠道炎症和肠道结构的损伤。断奶应激严重影响仔猪存活率、仔猪断奶后的生长速率甚至后期的生长速率、出栏时间等，给生猪养殖带来巨大的经济损失。因此，仔猪的肠道健康是维持猪群健康的重点（王红宁，2006）。

3.设施设备对环境调控不精准问题突出 在后非洲猪瘟时代，随着养猪行业规模化的不断提升，为了提高养殖生产水平，加强生物安全管控，大量新设备、新设施、新工艺被应用到养猪行业。现在的规模化养猪场，舍内环境自动调控系统、供料自动料线系统、大群饲养系统、水泡粪或者刮粪机工艺、全封闭式养殖模式等自动化设备和全新工艺模式都是标配了。由于养猪行业从业人员理念认识不一致，猪场选择的设备设施参差不齐，特别是设施设备使用不当的情况时有发生，对养猪生产和猪群健康造成了较大影响。生物安全要求在全密闭养殖模式下，猪舍内部应通风换气，温度、湿度、空气新鲜度全部依靠环境控制器和风机水帘等设备设施来实现。在冬、春干燥季节，设备使用不当造成舍内湿度低、氨气浓度大、粉尘严重等问题，严重影响猪群的呼吸道健康。

猪场的“三度”包括温度、湿度和空气新鲜度，猪舍内“三度”控制得好坏直接影响着舍内猪群的健康和生长。目前，无论平房养殖还是楼房养殖，在猪舍“三度”控制中仍然有一些问题。在设备设施的合理使用方面，如冬季吸顶天窗加风机通风模式、夏季水帘加风机通风模式、水泡粪和刮粪机清粪方式等，如何确保智能环境控制器做到舍内“三度”的精准调控，是否按照不同季节、不同温度变化等实际情况进行参数设置和调整都至关重要。另外，生产现场管理对于舍内温度调节、降尘、除臭等生产管理措施是否得当，都会使猪舍内“三度”失去控制。不能给猪群提供一个良好的生长环境，往往会造成猪群应激、引发疾病，影响猪只的正常生长。

4.饲料霉菌毒素污染严重 饲料霉菌毒素可直接损伤靶器官、肠道黏膜，引起免疫抑制，对猪群健康具有较大威胁。常见的霉菌毒素有黄曲霉毒素、烟曲霉毒素、赭曲霉毒素、玉米赤霉烯酮、T2毒素、呕吐毒素等。黄曲霉毒素可造成猪群肝脏病变，致残致畸，严重影响猪群健康和生长。玉米赤霉烯酮与雌激素的结构相似，具有雌激素类的作用，可导致母猪体内雌激素过度，从而引起动物流产、死胎、返情等繁殖异常现象。猪对玉米赤霉烯酮最为敏感，在猪体内可以转化为α-玉米赤霉烯醇，其作用效果要比雌激素强100多倍。烟曲霉毒素能破坏肠道上皮细胞的完整性，造成病原菌在肠道的定殖，引起猪的肺水肿，尤其容易引起断奶仔猪的肺部病变。呕吐毒素易引起猪的拒食、食欲减退，使其摄食减少，影响生产效率。

来自建明（中国）科技有限公司2021年的报告指出，在养猪使用的玉米、豆粕、麦麸、DDGS、小麦等饲料常规原料中，黄曲霉毒素、呕吐毒素均值含量均较2020年有所提高，超标率均有提升，这表明猪饲料受到霉菌毒素污染的风险越来越高。

5.治疗手段缺乏 猪病的治疗手段缺乏也是影响猪群健康的因素之一。在饲料禁抗前的生猪养殖过程中，为了维持猪群健康、促进生长，在饲料中添加大量饲用或药用抗生素，一直被认为是廉价且有效的治疗手段。但是，抗生素的滥用极大地影响了养猪业的健康发展，也影响到人类健康和生态环境的发展。因此，我国农业农村部第194号公告表示，自2020年7月1日起，停止生产含有促生长类药物饲料添加剂（中药类除外）的商品饲料。

随着含抗生素饲料的禁止使用，饲料中添加饲用或药用抗生素的治疗手段也相当于被禁止。而目前猪场常见的防治手段基本为疫苗免疫、现场饮水加药、药物注射等，对某些疾病还有返饲等手段。这些治疗手段对猪群健康维持虽然有较大帮助，但是在面对一些复杂、治疗时间长或难以治疗的疾病时还是捉襟见肘。

（二）替代产品效果难以保障

在生猪养殖过程中，之前长期依赖抗生素的促生长和防治疾病作用。饲粮中不再添加抗生素后，猪的生长速度降低、疾病发生率增加等问题，逐渐开始影响生猪养猪业。因此，寻找替代抗生素的添加剂迫在眉睫。目前已经开始研究的抗生素替代物，主要有酸化剂、矿物质、益生菌、核苷酸、植物提取物等（程学慧等，2000）。

1.酸化剂使用影响因素多 饲粮中添加的酸化剂能为肠道有益菌提供一个有利的生存环境，

增加营养物质的消化率，提高生长性能。因此，一直被视为抗生素替代物。其使用时的影响因素如下。

(1) 酸化剂的种类和用量。由于各种酸化剂的分子质量、溶解度、解离常数、能量值等不同，因此在使用效果上也有所差异。酸化剂的作用效果还与其用量有关。用量不足，起不到应有的酸化效果；用量过多，则会引起生产性能下降。

(2) 日粮的种类和组成。日粮类型不同，其酸化效果不同。在玉米-豆粕型简单日粮中加入有机酸，仔猪日增重明显提高；而在加入乳制品的复杂日粮中，酸化效果不明显。实质上，其中的大豆蛋白和酶蛋白有差异，同时也与乳糖存在与否有关。这主要是因为乳制品的酸结合能力比植物性蛋白的酸结合能力要高。

(3) 年龄和体重的影响。仔猪饲粮酸化的重要理论依据是仔猪胃酸分泌不足。随着仔猪年龄和体重的增长，消化道机能逐步完善，胃酸分泌逐步增强。因此，加酸效果降低。研究表明，在仔猪早期断奶后的头1～2周内酸化效果明显，3周以后效果逐步降低，4周以后完全没有效果。

(4) 饲养环境条件。圈舍的卫生条件、饲养密度、温度、湿度、各种应激因子等影响酸化剂的作用效果。在饲养条件差的地方，酸化剂的作用效果优于饲养条件好的地方。

从以上影响酸化剂使用的因素可以看出，想要保证酸化剂的效果，需要满足的条件是比较多的。所以，酸化剂的替抗效果还有待更深的研究。

2.微量的铜和锌具有双面性　微量的铜和锌是维持机体正常功能所需的矿物质，铜和锌具有抗菌特性，所以在饲粮中添加的含量比营养需求量高。研究表明，饲料中添加高剂量的氧化锌可以缓解仔猪断奶后腹泻，并且有促进仔猪生长、提高抗氧化能力、修复肠道屏障和调节免疫功能等效果。但是，饲料中高剂量的锌也会导致细菌耐药性增加、土壤中重金属含量增加和环境污染等问题。因此，想要通过在日粮中添加铜和锌来替代抗生素的方法还是存在一定的问题。

3.益生菌添加存在不稳定因素　益生菌在当前的生猪养殖过程中，主要用于替代抗生素，调节肠道内微生物，进而提高生长性能和机体免疫。目前，主要的益生菌种类有芽孢杆菌属、双歧杆菌属、梭菌属、乳酸菌属、片球菌属（王丽等，2021）。另外，还有真菌类的酵母菌也属于益生菌。益生菌与宿主肠道菌群的相互关系是益生菌作为替抗的重要因素之一。益生菌与病原菌竞争营养物质、能量以及肠道附着位点，因此，限制大肠杆菌和沙门氏菌等病原菌在肠道中的定殖面积和组成，并通过NF-κB和mTOR等信号通路调控肠道水重吸收，起到替代抗生素的部分作用。其中，饲用效果包括降低仔猪腹泻、维持肠道菌群的稳态、增加有益菌数量，从而提高肠道健康，促进猪的生长性能。虽然有大量的研究表明益生菌可以替代抗生素，但是研究结果仍不稳定，甚至有相反的结果。因此，需要更多的研究结果来探究益生菌对猪生长性能和肠道健康的影响，并探究其影响的机制。这样才能有效地在替抗中起到作用。

4.核苷酸添加不确定　核苷酸是机体的必需营养物质，在正常情况下，机体可以正常合成机体所需的核苷酸。在仔猪应激、快速生长或者营养需要受限的时候，机体合成核苷酸的量不能满足自身的需要。核苷酸作为单体形成DNA和RNA，在机体内发挥多种功能，既是能量来源、氧化还原反应中的辅助因子，又起生理调节作用，还可作为活性物质和酰基的载体（UDP-葡萄糖、CDP-胆碱、辅酶A）。此外，核苷酸也影响机体免疫系统的发育、肠道内微生物组成和小肠的完整性。核苷酸作为抗生素替代物添加在仔猪饲粮中，可改善仔猪生长性能，提高仔猪对应激源的适应能力。但是也有研究表明，饲粮中添加核苷酸不能促进仔猪的生长，这可能与饲粮中添加核苷酸的浓度和类型有关。

5.有效植物提取物仍未研发成功　植物提取物是生猪养殖中添加量最大的替抗产品，也是最有潜力的一类可以替代抗生素的物质。因为植物提取物的种类广泛，且功能繁多。理想的可以用来替代抗生素的植物提取物应具备以下特征：第一，不显著增加成本，不产生环境污染和细菌耐药性；第二，自身无毒副作用且无体内残留，能稳定存在于消化道和饲料中；第三，对机体的正常菌群无害且能杀灭病原菌，还能提高动物免疫力和生产性能。截至目前，符合这些特征的提取物或者提取物混合物还没有研发出来，还需要进一步了解提取物在机体内的作用机理才能够总结完善出来。

6.替抗产品质量问题　由于促生长抗生素替代的技术需要，近年来，大量的抗生素替代产品如雨后春笋般地涌现出来。同时，由于添加剂产品备案制度的实行，在促进替抗行业快速发展的同时，也出现了一部分急功近利、品质监管困难、没有充分进行效果验证的产品充斥其中，使得部分替代产品的效果难以保证。

总的来说，虽然含抗饲料禁止使用以后替抗产品的研发如火如荼，但是截至目前，市面上能同时满足效果与成本的替抗产品还是相对较少，还需要行业科技工作者的继续努力。

（三）猪场效益、效率受到冲击

1.超级猪周期引发行业动荡　2018年8月，非洲猪瘟开始在我国蔓延，给养猪行业造成了巨大的冲击。在非洲猪瘟疫情之前，猪周期一般为3 ～ 4年。但是2018年非洲猪瘟发生以后，猪肉价格的波动幅度、涨跌速度远超从前，巨幅波动主要是受到非洲猪瘟、环保限产、规模化养殖、新型冠状病毒感染、粮食价格等多重因素的影响。从2021 年1 月起，在生猪存栏恢复、出栏增长、消费下滑等多重因素影响下，本轮猪周期迎来下行周期，22 个省份的生猪平均价格快速下跌。2021年6月开始，生猪出栏价格跌破成本价；而随着2022年2月饲料原材料价格的上涨，育肥猪出栏的成本进一步提高。目前，国内猪场的生产效益基本都是负数。以目前的行业水平，要将出栏成本完全降到当前的出栏价格是无法实现的。

2018年以来，活猪价格从12 ～ 15元/千克快速上涨到将近40元/千克；在高位震荡后开始下降，回到了2018年的价格水平。特别是2021年，活猪价格像是坐了一回过山车，从顶点跌回起点。

对于养猪行业盈利情况，2021年初自繁自养出栏一头120千克肥猪，利润2 400元；但是到了2021年10月，同样出栏一头肥猪，亏损将近1 000元。本轮超级猪周期引发养猪行业盈利大动荡，使养猪企业盈利和生产稳定受到很大的冲击。

2.生物安全防控提升养殖成本　生物安全措施在我国非洲猪瘟的防控中发挥了巨大作用。经历非洲猪瘟重创之后，养殖企业快速恢复生猪生产，这为生物安全体系防控非洲猪瘟的有效性和可行性提供了最为直接的实证。但是，生物安全硬件和软件的完善需要更多的资金和人力投入，人员进猪场需要进行检测和隔离，物资进猪场需要进行检测和彻底消毒，饲料运输车进猪场需要进行检测、洗净、消毒和烘干。猪场的检测与消毒开始成为日常工作，非洲猪瘟的防控成为猪场的头等大事。这些流程和制度帮助猪场免受非洲猪瘟的干扰，但也极大地降低了猪场人员的工作效率、提升了养殖成本。

3.原料价格上涨　当前，我国饲料原料供需仍处于紧平衡状态，进口依存度提升，导致价格持续走高。饲料原料价格上涨是各种因素叠加作用的结果，但根本原因是供需不平衡。国家统计局数据显示，2021年全国生猪出栏6.71亿头，同比增加27.4%。在需求刺激下，国内企业扩大粮食进口缓解了国内供给压力。根据海关数据，2021年我国粮食进口总量超过1.6亿吨，其中，玉米、高粱和大麦累计进口5 025万吨，较2020年的2 419万吨大幅增长，大豆、玉米、大麦、高粱等饲料原料进口量占全年粮食进口总量的89.2%，小麦和碎米进口增加部分也用于饲料原料。

2022年以来，受新型冠状病毒感染、主要经济体货币政策转向、俄乌地缘冲突加剧等多重因素影响，国内玉米、大豆、大麦、高粱、麸皮等饲料原料价格整体上涨，给养猪行业带来了较大压力，也给国内猪肉保供稳价带来挑战。国内玉米价格从2.00元/千克持续上涨到3.00元/千克；同时，豆粕的价格也上涨了20%～30%。在猪价持续低位运行情况下，饲料价格上涨带动养殖成本提高，加剧了生猪行业的亏损。

4.养猪生产效率受到影响　饲用抗生素主要起杀灭肠道细菌、提高饲料转化率以及提升猪群成活率等作用。饲料禁抗后，可能会出现仔猪腹泻现象增加、生长育肥猪生长速度减慢、养猪场生产效率下降等问题。

养殖端抗生素的使用主要是治疗猪只的细菌性疾病，减少死亡，提升猪只成活率等。但是，抗生素的不合理滥用同样会造成细菌耐药性、猪肉产品药物残留、环境排放污染等环保和安全问题。养殖端抗生素的减少使用是生猪养殖高质量发展的必然趋势，但如果没有合理的使用方案和强大的替代技术储备，可能会出现猪群短期疾病控制困难、猪群健康受到影响、生产效率下降等问题。

（四）从业人员自律意识参差不齐

近几年，因为猪价上涨，各大养猪企业均进行了大规模的扩张，从业人员也大幅度增加，许多从未接触过养猪行业的人也加入进来。同时，规模化猪场封闭的环境加上比较艰苦的条件，使得人员很难留下来，频繁的人员流动成为部分规模化猪场的常见现象。非行业人员的大量加入，再加上从业人员的频繁流动，最终使得从业人员的自律意识、技能水平参差不齐。因此，猪场培养专业人员、提升管理水平是非常必要的（李俊柱等，2009）。

1.从业人员专业水平参差不齐　养猪行业一直都是低端行业的代名词，从事养猪行业人员主要分为两大块：一是家庭农场的从业人员，这一部分以农村地区农民为主，主要作为一种副业，或者养殖规模较少的小型猪场。二是规模化养猪场的从业人员，这一部分主要由农民工、畜牧类专业毕业生等组成。

近年来，随着养猪行业的高质量发展，越来越多的新设备、新技术、新工艺等应用到养猪生产当中，也需要有越来越多高学历、专业的技术和管理人才进入养猪行业。例如，目前种猪全基因组选育技术的实施，就有众多的博士、硕士参与；标准化、自动化、智能化的饲喂设备和管理设施，需要高素质、高技术的人才去使用和维护。养猪行业的高质量发展倒逼养猪企业提升从业人员的技术水平。但是，从养猪行业整体情况来看，行业还是缺少知识水平高、管理能力强等高素质人才。

2.从业人员自律意识参差不齐　养猪从业人员由于自身素质和专业水平参差不齐，对法律法规、行业政策等缺少有效的学习和理解，自律意识较差，在生产过程中，对生猪产品的质量和环保等问题造成了一些隐患。对于农户散养和小规模的养猪场，由于从业广泛、监管困难等原因，使用违禁药物的情况也时有发生；在环保方面，粪污处理设施简陋，为节约成本不处理就排放，随意丢弃死猪、病猪等现象也时有存在。这些从业人员自律意识和法律意识淡薄的行为，大大影响了行业发展。

三、过程监管并不畅通

（一）猪场监管水平参差不齐

我国养猪历史悠久，千百年来中国人喜食猪肉，也培育了许多优秀的地方品种。随着生猪养殖产业的不断发展壮大，无序无章的生猪养殖场（户）也越来越多。猪场从业者由于受专业知识的限制，文化水平参差不齐，在猪场选址、布局、猪舍设计与软硬件配置等方面参差不齐，生产管理、健康管理和生物安全评价监测能力也参差不齐；再加上我国对养猪产业的服务保障体系不健全，疫病种类越来越多，由疫病造成的损失越来越大，个别时段养猪成为投资大、效益低、风险高的行业。我国生猪养殖结构呈现多元化形态，由产业化集团、大中型养猪企业、中小规模养猪场、养猪户和家庭农场构成。不管是哪种类型的养猪场都存在着各自的痛点，都存在着许多猪场监控与管理上的缺陷和问题。

1.中小规模养猪场、养猪户和家庭农场监管能力薄弱 目前，中小规模养猪场、养猪户和家庭农场仍是我国养猪产业的主力军。这些猪场主要存在监控软硬件配置、检测、监测、风险预警和评价能力不足，管理制度缺乏、管理体系不健全和人员专业化能力不足等问题。但他们有主观能动性高的优点，监管意识和能力的提升还需要依靠政府部门、专业服务机构、产业链上游合作单位的支持，通过加强培训等方式来补齐短板。

2.产业化集团和大中型养猪企业管理水平参差不齐

（1）硬件条件参差不齐。新老猪场软硬件配置和条件参差不齐。老猪场自动化程度低、布局不科学、疫病防控风险大、人员配置比例高，需要实施管控的要素更多，实施提档升级存在难度较大、成本可能更高、效果难以保障等问题。即使是一些近年来新建的猪场，也多数由于认知、观念、资金、目的等原因而未能对猪场全程监管方面的软硬件建设以及工艺流程或设施设备选择等规划到位、投资到位，因而依然存在一系列监管方面的问题。虽然近些年国内大多数新建的现代化猪场采用了先进的监管系统，有的甚至用人工智能进行饲养管理和舍内环境控制，饲养密度与劳动生产率大大提高；但相当一部分过程依然为人工而非自动，相关信息仍然依赖人工录入，信息的全面性、真实性、实时性等依然受到严峻挑战，信息分析及监管的效果仍然非常有限。

（2）内部监管体系和机制难以健全有效。信息流和管理流是否顺畅、培训是否到位、上传下达是否及时有效、风险评估方案和实施机制是否完备，各类制度、标准、操作规范/SOP等是否执行到位等都是很常见的问题。如果中层、高层主管不能定期严格按生物安全防控要求做好隔离后亲临养猪一线做现场评审和监察的话，猪场一线的管理就有可能处于失控的状态，执行效果就没法监管了。

（3）政府监督难以精准管理。假如因考虑生物安全防控的因素连企业高管都不能进现场的话，政府监管人员也没法开展现场工作，导致规模化程度提高之后，政府对企业的监管反而出现真空的现象。如果仅通过查阅记录，还会存在记录是否真实、内容是否详细、是否存在生物安全交叉污染风险等问题。有的猪场尽管设置了视频监控系统，但多数却由于摄像头视角、分辨率、网络覆盖效果或损坏等原因而大打折扣，几乎形同虚设。有的监管采取实时手机视频提高监管效果，但事实上却多由于规模猪场远远不止一个类型的猪群，同一个类群的猪也不一定只有一栋猪舍，由于时间原因也无法将每栋猪舍同时拉网式收入视野，监管效果相当有限。

（二）政府监管力度有待加强

我国近年来制定的与生猪养殖产业相关的主要法律法规见表2-2。

表2-2 我国现行的与生猪养殖产业相关的主要法律法规

颁布时间	颁布机构	法律法规
2022年	全国人民代表大会常务委员会	《农产品质量安全法》（2022年修正）
2021年	全国人民代表大会常务委员会	《动物防疫法》（2021年修订）

（续）

颁布时间	颁布机构	法律法规
2020年	全国人民代表大会常务委员会	《生物安全法》
2019年	农业农村部	《动物检疫管理办法》（2019年修正）
2018年	全国人民代表大会常务委员会	《食品安全法》（2018年修正）
2017年	农业部	《饲料添加剂安全使用规范》（2017年修订）
2016年	国务院	《生猪屠宰管理条例》（2016年修订）
2015年	全国人民代表大会常务委员会	《畜牧法》（2015年修正）
2015年	农业部	《家畜遗传材料生产许可办法》（2015年修订）
2010年	农业部	《动物防疫条件审查办法》
2006年	农业部	《饲料生产企业审查办法》

从现行的与生猪养殖产业相关的主要法律法规可以看出，国家对疫病防控、生物安全防控、检疫检验、农产品质量安全和食品安全的重视度是非常高的。通过立法来实施监管，这些方面的红线、底线是坚决不允许触碰的，否则就是在违法犯罪。这些规定需要广大从业者的自律和自觉遵守。然而，因行业从业者的素质参差不齐，不合法、不合规事件常有发生。在目前非洲猪瘟常态化防控的大环境下，政府监管让生猪养殖者和养猪企业的压力倍增。疫病风险既是养猪业的挑战、灾难，同时也带来新的机遇，它极大地推动了养猪行业对生物安全的认知和猪场现代化的科学管理进程。影响现代化养猪产业健康有序高效的关键点是在没有疫病相关的特效药或者没有成熟的疫苗前，做好生物安全防范，提高猪群的健康度，做好现有疫苗的免疫、药物保健，并做好重大疫病的防控，是现阶段的重点措施。同时，政府加强在这些方面的监管、指导扶持，是解决当前疫情压力、确保行业有序发展的重要保障。

1.种猪健康度的监管力度有待加强 一般来讲，种猪是一个养猪场最重要的生产工具。现在，规模化养猪场每年都需更新30%～50%的基础母猪。因此，引进高健康度的种猪至关重要。猪繁殖与呼吸综合征、伪狂犬、流行性腹泻以及呼吸道疫病等一系列疫病，长期以来一直严重影响着猪场的生产成绩。尤其是在目前非洲猪瘟疫情比较严峻的大环境下，选择和引进优良且健康种猪的难度与风险大大增加。因此，在选择和引种上，对猪场来说有很大的挑战。我国现行的相关法律法规在这方面的监督力度略显薄弱，通常侧重于事后的防控和预警，事前的预警和监管相对薄弱。如果想让各猪场有序经营和经济效益得到最大化的体现，就需要加强引进高健康度种猪的监管力度，这是保障猪场健康发展的基础。

养猪场在选择高健康度种猪引进前，一方面，需要主动与地方政府主管部门沟通，并获得监管支持；另一方面，也需要做好从供种场选择到现场考察、再到种猪选择等各个环节的重点工作。有能力的猪场，自己做好健康度情况监测和风险评价；没有能力的猪场，需要寻求第三方机构或地方监管部门的支持，做好健康度情况监测和风险评价。

2.疫苗免疫的监管力度有待加强 在生猪的养殖过程中，疫苗免疫是提高猪只存活率、预防各类疫病发生流行、降低猪场成本投入和损失的最关键也是最基础的环节。特别是对于现在的规模化养猪场，因其饲养量大、饲养密度高，猪只来源相对分散，再加上近年来各种疫病的复杂化等原因，使疫苗免疫成为猪场发展的第一要务。近年来，许多规模化企业虽然认识到了“预防为主、治疗为辅、防重于治”的动物疫病防控原则的重要性，提高了对疫苗免疫的重视程度，但由于疫苗使用人员和养殖人员对疫苗的质量及保存运输、免疫接种时的操作、猪场的饲养管理、猪群的自身因素等原因引发的各种问题都有可能影响疫苗的免疫效果，从而导致猪场发生疫病。尤其是中小规模猪场和小养殖户因疫苗质量、运输和使用不当而影响免疫效果，从而引发疫情的情况屡见不鲜。地方政府应加强这方面的监控、指导和培训力度，以便起到事半功倍的防疫效果。下述因素均会影响猪场疫苗免疫的效果，同时也是需要政府有关部门引起关注和加强监管的关键点。

（1）疫苗的质量。高质量的疫苗是动物免疫成功的前提。猪场应通过畜牧兽医部门或正规渠道采购疫苗，以免采购到质量不过关或失效的疫苗；地方政府也需要加强对市场销售疫苗质量的抽查和监管力度，以免违规和质量不合格疫苗流入市场、流入猪场，从而导致防疫风险。

（2）疫苗的保存运输。各种疫苗都有其相应的保存管理标准。一般的灭活苗要求2～8℃冷藏保存，冻干苗要求−15℃冷冻保存。在疫苗运输过程中，应完善冷链设备管理，以免发生疫苗管理人员未按照相关的标准进行保存或运输过程中未使用专门的冷链设备，造成疫苗效力的降低或彻底失效，从而造成巨大经济损失和疫病传播。猪场和地方政府需要加强疫苗运输过程和保存条件符合性的监控与监督。

（3）疫苗的免疫操作。疫苗的免疫操作看起来只是一个简单的注射过程，但每个操作细节都可能影响到最终的免疫效果。从免疫器械的清洗消毒、疫苗的使用乃至免疫接种时的操作都有可能造成疫苗的效力降低或彻底失效，这方面需要加强操作人员专业能力的培训。

（4）合理的免疫计划。合理的免疫计划是猪场免疫程序的重要环节。免疫程序必须依据猪群的免疫状态、疫病的流行特点和规律、当地疫情形势和本场的疫病情况而定，结合猪只的用途、年龄、抗体等因素制定科学合理的免疫程序才能使猪群的免疫效果达到最佳。

影响猪场疫苗免疫效果的因素有很多，它们可能因单一因素产生影响，也可能几个因素同时产生影响。所以，猪场在进行免疫前要综合各个因素，制定切实可行的免疫程序和制度。免疫14～21天后可进行一次抗体检测，根据抗体水平的检测结果及时进行补免和适时进行二次免疫，确保猪群稳定。地方政府需要加强管辖区域内疫病流行风险的预警、监控和免疫计划的指导。

3. 药物保健的监管力度有待加强　科学合理的药物保健可以清除猪只体内病原菌，抑制体内病毒复制及其活性，净化猪场传染病，预防通过胎盘传播的疫病，并可辅助增强群体抵抗力、提高抗病能力和饲料转化率，从而提高猪场的经济效益。药物保健是根据猪群发病规律，为了使猪群避免后期发病而采取的预防性用药，主要针对猪只不同日龄容易暴发的细菌性疫病、病毒性疫病和寄生虫病而提前做的预防性药物控制。特别是对于没有进行疫苗免疫的细菌性疫病和血液原虫性疫病的猪群，采取科学的药物保健预防措施，能够有效防止猪群在受到应激或母源抗体消失后感染相应的疫病。

（1）不合理用药导致耐药株发生。没有定期更换用药、长期使用一个方案以及过度保健等不合理用药问题，是导致细菌对药物产生耐药性的导火线，严重影响药物保健的效果。针对一些发生和流行具有明显季节性的疫病，根据不同生理阶段、年龄阶段、猪群发病特点进行阶段性保健和针对各种应激进行药物保健，能够提高猪群的抵抗力，从而减少猪群疫病的发生。地方政府应该对没有疫病风险防控能力的猪场加强监督和指导；另外，也需要根据当地与本场猪病发生流行的规律、特点有针对性地指导猪场选择高效、安全性好、抗病毒与抗菌谱适宜的药物用于药物保健，以达到良好的保健效果。此外，要定期更换用药，不能长期使用一个方案，以免细菌对药物产生耐药性，影响药物保健的效果。

（2）科学合理用药难以在基层实施。虽然使用药物保健能够适当提高猪群的抵抗力，但是猪场在保健时是否严格遵守了《兽药管理条例》是一个问题。同时，选用药物时常缺少对其作用效果、安全性及药物间协同增效作用的科学评价，最佳保健效果难以在中小规模猪场实现。另外，在猪场实施药物保健时，是否严格遵循《动物防疫法》中规定“预防为主”的方针来采取措施也是一个问题。对猪场生产者来讲，这是一件非常重要的工作，关系整个猪场的发展。如今猪病在不断发展，猪病日趋复杂，猪场的药物保健方案也需要不断更新和完善。在生产与监管过程中，应该结合猪场的实际情况制订科学有效的药物保健方案，以有效地控制疫病的发生，全面提高猪的非特异性免疫，从而提高生产效益。

(3) 药物市场监督体系有漏洞。从国内外大数据来看，预防用药（如抗生素）是治疗用药的2倍，普遍存在预防用药明显偏高的问题。各级政府需要加强对猪场预防用药合规性的抽查、监督和指导力度，使猪场不敢违规违法用药，确保科学合理用药，并做好猪群的保健预防工作，从源头遏制和解决超级细菌滋生造成的威胁人类健康的严重现实问题，同时也是生猪养殖替抗的重要突破口，并能促进和保障食源的安全性。

4. 重大疫病防控的监管力度有待加强 2018年8月，非洲猪瘟传入我国，给养猪业造成了重创，曾一度引发生猪供应量严重不足的问题。有些区域经历数十年选育保存下来的优良地方品种也遭受了重创。全行业对生物安全的重视度显著提升，养殖模式也更加科学。但随着猪价高涨，行业补栏及新建猪群越来越多，很多地方出现了超大规模的猪场，还有一些超大规模的一体化猪场。随着养殖密度的增加、单体规模的扩大，行业在产能扩大的时候忽略了猪群健康的监控和管理。虽然非洲猪瘟目前得到了良好的管控，但其他疾病导致的猪群健康问题和重大疫病点发或区域流行依然存在。就当前疫病防控形势下，有待长期加强监测、监控和预警力度的重大疾病如下。

(1) 非洲猪瘟。非洲猪瘟自从1921年在非洲肯尼亚被报道之后，已经3次传出非洲。而正是第三次传出非洲，使非洲猪瘟于2007年到达高加索地区并蔓延到俄罗斯，之后不断向中欧和西欧推进，最终在2018年传入我国。非洲猪瘟的临床症状与许多其他猪病类似，包括经典猪瘟和猪丹毒。临床发病包括急性、亚急性和慢性。根据毒力不同，可导致10%～100%的死亡率。非洲猪瘟目前尚无有效的疫苗或者有效药物，国内外非洲猪瘟的防控经验告诉人们，生物安全是唯一有效的防控措施。通过加强生物安全防控，可以有效阻止猪群感染非洲猪瘟。即使感染，良好的内部生物安全管控也可以帮助猪群通过检测剔除的方式实现快速净化，行业的生物安全水平整体得到了提高。但由于当前毒株的复杂性，如一型毒株、二型野毒、二型单基因缺失毒、二型双基因缺失毒、自然致弱株的存在，导致临床表现更加复杂，精准剔除的成功率有所降低，临床表现不再明显，一经发现便多点扩散。自然致弱株和基因缺失毒的存在，导致带毒猪群的存在。根据研究报道，这种温和的非洲猪瘟病毒有较强的免疫抑制作用，会导致严重的继发感染，对猪群健康造成了严重的影响。因此，非洲猪瘟防控是一场持久战，需要养猪从业者、产业链上下游和各级地方政府共同来做、长期坚守才能打赢。

(2) 猪繁殖与呼吸综合征。猪繁殖与呼吸综合征即蓝耳病，是由繁殖与呼吸综合征病毒引起的一种急性、高度接触性传染病。该病的临床症状主要表现为妊娠母猪的繁殖障碍，包括流产、产木乃伊胎和死胎等。仔猪呼吸困难，同时母猪的感染也常导致存活的仔猪在断奶前死亡率增加。在哺乳、生长和肥育猪中，轻微的流感样症状明显，伴有明显的呼吸过度、发热和间质性肺炎。由于患病猪在发病过程中有两耳发绀的症状，因此该病又俗称“蓝耳病”。在非洲猪瘟后，由于猪价高涨，大型养猪企业及中小养殖户的补栏热情高涨，在建群及补群时忽略了健康管控，只要是后备母猪就参与配种。同时，由于超大型猪场的建设，在引种建群时多来源猪只混群，导致猪群带毒的复杂性与层出不穷的疾病流行，同样给生猪养殖造成了不小的损失。

(3) 伪狂犬病。伪狂犬病（pseudorabies，PR），也称为奥耶斯基氏病（Aujeszky's disease，AD），是一种由奥耶斯基氏病病毒（Aujeszky's disease virus，ADV），也即后来称为伪狂犬病病毒（pseudorabies virus，PRV）的疱疹病毒感染引起的猪、牛、羊等多种家畜及狼、狐、貉等多种野生动物共患的，临床上以发热、奇痒（除猪外）和脑脊髓炎为主要特征的急性传染病。猪（包括野猪）是 PRV 的自然储存宿主，为 PRV 的主要传播源。这也意味着如果能从猪群中控制并最终净化PRV，则可以根除该疫病。猪群感染 PRV 的危害最为严重，仔猪感染后通常死于中枢神经系统紊乱，死亡率高达 100%；成年猪感染后通常表现为呼吸道症状，从急性感染中耐过的猪则生长迟缓甚至成为僵猪，并且终身隐性带毒排毒；种猪感染后常发生繁殖障碍。2013年前后国内出现了变异毒株，导致伪狂犬病死灰复燃，经过近几年的加强免疫，伪狂犬病整体表现较平稳。但仍然不能松懈，有些区域有抬头趋势，需要加强关注和监管力度，确保有效净化和做好防控。

（4）猪流行性腹泻。猪流行性腹泻病毒（PEDV）是冠状病毒科 α 冠状病毒属的一种有包膜单链正链RNA病毒。该病毒具有高度传染性，并导致猪的灾难性肠道疾病。该病特征是严重的水样腹泻和呕吐。如果没有做好提前预防和监测工作，感染仔猪的死亡率可以达到35% ~ 50%，对稳定生产的影响是非常大的。当前猪流行性腹泻依然造成严重的临床损失，随着生物安全水平的提升，猪流行性腹泻的防控思路和措施也需要持续升级。应科学实施（返饲）驯化、免疫或（返饲）驯化+免疫等有效措施，以确保猪群生产状态的稳定。另外，因其传染性非常高，也需要加强清洁、消毒和监测评价等方面的监管、防控和预警力度。

（5）经典猪瘟。经典猪瘟（classical swine fever，CSF），曾被称为“猪霍乱”，是一种世界性、高度接触性传染病，被世界动物卫生组织（OIE）列入OIE疾病名录。CSF流行于欧洲东部、亚洲东南部、中美洲及南美洲某些地区。尽管欧洲中部地区已将CSF从家猪和野猪中根除，但仍在欧洲东部某些野猪群中流行，这些地区的农场仍面临再次感染的风险。在20世纪80—90年代，欧美的很多养猪大国通过疫苗免疫的方式实现了猪瘟的净化，我国也在20世纪60年代就研发出了疫苗，但由于养殖环境复杂、生猪饲养量大，临床中依然存在猪瘟发病的问题。当前，虽然很少发生猪瘟的暴发，但仍存在慢性猪瘟或者温和型猪瘟，造成产房弱仔猪的出现，蚕食着养猪业的生产效率和经济效益，不能放松CSF的监管力度。

（6）口蹄疫。口蹄疫（FMD）是由口蹄疫病毒引起的一种急性、热性、高度接触性的动物疫病，主要感染偶蹄动物，被世界动物卫生组织列为法定报告的动物传染病。我国也将其列为一类动物传染病，各地政府的重视度很高，但还需要结合实际流行情况做好科学预警、免疫和有效预防等监管力度。

（7）猪链球菌病。猪链球菌病是由猪链球菌（streptococcus suis，SS）感染引起的猪传染病。猪链球菌是链球菌属的一类有荚膜的革兰氏阳性球菌，常呈圆形或卵圆形以长短不一的链状排列，患病的猪以脑膜炎、关节炎及败血症等为主要临床症状。SS血清型较多，其中SS血清2型（SS2）的毒力最强、现场发病率最高，同时也是人畜共患病病原，严重威胁公共卫生安全。由于SS同一血清型的菌株间存在高度的基因型、表型和地区差异性，且SS还能利用众多的毒力因子来逃避宿主的免疫系统，所以研制针对该菌的有效疫苗比较困难。在养猪生产中，链球菌病是产房及保育猪群中的最常见细菌病，给猪场造成的损失是比较大的。另外，该病会随感染猪繁殖与呼吸综合征而并发。因此，不仅要通过药物治疗，更需要加强猪繁殖与呼吸综合征的监测、预警和防控力度，通过加强猪繁殖与呼吸综合征防控来实现标本兼治。

（8）圆环病毒病。圆环病毒2（PCV2）是广泛存在于全球猪群中的致病性病毒，疫苗免疫可以有效地防控PCV2造成的临床疾病。国内外均有报道，高度健康猪群发生因圆环病毒引起的大面积流产。毒株逐渐从PCV2a/2b转变为PCV2d，目前造成猪群发病的多为PCV2d。近几年，圆环病毒3（PCV3）在国内外流行广泛，高度健康猪群中检出率也很高，目前尚无有效疫苗。PCV2和PCV3在公猪血液中均能检出，显示存在通过精液传播的风险。因此，猪场和政府监管都要做好公猪群和精液圆环病毒的监测、预警和防控力度。

在非洲猪瘟常态化防控大背景下，虽然行业的生物安全整体改善显著，但由于快速扩张、超大规模猪场投产、无序引种导致养猪生产中其他疾病仍频繁发生，在猪价下行期，对养猪生产造成的损失不亚于非洲猪瘟。当前，生猪养殖面临的健康管理压力和挑战仍很艰巨，各类猪场和各级地方政府除了加强生物安全做好非洲猪瘟防控外，还需要加大对其他主要猪病的关注、监测、监督和预警力度，方能有效提高猪群健康度、改善猪群生产成绩、降低生猪养殖成本和保障养猪业有序良性健康高效发展。

5.生物安全防控的监管力度有待加强 生物安全是为了控制传染源、切断传播途径、降低疾病传播的风险而建立的一套系统化的管理措施，也是风险管理在养猪生产中的最佳实践。生物安全是最经济、最有效的且必须要全面落实的传染病控制策略，也是目前防控包括非洲猪瘟在内的主要猪病最为有效的措施。在生猪养殖过程中积极采取生物安全措施，可以阻断疫病发生与流行，降低风险与损失，提高经济效益，是保生产、保安全和保供给的重中之重。

（1）生物安全执行中仍心存侥幸。2018—2019 年非洲猪瘟疫情对国内生猪行业影响最严重的时候，养猪场/户纷纷开始重视生物安全，并取得了良好的防控效果。现在，生猪产业正处于稳产保供阶段，非洲猪瘟疫情发生次数与频率逐渐下降，这就使得部分养猪场存在放松与侥幸心理，对猪场生物安全防控的重视度有所下降，甚至部分地区又出现违规跨区域调运现象。非洲猪瘟疫情至今仍时有发生的原因在于猪场的生物安全防控存在薄弱环节，只有始终坚持严格的生物安全防控，才能有效阻断病原传播，打造安全健康的养殖环境。养殖企业要时刻保持较强的生物安全意识，严防由于意识薄弱导致的生物安全违规。

（2）生物安全成本投入高。随着猪价回落，降本增效成为养殖的关键词。在过去几年，为了有效防控非洲猪瘟，行业进行了大量的生物安全投资，在生产中也产生了较高的防控成本。在猪价下行期，部分企业为降低生产成本，采取刚性的措施简化甚至取消之前的生物安全措施，为养殖生物安全带来了巨大的风险。

（3）流程烦琐难以长久实施。在制定生物安全流程时，部分流程未能考虑一线员工的感受，导致员工在执行时存在抗拒心理。有些生物安全措施是反人性的，增加了很多原来不需要做的动作，导致生物安全流于纸面、流于形式而未能真正落实下去。也有一些生物安全流程在制定时未能考虑员工健康，出现一些过度强化生物安全的操作。

（4）生物安全防控流程未做到一场一策。有些流程在制定时未能考虑地域的差异性，如北方冬季的消毒措施在大多数时无法起到真正的作用。北方冬季气候寒冷，消毒后易结冰，仅使用消毒剂进行喷淋消毒导致无效消毒；南方下雨频繁、高湿，病毒不易失活，加之消毒工作不到位，消毒就没有起到应有作用，丢失了防控疫情的一大利器。因此，需要因地制宜，只有在不同的区域制定适合本区域的生物安全流程才能真正实现生物安全的价值。

随着疫病日趋复杂，猪价下行，养猪生产中的生物安全也面临严峻的挑战。在保障生物安全流程有效性的同时，还要尽可能降低生物安全成本。而一线员工由于前面几年持续高强度的生物安全管控从心理上出现逆反心理。因此，需要政府加强对生物安全的监督和指导力度，规范要求，统一科学方法的培训、指导和监督，从而系统有效地解决这两个难题。这样既能使投资端实现科学有效的生物安全硬件配置，又能让猪场在一线执行端让员工积极主动地执行流程，方能有效缓解当前生物安全所面临的压力。

自非洲猪瘟在我国发生以来，虽然各地养猪场采取防疫措施加强应对，但在实际工作中，大多数猪场的防疫只停留在表面，并未深入实施。小规模猪场生产方式较为落后，大中规模猪场的生物安全水平参差不齐，需要从生猪养殖产业链全链条的各环节开展生物安全防控工作，系统构建生物安全防控体系。生物安全防控想要真正落实，依然任重道远。

6.监管体系、配套保障服务体系持续建设和调控与扶持力度有待加强　我国生猪养殖体量约占全球的42%，政府监管对行业的良性发展至关重要，监管体系和配套保障服务体系的持续健全显得尤为重要。结合国家宏观经济发展战略纲要与规划，各级政府监管、行业主管部门监管与关联部门协管等在职能、分工、资源和能力配置等方面也需要与时俱进，做好优化调整，以解决当前所面临的现实问题。例如，乡村振兴与土地资源问题、财政税收与民生保障问题、养殖保供与环境治理问题、供需平衡问题、养殖保供与食品安全问题等诸多问题的平衡与把控，头痛医头脚痛医脚问题和不讲科学好大喜功等问题都有待系统解决，以促进监管体系和配套保障服务体系、调控和扶持政策的持续健全完善，推动和保障生猪养殖行业的高质量发展。我国现行的与生猪养殖行业相关政策见表2-3。

表2-3　我国现行的与生猪养殖行业相关政策

发布时间	发布机构	政策名称	主要内容
2021年	中国共产党中央委员会、国务院	《关于全面推进乡村振兴加快农业农村现代化的意见》	深入推进农业供给侧结构性改革，生猪产业平稳发展，加快构建现代养殖体系，保护生猪基础产能，健全生猪产业平稳有序发展长效机制
2020年	国务院办公厅	《关于促进畜牧业高质量发展的意见》	意见要求，强化科技创新、政策支持和法治保障，加快构建现代畜禽养殖、动物防疫和加工流通体系，不断增强畜牧业质量效益和竞争力。到2025年畜禽养殖规模化率和畜禽粪污综合利用率分别达到70%以上和80%以上，到2030年分别达到75%以上和85%以上。建立健全饲料原料营养价值数据库，全面推广饲料精准配方和精细加工技术
2020年	中国共产党中央委员会、国务院	《中共中央、国务院关于抓好“三农”领域重点工作确保如期实现全面小康的意见》	意见指出，生猪稳产保供是当前经济工作的一件大事。落实“省负总责”，压实“菜篮子”市长负责制，强化县级抓落实责任，保障猪肉供给。坚持补栏增养和疫病防控相结合，推动生猪标准化规模养殖，加强对中小散养户的防疫服务，做好饲料生产保障工作。引导生猪屠宰加工向养殖集中区转移，逐步减少活猪长距离调运，推进“运猪”向“运肉”转变
2020年	农业农村部、中央网络安全和信息化委员会办公室	《数字农业农村发展规划（2019—2025年）》	推进养殖场（屠宰、饲料、兽药企业等）数据直联直报，构建“一场（企）一码、一畜（禽）一标”动态数据库，实现畜牧生产、流通、屠宰各环节信息互联互通
2020年	农业农村部办公厅	《关于加快生猪种业高质量发展的通知》	良种是保障生猪产业健康发展的重要基础，是提升生猪产业核心竞争力的关键。通知提出，加强地方猪遗传资源保护利用，完善生猪种业创新体制机制，着力保障优良种猪供给，强化种猪市场监管，加大政策支持力度
2020年	中央农村工作领导小组办公室、农业农村部、国家发展改革委、财政部、中国人民银行、中国银保监会、中国证监会	《关于扩大农业农村有效投资加快补上“三农”领域突出短板的意见》	意见提出，多渠道加大农业农村投资力度，加快现代农业园区建设工程、智慧农业和数字乡村建设工程等农业农村领域补短板重大工程项目建设，积极引导鼓励社会资本投资农业农村
2020年	农业农村部办公厅	《国家畜禽良种联合攻关计划（2019—2022年）》	计划提出，加强国家生猪核心育种场管理，实施动态调整，支持疫病净化力度，至2025年末全部建成省级以上非洲猪瘟或其他动物疫病净化创建场或示范场、无疫区或无疫小区，未完成的取消资格。支持建设商业化种公猪站，加快种猪场基础设施升级和改造，提高智能化和信息化水平

（续）

发布时间	发布机构	政策名称	主要内容
2020年	农业农村部办公厅	《社会资本投资农业农村指引》	指引提出，支持社会资本合理布局规模化养殖场，扩大生猪产能，加大生猪深加工投资，加快形成养殖与屠宰加工相匹配的产业布局
2020年	农业农村部	《关于加快畜牧业机械化发展的意见》	意见提出，到2025年，畜牧业机械化率总体达到50%以上，主要畜禽养殖全程机械化取得显著成效。其中，生猪、蛋鸡、肉鸡规模化养殖机械化率达到70%以上，大规模养殖场基本实现全程机械化
2019年	农业农村部、国家发展改革委、科技部、财政部、商务部、国家市场监督管理总局、国家粮食和物资储备局	《国家质量兴农战略规划（2018—2022年）》	规划提出，实施质量兴农战略，补充完善种子、肥料、农药、兽药、饲料等农业投入品质量标准、质量安全评价技术规范及合理使用准则。加强动物疫病综合防治能力建设，严格落实兽药使用休药期规定，规范使用饲料添加剂，减量使用兽用抗菌药物
2019年	农业农村部	《加快生猪生产恢复发展三年行动方案》	确保2020年底前生猪产能基本恢复到接近常年的水平，2021年恢复正常。明确生猪产销平衡总体要求，生猪及产品调出区要实现稳产增产，主销区自给率要达到并保持在71%左右，产销平衡区要确保做到基本自给
2019年	生态环境部、农业农村部	《关于进一步做好当前生猪规模养殖环评管理相关工作的通知》	强调继续推进生猪养殖项目环评“放管服”改革，开展生猪养殖项目环评告知承诺制试点，统筹做好生猪养殖项目环评服务和指导，强化建设单位生态环境保护主体责任，强化事中事后监管
2019年	自然资源部、农业农村部	《关于设施农业用地管理有关问题的通知》	进一步明确生猪养殖用地支持政策，提出兴建生猪等养殖设施，涉及少量永久基本农田确实难以避让的，允许使用但必须补划；养殖设施允许建设多层建筑。在满足设施农业多样化用地需求的同时，促进新技术、新装备推广应用，加快产业转型升级，提升设施农业产业整体竞争力
2019年	自然资源部办公厅	《关于保障生猪养殖用地有关问题的通知》	明确生猪养殖用地作为设施农用地，按农用地管理，不需办理建设用地审批手续；允许生猪养殖用地使用一般耕地，作为养殖用途不需耕地占补平衡；增加附属设施用地规模，取消16亩上限规定
2019年	中国银保监会、农业农村部	《关于支持做好稳定生猪生产保障市场供应有关工作的通知》	通知要求，引导银行业保险业支持做好稳定生猪生产、保障市场供应工作。具体措施包括：加大信贷支持力度；创新产品服务模式；拓宽抵质押品范围；完善生猪政策性保险政策；推进保险资金深化支农支小融资试点；强化政策协调
2019年	农业农村部、财政部	《关于做好种猪场和规模猪场流动资金贷款贴息工作的通知》	积极为种猪场（含地方猪保种场）和年出栏5 000头以上的规模猪场提供信贷担保服务，对具有种畜禽生产经营许可证的种猪场（含地方猪保种场）及年出栏5 000头以上的规模猪场给予短期贷款贴息支持
2019年	国务院办公厅	《关于稳定生猪生产促进转型升级的意见》	推动生猪产业发展的质量效益和竞争力稳步提升，稳产保供的约束激励机制和政策保障体系不断完善，猪肉供应保障能力持续增强，自给率保持在95%左右。到2022年，养殖规模化率达到58%左右，规模养猪场（户）粪污综合利用率达到78%以上。到2025年，养殖规模化率达到65%以上，规模养猪场（户）粪污综合利用率达到85%以上

（续）

发布时间	发布机构	政策名称	主要内容
2019年	农业农村部	《关于稳定生猪生产保障市场供给的意见》	通过加快落实稳定生猪生产发展的政策措施、加强生产和市场监测预警、优化疫情处置和调运监管、深入推进标准化规模养殖、调整优化生猪产业布局、加强实用技术推广应用、切实强化组织保障7项措施稳定生猪生产和供给
2019年	农业农村部	《关于进一步加强生猪屠宰监管的通知》	要求强化生猪屠宰企业监管，严格屠宰环节非洲猪瘟自检，严厉打击生猪屠宰违法犯罪行为，进一步规范动物检疫秩序，维护生猪产品质量安全
2019年	财政部	《关于支持做好稳定生猪生产保障市场供应有关工作的通知》	提出切实落实好非洲猪瘟强制扑杀补助政策，完善种猪场、规模猪场临时贷款贴息政策，加大生猪调出大县奖励力度，提高生猪保险保额，支持实施生猪良种补贴等政策，强化省级财政统筹力度等6项措施稳定生猪生产保障市场供应
2019年	国家发展改革委办公厅、农业农村部办公厅	《关于做好稳定生猪生产中央预算内投资安排工作的通知》	中央预算内投资对2020年底前新建、改扩建种猪场、规模猪场（户）、禁养区内规模养猪场（户）异地重建等给予一次性补助，主要支持生猪规模化养殖场和种猪场建设动物防疫、粪污处理、养殖环境控制、自动饲喂等基础设施建设
2018年	中国共产党中央委员会、国务院	《乡村振兴战略规划（2018—2022年）》	实施乡村振兴战略，加强农业投入品规范化管理，健全投入品追溯系统，严格饲料质量安全管理。加快推进种养循环一体化，推进农林产品加工剩余物资源化利用。推进畜牧业区域布局调整，合理布局规模化养殖场，大力发展种养结合循环农业，促进养殖废弃物就近资源化利用
2018年	生态环境部	《关于做好畜禽规模养殖项目环境影响评价管理工作的通知》	提出优化项目选址，合理布置养殖场区；加强粪污减量控制，促进畜禽养殖粪污资源化利用；强化粪污治理措施，做好污染防治；落实环评信息公开要求，发挥公众参与的监督作用；强化事中事后监管，形成长效管理机制
2017年	国务院办公厅	《加快推进畜禽养殖废弃物资源化利用的意见》	全面推进畜禽养殖废弃物资源化利用，加快构建种养结合、农牧循环的可持续发展新格局。以畜牧大县和规模养殖场为重点，以沼气和生物天然气为主要处理方向，以农用有机肥和农村能源为主要利用方向。加强规模养殖场精细化管理，推行标准化、规范化饲养，推广散装饲料和精准配方，提高饲料转化效率。开发安全、高效、环保新型饲料产品
2016年	农业部	《全国生猪生产发展规划（2016—2020年）》	到2020年，猪肉产量达5 760万吨，出栏500头以上规模养殖比重52%，粪便综合利用率>75%
2015年	农业部、国家发展改革委、科技部、财政部、国土资源部、环境保护部、水利部、国家林业局	《全国农业可持续发展规划（2015—2030年）》	针对各地农业可持续发展面临的问题，综合考虑各地农业资源承载力、环境容量、生态类型和发展基础等因素，将全国划分为优化发展区、适度发展区和保护发展区。优先发展区调整优化畜禽养殖布局，稳定生猪、肉禽和蛋禽生产规模，加强畜禽粪污处理

从现行的生猪养殖产业相关的主要法规和政策看，我国许多政策和法规在不断实践、健全完善中。因我国生猪养殖结构和养殖模式仍然十分复杂，生猪产业体系部分政策和法规监管的时效性存在一定的滞后，生猪养殖品种（扩繁体系）溯源、生产与流通溯源、产品分销溯源的监管尚存漏洞，没有形成闭环。在生猪养殖产业体系的市场容量弹性控制力、品种溯源、生产和流通溯源、营养溯

源，结合疫病防控风险因地制宜地更新废弃物资源化利用意见（办法）、动物福利、动态健康管理和环境控制监测等系统监管、监督力度以及构建生猪养殖产业体系大数据信息化力度等方面有待加强。

生猪养殖产业是我国非常重要的一项传统农业，同时又是一个重资产、慢周转的行业，需要数万亿元资本支撑。生猪养殖产业具有“弱质性”，主要表现在：生猪市场供求关系的不确定性，导致生猪产业存在极大的生产经营决策风险；构建标准高效的生猪扩繁与生产体系周期较长、生猪生产计划的调整通常滞后，无法及时应对市场需求的变化；生猪养殖者除了承担来自市场的风险之外，还要承受来自自然灾害以及暴发疫病导致的生猪产量急剧下降的风险，严重影响生猪养殖者的收益和养猪积极性。因此，国家需要调整及加大生猪产业的扶持力度和生猪产业容量弹性控制的政策力度，集中优势资源和力量办大事、办实事，从源头解决猪肉的食品安全、保供给、保价格（保CPI）和生猪养殖者收益相对稳定的问题，从而确保生猪产业实现高效、高质量、可持续的绿色健康发展。

7. 市场监督能力相对薄弱——社会化监管机构不足 当前，我国生猪产业体系转型发展期市场监督模式见图2-1（何睿，2021）。

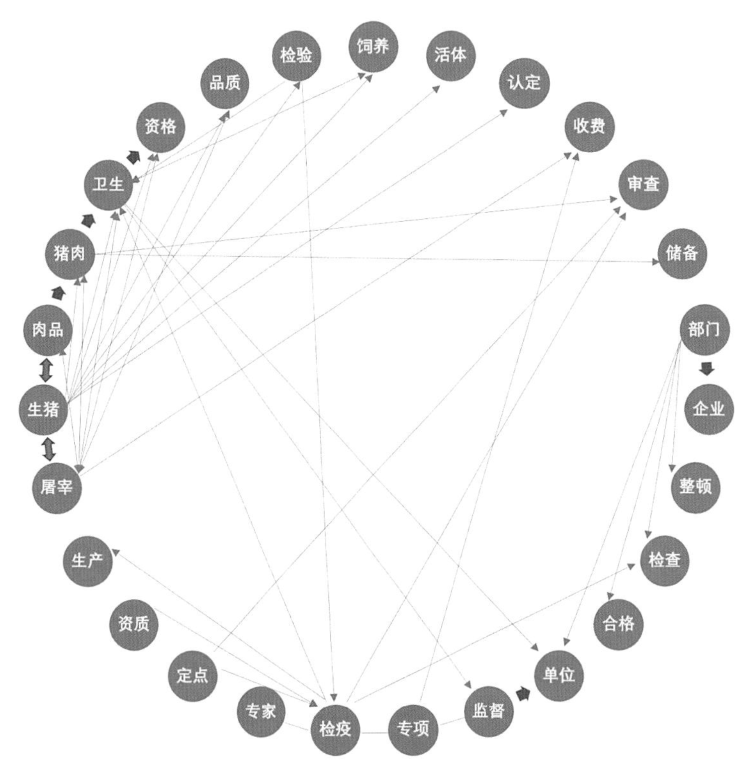

图2-1 我国生猪产业体系转型发展期市场监督模式

就当前我国市场监督模式看，存在社会化监管机构数量和人力不足的问题，从而会导致监管时效慢、监管不到位和监管漏洞常有发生等问题，甚至因集中监管而导致的疫病传播或因交叉污染二次传播的现象。例如，病死动物无害化处理场所、暂存点、收运车辆等多个环节疫病污染较重，各种疫病通过收运车辆、工作人员甚至是无害化处理产物传播到养猪场/户的风险长期存在。为加强生猪市场监管能力和疫病的生物安全防控能力，加强疫病诊断、监测、预警和防控能力，就需要有更多的有专门化能力的第三方平台（例如，专业的产品监测机构、技术服务机构、金融机构、保险机构、专业咨询公司、高校、科研院所、专业媒体等）共同参与到社会化市场监管和服务体系中来，同时政府也需要加大这方面的扶持和支持力度，以增强社会化监管机构的服务、监测、预警和监督能力的体系化。

丹麦是全球倡导饲料无抗最早的国家（其实施饲料无抗已20年），也是全球养猪水平和养猪成绩最好的国家。尤其是社会化市场监管和服务体系构建方面，丹麦的SEGES Danish Pig Research Centre的许多做法，就值得去思考、学习和借鉴；同时，还充分体现了集中国家优势资源和力量办大事、办实事的特质，全国一盘棋，避免了从育种、研发、咨询服务（检验、监测、动物营养、生产管理、疫病诊疗、健康管理、生物安全防控体系构建）、风险评价、监控、预警到市场监督等人力、物力、财力的重复投入和低效问题。当然，我国地域辽阔，环境、气候与疫情的压力和复杂性都有着非常大的差别，可以结合我国的地理、地域气候和环境特性、区域优秀养猪企业的成功做法，有选择地借鉴丹麦相关方面的成功经验，分地域来创新健全社会化市场监督能力和综合服务配套体系，从而推动和带动生猪产业的健康发展。

第三章
条件保障

主　　编：彭英林

副 主 编：任慧波　吴买生　王海峰

编写人员（按姓氏笔画排序）：

马石林　王海峰　任慧波　刘骥德　李玉莲

吴买生　张　兴　欧朝萍　秦　茂　徐年青

黄贤明　崔清明　彭英林　彭建祥　彭善珍

审稿人员：黄瑞华

内 容 概 要

本章系统梳理了生猪养殖替抗的条件保障，从外围环境、内部效益和过程监管3个方面详细介绍了在饲料无抗的条件下，如何通过生物安全、环境控制、饲喂技术、疾病防控、饲养管理和监管等手段来保障生猪的健康养殖，减少生产上对药物和抗生素的依赖性，扭转人们观念上对抗生素的依赖性。

抗生素可以促进动物生长、提高饲料转化率、降低畜禽发病率和死亡率。虽然饲用抗生素为养殖业的发展作出了重要贡献，但长期添加使用可导致细菌耐药性、环境污染、动物源食品药物残留、公共健康安全隐患等问题。我国农业农村部于2019年7月发布了第194号公告，自2020年7月1日起，饲料生产企业停止生产含有促生长类药物饲料添加剂（中药类除外）的商品饲料。自此，我国畜牧业进入了饲料无抗时代。

在新的时代背景下，研发无抗日粮、推进畜牧业减抗（替抗）事业的发展，是国际畜牧业发展的必然趋势，也是中国畜牧业参与国际竞争的需要，更是当下中国农牧企业必须要重视并加以解决的问题。

一、外围环境保障

（一）自然资源保障

天然植物及其提取物和中草药已成为当前畜牧生产中替抗产品的首选。植物提取物或中草药饲料添加剂不仅含有多种生物活性物质，如多糖、生物碱、挥发油、苷类、黄酮等；还含有多种营养成分，如氨基酸、维生素、微量元素等，因而具有药效和营养的双重作用。而且，因为这些大都来自大自然，资源丰富，更是满足了人类回归自然和追求绿色健康食品的需求。

目前，常用的植物主要有大蒜、生姜、茶叶、杜仲、桑叶、马齿苋、野菊花和甘蔗等。甘蔗是温带和热带农作物，是制造蔗糖的原料。研究发现，甘蔗提取物可以提高机体免疫功能，具有抗菌抗炎作用。据统计，2019年世界甘蔗种植面积为2 661.13万公顷，产量约为19.3亿吨；2019年我国甘蔗种植面积为138.19万公顷，产量约为1.09亿吨。我国是世界上最大的大蒜种植和出口国，大蒜在我国已经有2 000多年的栽培历史，是我国重要的农作物品种之一。2020年，全球大蒜种植面积为168万公顷，产量为3 200万吨；我国大蒜种植面积为84.3万公顷，产量为2 402.8万吨。我国茶叶历史悠久，几千年前就得以种植与利用，传承至今是公认的健康食品之一；世界范围内，我国茶叶资源最为丰富，其生产量、消费量和贸易量均是第一。据报道，2019年，我国茶叶产量280万吨；全球茶叶总产量615万吨，我国产量占45.5%。桑树在我国各地分布广泛，是一种重要的经济作物。桑叶是蚕的主要食物来源，同时也是我国重要的传统中药材。据统计，2020年我国桑园面积1 146.5万亩。

我国道地中药材在研究、应用等多方面已有几千年的历史，品种达1.4 万多种。中草药是与人类、动物共存的天然资源，因其大多具有来源广泛、取材天然、功能多样、安全方便等特点，以及抗菌抗病毒、无残留、无抗药性、毒副作用小等功效，逐渐成为一种理想的饲料添加剂。《2020道地药材产业发展状况报告》表明，根据目前各地公布的中药材种植数据，到2020年底，全国中药材种植面积约为8 939万亩。黄芪为我国著名的常用滋补中药材，具有补气升阳、固表止汗、脱毒、生肌、调节免疫功能等功效；2016年，我国黄芪产量为35.7万吨。板蓝根是我国常用的大宗中药材之一，其药用价值较高，具有清热解毒、凉血利咽等功效；2020年，我国板蓝根产量达到10.5万吨。金银花为忍冬科植物忍冬或同属数种植物的干燥花蕾或待开放的花，自古被誉为清热解毒的良药，甘寒清热而不伤胃；2020年，我国金银花产量为1.47万吨。

（二）环境安全保障

近年来，国家对畜禽养殖废弃物处理日益重视，建立企业投入为主、政府适当支持、社会资本积极参与的运营机制。在各方的共同努力下，我国畜禽粪污资源化利用取得了显著成效，为无抗养殖创建了良好的环境安全保障。

1.政策支持 2015年以来，我国相继出台了一系列畜禽粪污治理的政策法规，约束对象更加明确和细化，政策实施手段多元化发展，关于畜禽粪污治理机制和模式的政策要求逐渐形成体系。主要有《畜禽规模养殖污染防治条例》《全国农业可持续发展规划（2015—2030年）》《关于加快推进畜禽养殖废弃物资源化利用的意见》《畜禽粪污资源化利用行动方案（2017—2020年）》《乡村振兴战略规划（2018—2022年）》《关于促进畜禽粪污还田利用依法加强养殖污染治理的指导意见》《关于做好2020年畜禽粪污资源化利用工作的通知》等。一系列政策和方案全面推进了畜禽粪污资源化利用的进程，伴随着约束性政策和激励性政策的有效结合，畜禽粪污资源化利用明确了实施措施与路径，粪污治理程度逐渐成为开展养殖活动的重要指标。

2.技术保障 近年来，科研人员和养殖技术人员积极探索，从“源头减量、过程控制、末端利用”等方面开展切实可行的粪污资源化利用技术研究。通过优化日粮配方，按照理想蛋白模式，采用可消化氨基酸及有效磷等，在保证最大生产效率的同时，减少氮、磷及重金属等有害物质的排放；通过添加酶制剂、益生素等，减少抗生素的使用，可以有效提高饲料转化率，降低畜牧生产的污染，并增强畜禽的抗病能力，改善动物产品的品质；通过选择正确的饲喂模式，减少饲料浪费，提高饲料转化率；通过改进饮水系统和清粪工艺等，实现养殖污水的减量排放；通过将粪便变废为宝，生产生物有机肥，污水能源化、肥料化，粪污生物转化等实现畜禽粪污的资源化利用。

3.运行模式 目前，生猪养殖废弃物资源化利用的模式可分为以下3类。

（1）种-养-沼生态模式。种植业-养殖业-沼气工程三结合的物质循环利用型生态工程是将规模化猪场的粪污排入沼气池，通过厌氧发酵产生沼气，用于民用炊事、照明、采暖（如温室大棚等）及发电，沼液用来种菜喂猪、浸种、浸根、浇花，对作物和果蔬进行叶面、根部施肥；沼渣培养食用菌、蚯蚓、蝇蛆，可解决饲养畜禽蛋白质饲料不足的问题，也可用来还田增加肥力、改良土壤、防止土地板结。这是以生猪养殖为中心、沼气工程为纽带、集种养于一体的生态环保系统。这种模式改变了传统利用微生物进行粪便处理的理念，实现集约化管理，成本低、资源化利用效率高，无二次排放及污染，进而实现生态养殖；但对饲养温度、湿度、养殖环境、透气性要求高，适用于远离城镇、养殖场有闲置地、周边有农田、农副产品较丰富的生猪养殖场。

（2）发酵床养猪模式。发酵床养猪技术是一种生态环保型养殖粪污处理工艺。它利用新型的自然农业理念和微生物处理技术，使用具有高效分解能力的微生物对猪粪、尿进行好氧发酵，分解粪尿中的有机物，消除养殖废弃物带来的恶臭，抑制害虫和病菌的繁殖，解决粪污水对环境的污染，给猪场提供一个良好的饲养环境。

目前，较为流行的异位发酵床技术的基本原理是将养殖的粪污收集后，加入适宜的专门化菌种，通过喷淋装置，将粪污均匀地喷洒在发酵槽内的垫料上，利用翻抛机翻耙，使粪污和垫料充分混合，在微生物作用下将粪污中的粗蛋白、粗脂肪、残余淀粉、尿素等有机质降解或分解成氧气、二氧化碳、水和腐殖质等，同时产生热量，中心发酵层温度可达55℃以上，通过翻抛，水分蒸发，留下少量的残渣变成有机肥。这种模式粪便无害化处理较彻底、成本低、操作简单、污染少，但好氧堆肥发酵过程易产生大量的臭气，适用于中小规模猪场。

（3）养-沼-肥生态模式。养殖业-沼气工程-有机肥生态模式是将猪粪进行干湿分离后，干粪在具备防渗、防雨、防溢条件的堆肥场和储粪池，通过自然界广泛分布的细菌、放线菌、真菌等微生物对其进行氧化分解，最终形成稳定的腐殖质。再通过添加各种植物所需的营养成分，用于生产各类有机肥。废液以沼气池为基础，通过厌氧发酵产生沼气，用于发电、供热等。从沼气池出来的沼液通过氧化塘（三级沉淀池）、土壤处理法、人工湿地处理法等处理后，达到国家排放标准再排放。此种模式的粪水经深度处理后，实现达标排放，不需要建设大型粪污储存池，减少了粪污储存设施用地，但粪水处理成本高，大多养殖场难以承受，适用于养殖场周围没有配套农田的规模化猪场。

（三）生物安全保障

在非洲猪瘟、新型冠状病毒感染及无抗的背景下，一定要高度重视生物安全体系建设。生物安全体系建设是一个系统工程，是动物生产中防控疾病重要的一项技术措施。猪场既要防止场外病原体侵入与传播，又要防止场内的病原体向场外传出扩散疫情。生物安全的关键是要彻底消灭传染源、切断传播途径、净化种源、保护好猪群、提升其免疫力与抗病力。

1.猪场布局　根据生物安全等级要求，将养殖基地划分为四大区域，分别为场外、外部工作区、内部生活区和生产区。每个区域之间有清晰的物理界限，并按风向合理布局，实行严格的分区管理。各区安全等级为生产区>内部生活区>外部工作区>场外；入场路线依次为场外→外部工作区→内部生活区→生产区浴室→猪舍。

2.消毒管理　消毒是消灭传染源、切断传播途径的主要手段。为保证消毒效果和提高劳动效率，场区要配备性能良好的消毒设施设备，门岗设人员智能雾化消毒通道、车辆自动喷雾消毒通道和消毒池；物资库房安装有定时臭氧发生器；兽医室等安装有紫外线灯；场区大环境消毒配有喷洒消毒机动车；猪舍内装有中央清洗系统或高压冲洗机；每个单元门口放一个脚踏盆等，消毒设备各区专用。

制定规范的消毒制度，且日常管理应严格执行。场区大环境根据预警等级调整消毒频次，每周2～3次；场区主要路口等区域抛撒生石灰；空舍消毒按以下步骤进行：清理、浸泡、冲洗、消毒、风干。必要时，可增加消毒的次数或熏蒸消毒。消毒要彻底，不留死角，记录清晰，有据可查，保证消毒效果。消毒剂选用烧碱、碘、磷酸、硫酸、三氯异氰脲酸烟熏剂等或其他消毒液，定期更换，统筹考虑性价比。

3.车辆管理　车辆实行分区、分类管理，主要措施就是洗车、干燥、消毒等。生物安全是一个概率问题。因此，要尽量减少各类车辆外出或来场的次数。实行生物安全一票否决制，也就是说，车不合格坚决不让进场。

疫病传播的主要途径仍然是接触传播。因此，运猪车是猪场生物安全的最大威胁之一，是重点管理的对象。所有运猪车辆先到洗消中心清洗消毒，检查合格后才能到二次转运台装猪，未经此流程的车辆一律不接待。洗车要彻底，包括车厢、厢板、驾驶室、车顶、车底、轮胎及挡泥板等，车内及驾驶室不能有杂物。

4.人员管理　猪场采用全封闭式管理，尽可能减少人员流动带来的疫病风险。猪场选址一般偏僻，生活单调。因此，管理要人性化，应该强化住宿条件、必要的网络建设等员工基础生活及娱乐条件的改善，以保证人员的稳定性，减少人员流动，降低疫病风险。

进入场区的所有人员一律到门岗洗手、消毒。禁止携带猪、牛、羊及其他肉类制品，门卫做好监督检查。需进入生产区的人员在隔离宿舍隔离3天（72小时），如果防疫压力较大，可适当延长隔离时间，或者增加场外隔离。人员完成隔离消毒后可进入内部生活区宿舍，及时更衣洗澡，穿内部生活区工作服和鞋。外来购猪人员等高危人群需加强管理，由专人陪同，禁止随意活动。在实际管理中，为了便于监督，可实行“颜色管理”，即不同的人员在不同的区域（四大区）穿不同的工作服和鞋（水靴），劳保用品由公司统一购买发放。

5. 饲料饮水和物资管理　把好饲料原料关。从粮库采购烘干玉米，禁止使用肉骨粉、血浆蛋白粉等高风险的动物源性原材料。新原料经生物安全风险评估后，方可使用。成品料由专车运输，避免污染。饮水系统也是疾病传播的一个源头，应纳入日常管理中，定期检测、定期消毒，以保证水质。

进入内部生活区及生产区的所有物资物品，均需在后勤大库臭氧熏蒸消毒12小时。对于不能熏蒸的物品，可用酒精等擦洗或喷雾消毒。不是急需物资，尤其是物料，可在生产区库房进行二次熏蒸消毒。食堂外采食材、员工网购的快递包裹等均需作出明确的生物安全要求，餐余垃圾集中无害化处理。

（四）社会认同保障

影响我国“饲料禁抗”早日实现的主要难点：一是成本，二是观念。饲料中应用替抗产品后，商品饲料成本表面上会有一定程度的增加，毕竟抗生素是目前性价比最高的抑菌产品，而相关抗生素替代品在成本上并不具备优势。在这种情况下，就要求相关添加剂企业在向饲料企业提供替抗解决方案时，必须是可落地的，在少量增加或者不增加饲料成本的情况下，帮助客户真正把无抗饲料的饲喂效果落到实处。与此同时，对于养猪企业，特别是一条龙企业来讲，无抗饲料饲喂的初期可能会对生猪生长造成一定的影响。然而，随着养殖环境的改善，以及生猪对于抗生素敏感性的逐渐恢复（一旦生猪发病，少量的抗生素就能够治愈），生猪反而会越来越好养（生猪健康水平越来越高），养猪场隐性成本、管理成本及治疗药物成本都会下降，产品安全性提高、竞争力增强，综合效益明显增加。因此，替抗对于养猪业的发展，虽然短期内会有阵痛，但是从长期来看利远大于弊，会逐渐被社会所认同。

二、内部效益保障

（一）猪群健康保障

传统的养猪业，事实上已经形成了“抗生素+疫苗”的猪群健康保障模式，并在很长一段时间内成为主流。随着抗生素使用管控，新的问题可能会随之出现。

猪群健康是保障养猪效率和效益的基础。在禁抗、限抗背景下，对猪群健康度要求会更高。养猪业每年因疫病造成的直接经济损失巨大，亚健康状态和耐过猪生产性能缺失导致的间接损失更是无法估量。以猪繁殖与呼吸综合征为例，爱荷华州立大学的研究发现，猪繁殖与呼吸综合征影响生长-育肥阶段，使生长率下降接近20%，其中采食量下降7%、饲料转化率下降15%、每头猪成本增加14美元、育肥期延长25天。某农业咨询机构的统计数据显示，加拿大的205个猪场在不感染猪繁殖与呼吸综合征的情况下，平均母猪年生产力（productivity per sow per year，PSY）可以达到27.2，但在受到猪繁殖与呼吸综合征的中度影响时，可致使PSY下降到24.7，重度影响则下降到23.7。保育猪（6～25千克）的料重比则会由正常水平的1.46提高到1.53，甚至1.64；日增重也会由451.7克下降到423.6克，对育肥猪的影响更大，由899.3克下降到810.1克，直接下调了10%。

所以，应该改变思维，寻找新的、更安全、可持续的解决方案来保障猪群健康，如疫病净化、生物安全、两点式生产、大批次生产、智能环境控制、部分细菌性疫苗的使用等。

1.疫病防控

（1）生物安全。众所周知，传染病发生的三大要素分别为传染源、传播途径和易感动物。生物安全措施在切断传播途径和消灭传染源上意义重大。原来的养猪业，大家口口声声支持生物安全工作，但是从未大规模真正落地。非洲猪瘟的暴发，让从业人员充分认识到了生物安全的重要性。在3年多的防控非洲猪瘟斗争中，行业也用实际行动证明了依靠生物安全措施防控非洲猪瘟的可行性。同样的，做好生物安全工作，也可避免现有疾病的其他毒株传入场内，造成重组或其他波动，如猪繁殖与呼吸综合征。“生物安全＋疫病净化”的模式，未来必将是一种低成本、高效率、可持续的猪群健康保障手段。

（2）疫苗免疫。疫苗对疫病防控的作用是不可忽略的。要根据养猪场自身的实际情况，制定出科学合理的免疫程序，做到应免尽免、普查普注。从正规途径购买疫苗，确保免疫质量；并定期检查猪群免疫抗体水平，建立疫病监测制度。

在实际生产中，要树立“养防为主、治疗为辅”的理念。注重日常的饲养管理，环境舒适、通风良好（空气过滤系统）、密度适宜、营养全面，定期在饲料或饮水中添加中药提取物、微生态产品等，努力提高猪群的非特异性抵抗力。良好的免疫效果必须建立在良好的饲养管理基础上。猪群发生疾病时，要准确诊断，及时隔离治疗，没有价值的猪只果断淘汰。

在禁抗背景下，一方面，做好常规疾病（如猪瘟、伪狂犬病、猪繁殖与呼吸综合征、圆环病毒病、支原体病）的基础免疫非常重要。基础性疾病的控制和净化，对防控细菌性疾病的继发感染非常有意义。另一方面，根据感染压力和流行病学特点，养猪企业应该考虑一些细菌性疫苗（如胸膜肺炎疫苗、副猪嗜血杆菌疫苗、链球菌疫苗）的使用，以此来弥补禁抗带来的细菌性疾病的挑战。当然，这一切都要根据实际情况来综合权衡。

（3）疫病净化。重大疫病的净化，包括烈性的、免疫抑制性的、容易继发严重细菌感染性的疾病净化，对于猪群健康的保障至关重要。

曾经，由于资源限制，总是寄希望于“与疾病共存”，希望达到一个相对和谐的平衡状态。例如，猪繁殖与呼吸综合征的防控方法很多，有疫苗控制、猪群驯化、药物保健等，总之就是寄希望于“与猪繁殖与呼吸综合征共舞，和谐共存”。然而，随着时间的推移，各种问题显现，总会阶段性地经历猪繁殖与呼吸综合征的波动期，造成大量以流产、死胎、木乃伊、弱仔、呼吸道问题、高热甚至死亡为主要表现形式的损失。副猪嗜血杆菌、链球菌、胸膜肺炎等以猪繁殖与呼吸综合征为基础的继发性感染也越来越猖獗，迫不得已，还得大量使用抗生素来控制。结果就是，以替米考星和泰万菌素为主的抗生素使用量大大增加，成本巨大且不说，控制效果往往不佳。

国内外无数的实践证明，猪繁殖与呼吸综合征阴性场在种猪健康度、用药成本、疫苗成本、生产效率、后代猪群健康等各个方面都有巨大优势，其他诸如伪狂犬病、支原体病净化场同样优势巨大。

所以，在禁抗大背景下，努力实现种源的基础性疫病净化（如猪繁殖与呼吸综合征、伪狂犬病、猪瘟、非洲猪瘟），可大大降低与之相对应的副猪嗜血杆菌、链球菌、胸膜肺炎、巴氏杆菌等相对继发性疫病发生的概率，更有利于猪群健康。

2.饲养管理　良好的饲养管理可提高猪群的健康水平，是实现无抗养殖、提高养殖效益的重要保障。因此，猪场管理者要全面掌握现代生态健康养殖技术，运用现代管理制度对猪场进行管理和经营。要按照国家颁布的相关法律法规，结合养猪生产的各个环节，制定科学的管理制度、技术操作规范和标准，明确岗位责任并严格执行，定期检查。重点做好养猪生产和环境的管理。

（1）饲养。无抗营养体系下的乳仔猪管理关键点是减少其肠道应激，包括环境应激、管理应激和营养应激。相比于抗生素时代，稍有应激就会打破肠道菌群平衡，导致轻度腹泻，排稀便或者典型腹泻。饲喂模式上也要严格按照仔猪肠道发育程度、采食量、体重和环境等综合因素更换产品或改变饲喂模式（湿喂、干喂、干湿喂等），关注生产各环节，最大化地保证猪群的舒适度，减少环境应激。

提高现场饲养管理水平，以减少疾病的压力。有疾病发生时，必须在现场诊断后采取针对性用药。科学合理的免疫程序也是抗病最有力的保证。断奶后仔猪前期的“慢上食”与“慢生长”，不仅不会对后续生长性能有负面影响，而且在猪只全程生长性能方面仍是非常好的。另外，饲喂液态饲料也有利于仔猪肠道健康和生长。

对于饲料禁抗诉求，断奶时间推迟1 ~ 2周也是有效的措施。如果仔猪推迟4 ~ 5周断奶，则仔猪的免疫系统和消化系统发育得更好，能够更好地抵抗病原菌的入侵。另外，保证合理科学的免疫程序也是最有力的仔猪健康保健措施。

因此，在饲养管理上必须根据仔猪生理特点，采用先进的饲养管理技术，关注动物福利，消除断奶应激因子，确保断奶仔猪正常发育。饲养环境不整洁、料槽饮水不干净、饲喂方式不科学等，都会为致病菌提供可乘之机，诱发断奶仔猪腹泻。建立健全保育舍岗位责任制，按照《仔猪品种饲养管理手册》要求，制定切实可行的断奶仔猪饲养管理操作规程，并严格执行。实行网床培育和“全进全出”的饲养方式，可提高断奶仔猪生产性能，降低腹泻的发生率和严重性。定期对猪舍及其环境进行彻底消毒，定期通风换气，保持舍内干燥卫生和空气新鲜，防止病原菌感染和野毒攻击。必须按照断奶仔猪日龄调整舍内温度，以利于仔猪生长发育。根据本地区流行病学和猪只母源抗体水平制定科学合理的免疫程序，并定期进行疫苗免疫提高仔猪抗病能力，防患于未然。

（2）环境控制。环境中的应激因素是疾病发生的主要诱因，包括温度、湿度和空气质量等。饲养管理很大程度上就是进行环境控制。

在温度方面，新生仔猪的适宜温度为27.5 ~ 31℃。随着日龄增加、体重增长，最适温度逐渐降低。过冷会导致仔猪腹泻，断奶猪衰竭，同时也是流感、流行性腹泻、猪繁殖与呼吸综合征等的重要诱发因素；过热会导致热应激，导致中暑、难产甚至死亡等。

在湿度方面，猪舍内的湿度是影响病原体繁殖的主要因素，湿度过大能促进病原微生物的滋生和扩散。同时，湿度影响猪只对环境温度的感知。例如，高温高湿，严重影响母猪散热，出现健康问题；低温高湿，又会让体感温度进一步降低，热量损失更大，从而导致一些冷应激疾病。

在空气质量方面，有害气体含量超标是导致猪群健康波动的重要因素，尤其是呼吸道疾病。猪舍内的有害气体主要有氨气、硫化氢、一氧化碳和二氧化碳等。有害气体含量过高会诱发猪只发生呼吸道疾病、降低食欲、阻碍生长发育、呕吐等。

传统的环境控制模式相对简单，降温主要依赖于水帘-风机系统；升温主要依赖于保温灯、燃气和煤炉等；空气质量靠人工调节风机开启的大小和数量来调整。这些相对来说受操作人员水平因素的影响较大。

在互联网日益发展的今天，畜牧业也应充分利用网络的便利性，为养殖提供直观可靠的数据支持。通过农业物联网系统对饲养管理、人员管理、销售等环节进行科学的指导。发展出来的智能环境控制系统，能让环境控制工作更加轻松、精准、客观，可以大大降低人为因素造成的偏差。猪场智能化环境控制技术可以通过温度探头、湿度探头等传感器对猪舍内的环境进行测量和评定，并及时反馈数据或通过物联网技术自动检测和控制通风、降温与保暖系统的状态。当有异常情况发生时会发出警报。部分系统会自动控制保持猪舍内的环境稳定。智能化环境控制技术实时监测的环境数据包括室内外温度、平均温度、点温差、湿度、二氧化碳浓度、氨气浓度、光照和风速等。通过全天24小时监测，养殖人员能通过智能手机接收监控数据、现场视频及异常情况下的报警。

（二）替代效果保障

从饲料营养配方理念、添加剂筛选、发酵饲料应用、加工工艺等方面阐述无抗时代的改善措施及对策。

1.营养配方思路转变　配方关注点由基于猪只生长潜能的发挥向促进肠道健康转变，低蛋白日粮的设计与应用最为广泛。在饲料配方设计时，遵循高采食量和高生长率理念，以构建仔猪健康肠道为目标。按照理想氨基酸模型，采用低蛋白高质量蛋白原料补充合成氨基酸代替高蛋白原料。这种营养调整方案不仅不会影响下一阶段生长，而且整体上的饲喂效益更好。在仔猪日粮中，降低1%的粗蛋白含量，试验结果显示，腹泻率降低2.54%，平均采食量和日增重分别提高了4.35%和4.6%。对于保育猪，将断奶较早的仔猪饲粮粗蛋白含量控制在18%以下，可以减少腹泻和肠道功能紊乱，有效减少肠道疾病的发生，其作用机制可能主要是由于低蛋白日粮提高了营养物质消化率、减少了后肠微生物发酵。这些结果表明，在断奶仔猪饲喂低蛋白日粮可提高其生长性能，高蛋白日粮则容易因营养过剩在后肠发酵引发仔猪营养性腹泻，从而扰乱肠道微生物菌群。在生长育肥猪日粮中，粗蛋白质水平下降2%～3%，同时添加必需氨基酸，不仅不会对猪的生长性能产生显著影响，而且还能提高猪只的健康水平。

应用不同梯度的糖，至少2种纤维源，即慢性发酵纤维和快速发酵纤维搭配使用。至少选择3种蛋白源。选择高品质、少抗原的蛋白源，可以少产生氨，少生成尿酸，减少对肾脏的损伤。选择高消化率原料，生产清洁日粮。从营养源的优化入手，选择低抗的优质预消化原料，提高消化率。从饲料原料上考虑，选择低系酸力的原料（除了考虑矿物质原料外，应特别重视蛋白原料的系酸力，因为蛋白原料在饲料中的添加比例较高），降低饲料酸结合力，同时在饲料中添加足够的酸化剂，以减少饲料对胃酸的中和作用，维持胃内适宜的酸度，这对胃酸分泌不足的仔猪显得尤其重要。

适量的饲粮纤维可以维持肠道正常蠕动，刺激胃液、胆汁、胰液分泌，促进肠道微生物平衡，刺激肠道黏膜生长及胃肠道整体的发育。欧洲国家通过添加大麦和燕麦产品来增加饲粮纤维以改进肠道健康，我国有些企业也在寻找和研发一些替代产品，如纤维添加剂等。张卫辉等（2019）研究发现，饲粮中添加0.5%和1%的小麦纤维能够提高仔猪的平均日增重，降低料重比和腹泻率，有利于改善动物生产性能。在保育猪日粮中，添加2.5%细麸皮改善了仔猪的肠道健康，粪便的成型度更好。这可能与适量粗纤维能够促进仔猪肠道蠕动、防止后肠道消化蛋白的过度发酵、选择性地促进有益菌的生长有关。

在免疫激活状态下，营养优先供给免疫系统，所以发病猪生产性能会受到很大影响。同时，在疾病应激下，由于免疫的额外消耗，营养素如氨基酸、矿物质、维生素需要量也有不同程度的增加。

饲料中添加免疫多糖（如酵母多糖、甘露聚糖）以及一些植物成分（如中草药、植物提取物、植物精油等），可以提高机体免疫力和抵抗力。另外，有些营养素，如免疫球蛋白、维生素、微量元素、某些氨基酸以及多不饱和脂肪酸等，不仅可满足机体的营养需求，而且对机体的免疫功能具有重要的调节作用。甘露聚糖与病原菌的黏多糖结合后，可以阻止其在肠上皮细胞定殖，竞争性黏附作用使病原菌失去致病作用。提高肠道有益菌数量的方式包括：直接添加活的有益菌（益生素）或者添加具有益生作用的益生元和膳食纤维。*n*-3 脂肪酸有消炎抗炎的功能，而*n*-6 脂肪酸有促炎的作用。所以，*n*-3 和*n*-6不饱和脂肪酸的合理比例应用，可以提高仔猪获得性免疫和抗炎能力。

2.添加剂的筛选技术及应用　目前，抗生素替代品种类较多，主要有中草药类、微生物类、抗菌肽、溶菌酶类、酸化剂类、免疫球蛋白、植物提取物等，作用机制各不相同。

（1）益生菌是一类有利于宿主健康的活菌微生物，其作用机制包括：排斥与竞争病原菌在消化道上皮上定殖；与病原菌竞争营养物质；产生抗菌产物；改善肠道内环境与维护黏膜屏障功能；激活宿主免疫反应，增强免疫功能；调节炎症细胞因子产量。此外，益生菌结合细菌与真菌毒素，可降低机体吸收量。

（2）酸化剂分有机、无机和复合3种类型，具有提高日粮酸度值和酶活性、促进营养物质吸收等作用。有机酸作为食品防腐剂已有近百年时间，其抑菌机理包括能量竞争、透化细菌膜、提高胞内渗透压、抑制生物大分子合成与诱导宿主产生抗菌肽等。通过酸性调节引起细胞质酸化、胞内酸性阴离子累积而影响微生物活性。未解离的有机酸穿越细胞膜进入细胞质，在胞内解离成阴离子与质子，导致胞内H^+失衡、pH下降，引起细胞损伤与变形、胞内酶与蛋白变性，抑制胞内DNA/RNA合成，输出过量质子导致能量耗尽，以致细菌生长受阻直至死亡。

（3）植物提取物是指采用适当的溶剂和方法，从全部或部分植物中提取或加工而成的特殊物质，其有效成分结构并没有改变。植物提取物中含有丰富的黄酮类、生物碱、苷类及花青素等活性物质，具有广谱抗菌抗病毒、抗氧化和清除自由基、增强宿主内源消化酶活性等特性。植物提取物抑菌机理相对复杂。黄酮类化合物与细胞外可溶性蛋白以及细胞壁形成复合物破坏细菌细胞膜。生物碱能插入至DNA中影响DNA复制。酚类化合物与细菌细胞壁上多肽、膜蛋白结合或通过螯合金属离子使酶或细菌蛋白失去功能、改变细胞膜渗透性，导致细菌死亡。

（4）抗菌肽广泛存在于生物体中，是一类抵抗微生物感染的天然免疫化合物，具有抗菌与免疫调节功效，在控制细菌感染与治疗炎性疾病中起重要作用。抗菌肽广谱抑制革兰氏阳性、阴性菌与真菌。其作用机理：损伤细胞膜，引起细胞的水解。阳离子抗菌肽与细胞膜上LPS（lipopolysaccharide，糖脂质）结合使膜形成孔洞或损坏膜结构，导致细胞水解死亡；或与细胞壁上肽聚糖和磷壁酸作用，改变细胞壁结构，触发细菌自溶；在细胞膜上形成离子通道，改变膜通透性，激活与关闭胞内靶位点，达到抑菌效果。

（5）酶制剂不直接作用细菌，由其水解后的产物（如脂肪酸）能够改变消化道内环境，从而影响消化道中微生物的多样性。酶制剂可促进营养消化，具有提高动物生产性能和减排环保双重价值，促进肠道健康。

（6）中草药添加剂含有许多有效活性成分和风味物质，如糖类、苷类、鞣质、生物碱、挥发油、蛋白质、氨基酸、油脂及色素等。糖类是机体免疫系统的组成物质；鞣质可抑制大肠杆菌、霍乱杆菌、白喉杆菌等常见有害菌；生物碱能促进机体胃肠道蠕动和消化液分泌，增加食欲；色素可显著改善猪肉的色泽；有些中草药本身含有丰富的蛋白质、维生素和矿物元素。将中草药用于养猪业，可预防疾病，增进食欲，促进生长，提高瘦肉率和生产性能，改善猪肉的品质和风味。

（7）市场上还有溶菌酶、葡萄糖氧化酶、月桂酸甘油酯、单宁酸等产品。溶菌酶是一种糖苷水解酶，因其具有溶菌作用，故命名为溶菌酶。溶菌酶是生物组织中广泛存在的一种无毒的小分子碱性蛋白酶，主要催化细菌骨架物质——肽聚糖的降解，导致细菌裂解死亡。溶菌酶具有抑菌、抗炎、抗氧化、抗病毒、提高机体免疫力的作用。葡萄糖氧化酶在体内能产生具有杀菌作用的过氧化氢；月桂酸甘油酯针对链球菌感染具有很好的作用，从而在一定程度上减少疾病的压力。单宁酸具有很好的收敛作用。这些产品正确合理的应用，都具有一定的替抗效果。当然，每种替抗产品各有优劣，辨证配伍更有效果。例如，酸化剂和植物精油的配伍杀菌效果更好。

使用添加剂组合，可以调节肠道菌群，抑制或杀灭肠道中有害微生物，增加有益微生物的数量；减少饲料中抗原带来的炎症反应；增加酶的数量或活力，促进肠道发育，提高对饲料的消化吸收能力等。在生产实践当中，人们会根据不同养殖条件、不同管理水平和不同动物生长阶段，有针对性地组合不同的方案，确保产品效果和养殖成绩的稳定，并且在未来的几年当中还会继续筛选方案。

大量研究报道，益生菌、抗菌肽、酸化剂、酶制剂、有机酸、溶菌酶、天然植物和植物提取物等产品都具有良好的防病替抗促生长作用。

在断奶初期，各种应激作用会使酶的分泌在短时期内降低。断奶仔猪日粮中添加适应乳仔猪所需要的外源性酶制剂，可弥补仔猪断奶后体内酶的分泌不足和活性降低等缺陷，消除日粮中抗营养因子，起到抗应激、防腹泻、促生长的作用。

微量元素氨基酸螯合物具有生物学效价高、节能减排、有利于环保的优点。利用氨基酸和小肽的吸收通道在小肠吸收，不存在与无机微量元素吸收上的拮抗竞争问题。应用有机微量元素在满足矿物质和氨基酸营养需要的同时，还可以明显改善仔猪的生长性能，增强仔猪的免疫功能与抗应激能力，为防控断奶仔猪腹泻创造良好的内部环境。

3.发酵饲料的研究与应用　发酵饲料是指在配合饲料或饲料原料中添加有益菌进行发酵，有益微生物通过自身的代谢活动，将植物性、动物性和矿物性物质中的抗营养因子分解，并转化成更容易被动物采食及消化吸收的养分含量更高且无毒害作用的饲料。饲料经过发酵后，蛋白质被分解为更易被动物体消化吸收的小分子活性肽、寡肽，纤维素、果胶被降解为单糖和寡糖，同时代谢产生的多种消化酶、氨基酸、维生素、抑菌物质、免疫增强因子以及其他一些菌体蛋白，作为营养物质被动物体吸收利用，显著提高饲料的营养水平和饲料利用率，从而提高动物体的各项生产指标。发酵饲料不仅能刺激猪的采食，提高饲料的适口性及转化率，而且由于含有乳酸菌、酵母菌等益生菌以及大量消化酶等活性物质，在猪肠道环境改善、免疫力提升及猪场环境优化等方面也有明显的促进作用。在养猪生产中，一般以5%～10%的比例添加于日粮中饲喂。

发酵饲料中富含大量活性微生物，湿发酵饲料不经过烘干及制粒过程，活性微生物存活率高，能迅速在动物肠道内生长繁殖，建立菌种优势。发酵饲料中芽孢杆菌为好氧菌，可在繁殖过程中快速消耗肠道中的氧气形成厌氧环境，抑制肠道内需氧有害菌的生长；同时，促进肠道内乳酸菌、双歧杆菌等益生菌的生长繁殖。乳酸菌可竞争性地黏附在肠道上皮细胞表面，从而减少肠道中的有害菌定殖。同时，乳酸菌、双歧杆菌可产生大量乳酸、乙酸、挥发性脂肪酸及抗菌物质，抑制其他有害菌的生长。发酵饲料在猪上的应用最为广泛，在提高猪的健康程度及生长性能方面都具有明显的效果。明雷等（2019）利用玉米皮制备发酵饲料来替代部分基础日粮饲喂体重20千克左右的长白猪，结果显示，饲喂10%和20%的发酵饲料组日增重分别提高了3.84%、8.97%；20%饲喂组料重比降低了3%，显著低于对照组。发酵饲料可以改善饲料营养、提高消化率、降低抗营养因子、抑制肠道有害微生物，是一种绿色、安全的饲料原料。

4.饲料加工工艺优化　加工过程对粒度提出了新的要求。例如，仔猪料中使用的蛋白原料要尽可能粉碎细一些；饲料加工工艺，如膨化粉碎和高温制粒等，在提高饲料消化率的同时，可以提高饲料的生物安全度。原料质量的选择和毒素吸附剂的应用、清洁日粮加工技术更要加倍重视。

通过饲料加工处理（如调质、膨化等）减少饲料及原料病原菌污染；饲料中可考虑添加酸化剂（含一定比例的游离酸）抑制饲料中的病原菌，减少病原菌从口进入。从淀粉的消化率来看，大米＞小麦＞玉米；但经加工处理后的消化率为大米＞玉米＞小麦，熟化处理玉米对日增重有良好的正面改善作用。也可以添加部分膨化大豆、膨化玉米等原料，以增加营养素的利用率，提高饲料整体品质。另外，选择合适的颗粒粒度、脂肪乳化均质处理、制订科学的配合饲料加工方案等都会对配合饲料有良好的正向效应。

（三）科技推广保障

1.抗病种源选育　随着饲料禁抗和养殖替抗、减抗、无抗技术的研究与推广，猪的抗病育种研究也开始了飞速发展。猪的抗病育种分为特异性抗病力育种和非特异性抗病力育种。目前，特异性抗病力育种的研究较多。猪的抗病力多属中低遗传力性状，需充分利用分子遗传育种、基因工程等技术手段，开展致病主效或候选基因筛选、标记、敲除等研究，培育特异性抗病种源。目前，已筛选出多个主效或候选基因，如猪大肠杆菌K88和F18受体基因、氟烷基因、干扰素基因、猪繁殖与呼吸综合征基因等。也培育出了一些针对特异性抗病力的猪新品种（系）。例如，德国培育抵抗猪丹毒的品系，美国ARS（Agricultural Research Service）公司培育的抗泻痢大约克猪品系，我国华中农业大学培育的湖北白猪抗应激新品系等。而提升非特异性抗病力，虽不能完全抵抗特定病原的感染，但可以提高猪群抗感染的阈值。所以，培育非特异性抗病力种源是抗病育种研究的重要内容，但受技术限制，研究进展较慢。

我国部分地方猪具有抗逆性强的优良种质特性，对一种或多种特定病原具有抗性，缺少一些特定的致病主效或候选基因，如K88受体频率低、通城猪抗猪繁殖与呼吸综合征等。充分利用我国地方猪种资源优势，培育并大力推广抗逆性强的地方猪抗病新品系，从整体上提升猪群抗病力，减少药物使用，能为替抗养殖从种源上提供保障。

2.饲料配方技术

（1）安全优质原料选择。采购饲料原料时，要保障饲料原料的安全与品质。加强饲料原料安全质量检测，确保饲料原料中不含霉菌毒素、沙门氏菌等有毒、有害物质。同时，要选择优质饲料原料，通过生物发酵、膨化处理等加工方式提高饲料原料中蛋白质等营养物质的含量，消除抗营养因子，改善饲料风味，提高猪群采食量。而且，通过加工处理能降低饲料原料中有害物质和病原微生物的含量，有助于调节猪群肠道微生物平衡，增强猪群对营养物质的消化吸收能力，提高机体的抗病能力。

（2）精准日粮设计。根据猪在不同生长阶段的肠道发育特点和营养需求，保持蛋白质、氨基酸、脂肪酸、微量元素、矿物质、维生素等营养平衡，精准调制饲料配方，保证营养结构合理性，最大限度地发挥饲料的营养价值，以提高猪群自身免疫力、降低疾病发生率。

3.安全替抗产品　目前，很多安全无残留、不产生耐药性的绿色饲料添加剂已作为安全替抗产品应用于养殖行业中，且表现出较好的替代效果，所起的预防保健作用具有匹敌抗生素的优势。市场应用较多的替抗产品主要有酶制剂、酸化剂、微生态制剂、抗菌肽制剂、寡糖制剂、中草药添加剂、植物提取物等。一般通过添加单一替抗产品或复合添加多种替抗产品，能够在一定程度上抑菌杀菌、改善肠道微生物环境、调节肠道pH平衡、提高养分消化利用能力、提高机体免疫力、提高猪群生产性能等。

（四）效率效益保障

饲用抗生素的主要功能为抗菌和促生长。禁抗、限抗可能会带来部分养猪效率和效益的冲击。对此，需要转变思路，寻求新的解决方案。

1.现代养殖模式　目前，我国生猪的养殖模式主要包括分散养殖、中小规模专业养殖和现代化大型集团养殖3种模式。由于分散和中小规模专业养殖模式受设施设备、管理、环境、资金等方面的限制，很难做到标准化、规模化、科学化生产，疫病防控难度较大。所以，要转型升级养殖模式，由分散的小规模养殖逐步向标准化规模化转变。目前，可推行集团规模化一体化养殖和“公司+基地+农户”合作代养模式。集团规模化一体化养殖的特点是小区养殖，规模化生产，机械化水平高，科技投入高，自繁自养产业链一体化，在生产管理、疫病防控、环保等方面优势明显。“公司+基地+农户”合作代养模式的特点是公司与农户签订代养协议，由公司提供猪苗、饲料、兽药、技术等支持，甚至在猪场建设方面要求按照统一的模式建设，在风险分散、人员管控、降低损失等方面具有很大的优势。

近年来，国内从欧美地区开始逐步引进批次化生产技术模型，应用也越来越广泛。实践证明，批次化生产能提高猪群健康度。

（1）批次化生产可以提高劳动效率。批次化生产最显著的特点，就是把原来分散的工作集中起来。以配种为例，连续性生产需要每天均衡配种，而改为批次化生产后，可以将配种工作集中进行完成，从而减少人员或部门之间的协调，也使得工作内容非常清晰和聚焦。

（2）批次化生产可以提高饲养管理水平。因为批次内猪只日龄较为集中，可以更加容易地把控营养和环境；同时，也便于监控猪群饮水、采食量的变化，进而预警疾病；还可提高出栏猪的整齐度，对猪舍硬件的维修、保养、清洗及定时定量地补充后备猪等提供了足够的时间和空间。

（3）批次化生产更有利于精准分析。化为小核算单位可精准核算，有利于问题分析、成本控制、绩效管理。如用水、耗料、用电等，能够精准计算批次料重比、日增重、成活率等关键指标，清晰地找出差异因子，不断提高生产效率。

（4）批次化生产有利于降低饲料成本。饲料是养猪成本的大头，批次化生产可以实现同批次的猪饲料单一；便于集中生产，可以减少洗仓、更换环境控制模块等工序；提高饲料厂的生产效率，降低吨耗；同时，饲料周转快，提升库房利用率。

在连续性生产过程中，一栋舍里的猪采用不同的饲料配方，势必会产生饲料的浪费，而且会对猪群生产性能产生负面影响。精准批次化生产，可以大幅降低猪群体重不均匀现象，提升配方的精准度，降低饲料成本，提高饲料转化率。

（5）批次化生产有利于保障员工福利。养猪行业进入了新的纪元，年轻一代从业人员往往注重假期和福利。在传统连续性生产的猪场，员工很难有充足的时间休假。但是，批次化生产可以把劳动集中，在不是特别忙碌的时候就可以申请休假，年轻一代也会更加乐于在猪场工作，也更能吸引到优秀的人才，这对于保障猪场的效率和效益也是非常有帮助的。

2.加强人才培养　行业的发展离不开人才。在禁抗、限抗的新形势下，对养猪从业人员的素质又提出了更高的要求。

（1）理论知识培养。养猪从业人员来源复杂，既有专业院校毕业生，接受过相对完整的畜牧、兽医等专业相关知识的培训，具备一定的理论基础；也有大量非本专业的新入行人员。这就要求养猪企业在理论课程设置的时候，兼顾全面，简明扼要，通俗易懂，不能有太过专业的术语。当然，现在很多优秀的养猪企业都有简明实用的理论手册，辅以优秀的一线生产实践人员现场或线上讲解，效果显著。

（2）实践能力培养。现在主要流行的实践能力培训方法为师徒制，即师傅带徒弟，“一对一”或“一对多”进行实操指导。这种看似传统的方案往往也是最有效的，既能让新人快速上手，也能避免因新人误操作可能导致的猪场损失。当然，根据岗位重要性，学徒期有长有短。对于重点培养的人员，不同岗位和不同阶段需要及时更换不同的师傅。

（3）如何留住人才。诚然，现在养猪场想留住人才是比较难的。首先，要满足从业人员对不同年龄段的收入需求（当然，收入永远是跟职位匹配的）。但经过非洲猪瘟洗礼后，散户大量退出市场，行业集中度越来越高，未来巨大的猪周期波动和高额的利润几乎不可能再出现了。如何给员工加薪？只能通过不断提高人均生产效率来实现。其次，随着90后和00后从业者加入，新一代人对假期的期待值会越来越高。传统养猪人连续性生产，难以有时间休假的机制很难留住年轻人。企业也需要通过生产模式和员工福利关怀的改革，来满足这方面的需求。最后，发展空间问题。管理岗位就那么多，行业也不可能无限扩张，而每个人都对于发展空间有所期望。如何满足？或许，人尽其才，匹配待遇，给予“非管理岗员工”充分的物质和精神肯定，引导大家改变对“管理岗”的过高期待是一种解决方案。

三、过程监管保障

（一）法律宣贯保障

1.法律保障　“民以食为天”，食品安全关系我国14亿人口的身体健康和生命安全。习近平总书记强调：“确保食品安全是民生工程、民心工程，是各级党委、政府义不容辞之责。”为了保障畜产品质量安全，在饲料和兽药等投入品管理、饲养管理、疫病防控、屠宰加工等生产环节，我国建立了较为完善的法律保障体系。《食品安全法》规定，严令禁止生产经营兽药残留、生物毒素、重金属等污染物质以及其他危害人体健康的物质含量超过食品安全标准限量的食品、食品添加剂、食品相关产品。《农产品质量安全法》规定，农产品生产者应当合理使用化肥、农药、兽药、农用薄膜等化工产品，防止对农产品产地造成污染。禁止销售含有国家禁止使用的农药、兽药或其他化学物质的农产品，以及兽药等化学物质残留或者含有的重金属等有毒有害物质不符合农产品质量安全标准的农产品。《畜牧法》规定，畜禽养殖场应当建立养殖档案，不得违反法律、行政法规的规定和国家技术规范的强制性要求使用饲料、饲料添加剂、兽药。《动物防疫法》指出，鼓励和支持无规定动物疫病区、生物安全隔离区和动物疫病净化工作。强化生物安全管理，降低疫病风险和兽药使用量。《生猪屠宰管理条例》规定，生猪定点屠宰厂（场）应当建立严格的肉品品质检验管理制度，对其生产的生猪产品质量安全负责。

2.政策保障　保障动物源性食品安全，是维护公共卫生安全的必然选择。“十三五”期间，农业部印发了《全国兽药（抗菌药）综合治理五年行动方案（2015—2019年）》的通知，规范了兽用抗菌药的使用行为。2019年7月，农业农村部第194号公告明确，自2020年1月1日起，退出除中药外所有促生长类药物饲料添加剂品种。“十四五”期间，国务院办公厅出台《关于促进畜牧业高质量发展的意见》指出，要持续推动畜牧业绿色循环发展，全面提升绿色养殖水平；要加强抗菌药综合治理，实施动物源细菌耐药性检测、饲料添加剂退出和兽用抗菌药使用减量化行动。2021年5月，农业农村部、市场监管总局、公安部、最高人民法院、最高人民检察院、工业和信息化部、国家卫生健康委等7部门联合印发《食用农产品“治违禁　控药残　促提升”三年行动方案》，聚焦重点品种，采取精准治理模式，控源头、抓生产、盯上市、强执法、建制度，加快解决禁用药物违法使用、常规农兽药残留超标等问题。2021年10月，农业农村部印发《全国兽用抗菌药使用减量化行动方案（2021—2025年）》，明确到2025年末，50%以上的规模养殖场实施养殖减抗行动。根据养殖管理和防疫实际，推广应用兽用中药、微生态制剂等无残留的绿色兽药，替代部分兽用抗菌药品种，并逐步提高使用比例，实现畜禽产品生态绿色。

3.抗菌药使用标准保障　不同种类、剂型的抗菌药物，在不同种类畜禽中的使用，分别具有不同休药期限的规定。根据《中华人民共和国兽药典》等技术标准规定，在生猪生产中，β-内酰胺类抗生素使用休药期为72小时至15天、头孢菌素类抗生素使用休药期为1～5天、氨基糖苷类抗生素使用休药期为18～40天、四环素类抗生素使用休药期为7～18天、酰胺醇类抗生素使用休药期为14～28天、大环内酯类抗生素使用休药期为5～21天、多肽类抗生素使用休药期为7天左右、林可胺类抗生素使用休药期为2～6天、截短侧耳素类抗生素使用休药期为7天左右、喹诺酮类抗生素使用休药期为7～10天、磺胺类抗生素使用休药期为4～28天。

4.宣传保障　降低兽药使用数量，法律法规政策性强、技术要求高，要提高社会知晓率和参与度。充分利用媒体、网络、明白纸、宣传手册等媒介，组织开展形式多样的宣传活动，及时向兽药生产、经营和使用单位以及社会公众，宣传兽用抗菌药使用减量化行动法规政策、技术知识以及滥用兽用抗菌药物的危害。大力推进兽药使用减量化工作，及时总结提炼不同畜禽种类和养殖模式的减抗经验做法，遴选一批减抗典型案例进行宣传推介，充分发挥示范引领作用。

（二）自律行为保障

虽然农业农村部第194号公告的涉事主体为饲料企业，但饲料禁抗是一项系统工程。当前，社会大众知晓不多，行业监督乏力，企业等待观望心重。养殖企业要深刻认识“饲料禁抗”与“养殖减抗”对于食品安全、行业可持续发展以及提升产品国际竞争力的重要性与必要性。从业人员要从饲养管理、环境改善、生物安全等方面为动物创造健康、舒适的生长环境，提高动物健康水平，减少对于药物的依赖。饲料企业要遵章守纪、令行禁止，停止生产和销售有抗饲料，成功迈出“无抗饲料”这一步。接下来在养殖端势必会面临一系列新的困难和挑战，需要相应的保障措施和方案，包括软硬件的改进和从业人员素质的提高。要循序渐进，阶段化、有序化和层次化展开。饲料企业在源头上保证了无抗；养殖企业自身也要做好生物安全和饲养管理，落地“低抗养殖”方案。只有各方共同努力，才能确保终端畜产品不含抗生素，从而打造出安全肉食品的健康产业链。

1.加强法律法规的培训和宣传　饲料及饲料添加剂相关企业应不断加强对饲料生产经营企业和养殖企业有关《饲料和饲料添加剂管理条例》等法规知识的学习培训，提高我国饲料违禁药物添加管理法规的普及度和实施效果，从源头杜绝违法添加违禁药物的行为。饲料企业必须严格遵守法律法规，不得在饲料生产中预防性添加莫能菌素、盐霉素、黄霉素、阿维拉霉素等抗生素。加大对违法添加违禁药物的饲料生产、经营及养殖企业的处罚力度，对于生产不合格饲料产品和安全隐患多的企业要停产整改、跟踪监测。对于违法使用禁用药品和发生重大质量安全事故的饲料企业，可吊销其生产许可证，情节严重者追究法律责任。

2.提高饲料生产科学化及监管水平　饲料生产科学化水平越高，畜产品的质量安全就越能得到保障。从饲料的配方到原材料的筛选，从生产工艺流程到质量的监督控制，任何一个环节都不能马虎。在饲料配方研究过程中，要考虑到当地自然因素，考虑是否会造成畜禽的生长不良，从而影响产品的产量与质量。改进饲料加工工艺，严格饲料生产加工过程品质监控，避免产品被污染的情况发生以及不合格饲料流入畜禽口中，以保障畜产品的质量安全。建立多层次、立体化的检测网络，依法对饲料厂家进行定期和不定期的抽样监督检测，确保饲料产品安全信息的公开化、透明化，打造信息交流平台，促进信息共享，逐步完善我国饲料质量安全体系。

3.加强对绿色添加剂的研究力度　绿色添加剂具有无毒、无害、无残留和无污染等特点。绿色添加剂可以有效取代药物在饲料当中的作用，促进动物的健康生长，减少药物在饲料中残留的状况，如中草药添加剂、微生物制剂的应用等。随着饲料中抗生素的逐渐禁用，更需要大力开发非常规的饲料原料和饲料添加剂，研究不同因素对动物产品的影响程度。

4.养殖过程中要科学合理地使用抗生素　错误或不当地使用抗生素不但不能改善动物健康，还会促进细菌产生耐药性。对于生猪，应在独立的畜舍中对小群体受感染的猪只进行诊治，确保每头猪服用能应对疾病感染的同时保持较低的剂量。抗生素适用于细菌引起的传染病，而很多常见病症是由不同的病原体引起，包括病毒、真菌和寄生虫等。因此，在使用抗生素前，正确的病理诊断至关重要。养殖人员要对动物进行有效诊断，科学合理地使用抗生素。

饲料禁抗倒逼养殖业提升饲养管理水平、加快技术创新、强化生物安全措施、推进畜禽养殖业的标准化、规模化、产业化和现代化发展进程，促进我国畜牧业转型升级，迈入更高质量的发展阶段。农业农村部出台了一系列加强兽用抗生素使用和监管方面的规章，如《兽用处方药和非处方药管理办法》《兽用处方药品种目录》等，同时实行了执业兽医制度，规范了动物诊疗病历和兽医处方管理。一旦养殖场出现问题，兽医必须到现场诊断检查，才能开具针对性的药物处方，严禁处方药中使用对人类健康有风险的抗生素。加强执业兽医队伍的建设是禁抗行动的重要保障。

（三）资源配置保障

为推动养殖企业开展生猪养殖替抗行动，应从硬件资源和软件资源管理系统上给予保障。

1.硬件资源 主要包括设备设施、现场监控和环境优化3个方面。

（1）设备设施。一是加强生物安全基础设施建设。建立规划布局合理的生猪养殖栏舍，以及隔离、清洗、消毒等生物安全基础设施；规范人员、物品、车辆、生猪的运行路线，实施净污分离，这是保障生猪替抗养殖的首要条件。二是加强市、县基层兽医实验室建设，提高动物疫病监测预警和兽医临床诊断、预防、治疗的工作能力。配备PCR（polymerase chain reaction）仪、酶标仪、生化培养箱、生物安全柜、细菌生化鉴定仪等设施设备，具有非洲猪瘟、猪瘟、口蹄疫等病毒抗原、抗体及大肠杆菌等多种细菌性疾病分离培养和药物敏感性试验的检测能力。根据检测结果，科学指导临床预防和治疗用药。配备必要的药物残留检测设施设备，组织饲料等投入品、上市肥猪和猪肉产品开展常态化药物残留监测。

（2）现场监控。养猪场所建立全覆盖的物联网监控和环境自动监控系统。在栏舍入口、定位栏、产房、保育区、育肥区、公猪区、兽药房、办公室、主干道等关键位点安装物联网监控设施，实时监控和核查各生产环节工作实施情况，有利于发现问题和追溯问题。建立环境自动监控系统，实现环境温度、湿度、有毒有害气体等指标的自动调节；同时，可通过手机视频连线实时观察到猪舍的环境状况和猪群的健康状况，并且通过手机远程处理异常情况。

（3）环境优化。环境优化能为生猪养殖替抗提供良好环境。猪场的栏舍建设是生猪养殖的关键，科学合理规划猪场栏舍。一是地形地势。地形要平坦齐整、地势开阔向阳，以便充分利用场地合理布局建筑物。二是场址选择。猪场应与周边形成隔离屏障。猪场应远离城区、居民点和交通干线，一般要求离交通要道和居民点1千米以上。三是科学布局和生产工艺设计。猪场分为生产区、生活区、生产辅助区和粪污处理区，并在猪场外围设置车辆洗消点及售猪中转站。针对不同养殖品种、上市周期、生产批次计划等进行栏舍配套面积设置。应建立净区和污区，防止净污道交叉。应建立粪污环保处理场所和设施。猪场采用自动清粪工艺，粪污处理遵循减量化、无害化、资源化等原则。四是确保环境卫生。保持猪舍内环境整洁。注意防鼠、防鸟，放置防蚊、防蝇设备。

2.软件资源管理系统 主要包含人力资源、技术培训、饲养管理、兽药管理、执行力建设、生产记录、产品溯源、市场需求等多个方面，为生猪替抗养殖提供必要的技术支撑。

（1）人力资源。生猪养殖场应该配备畜牧、兽医、动物营养、经营等门类齐全的专业技术人员，形成稳定的专业人才队伍。而且，这些人员应具备丰富的理论基础和生产管理经验。生猪养殖场应该配备具有执业兽医师资质的兽医人员，具有生猪养殖和诊疗经验，能够依据生猪的行为表现、发病症状、病理剖检等作出准确的疫病诊断，能依据生猪发病情况、用药指征和药物敏感性试验结果制订用药方案并选择合适的抗菌药物。同时，生猪养殖场应加强与科研院所和高校等单位的联系，建立产学研合作关系，为替抗养殖建立平台支撑和技术支持。

（2）技术培训。加强基层从业人员尤其是基层养猪技术人员、饲养管理人员的技能培训。猪场从负责人到基层员工，都要提高对替抗的认识，提高对兽药管理的认识。生产员工要按照替抗的要求做好抗菌药及其他药品使用、病猪隔离注射、休药期管理等知识的培训，考试合格才能上岗工作。加强一线生产人员对抗菌药使用的了解，提升日常诊断能力。规范使用兽用抗菌药，做到按疗程、按剂量、按生产阶段使用，严格执行兽用处方药制度和休药期制度。高度重视兽医人员培训，重点培训疾病防治知识，减少抗生素治疗用药，提高生物防控能力。

(3) 饲养管理。生猪养殖企业应建立饲养管理制度，提高饲养管理水平。饲养管理制度包括饲养员管理制度、物料出入库制度、生物安全管理制度、消毒管理制度、卫生防疫消毒制度及操作规程、兽药库存管理制度、兽医诊断用药制度、兽药休药期管理制度、生产记录制度、引种及检疫申报制度、猪群免疫及免疫计划落实制度、饲料车间原料采购及生产制度、诊疗制度、病死动物解剖制度、无害化处理制度、养殖档案管理制度、免疫档案管理制度、兽药供应商评估制度、粪污处理制度等。建立覆盖全生产流程的制度体系，为猪场替抗提供制度保障。同时，应根据政府部门监管要求、科技进步和时代发展，不断修改、优化和完善饲养管理制度，规范生产行为。

(4) 兽药管理。生猪养殖企业应提高诊疗用药水平，加强兽药采购及管理，严格执行兽药安全使用规定，坚决杜绝使用违禁兽药、过期失效兽药和假冒伪劣兽药。加强处方药管理和休药期管理。

(5) 执行力建设。生猪养殖企业应制定人员管理制度，成立养殖替抗实施工作小组，由养殖场主要负责人任组长，技术副场长任副组长，车间负责人、畜牧兽医技术人员及骨干饲养员为成员，同时聘请当地农业行政部门相关人员和科研院所专家任替抗技术顾问。从业人员要明确分工、职责清晰，实行分工负责制。替抗目标任务与具体指标要分解落实到生产一线，并定期检查，发现问题及时整改，确保替抗工作取得实效。

(6) 生产记录。建立和完善生产记录体系，并严格执行。一是实行兽用抗菌药出入库记录。建立兽药疫苗入库记录表，记录内容包括兽药通用名称、含量规格、数量、批准文号、生产批号和生产企业名称等。要求所有兽用抗菌药的购入、领用及库存均有完整的记录。二是做好兽医诊疗记录。生猪养殖企业应提供并使用执业兽医处方笺。用药有完整的兽医诊疗记录，记录内容主要包括动物疾病症状、检查、诊断、用药及转归情况；抗菌药的使用有兽医处方记录，包括用药对象及其数量、诊断结果、兽药名称、剂量、疗程和必要的休药期提示。针对病死动物或典型病例，使用病理解剖记录表，记录剖检和病理解剖情况。三是做好用药和其他记录。用药记录应翔实，内容包括药物品种、规格、使用量和用药次数，且与兽医处方、药房用药记录一致。同时，还应有消毒记录表、外来人员和车辆登记表、疫苗免疫记录表、饲料使用记录表、生猪进场和销售记录表、病死猪无害化处理记录表等，并建立养殖环节档案。

(7) 产品溯源。养殖场应建立健全HACCP (hazard analysis critical control points) 质量保证体系，建立生猪生产溯源体系，使消费者通过扫描猪肉产品的二维码，就能够获知猪肉来自哪个养殖场，养殖场饲养的品种、产地环境、养殖方式、防疫保健、治疗用药和屠宰运输等信息，从而实现猪肉产品的全程可溯源。

(8) 市场需求。替抗养殖生猪的肉质好、安全、无抗生素残留。相关研究表明，加工烹饪后的无抗猪肉肉质、肉香远超普通猪肉；从营养健康角度看，无抗猪肉中的营养素比普通猪肉更好、更全面。

替抗猪肉竞争力强，能带动消费升级。随着人民生活水平的提高，人们对健康的重视程度越来越高，对无抗食品、绿色食品、有机食品等安全优质食品的需求越来越高。无抗养猪可以提高肉品质量，减少抗生素滥用问题的担心，提高对无抗猪肉的认可程度。因此，市场对无抗猪肉的巨大需求，能引导生猪养殖企业扩大替抗养殖规模。

（四）智能监测保障

抗生素监控是生猪养殖中十分重要的部分，需要政府、企业、市场共同发力，以确保生产全流程合规使用抗生素。目前，我国已出台一系列养殖业抗菌药使用规范，各地也在加大力度进行宣传、落实。但受科学技术及检测方法的限制，很难做到及时准确监测，加上我国养殖场/户数量多、分布广，难以确保全过程监管到位。今后要不断提升监测能力和水平，确保产品质量安全。

1.投入品监测 养殖投入品，主要包括养殖过程中使用的饲料、饲料添加剂、兽药和消毒剂等。饮水、饲料和兽药等投入品是畜禽粪便中兽药残留的重要来源。使用合格产品，使用安全、高效、低残留的兽药替代产品，促进绿色养殖发展，从源头减少兽药使用量。目前，农业农村部第250号公告对食品动物中禁止使用的药品及其他化合物进行了规定。

（1）饲料及其添加剂。饲料及其添加剂是维持动物生存和生长的基本营养物质。饲料包括玉米和豆粕等，二者是饲料的主体部分；饲料添加剂包括氨基酸盐、维生素、矿物质和酶制剂等。现今部分可饲用天然植物粉及粗提物以“添加剂”成分添入饲料中，但未列入《饲料添加剂品种目录》。目前，农业农村部计划出台《植物提取物饲料添加剂审评指南》，对可饲用天然植物（117种）实施安全性与有效性评价，规范植物提取物饲料添加剂的管理。

（2）兽药。兽药经营、销售、使用、监督主要根据《兽药管理条例》。部分中兽药对抗生素有协同作用，可减少抗生素的使用量，起到减抗作用。目前，仅有部分按相关程序获得注册的“中兽药”可长期添加到商品饲料中，其余绝大多数兽药只能作为临床应用，不可以长期添加到商品饲料中。

（3）饮水。养殖场应选择水质较好的自来水、河水或井水作为水源，定期送检。水质达到《无公害食品　畜禽饮用水水质》（NY 5027—2008）的规定方可使用。通过饮水给药治疗的，不得超范围、超剂量使用药物，不得使用禁用药物，严格遵守休药期等有关规定。

生猪养殖企业应保证饲料、兽药从正规渠道购入，不得使用违规饲料、药物，拒绝兽药添加隐性药物成分等违法违规行为。兽用药店需配有执业兽医师才可经营兽用处方药，对兽用处方药和非处方药必须分开管理。

2.生猪养殖过程监测

（1）生猪养殖管理。养殖场应建立完善的管理制度，对饲养管理、生物安全、人员培训、无害化处理等进行严格管理，减少传染源的进入，阻断传染病传播途径。根据生猪的养殖特点，合理规划和控制舍内光照、温湿度、氨气、硫化氢、二氧化碳、悬浮颗粒物等影响因素。通过光照、通风、控温等设备设施降低不良因素的刺激，保证猪群处于健康状态，增强机体抵抗力，减少生猪发病，做到防重于治，从源头上减少兽药使用量。

规模化养殖企业可建立自动化管理系统，通过物联网进行全覆盖环境监控，实现温度、湿度、有毒有害气体等监控。通过智能化管理系统，配备自动喂料、饮水与清粪装备，实现舍内环境管理智慧化和精细化。结合节水、节料和干清粪等清洁养殖技术，对猪群的健康状态、生长、繁殖、免疫、治疗等情况进行全方位监控统计，从而营造适宜的养殖环境，提升猪的生活质量，增强机体免疫力，降低疾病发生与兽药的使用。

规模以下的中小生猪养殖场（户）针对自身管理水平、基础设施情况，可加强对生猪饲养管理和科学用药知识的学习，还要学习《兽药管理条例》等法规，掌握替抗技巧。

强化养殖与兽医从业人员养殖标准化和科学合理用药等方面知识培训，将养猪场的信息化学习系统对接兽药管理机构与协会，充分利用专业机构的科技优势，学习养殖新技术和安全用药知识，持续提高从业人员素养，规范兽药的用药行为。

驻场兽医（饲养员）应每天对猪群进行检查，定期对猪群进行检测，确保科学免疫程序到位。要依据生猪行为表现、发病症状、病理剖检结合实验室检查进行诊断，并制订合理的用药方案。健全兽药管理制度，建立完善并严格执行兽药安全使用管理制度，做到规范科学用药，全面落实兽用处方药制度、兽药休药期制度和“兽药规范使用”承诺制度，完善用药、剖检和免疫等记录表。

（2）病死猪无害化处理。病死猪及其排泄物、垫料、包装物、容器等污染物的随意处理，不仅会造成病原微生物的大面积扩散和远距离传播，还可能引起疫情在养殖场内的恶性循环，造成养殖环境的深度污染。应对病死猪、排泄物和污染物等进行无害化处理，不能随意丢弃，防止病原微生物的扩散和传播。

生猪养殖场应制定科学合理的无害化处理制度，做到不宰杀、不贩卖、不抛弃、不食用病害生猪，将病死猪实施集中无害化处理。不具备集中无害化处理条件的，应采用焚烧、高温处理、掩埋等方法进行无害化处理。同时，应每天记录生猪发病数量、死亡数量、无害化处理数量和方式等情况，定期向当地畜牧兽医主管部门报告。

各级农业农村部门应加强对病死猪无害化处理的监管。建立完善举报制度，规范无害化处理场、收集站点操作流程，组织日常巡查，组织开展专项整治。严厉打击收购、贩运、销售、随意丢弃病死猪等违法违规行为。

3.肉产品监测　《食品安全国家标准　食品中兽药最大残留限量》（GB 31650—2019）对畜禽产品中抗生素种类、含量进行了严格规定。养殖企业应规范科学用药，严格执行兽用处方药制度、兽药休药期制度，确保猪肉产品药残不超标。目前，药物残留监测主要采取液相色谱、酶联免疫等方法进行定量检测分析，检测设施设备、技术要求高，工作投入大。采用酶联免疫吸附（胶体金法）快速检测方法，灵敏度、精度不高。

应进一步完善畜产品药物残留监管工作体系，加强使用环节监督，强化生产经营主体责任，提高监管工作成效。有关部门应研究完善监测计划，聚焦规模化生产主体，兼顾小规模主体和散户，不断调整扩大监测覆盖面。一是加强溯源管理，建立生猪产品市场准入制度和产品质量追溯制度。构建统一的农产品质量安全追溯体系和监管责任追究体系。加强对批发市场、农贸市场、超市和生产基地专职农产品质量监督员的业务培训，建立农产品质量安全监督管理队伍。加强部门协调配合，完善追溯管理与市场准入的衔接机制，构建从产地到市场到餐桌的全程可追溯体系。二是强化监测协同。完善农产品监测评价体系。建立合格率、问题发现率、问题处置率综合评价指标体系，将评价考核转变为过程、结果导向并重的监管新模式。三是加强技术攻关，推进速测技术迭代升级。针对速测针对性不强、参数缺失等问题，开展重点治理品种的10种禁、停用药物和15种易超标药物的技术攻关，组织快检产品研发、筛选、评价和产品应用技能培训。

4.养殖环境监测　抗生素通过畜禽体内以原药或者代谢产物的形式经排泄物排出体外，由于日常污水处理设施对抗生素类去除率非常低，使得抗生素直接流入水体和土壤，继而沉积影响生态系统。应加强畜禽养殖环境抗生素污染的监测，按照畜禽养殖废弃物无害化、减量化、资源化三大原则进行，充分利用光解、温度、微生物分解等方式，促进粪便中兽药的降解和去除，消除污染源。

养殖场根据自身配置的设施，选择适宜的粪便处理方式，减少粪污直接还田应用。建议优先选择粪污沼液厌氧处理、好氧堆肥处理等方式。目前，规模化养殖场已形成畜禽养殖-沼液-发电生产、畜禽养殖-沼液-鱼类养殖以及畜禽养殖-沼液-林果种植等模式。这些养殖模式能很好地消纳生猪生长过程中所产生的各种废弃物，实现资源高效利用，推动循环经济的发展，促进生态效益和经济效益的协同推进。

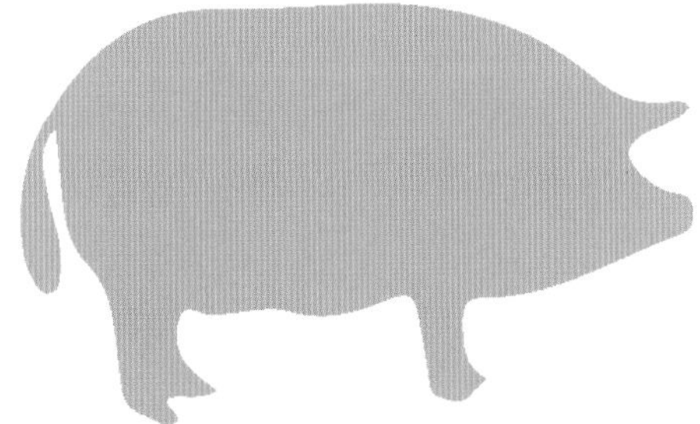

第四章
营养方案

主　　编：印遇龙

副 主 编：李铁军　刘莹莹

编写人员（按姓氏笔画排序）：

万　丹　王　峰　王　涛　王启业　王海华
尹　佳　邓　彬　印遇龙　冯争名　刘　淳
刘平祥　刘向前　刘祝英　刘莹莹　汤文杰
李昌珠　李铁军　杨焕胜　何　涛　汪以真
沈利昌　宋　焕　张桂芝　陈全胜　陈清华
罗国升　胡友军　胡文继　胡志军　胡群兵
黄　鹏　黄兴国　崔锦鹏　葛　龙　蒋小丰
蒋宏伟　谢建安　谢俊雁　路则庆　管桂萍
谭碧娥　熊海涛　潘　强

审稿人员：邓近平　黄瑞华

内 容 概 要

本章系统梳理了生猪养殖替抗的营养策略，详细介绍了生物活性肽、天然植物提取物、中草药、微生态制剂、维生素、有机微量元素、酸制剂、酶制剂、噬菌体等功能性物质生理功能和应用效果，并针对目前生猪养殖中的替抗需求，提出了生猪养殖替抗方案中饲料添加剂的应用方案，对从事生猪养殖饲料禁抗条件下猪场日粮添加剂的选择与配制有很好的借鉴和指导作用。

一、营养策略概述

我国开始实施禁抗、限抗和无抗政策后，在生猪生产中实行了各种各样的替抗营养方案。但是，替抗产品质量和效果参差不齐，替抗营养策略需要进一步提炼和提效。日粮营养配方和添加剂的选用是替抗技术的核心，包括利用低蛋白日粮，充分考虑纤维、碳水化合物营养，兼顾微量元素、维生素和电解质营养平衡，改善饲料的加工和生产以及添加不同的饲料添加剂等。在生产实践中，需要根据不同养殖条件、不同管理水平、不同动物阶段的养殖场，有针对性地组合不同的营养方案，确保替抗效果和生产性能的稳定，并且不断挑选出低成本的方案。

（一）饲料禁抗条件下日粮配制的理念

饲料禁抗前，抗生素通常添加于仔猪日粮中，用来改善生长性能和预防传染病，尤其在恶劣的养殖环境或生产的应激阶段。应激重新安排了动物的代谢优先顺序，导致营养物质从生产过程重新分配到支持免疫系统的反应，影响动物的营养状况和日粮需求。

在饲料禁抗条件下，要维护猪群的健康，应建立整体解决方案。日粮配制需要从基于猪只生长潜能的发挥向促进肠道健康转变。因此，日粮营养由基础营养向免疫营养转变。通过提高原料品质、营养平衡与精准供给、改善饲料加工、补充功能性添加剂等途径，达到改善营养物质消化和吸收、改善肠道微生物组成、促进肠道发育和屏障功能、提高机体免疫能力等目的，从而最大可能地提高生产性能。

（二）低蛋白日粮的应用

在兼顾效果和成本的情况下，暂时没有完全能够替代抗生素的物质，低蛋白日粮是无抗日粮的必用技术。降低日粮蛋白水平，缓解猪只肠道压力成为饲料无抗之后优先考虑的有效措施与方案。

肠道菌群对未消化蛋白和氨基酸的发酵是影响仔猪腹泻的重要因素。后肠蛋白质发酵产生许多代谢物，如短链脂肪酸或支链脂肪酸（short chain fatty acids，SCFAs；branched chain fatty acids，BCFAs）、含硫细菌代谢物、芳香族化合物、多胺和氨，其中氨、多胺、酚和吲哚产品是对宿主健康的潜在毒素。此外，高蛋白饲料具有较高的酸结合能力，使胃肠道pH接近中性，为拟杆菌和梭状芽孢杆菌等病原菌的增殖提供了良好的环境，从而增加了腹泻发生率。因此，通过选择易于消化的蛋白质成分或降低蛋白质水平来减少到达大肠的蛋白含量，有助于缓解腹泻。大量的研究结果表明，低蛋白日粮通过降低抗营养因子数量及减少不可消化及未消化蛋白在后肠的发酵，有效降低和缓解早期断奶仔猪腹泻，从而维持小肠正常的形态结构和微生态区系结构。

低蛋白日粮在不同的日粮水平、氨基酸补充、饲料原料类型、饲喂模式及实验设计等方面不同，生长性能表现也不同。总体来说，当日粮蛋白水平下降3个百分点时，前4位的限制性氨基酸必须补足；当日粮蛋白水平降低6个百分点时，再额外补充其他的支链氨基酸才能够维持与对照组相似的生长性能；进一步降低日粮蛋白水平（高于6个百分点），则需要补充日粮氮或足量的非必需氨基酸以补偿降低的生长性能（Wang et al.，2018）。日粮中的粗蛋白从23.1%降低到18.9%，并且补充氨基酸，动物的断奶腹泻明显减少，粪便质量改善。在采用理想蛋白质模型的条件下，能够减少粗蛋白含量的程度是有限的。推荐在1998年版NRC的基础上最多下调不超过4%，在2012年版NRC的基础上最多下调2%，因为蛋白质含量下调过多之后会引起非必需氨基酸的缺乏。

低蛋白日粮设计应采用净能系统，保证必需氨基酸的足量添加和比例平衡。同时，注意补充钾离子，以确保机体离子平衡和基础代谢需求。

（三）日粮纤维的应用

目前，日粮纤维在仔猪上的应用相对较少。主要原因在于，日粮纤维会干扰其他养分消化，不同来源或过高水平的纤维会在特定阶段降低猪对能量、蛋白和其他养分的消化率。此外，影响日粮纤维在仔猪上研究和应用的原因还包括4个方面：一是不同纤维源对仔猪作用效果不一，单独或组合添加易造成仔猪腹泻；二是会降低仔猪采食量，并带来一系列负面效果；三是纤维分类和定性、定量检测要求高，造成实际生产中应用困难；四是受制于产品接受程度和成本，确定合适的纤维源颇为困难。

随着日粮纤维品质、理化特性及其对猪营养作用研究的深入，逐渐发现，纤维除给日粮提供营养素外还具有多重作用，从而引起了更广泛的关注。日粮纤维具有明显持水性、黏性和发酵特性，在猪体内可提高胃肠容积、增强食糜黏度、加速粪便排出、改善肠道健康，进而影响猪的体况、繁殖性能和健康度等。随着仔猪日龄和体重的增加（如11千克体重以后），其对纤维的耐受性增强，消化利用率也随之增加。饲粮中添加0.5%和1%的小麦纤维能够改善仔猪的平均日增重，降低料重比和腹泻率；在保育猪日粮中添加2.5%细麸皮改善了仔猪的肠道健康，粪便的成型度更好；母猪饲喂高纤维日粮可以提高初乳量，改善母猪乳汁的脂肪含量和质量，从而促进乳仔猪的生长。在生产实践中，功能纤维、粗/细麦麸、米糠粕、大豆皮、玉米皮、苹果渣、甜菜渣、苜蓿粉、魔芋粉、万寿菊渣等都可以选择性组合使用。这与适量粗纤维能够促进仔猪肠道蠕动、防止后肠道消化蛋白的过度发酵选择性地促进有益菌的生长有关。类似甜菜粕、大豆皮等原料能降低断奶仔猪腹泻发生率，提高肠道内纤维素分解酶活性和短链脂肪酸产量，并改善肠道结构。适量水平不会对仔猪产生不利影响，也不会影响生产性能（Tagliapietra et al.，2004）。这是一类可在仔猪日粮中选用的优质纤维源。

（四）饲料加工和生产

饲料加工处理不仅影响日粮中营养成分结构与含量、养分消化率和猪生长性能，加工后的物理形态、化学性质等都会直接影响猪只肠道形态与结构，影响肠道健康。不同的饲料原料、不同的加工工艺及参数（如粉碎粒度、调质温度和膨化温度等）对不同生长阶段猪的腹泻率、肠道形态结构和肠道菌群的影响不尽相同。

大量研究报道，粉碎工艺可促进饲料的消化，进一步提高饲料转化率和猪生长性能。但这并不意味着粉碎越细越好，饲料原料粉碎过细会增加胃肠道角质化和溃疡程度，影响胃肠道健康。与粗粉碎的饲料相比，粉碎较细的饲料增加了猪肠道内有害菌大肠杆菌和沙门氏菌的含量。同时，肠道厌氧细菌总数增加，各种有机酸浓度增加，胃的pH下降。粗糙粉碎的饲料由于粒径大而在小肠内消化不完全，淀粉进入盲肠中继续消化，产生短链脂肪酸。而短链脂肪酸可以限制大肠杆菌和沙门氏菌的增殖。Kiarie和Mills（2019）也证实，采食粗粉碎饲料与猪盲肠和结肠中较高含量的丙酸及丁酸密切相关，从而抑制沙门氏菌和大肠杆菌等有害细菌的增殖或降低毒力，促进猪肠道健康。

饲料原料的膨化可以减少原料中存在的抗营养因子，并且降低饲料蛋白的抗原性，从而改善猪只肠道形态结构和功能，提高营养物质的消化与吸收。在仔猪日粮中用膨化豆粕取代普通豆粕，发现膨化豆粕日粮组仔猪小肠上皮细胞和微绒毛发育良好，而普通豆粕日粮组仔猪小肠上皮不成熟细胞增加、微绒毛萎缩、隐窝深度增加。与膨化大豆相比，未膨化大豆更容易引起猪的肠道损伤和腹泻。这是由于普通豆粕中的蛋白抗原物质引起仔猪小肠上皮过敏性损伤，而膨化加工后的豆粕大大降低了蛋白抗原物质，改善了肠道的形态和微观结构。除了膨化大豆外，仔猪日粮中也常常添加膨化玉米。调质、膨化工艺同样会对猪肠道内菌群产生影响。Wang等（2019）对生长猪高粱型日粮进行调质时发现，调质温度的升高（由75℃升高到80℃）增加了猪肠道和粪便中有益菌双歧杆菌与乳酸杆菌的数量，并且抑制了肠道细菌性病原体大肠杆菌。

目前，对于饲料加工工艺的研究多集中在对饲料质量和猪生产性能的影响上，对猪肠道健康影响的研究还不太多。因此，进一步研究不同饲料原料加工工艺及参数对猪肠道健康的影响及作用机制，从而筛选出不同饲料原料最佳加工工艺参数是非常有必要的。

（五）添加剂的使用

1.功能性氨基酸　氨基酸是维持肠道生长发育的关键营养物质。仔猪肠道组织利用了每天摄入的氨基酸将近50%，利用的必需氨基酸占其摄入氨基酸的50%。氨基酸的利用对调节细胞生理功能非常重要，对肠黏膜细胞更新和黏膜屏障功能具有重要的生理意义。氨基酸尤其是功能性氨基酸在黏膜代谢中具有关键作用，可维护猪肠道屏障的完整性和功能。例如，精氨酸、谷氨酰胺、谷氨酸和脯氨酸在基因表达、细胞内信号传导、营养物质代谢和氧化防御的调控中发挥重要作用。精氨酸是近十几年来在仔猪肠道功能方面研究最广泛的氨基酸。早期断奶仔猪日粮添加0.2%～1%的L-精氨酸能显著提高生长性能，促进肠道生长，缓解不同应激因素对肠道的损伤。在断奶前灌服脯氨酸可促进仔猪肠道成熟，促进断奶后肠黏膜增殖以及紧密连接和钾通道蛋白表达，从而缓解断奶应激。断奶仔猪添加1%的谷氨酰胺可激活mTOR等信号通路，显著提高肠道抗氧化能力，谷胱甘肽浓度增加29%，防止空肠萎缩，小肠生长增加12%，日增重提高19%。含硫氨基酸可通过Wnt/β-catenin信号通路调控小肠上皮细胞增殖，改善仔猪肠道形态结构和消化吸收功能。断奶仔猪日粮添加芳香族氨基酸（0.16%色氨酸、0.41%苯丙氨酸、0.22%酪氨酸）能缓解脂多糖（lipopolysaccharide，LPS）诱导的黏膜组织病理学损伤，激活钙敏感受体（calcium-sensing receptor，CaSR）信号通路、IL-17信号通路和抑制核因子κB（nuclear factor kappa-B，NF-κB）信号通路，缓解LPS诱导的仔猪肠道炎症，减少腹泻发生（谭碧娥等，2018）。

在猪应激过程中，氨基酸从合成蛋白质的地方重新分布到参与炎症和免疫反应的组织。它们被用于炎症和免疫蛋白的合成，以支持免疫细胞的增殖，并用于合成对身体防御功能重要的其他化合物。免疫应激的程度显著影响了生长所需的日粮赖氨酸。当机体对感染病原体产生强烈的免疫反应时，免疫反应占机体赖氨酸的9%左右。当饲粮赖氨酸浓度为1.50%、日采食量为14.7克时，低致病菌暴露猪的生长和饲料转化率均最高，而在病原菌负荷较大的情况下分别为1.20%和8.8克。因此，在不卫生环境下饲养的猪所引起的免疫应激降低了饲粮中赖氨酸的绝对含量和浓度。在免疫反应的高峰期，机体对非必需氨基酸（谷氨酰胺、精氨酸、半胱氨酸等）的需求也增加了2～3倍。这些结果反映了生长中的猪在免疫系统刺激期间对食物中含硫氨基酸的需求增加，以支持免疫反应。因此，蛋白质合成的增加需要大量的酪氨酸、苯丙氨酸和色氨酸。虽然17～31千克猪的最大生长速度发生在6.8克/千克的饲粮苏氨酸水平，但需要更高的苏氨酸水平才能最大限度地产生体液抗体和免疫球蛋白G（Immunoglobulin G，IgG）水平。为了优化10～25千克猪的免疫力，每天应饲喂6.6克真回肠可消化苏氨酸。研究发现，在免疫应激条件下，10千克重的猪赖氨酸/甲氧嘧啶/苏氨酸/色氨酸的消化率为100 ∶ 27 ∶ 29 ∶ 59；而在正常条件下，10千克重的猪赖氨酸/甲氧嘧啶/苏氨酸/色氨酸的消化率为100 ∶ 30 ∶ 21 ∶ 61。

2.抗菌肽　抗菌肽是由不同生物自然产生的多肽，可以直接从细菌、昆虫、植物和脊椎动物中分离得到，或者通过重组分子合成。抗菌肽带正电，包含疏水区和亲水区。抗菌肽对革兰氏阴性细菌、革兰氏阳性细菌、真菌、寄生虫、病毒具有强大的广谱活性。与传统抗生素相比，抗菌肽显著的优点是可以杀死*P. aeruginosa*和*Staphylococcus aureus*等对特定抗生素具有耐药性的致病菌。抗菌肽可通过与细菌细胞膜结合，破坏细胞膜结构，渗透入细胞，调节细胞内途径，引起细胞死亡。也与抗菌肽的抗菌特性有关，如抑制细胞壁合成、抑制蛋白质和核酸合成以及抑制细菌中的酶活性。

抗菌肽的广谱抗菌活性和破膜机制凸显了其作为替抗的前景，在生猪生产中是理想的抗生素替代物。抗菌肽对断奶仔猪肠道健康的保护作用已有大量的报道。Xiao等（2013）发现，日粮添加0.4%的抗菌肽（包括牛乳铁蛋白和植物防御素）和活性酵母的混合物，可通过增加断奶仔猪的肠道完整性和降低肠道通透性来减轻霉菌毒素的负面影响。抗菌肽的作用与其调节免疫反应和肠道菌群相关。日粮添加牛乳铁蛋白肽可增加断奶仔猪小肠乳杆菌属和双歧杆菌计数，但降低了总大肠杆菌和沙门氏菌数量，减少细菌性腹泻发生。尽管外源或重组抗菌肽已显示出替代抗生素的潜力，但大多数外源抗菌肽在上消化道被消化，而不能到达大多数病原体定殖的后肠，其有效性还需要进一步验证。因此，通过使用添加剂刺激宿主分泌内源性抗菌肽是一种更好的方法，已经发现丁酸盐和维生素D能促进宿主防御肽的合成。宿主防御肽诱导化合物在无抗养殖中具有广泛的应用前景。

但是，抗菌肽在研发过程中也面临着一些挑战：一是来源问题。天然抗菌肽含量低，且分离工艺复杂，基因表达工程表达量低，人工合成的抗菌肽在结构上会与天然抗菌肽存在一些差异，且成本高。二是在机体内稳定性问题。抗菌肽在机体内易被动物肠道的胰蛋白酶和多肽酶降解，无法到达后肠发挥其生物活性。三是对肠道微生态造成新的不平衡问题。天然抗菌肽具有广谱的抗菌活性，但靶向性差。在肠道内既杀有害菌也杀有益菌，对肠道微生态造成新的不平衡。四是某些天然抗菌肽的活性不高，对细胞存在较高的毒性。目前，通过将大数据与抗菌肽活性改造技术相结合建立的抗菌肽构效关系理论体系，是提高抗菌肽抗菌活力的有效方式。近年来的研究发现，对抗菌肽的分子改造是目前研究的热点，通过纳米技术诱导两亲性抗菌肽自组装形成纳米组装体、利用包被技术、利用特殊氨基酸规避酶切位点等方法得到的抗酶解抗菌肽，对蛋白酶比较稳定，能抵抗体内各种酶的水解。

3.短链脂肪酸　短链脂肪酸（SCFAs）主要是通过膳食纤维的后肠发酵产生的，除了为宿主提供能量来源，也发挥免疫调节作用。SCFAs通过特定机制促进肠内稳态，包括促进杯状细胞黏液产生、抑制NF-κB、促进B细胞分泌型免疫球蛋白sIgA的分泌、降低T细胞活化分子在抗原呈递细胞上的表达、增加调节性T细胞（Treg）的数量和功能等。

丁酸盐已被广泛应用于饲料中抗生素的替代。由于丁酸具有较高的挥发性和腐蚀性，因此在猪日粮中一般与钙或钠混合使用。丁酸盐的另一种替代形式是三丁酸甘油酯，其主要优点是丁酸的缓释，在胃中保持完整，在小肠中以丁酸和甘油一丁酸酯的形式缓慢释放。丁酸的免疫调节作用通过与上皮细胞或免疫细胞中表达的G蛋白偶联受体结合，介导免疫调节的级联。丁酸及其衍生物已经显示出非常强的抗革兰氏阳性菌和阴性菌的活性，是通过穿透细菌细胞壁并酸化细胞质，从而导致细菌死亡。此外，丁酸还能诱导宿主防御肽的产生，从而调节宿主免疫系统抵抗病原体，包括抗生素抗性菌株。

4.微生态制剂　微生态制剂包括益生菌和益生元或它们的组合（也称为合生元），对动物具有潜在治疗和预防作用。在过去的几十年里，它一直是研究的重点。益生菌被定义为给予宿主足够数量的有益健康的活微生物，也被扩展到包括酵母菌细胞、细菌细胞或两者的组合，通过调控胃肠道环境来改善宿主的健康。益生菌已被建议作为抗生素的更好替代品，通过靶向改善肠道微生物菌群，用于预防和治疗断奶后腹泻。大量报道表明，益生菌和益生元对猪有广泛的有益作用，包括改善猪的生长性能、提高饲料转化效率、促进肠道屏障功能、降低腹泻时间和严重程度、抑制致病菌、促进免疫功能发育等。

益生元是一种不可消化的食物成分，通过有选择地刺激结肠中一种或有限数量的细菌的生长和/或活性，从而对宿主产生有益的影响。最常用的益生元是半乳糖寡糖（galacto-oligosaccharides，GOS）、菊粉和低聚果糖（fructooligosaccharide，FOS），其他具有益生潜力的物质如抗性淀粉、果胶和其他纤维成分也已被开发。合生元被定义为同时含有益生菌和益生元的产品，这种组合被认为在肠道健康和功能方面比单独的益生菌和益生元更有效。合生元配方的选择可遵循两种不同的标准：一是互补效应，根据宿主特定的期望效益选择单一或多菌株益生菌，独立选择益生元以刺激肠道有益菌群；二是协同效应，选择特定的宿主有益菌，选择益生元成分特异性地提高所选摄入的益生菌菌株的生存、生长和活性。然而，一个理想的合生元制剂应该包括互补和协同作用，包含适当的单一或多菌株益生菌以及适当的益生元混合物。后者既选择性地有利于前者增殖，也有利于内源性有益细菌的繁殖和有害细菌的减少。

未来益生菌的选择应基于最新发表的科学文献，并应考虑宿主和环境特征。益生菌种类的选择应注重于与所用菌有关的特定靶标。能适应结肠环境的益生菌菌株是优良选择，如具有抗炎特性可对抗肠道菌群失调，或者通过细菌酶解提高生产性能，或者作为氨基酸的生物合成途径。更好地了解益生菌的作用机制，以及遗传、微生物和环境之间的相互作用，将使营养学家能够建立更广泛的方法来获得理想的微生物菌种。此外，研究和开发的目标也应该是提供有效的益生菌，并改善其弱点。益生菌的作用可以通过调节日粮如菌株的特定底物来增强。采用微胶囊化或微球化等工艺的保护膜，使乳酸菌等非孢子菌避免饲料生产和储存的限制，完整地到达肠道部位。液体发酵饲料也被认为是可以有效提供益生菌的特定环境，猪能从液体发酵饲料中获取较多的活菌，但是需要相对复杂而昂贵的发酵和输送系统。

5.植物化学物质 植物化学物质是饲料中抗生素替代的重要选择。大多数的植物化学物质具有直接的抗菌杀菌、改善自身免疫、保障肠道健康的作用，同时具有间接的抗氧化抗炎效能，保证动物健康，防止各种诱因引起的腹泻。表现出对革兰氏阴性菌和阳性菌的抗菌活性，包括大肠杆菌属、沙门氏菌属、梭菌属和分枝杆菌属等。许多植物化学物质也被证实为潜在的抗病毒剂。Lillehoj等（2018）全面综述了植物化学物质作为抗生素替代品促进动物生长和健康的作用。在感染猪繁殖与呼吸综合征病毒（porcine reproductive and respiratory syndrome，PRRSV）的断奶仔猪中，补充10毫克/千克的辣椒素、大蒜素或姜黄素，可在不同程度上通过提高免疫反应来缓解PRRSV的不良反应（Liu et al.，2013）。植物化学物质增强抗病性和生长性能的作用，与其改善肠道结构和功能、促进肠道健康有关。

植物化学物质的免疫调节和抗氧化特性也有利于其对仔猪发挥保护作用。杜仲黄酮被证实具有抗炎和抗氧化活性，缓解敌草快诱导的仔猪肠黏膜氧化损伤。大蒜素可以抑制肠上皮细胞趋化因子的分泌，从而抑制各种循环白细胞进入发炎组织。辣椒素、大蒜素或姜黄素能下调与抗原加工和呈递以及其他免疫应答相关途径的基因表达（Liu et al.，2014）。几种常用的植物化学物质（牛至、百里香、生姜、茴香、胡椒、丁香、罗勒、肉桂、大蒜、薄荷等的提取物）在体外细胞培养和体内动物模型中都显示出强大的抗氧化活性，其抗氧化性能主要基于自身具有与过氧自由基的高反应活性（Xiong et al.，2019）。

（六）血液生理功能

现代养猪场普遍存在生猪贫血现象。来自美国、丹麦、加拿大、挪威的调查表明，血红蛋白浓度低于90克/升的流行性约为20%。如果以血红蛋白水平达110克/升为最佳阈值，高达75%的猪场存在仔猪贫血现象，96%的母猪血红蛋白浓度低于110克/升，29.5%的母猪血红蛋白浓度低于90克/升。

1.生理作用

（1）贫血对肠道健康的危害。血液是机体体液的重要组成部分。血浆的pH维持在7.35～7.45才能保证机体的正常运作，而血红蛋白钾盐/血红蛋白缓冲对是血液中重要的维持内环境pH稳定的缓冲物质，占全血系统的10%～15%。贫血可诱导小鼠结肠上皮结构缺损、结肠氧化损伤及肠道菌群组成改变，使血清及结肠总氧化能力降低，脂质过氧化终产物丙二醛含量显著增加，从而引发氧化应激损伤（王淼等，2019）。另外，Li等（2016）发现，贫血会造成肠道通透性增加，屏障作用受损，从而发生各种炎症反应。因此，贫血会引起肠道结构损伤、菌群结构失衡、氧化应激等危害。

（2）提高机体免疫力的作用。“气血充盈则百病莫生，气血亏虚则百病皆来。”从免疫学角度看，红细胞是重要的免疫细胞，可以通过免疫黏附作用将白细胞的吞噬能力提升4 ~ 5倍；同时，红细胞表面的溶酶体酶也可以直接吞噬并分解病原菌；细菌、病毒遇到红细胞比遇到白细胞的机会大500 ~ 1 000倍，因此，红细胞在清除病原菌抗体复合物中发挥重要作用。同时，抗原抗体反应需要适宜的温度和pH。贫血会造成局部温度偏低，影响机体pH稳定性。贫血与机体的抗应激、抗病能力息息相关。免疫力是“最好的药”，骨髓造血干细胞是免疫力的源头。

（3）促生长作用。血液运输机体生长所需的氧气和养料，而血红蛋白浓度与动物的生长密切相关。Bhattarai等（2015）对断奶后3周内仔猪血液指标与日增重做了研究，发现血红蛋白浓度与日增重呈正相关（P=0.000 3）。血红蛋白浓度每增加10克/升，日增重增加17.2克。

2.国内外应用现状 传统的补血方式是补铁，有3个发展历程：第一代铁添加剂为“无机铁”，第二代铁添加剂演变为“简单的有机铁”，第三代铁添加剂则变为“有机螯合铁”。目前，市场上的产品大致分为3类：第一类是单纯的有机铁；缺点是不全面，就像红细胞这座房子里的砖头，必要但不充分。第二类是皮红毛亮的产品，主要通过扩张血管的药物来实现；缺点是不安全、基本不在目录范围内，对健康和生产性能无任何好处。第三类是有机铁+卟啉铁（破壁血球蛋白）；缺点是属于无效的仿制品。如同只有砖头，没有水泥和搅拌机。采用的破壁血球蛋白虽然含卟啉铁，但是由于卟啉铁被珠蛋白缠绕，不能释放，不能被吸收，因而无效。

传统观念认为，补铁就等于补血。问题的本质是什么？补血，补红细胞、补血红蛋白。可血红蛋白和红细胞就像一座房子，只有砖头建不了房子。同样的道理，只有有机铁造不了血。因此，造血就像造房子。造血必须从砖头（铁源）、水泥（卟啉）和搅拌机（增效剂）来综合考虑，必须考虑血红蛋白合成、红细胞生成和增殖、核酸合成、铁渗入卟啉环、二价铁保护等，才能真正地把红细胞这座房子建好。

人类医学认为，在细胞水平，即使铁的摄入、储存足够，也会出现贫血（《现代营养学》第7版）。原因是，吸收储存的铁释放不出来。广西大学兰干球教授（2016）研究表明，哺乳母猪日粮中的铁从80 毫克/千克提高到180 毫克/千克，并没有提高血红蛋白含量。吴德教授（2014）在PIC母猪上的研究表明，多种有机铁（83 毫克/千克）能显著提高母猪血液中的铁含量，但对血红蛋白的提升没有作用。因此，上述研究进一步证明补铁不等于补血。要从源头进行造血，应综合考虑骨髓细胞分化、蛋白质合成和红细胞合成等因素。

3.应用案例

（1）造血营养产品的成分。广东驱动力生物科技股份有限公司研发的造血产品，其设计理念是用造房子的思路来造血，包括以下几个方面：砖头：多种有机铁；水泥：卟啉；搅拌机：增效剂（主要作用为促进红细胞增殖，促进蛋白质合成，二价铁的保护：生物抗氧化剂）。产品设计方面的好处，除了含有血红蛋白的主要成分有机铁之外，其组成成分还包括卟啉和增效剂，强化了与细胞分裂增殖、DNA合成、蛋白质合成有关的营养（如维生素B_{12}、核苷酸等），突破了传统的单一补充思维，从整个造血系统来考虑产品的设计，因而在生产实践中取得了显著的造血效果。在生产工艺上，增效剂经过特殊处理，维生素B_{12}经过包被处理。因为维生素B_{12}不耐酸、不耐碱，怕光、怕热，经过包被处理后在造血过程中能发挥稳定的作用。其他的增效剂也经过了一些包被的处理。

另外，该产品强化了生物黄酮和谷胱甘肽的作用，最大限度地保护了铁的有效性。只要人类红细胞的二价铁超过1%氧化成三价铁，人的嘴唇就会出现紫绀等缺氧症状。而红细胞主要依靠

NADH/NADPH辅酶，细胞色素过氧化物酶和谷胱甘肽过氧化物酶来共同维护二价铁的还原状态。造血产品中的增效组分特别强化了NADPH辅酶和谷胱甘肽作用，确保红细胞的效率。二价铁在水溶液解离状态下容易氧化成不易吸收的三价铁。

（2）造血营养产品对母猪繁殖的作用。母猪使用造血产品，可以在妊娠前期及空怀期添加1 000克/吨，产前30天至断奶添加1 500克/吨。使用后，肠道健康和免疫力提升，用药减少，气血足、肤色好，产程短、奶水好。

（3）造血营养产品对仔猪健康的作用。仔猪使用造血产品，肠道健康和免疫力提升，不易拉稀；日增重增加，料重比降低；皮肤红润，毛短细亮。大猪出栏前1个月使用后肉色好、滴水损失减少，活力强、耐运输、收腹。14年的研究与实践大数据显示，增进机体造血机能可提升饲料整体利用效率6%～10%，意味着可以增加效益6%～10%；也可以保持生产性能不变，降低成本6%～10%。商品猪降本增效的用法：小猪料添加2千克/吨造血产品，中大猪添加1.5千克/吨，可节约净能80～100 418.6千焦，节约粗蛋白5%。

二、生物活性肽

（一）营养生理功能

生物活性肽是对生物机体的生命活动有益或是具有生理作用的肽类化合物，是一类分子质量小于6 000道尔顿、具有多种生物学功能的多肽。生物活性肽根据来源不同可分为3类：一是生物体内的天然活性肽，包括动物抗菌免疫肽（昆虫来源、哺乳动物来源、两栖动物来源、鸟类来源和鱼类来源等）、植物抗菌肽（硫堇、植物防卫素、脂转移蛋白和橡胶素等）和微生物抗菌肽（杆菌肽、短杆菌肽S、多黏菌素E和乳链菌肽等）；二是消化过程中产生的活性肽，包括体外水解蛋白质产生的大豆肽和玉米肽等；三是通过化学方法、酶法、重组脱氧核糖核酸（deoxyribonucleic acid，DNA）技术法等合成的生物活性肽。

生物活性肽具有抗菌、免疫调节、抗氧化和增强屏障作用等多种生理功能（汪以真，2014）。

1.生物活性肽的抗菌功能 生物活性肽可以通过破坏细菌细胞膜作用，直接快速地杀伤细菌，且抗菌谱广。细菌、真菌和真核生物细胞膜是大多数抗菌免疫肽作用的首要靶点。抗菌免疫肽通常定位在细菌膜的表面，当肽浓度达到一定阈值时，破坏细菌细胞膜。

2.生物活性肽的免疫调节作用 具有免疫调节作用的生物活性肽是指一类存在于生物体内具有免疫功能的多肽，能够刺激机体淋巴细胞、促进淋巴细胞的增殖、增强巨噬细胞的吞噬能力、抑制肿瘤细胞的生长，进而增强机体免疫力。

3.生物活性肽的抗氧化功能 生物活性肽（如大豆蛋白源抗氧化肽、玉米蛋白源抗氧化肽、小麦蛋白源抗氧化肽等）能够清除细胞中多余的活性氧、螯合金属离子，促进过氧化物的分解，从而保护机体免遭氧化破坏，达到抑制脂质过氧化等功效。

4.生物活性肽的屏障作用 生物活性肽在动物黏膜和皮肤防御方面起重要作用，能够增强上皮组织的屏障功能，增强机体对致病微生物的抵抗力。抗菌免疫肽能缓解葡聚糖硫酸钠盐诱导的小鼠肠道闭锁小带蛋白1（ZO-1）、紧密连接蛋白1（claudin-1）和咬合蛋白（occludin）的表达降低，改善肠道屏障功能。此外，生物活性肽还具有抗肿瘤、心血管保护（抗高血压、抗动脉粥样化和抗凝血）和抗焦虑等多种生理功能。

（二）国内外应用现状

目前，我国尚无明确的生物活性肽产品列入饲料添加剂品种目录。市场上，多以酶解（发酵）动植物蛋白、微生态制剂及其代谢产物复合物等形式使用，未能够彻底进行分离与纯化。随着我国饲料禁抗政策的实施，生物活性肽的研发和审批已进入快车道，未来将有更多稳定有效的产品进入市场。生物活性肽的生产如涉及转基因动植物、微生物，应严格执行农业农村部《农业转基因生物安全评价管理办法》等政策法规的规定。以下重点阐述抗菌免疫肽和大豆肽在生猪养殖不同阶段的应用研究及效果。

1.抗菌免疫肽

（1）抗菌免疫肽介绍及其作用机理。抗菌免疫肽是生物体在长期进化过程中产生的一类对抗外界病原体感染的肽类活性物质，是宿主免疫防御系统的重要组成部分。它能保护人体免受细菌、真菌、寄生虫和病毒等多种感染致病因子的侵害，并表现出免疫调节活性。与经典特异性免疫系统的高特异性和记忆性相比，抗菌免疫肽除了具有免疫调节功能以外，还具有广谱抗菌抗病毒的功能。而且，它们主要通过破坏细胞膜来杀灭病原菌，不会产生耐药性，被认为是可以替代传统抗生素的新资源和最重要途径之一。

抗菌免疫肽与抗生素具有明显不同，主要体现在：

化学结构：抗生素可以根据化学结构分为喹诺酮类抗生素、β-内酰胺类抗生素、大环内酯类抗生素和氨基糖苷类抗生素等；而抗菌免疫肽多是由10 ～ 60个氨基酸组成的阳离子短肽。

来源：抗生素是微生物或高等动植物在生活过程中所产生的，具有抗病原体或其他活性的一类次级代谢产物；而抗菌免疫肽则是多源于动植物，兼具免疫和抗菌活性的物质。

作用机制：抗生素的杀菌机制为抑制细菌细胞壁的合成、与细胞膜相互作用、干扰蛋白质的合成以及抑制核酸的复制和转录；抗菌免疫肽则多通过物理方式（如静电吸附与疏水活性）破坏细菌膜，使其内容物泄露死亡。其具体作用机制为，抗菌免疫肽在正电荷的作用下，能够与负电荷细菌膜发生静电吸附作用，随后通过细菌双层膜的疏水性插入细菌膜，从而导致细胞膜被破坏和渗透。

（2）抗菌免疫肽在仔猪上的应用。抗菌免疫肽在仔猪方面应用较为广泛。仔猪由于具有对疾病易感性高、生长发育快、抗寒能力差和消化道发育不完善等生理特点，外加断乳、营养源改变、环境变化、管理变化和疫病发生等多种应激，对饲料的要求高。在仔猪饲料中添加抗菌免疫肽能有效提高仔猪生产性能，改善肠道健康，调节机体免疫，减少疾病的发生。Shi等（2018）研究发现，添加400毫克/千克复合抗菌免疫肽，可以显著提高断奶仔猪平均日增重、干物质和粗灰分的表观消化率以及肠道乳酸菌和双歧杆菌数量，显著降低仔猪腹泻率和肠道大肠杆菌数量，效果与20毫克/千克硫酸黏杆菌素加50毫克/千克吉他霉素相当。此外，植物来源抗菌免疫肽（如大豆肽和玉米肽等）具有良好的抗氧化活性，可有效提高断奶仔猪的生长性能，提高饲料转化率，降低仔猪腹泻率，增强机体的免疫功能。徐博成等（2020）从PubMed.、Web of Science和CNKI数据库中搜集到31篇关于抗菌免疫肽在仔猪上应用的相关文献，通过Meta分析结果表明，抗菌免疫肽能够有效提高仔猪血清IgG水平，降低腹泻率，改善生长性能，是一种潜在的饲用抗生素替代物。

（3）抗菌免疫肽在种猪上的应用。在母猪方面，抗菌免疫肽能改善母猪繁殖性能及后代仔猪生长性能。孙丹丹等（2015）研究表明，在日粮中添加200毫克/千克和500毫克/千克的天蚕素抗菌免疫肽，均能增加母猪产仔数和健仔率，提高哺乳仔猪成活率，降低腹泻率，提高日增重。初产母猪日粮中添加复合抗菌免疫肽，能够显著提高母猪产仔性能、哺乳仔猪日增重和成活率，显著降低母猪子宫炎发生率和仔猪腹泻率，提高母猪发情率。此外，在种公猪方面，抗菌免疫肽主要用于公猪精液储存。Schulze等（2016）发现，抗菌免疫肽具有中和脂多糖（LPS）的能力，用其保存精液可以有效缓解LPS诱导的精子凋亡。Puig-Timonet等（2018）研究表明，3微摩尔/升和5微摩尔/升的β防御素1和β防御素2均可有效抑制液态公猪精液中细菌的生长，但是抑制效果不如50毫克/毫升的卡那霉素。

（4）抗菌免疫肽在育肥猪上的应用。抗菌免疫肽在育肥猪上的应用研究相对较少。饲喂抗菌免疫肽对育肥猪的影响主要体现在对猪生长性能的促进作用上，合理地使用可以提高猪群的健康水平，进而提高生猪养殖的经济效益。李登云等（2017）研究发现，日粮中添加300克/吨蛙皮素抗菌免疫肽提高育肥猪生长性能，降低料重比，增强育肥猪的免疫力，增加肠道乳酸菌的数量，并可有效降低肠道致病菌大肠杆菌数量。

（5）猪内源抗菌免疫肽表达的营养调控手段。由于我国目前还未批准抗菌免疫肽在畜禽上的使用，通过营养手段提高猪内源抗菌免疫肽的表达是一种切实可行的途径。Fu等（2021）研究表明，丁酸梭菌能够增加仔猪肠道抗菌肽β防御素的表达。新型富硒多糖（其中，硒形式主要是纳米单质硒）能提高猪内源抗菌免疫肽的表达水平，调节仔猪的免疫活性（路则庆等，2019）。此外，乳铁蛋白、丁酸钠、铁、锌、异亮氨酸、谷氨酰胺等营养物质都可以不同程度提高仔猪内源抗菌肽的表达水平，从而增强仔猪的先天免疫功能。综上所述，以营养调控的方式促进内源抗菌免疫肽的表达在目前更适合抗菌免疫肽在畜牧生产中的应用。然而，这仍有赖于对抗菌免疫肽表达调控机制更深入的研究。

2.大豆肽

（1）大豆肽产品的营养价值与吸收机理。大豆肽具有较高的营养价值，必需氨基酸含量较高，抗营养因子几乎全部消除，没有动物原料的生物安全风险，小肽含量较高，蛋白消化利用率明显提升。

大量研究证明，蛋白质营养不仅仅以氨基酸的形式吸收，更多的是以小肽的形式被直接吸收。小肽可以通过小肠黏膜专用通道直接吸收，且转运速度快、吸收速率高、不易饱和。小肽与氨基酸的吸收通道不同，不会竞争吸收。而且，二肽、三肽的吸收效率比同组成的氨基酸要高很多。

小肽在肠道中还可以促进钙、磷、铁、铜、锌、硒、锰、钴等元素的吸收并提高其生物效价，从而减少日粮中矿物质元素的添加，起到降低成本、减少氮磷排放以及保护环境的作用。

（2）大豆肽的重要生理功能。主要包括7个方面：一是改善胃和小肠组织结构及消化吸收功能。大豆肽可以促进胃上皮细胞发育，增加小肠黏膜绒毛高度和隐窝深度，增加肠黏膜的消化吸收面积，促进小肠腺体发育，增加氨基肽酶的活性，从而促进胃肠消化吸收功能。二是增强机体的免疫调节能力。大豆肽能够改善机体的细胞免疫功能，促进T淋巴细胞增殖，增强巨噬细胞的功能和自然杀伤细胞（natural killer cell，NK）的活性；还可以促进肿瘤坏死因子的产生。三是促进脂肪代谢。可增加褐色脂肪细胞里线粒体活性，促进脂肪代谢；还能增加去甲肾上腺素的转化率，减少对脂肪酶的抑制，从而促进脂肪代谢。四是抗氧化。可提高超氧化物歧化酶、谷胱甘肽过氧化物酶的活性，抑制脂质过氧化，清除羟自由基，有利于减少组织氧化、保护机体。五是抗疲劳。能够及时修复运动过程中损伤的骨骼肌细胞，维持骨骼肌细胞结构和功能的完整性。六是抗应激。可降低断奶仔猪血浆球蛋白和珠蛋白浓度，提高其抗应激能力。七是提高适口性。可刺激味蕾，提高饲料的适口性。

（三）应用案例

1.枯草三十七肽　枯草三十七肽（sublancin）是生物活性肽的一种，由37个氨基酸残基组成

（图4-1），分子质量为3 879道尔顿，为白色或类白色粉末，在水、三氟乙酸中溶解，在乙醇、乙酸乙酯、三氯甲烷及乙腈中几乎不溶，分子式：$C_{162}H_{254}N_{50}O_{51}S_5$。

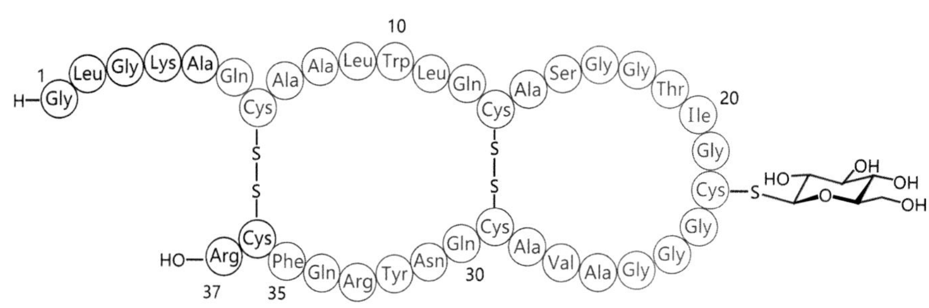

图4-1　枯草三十七肽氨基酸序列

枯草三十七肽可显著提高畜禽及水产动物免疫力，能够激活巨噬细胞，通过磷酸化p38丝裂原活化蛋白激酶、细胞外信号调节激酶和c-Jun氨基末端激酶信号通路，降低核因子κB抑制因子α（IκB-α）的表达，促进白细胞介素（interleukin）-1β（IL-1β）、白细胞介素-6（IL-6）、白细胞介素-8（IL-8）和肿瘤坏死因子-α（tumor necrosis factor，TNF-α）、诱导型一氧化氮合酶（iNOS）等的产生。枯草三十七肽在畜禽及水产动物配合饲料的适宜添加量为1.5～6.0毫克/千克。

2. 大豆肽　大豆肽是一种多肽、小肽和氨基酸的复合物，在较宽的pH范围内溶解度高，易于消化吸收。江苏富海生物科技有限公司生产的产品有酶解大豆系列和酶解豆粕系列。前者含小肽蛋白38%，乳化脂肪20%；后者含小肽蛋白48%，乳化脂肪2.4%。两款产品的酸溶蛋白和水溶蛋白的含量占总蛋白比例均超过50%。1 000道尔顿以下的小肽含量占总蛋白比例高达33.6%。大豆过敏原小于2.5克/吨，胰蛋白酶抑制因子小于0.5毫克/克，棉籽糖和水苏糖含量小于0.1%。

大豆肽蛋白饲料在日粮中的添加比例可以依据饲养对象、饲养阶段以及生理状态（如泌乳、断奶、生长、繁殖等）的不同而灵活应用。其具体用量（按照占日粮的比例）推荐如下：乳猪奶粉料10%～60%；仔猪教槽料5%～30%；仔猪保育前期料5%～15%；仔猪保育后期料2%～10%；中大猪料2%～10%；怀孕母猪料2%～10%；哺乳母猪料5%～20%；种公猪料5%～20%。

三、天然植物提取物

（一）天然植物提取物定义

从广义上说，天然植物提取物是指以一种或多种天然植物（全株或某一部位）为原料，采用适当的溶剂，经提取、浓缩、干燥、分离纯化或不分离纯化后所得液态、膏状或固态产品。一般包括单一植物提取物、复方配比提取物和单一植物提取物复配物3种。源自天然植物的精油也属于天然植物提取物。

从狭义上说，植物提取物主要有2种：一种是《饲料原料目录》“7.6　其他可饲用天然植物”中收录的117种饲用植物的提取物；另一种是已被收录于《饲料添加剂品种目录》、食品用香料及农业农村部批准暂未列入《饲料添加剂品种目录》的新饲料添加剂产品。

天然植物提取物与中兽药的概念有所区别。中兽药是指以中药材为原料，按照兽药注册程序注册批准的用于临床疾病治疗或预防动物疾病，并达到改善或提高生产性能的药物。而天然植物提取物是指在饲料中直接添加，主要用于提高生产性能及肉质改善等目的的植物提取物。天然植物提取物一般不直接用于养殖场动物疾病的治疗。

（二）天然植物提取物成分及作用

1. 天然植物提取物的有效成分　天然植物提取物的主要成分包括多酚类、挥发油类、多糖类、萜类、生物碱类（印遇龙等，2020）、苷类、黄酮、有机酸等。《饲料添加剂品种目录》和《饲料原料目录》中部分天然植物提取物的有效成分、作用位点及作用机理见表4-1；用于提升不同阶段猪的健康及生产性能应用方案推荐见表4-2。

表4-1　天然植物提取物的有效成分、作用位点及作用机理

名　称	有效成分	作用位点	作用机理
植物精油	香芹酚、百里香酚、肉桂醛、丁香酚等	肠道、呼吸道	抑菌、消炎、抗氧化、提升免疫，协同酸化剂提升肠道健康
藤茶黄酮	黄酮（以二氢杨梅素、杨梅素等为主）	肠道	抗氧化、提升免疫、降低炎症反应
杜仲叶提取物	绿原酸、黄酮、多糖等	肠道	广谱抑菌、抗氧化、提升免疫
糖萜素	寡糖、三萜皂苷类等	肠道为主	促进有益菌增殖、抗炎、提升机体免疫
黄芪提取物	多糖、黄芪甲苷和黄酮等	免疫系统、心脏	提升免疫、抗应激、强心、保肝
诃子提取物	单宁、小檗碱、三萜类等	肠道	抑菌、收敛、抗炎、抗氧化
杨树花提取物	黄酮、酚苷类等	肠道	抑菌、抗氧化、抗炎
马齿苋提取物	生物碱、香豆素、黄酮、多糖等	肠道	抗炎、抑菌、抑制病毒复制、增强免疫
厚朴提取物	厚朴酚、和厚朴酚等	肠道	抑菌消炎、抗氧化
姜黄提取物	酚类（姜黄素）、萜类、黄酮等	肠道	抗菌、抗炎、抗氧化
蒲公英提取物	黄酮、多糖、酚酸、三萜类等	肠道、生殖道	消炎、抗氧化、保肝利胆、抗菌等
金银花提取物	绿原酸、多糖、黄酮等	肠道、生殖道	抗菌、抗病毒、抗炎、抗氧化等
甘草提取物	甘草酸、甘草苷、黄酮、多糖等	呼吸道、肝脏	止咳平喘、解毒、抗炎
桔梗提取物	皂苷、黄酮、多糖等	呼吸道为主	祛痰、镇咳、抗炎、抗氧化
鱼腥草提取物	黄酮、酚酸、生物碱、萜类等	呼吸道为主	抗病毒、抗炎、抗氧化、保肝等
淫羊藿提取物	淫羊藿苷、黄酮、多糖等	公猪性欲	提高公猪性欲及精液质量，促进骨骼发育
益母草提取物	盐酸水苏碱、益母草碱、多糖、黄酮等	生殖道	促进胎衣恶露排出，降低生殖道炎症，促进母猪断奶后发情
甜叶菊提取物	甜菊糖苷、莱包迪苷、绿原酸、多糖等	采食量、肠道	甜菊糖苷甜度是蔗糖的300倍左右
罗汉果提取物	罗汉果苷、黄酮、多糖等	采食量、呼吸道	罗汉果甜苷甜度是蔗糖的300倍左右，提高采食量，镇咳、消炎、降血糖
丝兰提取物	甾体皂苷、白藜芦醇、多酚等	养殖环境、肠道	抑制脲酶活性，降低畜舍氨气浓度，促进消化及抗氧化等

（续）

名　称	有效成分	作用位点	作用机理
桑叶提取物	黄酮、黄酮苷和黄酮衍生物	肉质改善	促生长、抗氧化、改善肉质
迷迭香提取物	迷迭香酚、鼠尾草酚和鼠尾草酸	肉质改善	抗氧化
苜蓿提取物	苜蓿多糖、苜蓿黄酮、苜蓿皂苷	肉质改善、免疫系统	提升免疫、抗氧化
紫苏籽提取物	α-亚油酸、亚麻酸、黄酮	肉质改善	抗氧化

表4-2　天然植物提取物用于不同阶段猪的应用目的、品种推荐及作用机制

阶　段	应用目的	推荐天然植物提取物 （具体可根据商业化产品推荐剂量添加）	作用机制
乳仔猪	肠道健康	植物精油；藤茶黄酮；糖萜素；诃子、杨树花、马齿苋、杜仲叶、厚朴、姜黄、蒲公英、金银花、大蒜、香薷等提取物	收敛、抑菌、抗炎、抗氧化、降低内毒素损伤、提升肠道免疫功能等
生长育肥猪	促生长及肉质改良	杜仲叶、姜黄、桑叶、野菊花、藿香、苜蓿、松针、紫苏籽等提取物	抗炎、抗氧化、风味沉积等
母猪	提高生产性能	黄芪、川芎、当归、党参等提取物	提升免疫、补气血等
	生殖健康	益母草、蒲公英、金银花等提取物	促进胎衣恶露排出，抗炎、抗氧化等
公猪	性欲及精液质量提升	淫羊藿、菟丝子提取物	类性激素功能，促进精液分泌
各阶段通用	采食量提升、促消化	甜叶菊、罗汉果、山楂、橘皮、大蒜、花椒、茴香、生姜等提取物	提升食欲、促进食物消化、胃酸分泌及肠道蠕动等
	免疫提升	黄芪、党参、人参、刺五加、枸杞等提取物	促进免疫器官发育，提升细胞免疫和体液免疫
	抗应激	黄芪、酸枣仁、柏子仁、远志、合欢皮、栀子、丹皮、赤芍、柴胡、白术等提取物	养心、安神、调节神经兴奋性
	呼吸道健康	甘草、桔梗、鱼腥草等提取物	祛痰、止咳平喘、解毒、抗炎、抗病毒等
	改善养殖环境	丝兰提取物	抑制脲酶活性，降低畜舍氨气浓度，促进消化及抗氧化等
	驱除寄生虫	榧子、花椒提取物和南瓜籽等	麻痹寄生虫后排出

注：1.以上各阶段推荐的天然植物提取物之间为并列关系，各品种可单独使用。
2.在实际应用过程中，可根据动物需求，将不同种天然植物复方提取或提取后复配，可达到更佳的效果。

2.天然植物提取物的主要作用

（1）促进肠道健康。

①提升肠道生物屏障功能。天然植物中所含精油、生物碱、单宁、绿原酸、黄酮等具有广谱抗菌及抗病毒功效，且部分天然所含寡聚糖等物质可促进有益微生物增殖。对肠道菌群的丰度、多样性具有重塑效应，可以调控有益菌和有害菌，最终改善机体功能失调及相关的病理状态。

②提升肠道机械屏障功能。诃子、五味子、乌梅具有收敛止泻作用，可改善肠道黏膜病原微生物感染时的结构完整性（杨钰潇等，2020）；藤茶黄酮、金银花提取物、杜仲叶提取物等可通过清除自由基和超氧离子自由基，抑制脂质过氧化，保护肠道黏膜健康（熊云霞等，2018）；金银花、鱼腥

草、蒲公英、橘皮、桔梗提取物可通过降低炎症反应，降低肠道黏膜的通透性，促进营养物质、电解质和水的吸收并抑制肠液分泌（于丽婷等，2019）；栀子提取物、甘草提取物、金银花提取物、诃子提取物都具有中和内毒素作用，有效降低动物肠黏膜损伤（周红玲，2020；张莹等，2019）。

③提升肠道免疫屏障功能。富含植物多糖的黄芪、金银花、党参、人参、枸杞、杜仲叶、甘草、野菊花、刺五加、鱼腥草等提取物，以及糖萜素中所含三萜类物质等，可通过提升肠道内淋巴细胞、肥大细胞、肠黏膜杯状细胞、IgA浆细胞及阳性反应物数量，增强免疫学屏障及机械屏障功能，增强肠道免疫功能（宋晓曼等，2021）。

④提升肠道化学屏障功能。白术、茯苓、甘草、乌梅等天然植物能有效促进杯状细胞的增殖，提升黏蛋白（mucoprotein）MUC2、MUC3的分泌，增加黏膜层厚度，提升肠道化学屏障功能。

（2）促消化及提高采食量。山楂富含有机酸、脂肪酶、山楂黄酮及维生素C等，对促进食物消化、胃酸分泌及肠道蠕动具有积极作用；橘皮具有健胃、行气、促消化功效，可提升食物的消化和吸收，改善肠道菌群，从而降低腹泻的发生率。大蒜、茴香、花椒、辣椒、白术等提取物能改变饲料色、香、味，促进消化道蠕动；生姜可促进消化液分泌，改善饲料消化。甜叶菊中所含甜菊糖苷、莱包迪苷平均甜度约为蔗糖的300倍，罗汉果所含罗汉果甜苷甜度约为蔗糖的300倍（何怡，2020），都具有甜度高、甜度纯正（相对糖精钠等甜味剂）、不提升血糖的特点；同时，甜叶菊中所含绿原酸家族具有抑菌、抗氧化和清除自由基功效，特别适用于仔猪开食及保育阶段。

（3）提升繁殖健康及繁殖性能。

①在母猪方面，益母草具活血调经、行血散瘀、促进子宫收缩和胎衣恶露排出以及子宫复旧的作用，可减少母猪产后生殖道炎症、降低抗生素使用，并有利于母猪断奶后发情；当归、川芎、黄芪、党参、甘草等具有补气、养血、安胎的功效；黄芪、茯苓、蒲公英具有促进乳腺发育和乳汁合成功效；党参、黄芪、甘草、当归、川芎、益母草、淫羊藿、菟丝子等复配对促进母猪发情和排卵有帮助。

②在公猪方面，淫羊藿、菟丝子等具有促进公猪性腺发育、提升公猪性欲、提高精液品质的作用（苗旭等，2020）。淫羊藿所含淫羊藿苷具有类睾丸素功能，能够促使精液分泌亢进。精囊充满后，刺激感觉神经，间接兴奋性欲。菟丝子具有固精安胎与性激素样作用，在中医临床上一般用于肾虚腰痛、阳痿遗精、尿频等症，可与淫羊藿搭配提升公猪生产性能。

（4）其他作用。

①改善产品品质。野菊花、杜仲、藿香、马齿苋、苜蓿和松针等的提取物具有改善肉质及风味的功效（申学林，2021），桑叶提取物富含黄酮、黄酮苷和黄酮衍生物，具有促生长、抗氧化和改善肉质的作用（Liu et al.，2022）。

②抗应激。酸枣仁、柏子仁、远志、合欢皮、栀子、丹皮、赤芍具有养心血、安心神作用，可调节神经中枢兴奋状态；知母可降低交感肾上腺神经的兴奋性；黄芪、当归、党参、柴胡、橘皮、甘草、白术等也具有抗应激功效（陶剑等，2020）。

③驱除寄生虫。榧子、花椒、南瓜籽具有驱除寄生虫作用，长期添加有利于降低化学性驱虫药的使用。

④改善养殖环境。丝兰提取物可降低养殖环境中的氨气浓度，减少粪便臭味，改善养殖环境，有利于降低呼吸道疾病的发生。

（三）天然植物提取物质量控制

1.原料质量

（1）原料来源。天然植物提取物的质量取决于原料来源。其功效好坏，多具有一定的地域性，或与品种、采收时节等相关。一般来说有5个关键（“五定”原则），即定品种、定产地、定使用部位、定采收季节、定加工方式。以最常用的黄芪为例，最佳品种为内蒙古黄芪，产地以内蒙古和甘肃陇西地区为佳，使用其根部，一般为2～3年生，当地采收后马上切片晾干储存。其他天然植物来源也适用于“五定”原则。

（2）实验室质量测定。可从两大方面来判断原料的质量：一是感官鉴别，二是理化分析。感官鉴别包括颜色、形状、气味、质地、大小、表面特征、口感和杂质含量等方面。感官鉴别是判定质量的第一标准，是高于理化分析的标准。理化分析是对原料的定性定量分析，通过浸出物、挥发油、灰分（含酸灰）等指标进行分析以评判质量。安全性方面需重点检测黄曲霉毒素、重金属、砷盐、农药残留和微生物等指标。一般情况下，可参照国家中医药管理局等相关权威机构对中药材的品质管理规定。

2.配伍原则 《饲料添加剂品种目录》和《饲料原料目录》中的天然植物都属药食同源，安全性极高，都可以单独使用。针对不同需要，也可以进行复配。复配包括2种方式：一是2种以上植物的复方配比提取物，二是2种以上单一植物提取物的复配物。复配使用效果往往更佳。进行复配时，应参照传统中药的配伍原则或传统古方。

3.生产工艺的选择 提取原料的粉碎粒度，浸泡温度和时间，提取溶剂种类、温度、压力、时间和次数，浓缩温度、压力和时间，干燥方式和温度等都影响植物提取物的有效成分含量及使用效果。特别是一些不溶于水的成分（如挥发油）、不耐温的成分（如绿原酸、单宁等），提取工艺应在大量实验后方可确定。

4.成品质量的控制 成品质量的控制主要包括2个方面：一是有效性指标，主要指有效成分含量及特征性图谱（指纹图谱）；二是安全性指标，包括农药残留、兽药残留和微生物指标等。当前，对于一部分天然植物提取物，可以通过测定有效成分含量来判定提取物的质量，如黄芪提取物的黄芪多糖、黄芪甲苷，诃子提取物的单宁，杜仲叶提取物的绿原酸、黄酮和多糖，甘草提取物的甘草酸、甘草苷，淫羊藿提取物的淫羊藿苷，益母草提取物的盐酸水苏碱，甜叶菊提取物的甜菊糖苷、莱包迪苷等；对于成分不明的天然植物提取物，也可采用HPLC、GC、GC-MS等植物图谱的方法，做定性及一定程度上的有效成分含量分析来判定质量。

（四）应用案例

1.浒苔多糖 浒苔多糖是以大型绿藻浒苔为原料，经生物酶解、分离纯化、浓缩干燥而成的水溶性硫酸多糖。浒苔多糖是浒苔的主要活性成分之一，具有多种药理活性，如抗氧化、抗糖尿病、免疫调节和降血脂等功能。浒苔多糖在猪饲料中的添加量一般为600～800克/吨。浒苔多糖能促进RAW264.7巨噬细胞的增殖，使一氧化氮分泌增加。体内实验结果进一步证实，浒苔多糖除增加干扰素（IFN-α）和白细胞介素-2（IL-2）分泌外，还能促进细胞增殖；可以促进白细胞介素-1β（IL-1β）、白细胞介素-6（IL-6）和肿瘤坏死因子-α（TNF-α）的分泌（Liu et al.，2020）。对猪传染性胃肠炎病毒（transmissible gastroenteritis virus，TGEV）具有直接杀灭和阻断吸附的作用（孙秋艳等，2015）。Tiande Zou等（2021）研究表明，添加0.04%～0.08%的浒苔多糖能提高仔猪的日增重，降低料重比；提高血液GSH-Px、SOD和CAT的活性，降低MDA含量；提高IL-6、TNF-α含量及IgG水平；提高绒隐比，改善肠道形态；增加盲肠中乳酸杆菌数量，降低大肠杆菌数量，改善肠道菌群。

2.糖萜素 糖萜素作为茶皂素水解产物，其保留了茶皂素的三萜环状结构，也保留了茶皂素大部分的生物学活性。早期断奶仔猪日粮中添加糖萜素400～500毫克/千克，提高了仔猪生长速度和抗病率，减少了仔猪腹泻。同时，可改善肠道微生物区系，有效减轻热应激，使臭味降低、蚊蝇减少，有效改善了猪场环境。糖萜素中皂苷物质还具有清除自由基、提高抗氧化酶活性的功能；糖萜素还可降低畜产品中胆固醇含量，改善畜产品品质；具有保护精子和卵子的作用，防止畸变和癌变。

四、中草药

（一）中草药饲料添加剂定义

中草药饲料添加剂是中兽医学、中药学与畜牧业生产实践相结合的产物，兼有营养和药用双重作用。中草药饲料添加剂是指以畜禽饲料为载体，按照中兽医“医食同源”理论，将中草药少量加入饲料中，用以改善畜禽机体营养代谢、改变动物适口性、增强机体免疫功能、提高畜禽生产性能，从而达到提高畜禽生产数量、改良畜禽产品品质、预防疾病、减少动物源性食品污染的目的。中草药饲料添加剂是具有我国特色的饲料添加剂。

（二）中草药来源和产品使用形态

中草药来源主要有4个方面，即植物、动物、矿物及其加工品（图4-2）。除天然植物提取物部分的原料来源外，主要应包括国家卫生健康委员会颁发的药食同源、可用于保健品的、新资源目录和地方习惯性饲用食材（需提供历史记载文献），不应包括禁止在保健品中添加的中草药。可以是单一原料或者复方原料的散剂，也可以是经过单一原料或者复方原料经过水提和乙醇提取得到谋求使用目的的粗提取物。一般不提倡使用注射剂。

党　参　　甘　草

黄　芪　　金银花

图4-2　中草药

中草药来自天然中草药，中兽药取材自动植物及矿物质，保持了各种结构成分的自然状态和生物活性。用于中兽药制剂的中草药所含成分均为生物有机物，经过人和动物体的长期实践，保留了对人和动物体有益无害且最易被接受的外源精华物质。同时，中兽药的加工炮制方法不仅能够降低或消除药物的毒性或副作用，还能够增强药物联系。此外，产品本身为天然有机物，化学结构和生物活性稳定，有利于储藏及保存药效，且无污染、有利于保护环境。其安全性是抗生素等添加剂不能比拟的。

2020年《中国兽药典》获批中兽药正文品种1 621个、附录品种302个，用于防病治病已有百余种；基于中兽药在动物促生长、保健方面的可行性和有效性，可在饲料中长期添加使用的中兽药近年来也有获批。在2011—2020年获批的中兽药产品中，用于提高动物免疫力的产品最多，有28种，占总产品数的25.93%；有关仔猪白痢病的8种，占比7.41%，排在第三。

（三）中草药的应用价值

1. 中草药的应用特点

（1）种类多样。中草药饲料添加剂配方千变万化，目前尚无统一分类。根据动物生产特点、饲料工业体系和中草药性能，可分为11类（表4-3）。

表4-3　中草药饲料添加剂分类及功能

分　类	功　能	组　成
免疫增强剂	提高和促进机体非特异性免疫功能为主，增强动物机体免疫力和抗病力	黄芪、刺五加、党参、商陆、马兜铃、甜瓜蒂、当归、淫羊藿、穿心莲、大蒜、茯苓、水牛角、猪苓等
激素样作用剂	对机体起到与激素类似的调节作用	香附、当归、甘草、淫羊藿、人参、吴茱萸、五加皮等
抗应激剂	缓和和防治应激综合征	刺五加、人参、延胡索、黄芩、淡竹叶、芦根等
抗微生物剂	广谱抗菌	金银花、连翘、大青叶、蒲公英、迷迭香等
	抗病毒	射干、大青叶、板蓝根、金银花等
	抗真菌	苦参、土槿皮、白鲜皮等
	抗螺旋体	土茯苓、青蒿、虎杖、黄柏等
驱虫剂	增强机体抗寄生虫侵害能力和驱除体内寄生虫	槟榔、贯众、使君子等
增食剂	理气消食、益脾健胃，改善饲料适口性、增进动物食欲，提高饲料转化率以及动物产品质量	建曲、麦芽、山楂、陈皮、青皮、枳实、苍术、茅香、鼠尾草、甜叶菊、五味子、马齿苋、松针、绿绒蒿等
促生殖剂	促进动物卵子生成和排出，提高繁殖率	淫羊藿、水牛角、沙苑、蒺藜等
催肥剂	促进和加速动物增重与肥育	远志、柏子仁、山药、鸡冠花、松针粉、五味子、酸枣仁、山楂、钩吻、石菖蒲等
催乳剂	促进乳腺发育和乳汁合成分泌，增加产奶量	王不留行、四叶参、通草、马鞭草、鸡血藤、蒲公英、刺蒺藜和葛根等
饲料保藏剂	能使饲料在储存期中不变质、不腐败，延长储存时间	可防腐的有土槿皮、白鲜皮、花椒等；抗氧化的有红辣椒、儿茶等
抗炎剂	降低毛细血管的通透性，抑制浆液渗出，促进组织再生和伤口愈合，减少渗出和白细胞向炎灶聚集，抑制水肿和透明脂酸酶活性，从而起到抗炎作用	陈皮、丹皮、三七、桔梗等

(2) 功能多样。中草药具有营养和药物的双重作用。组成中兽药的中草药含有少则数十种,多则上百种的功能性成分。如山楂中现已测知的成分就有70余种,乌头中含生物碱类十几种,黄芪中有微量元素14种。中兽药严格按照中医药理进行合理配比,使物质之间产生协同作用,并使之产生全方位的协调作用和对机体有利因子的整体调动作用,最终目的是提高动物的生产效益和经济效益。

(3) 无毒副作用。毒副作用是指对动物的毒性、副作用、后遗效应和影响机体健康的弊端的总称。天然中草药源于自然界,所含成分是对人和动物均有益无害的天然外源精华物质及生物活性。在中兽药的制作过程中,部分中草药材料含有的微量毒素通过配伍和提取能得到有效控制,使其不易产生有害残留。

(4) 无抗药性。中草药独特的抗寄生虫和抗菌作用机理,能够激发机体内抗菌因子的功能活性和数量、降低菌株毒力、增强非特异性免疫功能、消除对组织细胞的破坏、干扰病原微生物的代谢,使菌株无法变异,不易使动物产生抗药性,可长期添加使用。

2.中草药的功能　中药是中华民族的传统医药文化瑰宝,具有平衡阴阳、祛邪扶正、标本兼治的特点。中药含有的多种营养成分和多种生物活性物质,使其呈现多靶点作用,内涵非常丰富。现代医药学研究发现,许多中草药有效成分中含有丰富的多糖类、生物碱类、有机酸类、苷类、挥发油类、树脂类、萜类、香豆素类、木脂类、醌类、黄酮类、蛋白质、氨基酸、维生素、常量元素和微量元素等生物活性物质。将中草药作为饲用添加剂或者制成中草药制剂,具有抗菌、促生长、驱虫等功效。

(1) 提高生产性能。中草药可促进生猪生长,改善胴体性状。日粮中添加1.5%由党参、黄芪、柴胡、板蓝根、紫锥菊、当归等与乳酸杆菌、枯草芽孢杆菌、酵母菌制成的益生菌发酵复方中草药制剂,可使育肥猪的平均日增重、平均采食量以及料重比得到显著改善,胴体品质也有所提高。还可以改善猪肉品质,皂树皮提取物皂苷通过改善肉类的保水性和滴水损失,增加产品价值,从而提高消费者对产品的接受度。日粮中添加籽粒苋增加了妊娠和哺乳母猪饲料中的纤维含量,可以增加母猪的泌乳采食量,并改善哺乳仔猪的生长性能。

(2) 调节肠道功能。中草药可促进肠黏膜生长发育,调控肠道微生物菌群平衡。断奶仔猪日粮中添加肉桂精油、肉桂醛,可抑制肠道内鼠伤寒沙门氏菌和大肠杆菌的活性。日粮中添加1.5%的竹醋粉可以促进育肥猪的生长发育,增加拟杆菌门及厚壁菌门的丰度;可增强宿主吸收食物能量的能力,储存更多的脂肪;此外,竹醋粉还可以促进乳酸菌的丰度以及抑制链球菌和普雷沃氏菌的生长。

(3) 提高繁殖性能。在公猪日粮中添加淫羊藿提取物200克/吨和止痢草油500克/吨,发现公猪精液量、精子活力和精子密度显著提高,公猪精子畸形率显著降低(杨飞来等,2020)。在母猪日粮中添加0.2%的胶束水飞蓟素,使母猪断奶时的采食量增加、体重损失减少,促进其乳汁合成且产奶量显著提高;胶束水飞蓟素还可以减轻分娩时的氧化应激,加快母猪产后恢复。

(4) 缓解应激。中草药的添加能够促进营养物质的消化吸收,提高机体免疫力,调节肠道菌群平衡,缓解热应激带来的免疫机能下降和患病率提高。例如,生地黄、龙胆草、黄连等可以通过增加机体特异性和非特异性免疫功能,预防应激反应发生;川芎、丹参、蒲黄、红花、当归、益母草等活血化瘀药物可改善微循环;党参、大黄等中药可以起到迅速保护黏膜的作用,减少刺激;陈皮、丹皮、三七、桃仁等可降低毛细血管通透性,促进组织再生和伤口愈合等。

(5) 调节免疫及抗病原微生物。人参多糖200毫克/千克补充剂可提高妊娠后期及哺乳期母猪血清和乳汁中与免疫相关的生物分子水平,通过生物传播效应进一步促进仔猪的健康和生长。艾蒿水提物补充剂可以增加血清IL-1、IL-4、TNF-α、可溶性表面抗原CD8、IgA浓度,血清中IL-2、IL-6、IgG、IgM的浓度也呈线性增加。

(6) 抑菌作用。茶多酚能以剂量依赖的方式抑制副猪嗜血杆菌的生长,减弱副猪嗜血杆菌的生物膜形成；此外，茶多酚抑制副猪嗜血杆菌的表达毒力相关因素，可以防止致命剂量的副猪嗜血杆菌，并减少副猪嗜血杆菌引起的病理组织损伤。体内试验表明，中草药同样对细菌展现出良好的抑制作用。黄芪和党参、大蒜素和小麦粉的混合植物添加剂可显著减少育肥猪的大肠杆菌数量，增加乳杆菌数量。

（7）抗病毒作用。槲皮素、山柰酚、木樨草素、黄芩素、柚皮素和乌头素均可以通过多种信号途径发挥抗病毒作用。茶籽皂苷通过降低宿主细胞基因PABP的表达来抑制PRRSV诱导的细胞凋亡，并有效抑制PRRSV复制。姜黄素对猪传染性胃肠炎病毒（TGEV）增殖和病毒蛋白的表达表现出直接的抑制能力，且具有明显剂量依赖性。此外，姜黄素主要作用于TGEV复制的早期阶段，抑制TGEV的吸附、融合，从而阻止病毒的吸附和进入。由金银花、连翘、党参、黄公、黄芩、鱼腥草、知母、生鞭、大黄、蒲公英、甘草组成的中药超微粉“蓝耳康”，对猪自然感染高致病性猪繁殖与呼吸综合征具有一定疗效。

（8）抗寄生虫作用。贯众对猪蛔虫、水蛭、绦虫、钩虫、血吸虫等都有一定作用，治疗僵猪效果显著。云南使君子粗提物对猪蛔虫卵在体外的半数致死量超过了左旋咪唑和阿苯达唑，驱蛔虫活性效果显著。菊粉提取物可以显著减少猪有齿节线虫和猪鞭虫的数量。果聚糖能够有效抑制猪痢疾短螺旋体，降低痢疾发病率。茶树和香茅挥发油乳制剂杀灭猪疥螨的效果较好，可使猪疥螨4周内的存活率低于5%。

（四）中草药饲料添加剂的品质控制

中草药饲料添加剂的品质控制应该考虑原料来源、配伍释义、加工工艺选择、使用剂量说明和成品定性定量标准等方面。

1.原料来源 按照国家中药材原料和饮片质量标准管理。

2.配伍释义 药食同源和新资源目录以外的原料，应根据动物特点和不同的生理周期及特点，依据中兽医配伍理论，充分了解各自的药性药理及可能产生的配伍效应，谨慎设计，并进行严密的药效观察。对于单一原料的中草药饲料添加剂，应提供“单行”的文献资料；复方原料应根据配伍释义。

3.加工工艺选择 针对不同畜种、不同阶段的需求，可以对拟定的中草药饲料添加剂进行一般性切片和粉碎加工。为了更好地发挥中草药的作用，也可以根据使用目的选择水作为溶剂进行提取，或者选择非工业乙醇进行提取（应考虑溶剂残留）。

4.使用剂量说明 中草药在适宜范围内剂量越大，其营养保健作用越强。但是，如果剂量超出范围则会对动物产生毒性作用。应依据药材的性能考虑使用剂量，性平和、无毒的药物剂量可稍大一点，质地轻、性味浓的药物用量宜稍小，质地重而味淡薄或新鲜的药物用量可加大；中草药饲料添加剂一般是作为预防疾病、增强营养和体能使用，用药时应以少量为佳；依据动物的种类、体重、年龄及性别等考虑使用剂量；根据地区和季节的不同来确定用药量。总之，应提供使用剂量的研究依据。

5.成品定性定量标准 在定性方面，一般应当包括粉碎粒度、外观色泽、异物、浸出物、水分、灰分和反映原料的特征薄层层析；在定量方面，一般应当包括高效液相色谱检测的有效成分或者指标成分的含量。在安全性方面，一般应当包括砷盐、重金属、农药残留、溶剂残留和微生物指标控制，这一部分可参照《中国兽药典》标准。

（五）应用案例

儿茶为传统中药（图4-3），为豆科植物儿茶[*Acacia catechu*（L.f.）Willd.]去皮枝干的干燥煎膏。主要化学成分为儿茶素和儿茶鞣酸等。儿茶素主要含表儿茶素（EC）、表儿茶素没食子酸酯（ECG）、表没食子儿茶素（EGC）和表没食子儿茶素没食子酸酯（EGCG），其中EGCG占儿茶素总含量的70%左右。儿茶药性涩、凉，归心经和肺经，具有活血止痛、止血生肌、收湿敛疮、清肺化痰等功效。临床用于小儿消化不良、腹泻，外用治疗溃疡、湿疹等症。在畜牧生产中，具有收敛止泻、抑菌、整肠、抗氧化的功效，是一种新型的替抗饲料添加剂。

图4-3　儿　茶

儿茶可提高断奶仔猪日增重和采食量，降低料重比和腹泻率（表4-4、表4-5）。添加0.4千克/吨儿茶，能够有效替代日粮中1千克/吨氧化锌；添加0.8千克/吨儿茶，能全部替代饲料中2千克/吨氧化锌，并降低腹泻率。

表4-4　儿茶替代氧化锌对断奶仔猪生长性能的影响

项　目	对照组	试验Ⅰ组	试验Ⅱ组
初始重（千克）	7.28±0.64	7.26±0.65	7.27±0.65
结束重（千克）	18.10±1.68	18.64±1.87	18.18±1.55
平均日增重（克）	386.43±15.26	406.43±17.58	389.64±15.73
平均日采食量（克）	588.24±20.27	600.84±22.23	590.10± 21.94
料重比	1.52±0.08	1.48±0.06	1.51±0.07
腹泻率（%）	5.12	3.64	4.80

注：对照组饲喂基础日粮＋2千克/吨氧化锌，试验Ⅰ组饲喂基础日粮＋1千克/吨氧化锌＋0.4千克/吨儿茶，试验Ⅱ组饲喂基础日粮＋0.8千克/吨儿茶。

表4-5　各阶段猪日粮中儿茶应用案例

应用阶段	用量（千克/吨饲料）	解决问题
乳仔猪	0.5～0.8	预防腹泻，不影响后期生长性能
小猪	0.3～0.5	减少换料应激引起的腹泻，帮助饲料顺利过渡
中大猪	0.15～0.3	解决营养性及细菌性腹泻问题
控制腹泻	1.5～2.0	大幅减少腹泻引起的大量体液丢失

注：上述应用方案由湖北浩华生物技术有限公司验证并推广。

五、微生态制剂

（一）微生态制剂的定义

微生态制剂是利用对宿主有益的正常微生物或其促生长物质制备而成，能够维持或调整微生态平衡、防治疾病和增进宿主健康，主要包括益生菌、益生元和合生元。

1.益生菌　益生菌是活的有益微生物，目前生猪养殖中使用的益生菌主要有乳酸杆菌、枯草芽孢杆菌、酵母菌、粪肠球菌和双歧杆菌等。我国农业部2013年在《饲料添加剂品种目录》中规定，可以加入生猪饲料中的益生菌有地衣芽孢杆菌、枯草芽孢杆菌、两歧双歧杆菌、粪肠球菌、屎肠球菌、乳酸肠球菌、嗜酸乳杆菌、干酪乳杆菌、德氏乳杆菌乳酸亚种（原名：乳酸乳杆菌）、植物乳杆菌、乳酸片球菌、戊糖片球菌、产朊假丝酵母、酿酒酵母、沼泽红假单胞菌、婴儿双歧杆菌、长双歧杆菌、短双歧杆菌、青春双歧杆菌、嗜热链球菌、罗伊氏乳杆菌、动物双歧杆菌、黑曲霉、米曲霉、迟缓芽孢杆菌、短小芽孢杆菌、纤维二糖乳杆菌、发酵乳杆菌、德氏乳杆菌保加利亚亚种（原名：保加利亚乳杆菌）、凝结芽孢杆菌和侧孢短芽孢杆菌（原名：侧孢芽孢杆菌）。

2.益生元　益生元是一类选择性发酵的有机物质，可以改变胃肠道中某特定微生物组成和活性，进而改善宿主健康。生猪养殖主要使用的益生元有壳寡糖、甘露寡糖、丙氨酰-谷氨酰胺、木寡糖、乳果糖和抗性马铃薯淀粉等单糖、多糖或者植物提取物。

3.合生元　合生元是益生菌和益生元的组合制剂。它既可发挥益生菌的生理性细菌活性，又可选择性地快速增加这种菌的数量，使益生菌作用更显著持久。合生元作为新一代微生态调节剂，将益生菌和益生元联合应用，可同时发挥益生菌和益生元的生理功能，使益生菌和益生元协调作用，共同对抗疾病，维护机体的微生态平衡。

（二）微生态制剂的功能和作用机理

1.微生态制剂的功能

（1）调节肠道菌群平衡。在猪肠道内，既存在大肠杆菌等条件致病菌和病原菌，又定殖有乳酸杆菌等非致病菌和益生菌。当猪处于健康状态时，两类菌群处于平衡状态；而在遭受不良应激、病原菌感染等不利因素后，病原菌或者条件致病菌会大量增殖，导致猪肠道内菌群失调，从而引发腹泻等一系列疾病。根据生猪实际情况，添加微生态制剂到饲料，益生菌可通过与有害菌竞争来减弱病原菌或者条件致病菌的生长繁殖，恢复和促进肠道微生物菌群的平衡。

（2）降低腹泻率。腹泻是生猪养殖过程的主要病症，蜡样芽孢杆菌、屎肠球菌、双歧杆菌、乳酸乳球菌和乳酸片球菌均降低腹泻率。例如，将人类轮状病毒减毒后进行攻毒，喂食益生菌鼠李糖乳杆菌和双歧杆菌的猪只，猪腹泻率明显下降。

（3）提高营养物质的消化吸收率。微生态制剂通过产生各种酶将饲料中难以消化的物质（难降解蛋白质、半纤维素、果胶、葡聚糖等）分解为容易被机体消化吸收的单糖、小分子肽和氨基酸；同时，还可通过激活胃蛋白酶、分泌有机酸和促进肠胃蠕动等方式，使营养物质在猪体内更容易消化吸收。例如，乳酸杆菌、芽孢杆菌和酵母菌复合微生态制剂可以显著提高粗蛋白、粗纤维、钙、粗脂肪的养分消化吸收率。

（4）提高生产性能。在仔猪饲料中添加益生菌后，可显著提高平均日增重、平均日采食量和饲料转化率。另外，在仔猪日粮中添加寡糖或者半乳甘露寡糖（益生元），也能显著增加仔猪日增重。通过添加微生态制剂（如芽孢杆菌、乳酸杆菌和链球菌），可明显改善母猪初乳质量、常乳质量和产量、产仔大小和仔猪体重。在妊娠母猪预期分娩日的前2周和哺乳期间喂食益生菌产品BioPlus 2B（含有地衣芽孢杆菌和枯草芽孢杆菌），可以明显减少仔猪腹泻率，降低断奶前的死亡率，增强断奶后的仔猪体重。

（5）减少环境污染。养猪生产中未被消化利用的粗蛋白降解后产生的氮和未被消化的植酸磷会引起水体富营养化，破坏生态环境。微生态制剂产生的酶能够充分降解饲料中的营养物质，提高生猪对营养物质的消化吸收；产生的有机酸能够促进矿物质元素在肠道内的吸收，从源头减少氮、磷的排泄。

2.微生态制剂的作用机理

（1）直接抑菌或杀菌作用。某些益生菌能直接产生杀菌或抑菌特性的物质，抑制病原菌在肠道内的定殖。例如，乳酸菌发酵碳水化合物产生的乳酸和乙酸等有机酸，降低肠道pH，达到抑菌效果；某些乳酸菌的细菌素可渗透到革兰氏阴性病原菌外膜杀灭病原菌；益生大肠杆菌产生的小菌素能抑制引发肠道炎症的黏附性、侵袭性大肠杆菌和相关病原体沙门氏菌的生长。

（2）竞争排斥。益生菌通过与病原菌在肠道中竞争黏附位置和有机基质，阻止病原菌在肠上皮细胞的定殖，阻断病原菌黏附部位，防止感染。益生菌还可以与病原菌竞争营养物质（主要是碳源）和养分吸收部位，从而抑制病原菌的生长。

（3）免疫反应调节。益生菌对肠黏膜屏障功能具有修复作用，同时益生菌能显著提高生长猪血清中免疫球蛋白IgA和IgG含量，提升断奶仔猪血清中IgG、IL-6和TNF水平。

（4）抗氧化应激活性。一些乳酸菌（如长双歧杆菌和发酵乳杆菌）能产生抗氧化物质，可清除自由基，减轻对宿主的氧化应激。添加发酵乳杆菌能增加生长肥育猪抗氧化状态，提高血清中抗氧化酶的水平，降低血清和肌肉中脂质氧化终产物丙二醛的含量。

（三）微生态制剂的分类及其应用

在饲料添加剂中，多种微生态制剂的商业产品被推广。这些制剂可以在一定程度上帮助生猪预防腹泻、口蹄疫等疾病，维持肠道微生态区系平衡，同时改善健康状况和提高生产性能。下面对常用的益生菌、益生元和合生元进行简单介绍。

1.益生菌

（1）芽孢杆菌类。芽孢杆菌耐酸、耐碱、耐高温和挤压，在饲料制粒过程中稳定性较好。常使用的芽孢杆菌有枯草芽孢杆菌（4.0×10^6 ～ 2.0×10^7 菌落形成单位/克）、地衣芽孢杆菌（4.0×10^6 ～ 2.0×10^7 菌落形成单位/克）、凝结芽孢杆菌（1.0×10^6 ～ 2.0×10^7 菌落形成单位/克）、蜡样芽孢杆菌和纳豆芽孢杆菌等。枯草芽孢杆菌的菌落形态和芽孢染色见图4-4。

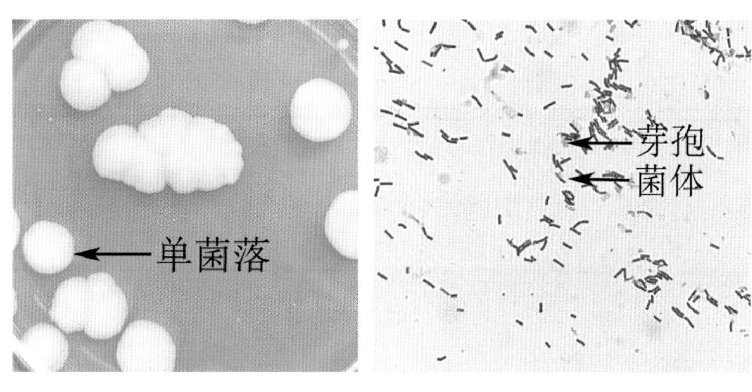

a）菌落形态　　b）芽孢染色

图 4-4　枯草芽孢杆菌的菌落形态和芽孢染色

（2）乳酸菌类。乳酸菌是动物微生态制剂中使用最多的益生菌。目前，主要应用的有植物乳杆菌（1.5×10^7 ～ 2.5×10^7 菌落形成单位/克）、嗜酸乳杆菌（$\geqslant1\times10^7$ 菌落形成单位/克）、粪肠球菌（5.0×10^6 ～ 2.0×10^7 菌落形成单位/克）、屎肠球菌（5.0×10^6 ～ 2.0×10^7 菌落形成单位/克）、德氏乳杆菌（1×10^6 ～ 1×10^7 菌落形成单位/克）、乳酸片球菌（1.5×10^7 ～ 2.5×10^7 菌落形成单位/克）。

（3）酵母菌。酵母细胞富含B族维生素、消化酶和核苷酸，能参与猪机体内蛋白质、脂肪和糖类代谢，促进胃肠道发酵功能，增强猪的消化作用。目前，应用于饲料中的酵母主要有酿酒酵母（3×10^6 ～ 5×10^6 菌落形成单位/克）、啤酒酵母和假朊丝酵母等。酿酒酵母的菌落形态和显微形态见图4-5。

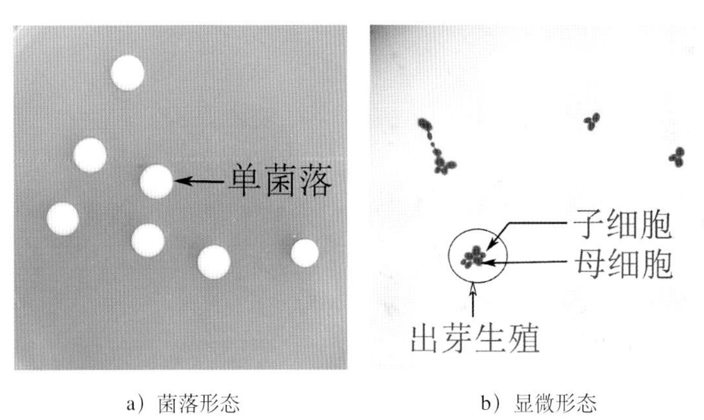

a）菌落形态　　b）显微形态

图4-5　酿酒酵母的菌落形态和显微形态

（4）梭菌类。梭菌是一类厌氧异养生存的杆状芽孢杆菌科细菌，在猪饲料中应用较多的是丁酸梭菌（5.0×10^6 ～ 2×10^8 菌落形成单位/克）。日粮中添加丁酸梭菌能够有效提高生猪对营养物质的消化吸收能力和自身的抵抗力，抑制有害微生物的生长繁殖，提高经济效益。丁酸梭菌的菌落形态和芽孢染色见图4-6。

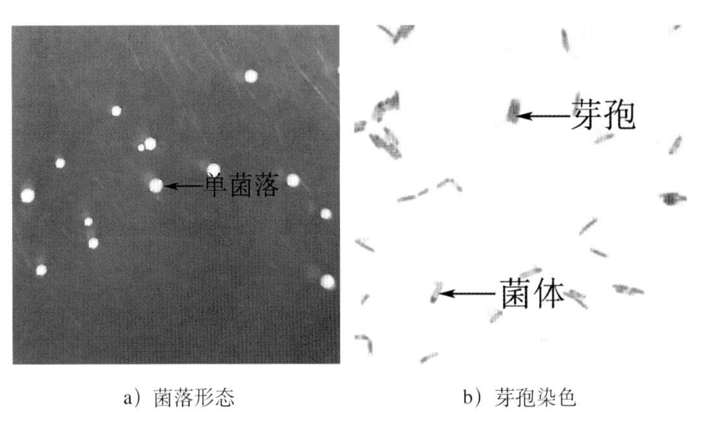

a）菌落形态　　b）芽孢染色

图4-6　丁酸梭菌的菌落形态和芽孢染色

（5）其他菌。在猪饲料中应用的益生菌还有戊糖片球菌（1.0×10^6 ～ 1×10^7 菌落形成单位/克）、黑曲霉（5.0×10^6 ～ 8×10^7 菌落形成单位/克），其中戊糖片球菌具有产酸和抗仔猪氧化应激的作用，黑曲霉能够提高发酵后饲料的营养水平和消化吸收率。戊糖片球菌的菌落形态和显微形态见图4-7。黑曲霉的菌落形态和显微形态见图4-8。

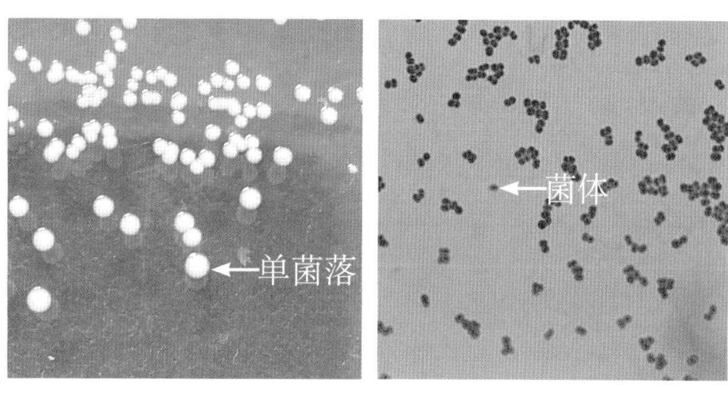

a）菌落形态　　b）显微形态

图4-7　戊糖片球菌的菌落形态和显微形态

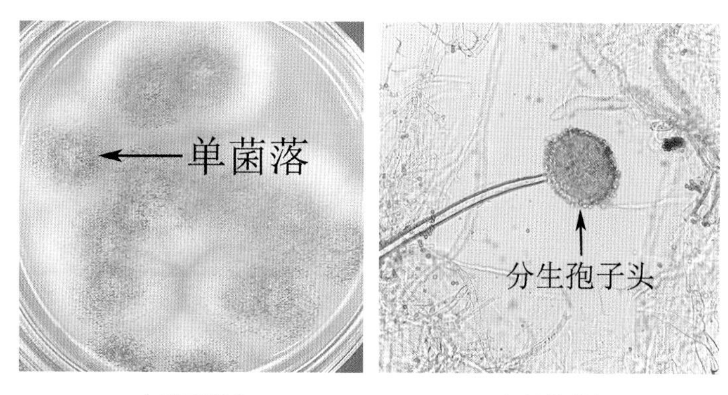

a）菌落形态　　b）显微形态

图4-8　黑曲霉的菌落形态和显微形态

2. 益生元

（1）壳寡糖。壳寡糖是由甲壳素（又称几丁质，chitin）脱乙酰的产物壳聚糖（chitosan）降解获得。它可以抑制肠道有害细菌生长、增强动物机体免疫力、提高机体抗氧化能力及生产性能，可以以2%～4%的比例在饲料中添加。

（2）低聚寡糖。低聚寡糖除了是非淀粉多糖之外，还是结肠细菌最方便的碳源。摄食后，该碳水化合物在小肠内不被消化，而是以完整状态进入回肠和盲肠部位。在结肠中，其大部分或一部分被结肠中的常驻菌作为基质而利用，使pH下降并产生短链脂肪酸。这种作用可使病原菌减少。猪饲料中常用的低聚寡糖有低聚木糖、低聚甘露糖、低聚半乳糖醛酸和果寡糖，添加量为0.1%～0.5%。

3. 合生元　目前，常用的合生元有益生菌（乳酸杆菌和丁酸梭菌）和益生元（果寡糖）混合制剂，可以提高保育猪平均日采食量和平均日增重，降低断奶仔猪腹泻率；益生菌（枯草芽孢杆菌、地衣芽孢杆菌和丁酸梭菌）和益生元（低聚木糖、低聚甘露糖和低聚半乳糖醛酸）混合制剂，可以替代仔猪日粮中的饲用抗生素。

（四）微生态制剂使用要求

1. 安全无毒　微生态制剂是直接饲喂动物用于疾病预防或治疗的。因此，微生态产品必须是经过检验安全无毒、不会对动物产生不良反应的产品。微生态制剂更要符合我国法律法规的要求，农业部发布《饲料添加剂品种目录（2013）》中明确规定，可用于饲喂的微生物菌种只有33种；其中大部分是乳酸菌，还有6种芽孢杆菌，还对其使用对象进行了规定。所以，用于动物生产的微生态制剂必须是在《饲料添加剂品种目录》中的菌种。

2.稳定性（抗逆性）好　微生态制剂在进入生猪消化道以后，首先要经过胃，其次才会进入肠道发挥作用。猪胃是一个强酸环境，中大猪胃的pH可以达到1.5左右，而普遍的微生物在此环境中已经失活了。因此，要求微生态制剂具备耐胃酸的性能。逃过胃酸刺激的少部分活菌进入肠道，这时胆汁进入肠道帮助消化脂肪，呈碱性的胆汁对微生物同样具有刺激性。因此，微生物只有具备耐受胃酸和胆汁的能力才能到达肠道发挥作用。此外，对于饲料加工业来讲，颗粒饲料需经过高温制粒的工艺处理，微生态制剂还需具备耐高温性能。

3.定殖　微生态制剂进入生猪肠道后，能否定殖是考察微生态制剂的一个关键指标。成熟的生猪肠道中有数百种微生物，其中以厌氧微生物为主。在复杂的肠道环境中，饲喂的微生态制剂需要定殖才能最大限度地发挥其益生作用。定殖后，微生态制剂才能够长期地进行生命活动，在生长繁殖过程中分解食糜、代谢有机酸和酶等代谢产物，改善肠道环境，杀死致病菌。

（五）应用案例

在生猪养殖的不同阶段，可通过补充不同的微生态制剂帮助其获得更好的生产性能，以应对各时期不同的生长需求。通过调研国内外参考文献、授权专利及综合国内部分养殖企业的应用实践数据，湖南普菲克生物科技有限公司总结了相关微生态制剂的应用实例，详见表4-6。

表4-6　微生态制剂在生猪生产中的应用实例

发育阶段	制剂分类	组成成分及用量	作用效果
初生仔猪（哺乳阶段）	乳酸菌类	罗伊氏乳杆菌D8（10^9菌落形成单位/毫升） 用量：2毫升菌悬液连续灌胃5天	增强肠道免疫应答 促进免疫组织的发育 增加仔猪体重、维持肠黏膜屏障
		粪肠球菌（10^9菌落形成单位/毫升）、干酪乳杆菌（10^9菌落形成单位/毫升） 用量：1日龄、7日龄、14日龄和21日龄分别注射益生菌1毫升/只、2毫升/只、3毫升/只和4毫升/只	血清IgA含量显著升高 使仔猪腹泻率降低52%～70% 第21天和第28天的日增重分别提高16%～18%和18%～27%
		德氏乳杆菌（活菌数≥5×10^8菌落形成单位/毫升） 用量：1日龄、4日龄、8日龄、15日龄分别灌服1毫升、2毫升、3毫升、4毫升菌悬液	提高日均增重 提高抗氧化能力 降低腹泻率和死亡率
	益生元	低聚果糖：乳脂球膜：低聚半乳糖=2.6%：35.2%：62.2% 用量：1.2克/千克饲料	增强肠道屏障功能 显著提高仔猪体重和日增重 促进乳杆菌、肠球菌等有益菌的定殖
断奶仔猪（保育阶段）	芽孢杆菌类	地衣芽孢杆菌（5×10^8菌落形成单位/克） 用量：1.0克/千克饲料	降低仔猪腹泻率 增加乳杆菌和芽孢杆菌的丰度
		枯草芽孢杆菌1702（1.0×10^{10}菌落形成单位/克） 用量：500克/吨饲料 其他：复合蛋白酶500克/吨、葡萄糖氧化酶（2 000单位）150克/吨饲料	提高免疫力 降低仔猪腹泻率 提高日采食量和日均增重 控制病原菌、改善肠道形态结构

（续）

发育阶段	制剂分类	组成成分及用量	作用效果
断奶仔猪（保育阶段）	乳酸菌类	植物乳杆菌ZJ316 用量：1×10^{9}菌落形成单位/天、5×10^{9}菌落形成单位/天和1×10^{10}菌落形成单位/天直至实验结束	改善猪肉品质 降低仔猪腹泻率 提高日均增重和饲料转化率
		屎肠球菌（10^{8}菌落形成单位/升）、干酪乳杆菌（10^{8}菌落形成单位/升）、嗜酸乳杆菌（10^{8}菌落形成单位/升） 用量：制成1升菌悬液，稀释至50升水中，作为饮水供给	提高营养物质消化率 提高仔猪日增重和饲料转化率
		德氏乳杆菌（2×10^{10}菌落形成单位/克） 用量：日粮的0.2%添加量	降低仔猪腹泻率 改善肠道形态结构 提高饲料养分消化率
		发酵乳杆菌（9.1×10^{8}菌落形成单位/克）、乳酸片球菌（5.25×10^{8}菌落形成单位/克） 用量：饲料的4%添加量	提高断奶仔猪的日增重和料重比 增加盲肠消化液和结肠消化液乳酸菌数量 对盲肠消化液中密螺旋体属、厌氧弧菌属生长均有抑制作用
	梭菌类/芽孢杆菌类	丁酸梭菌（1×10^{8}菌落形成单位/克复合菌剂）、枯草芽孢杆菌（1×10^{9}菌落形成单位/克复合菌剂）、凝结芽孢杆菌（1×10^{9}菌落形成单位/克复合菌剂）、地衣芽孢杆菌（5×10^{8}菌落形成单位/克复合菌剂） 用量：复合菌剂在饲料中的添加量为0.1%～0.3%	减少粪便中NH_3的排放量 增加乳酸菌数量、降低大肠杆菌数量 促进干物质、氮和能量的消化率
	益生元	甘露寡糖 用量：饲料的0.2%添加量	提高日采食量和体重 刺激断奶仔猪的系统免疫和黏膜免疫、调节肠道微生物区系
	合生元	低聚木糖（50%） 用量：200毫克/千克饲料 屎肠球菌（1.4×10^{9}菌落形成单位/千克）、枯草芽孢杆菌（1.4×10^{11}菌落形成单位/千克） 用量：500毫克/千克饲料	减少粪便中NH_3水平 提高猪的日增重和料重比 提高营养物质的全肠道表观消化率 增加肠道乳酸菌数量、降低大肠杆菌数量
		凝结芽孢杆菌1202（5.0×10^{9}菌落形成单位/克） 用量：400克/吨饲料 植物精油 用量：400克/吨饲料、苯甲酸3千克/吨饲料	降低仔猪腹泻率 改善肠道微生物结构 提高日采食量和日均增重
		菌剂：枯草芽孢杆菌（1×10^{9}～5×10^{9}菌落形成单位/克）、地衣芽孢杆菌（1.5×10^{10}～2×10^{10}菌落形成单位/克）、丁酸梭菌（2×10^{8}～5×10^{8}菌落形成单位/克） 用量：均为200克/吨饲料 益生元：低聚木糖、低聚甘露糖、低聚半乳糖醛酸 用量：饲料的0.1%～0.5%添加量	改善动物肠道微生态环境 缓解断奶仔猪应激反应 抑制病原微生物的生长繁殖 降低乳仔猪的腹泻率和发病率

（续）

发育阶段	制剂分类	组成成分及用量	作用效果
育肥猪（育肥阶段）	芽孢杆菌类	枯草芽孢杆菌（1×10^9 菌落形成单位/克）、凝结芽孢杆菌（1×10^9 菌落形成单位/克）、地衣芽孢杆菌（5×10^8 菌落形成单位/克） 用量：混合菌剂以饲料的0.01%～0.02%添加	提高营养物质消化率 日增重和料重比显著增加 益生菌对猪的肉色、滴水损失和屠宰质量等感官评定有影响
		枯草芽孢杆菌1702（1.0×10^{10} 菌落形成单位/克） 用量：200克/吨饲料	提高免疫力 提高采食量和日增重 控制病原菌、改善其肠道形态结构
		枯草芽孢杆菌、地衣芽孢杆菌（复合活菌数 3.2×10^{12} 菌落形成单位/千克） 用量：0.2～0.8克/千克饲料	降低粪便NH_3和硫醇总量 提高肥育猪的消化率和粪便中乳酸菌数量 提高生长肥育猪对干物质和氮的消化率
	乳酸菌类	植物乳杆菌（2.5×10^7 菌落形成单位/毫升） 用量：20千克/吨饲料	增加肉类中的抗坏血酸 降低猪肉滴水损失和肌肉剪切力 降低猪背最长肌的灰分、盐度和pH 提高肌肉中甘氨酸、丙氨酸、脯氨酸、缬氨酸、亮氨酸和异亮氨酸水平
		德氏乳杆菌（活菌数≥1.01×10^9 菌落形成单位/克） 用量：饲料的0.1%添加量	改善育肥猪的生长性能 改善育肥猪肠道结构形态 促进饲料养分的消化吸收和代谢 对育肥猪的肉品质及营养成分有改善作用
	酵母菌/芽孢杆菌类	酿酒酵母、枯草芽孢杆菌ms1、地衣芽孢杆菌SF5-1，复合活菌数1.5×10^9 菌落形成单位/克 用量：饲料的0.05%～0.1%添加量	提高猪体内乳酸菌数量 降低猪粪便中NH_3排放量 提高体重和日增重、降低料重比
	梭菌类/芽孢杆菌/乳酸菌类	枯草芽孢杆菌（1.1×10^{11} 菌落形成单位/克）、粪肠球菌（2.6×10^8 菌落形成单位/克）、屎肠球菌（25×10^8 菌落形成单位/克）、凝结芽孢杆菌（27×10^8 菌落形成单位/克）、丁酸梭菌（5.4×10^8 菌落形成单位/克） 用量：上述菌剂按照质量比例为（0.9～1）：（18～20）：（9～10）：（9～10）：（3～3.5）混合，添加量为750～800克/吨配合饲料 干酪乳杆菌（3×10^6～5×10^6 菌落形成单位/毫升） 用量：猪舍外每7～10天喷洒1次	促进生猪生长 提高饲料消化吸收效率
	合生元	菌剂：乳酸乳球菌IBB500、干酪乳杆菌LOK0915、植物乳杆菌LOK0862、酿酒酵母LOK0141 用量：复合菌剂（菌量为10^9 菌落形成单位/克），添加量为0.5克/千克饲料 菊粉：添加量为20克/千克饲料	显著提高日增重 提高饲料转化率 显著提高免疫球蛋白含量 对白细胞水平和部分生化指标有影响
母猪	芽孢杆菌类	枯草芽孢杆菌C-3102（5×10^5 菌落形成单位/克饲料） 用量：根据妊娠30～112天的身体状况，每天饲喂2千克、2.5千克、3千克饲料；从妊娠112天至分娩，每天2.7千克饲料	增加母猪采食量 增加哺乳期乳酸菌数量 粪便中芽孢杆菌总数增加 有增加哺乳期母猪日增重的趋势
		枯草芽孢杆菌1702（1.0×10^{10} 菌落形成单位/克） 用量：500克/吨饲料	提高免疫力 控制病原菌、改善其肠道形态结构

（续）

发育阶段	制剂分类	组成成分及用量	作 用 效 果
母　猪	芽孢杆菌类/乳酸菌类	嗜酸乳杆菌（1.15×10^{6} 菌落形成单位/克）、枯草芽孢杆菌（1.2×10^{7} 菌落形成单位/克） 用量：饲料的0.1%～0.2%添加量	显著提高哺乳期母猪的日增重 减少氨、硫化氢和硫醇总量的排放 提高哺乳仔猪的淋巴细胞数和IgG的含量 有降低妊娠期和断奶期母猪背脂厚度的趋势
	乳酸菌类	屎肠球菌DSM 7134（1.0×10^{10} 菌落形成单位/克） 用量：饲料的0.025%～0.05%添加量	提高哺乳母猪的表观全肠道消化率 降低断奶前仔猪死亡率和改善仔猪体重 哺乳仔猪粪便乳杆菌和肠球菌数量线性增加
		凝结芽孢杆菌1202（5.0×10^{9} 菌落形成单位/克） 用量：500克/吨饲料	改善便秘 改善肠道形态结构
	芽孢杆菌类/其他	枯草芽孢杆菌（1×10^{7}～1×10^{8} 菌落形成单位/毫升） 黑曲霉菌（1×10^{6}～1×10^{7} 菌落形成单位/毫升） 用量：将黑曲霉菌液和枯草芽孢杆菌菌液按质量比为2∶1混合，接种量为10%～15%进行构树叶发酵	改善母猪便秘情况 提高哺乳仔猪生长性能
	益生元	短链低聚果糖 用量：饲料的0.33%添加量	促使新生仔猪体重增加 提高猪血清和粪便中抗流感IgA水平 减缓母猪哺乳期流感血清阳性所导致的仔猪生长性能下降
	合生元	植物乳杆菌、乳酸片球菌、酿酒酵母、低聚木糖（纯度≥35%） 用量：菌剂添加量为植物乳杆菌1.5×10^{13}～2.5×10^{13} 菌落形成单位/吨，乳酸片球菌1.5×10^{13}～2.5×10^{13} 菌落形成单位/吨，酿酒酵母3.0×10^{12}～5.0×10^{12} 菌落形成单位/吨，低聚木糖为450～550克/吨	干预母猪的肠道微生物平衡 调控肠道微生物结构 改善巴马香猪的生长性能和肉品质
种公猪	芽孢杆菌类/梭菌类	枯草芽孢杆菌（5×10^{8} 菌落形成单位/克）、地衣芽孢杆菌（1.2×10^{9} 菌落形成单位/克） 用量：饲料的0.05%～0.1%添加量	提高种公猪精液质量 降低公猪肢蹄病 提高公猪免疫力
		枯草芽孢杆菌（10^{8}～10^{9} 菌落形成单位/克）、地衣芽孢杆菌（5×10^{8} 菌落形成单位/克）、丁酸梭菌（5×10^{8} 菌落形成单位/克） 用量：饲料的0.1%添加量	提高种公猪繁殖能力 保护种公猪生殖系统健康 促进种公猪精液质量的提高
	乳酸菌类/芽孢杆菌类	嗜酸乳杆菌CGMCC 6499（10^{8} 菌落形成单位/克）、枯草芽孢杆菌CGMCC 11261（10^{10} 菌落形成单位/克）、植物乳杆菌CGMCC 11262（10^{11} 菌落形成单位/克），菌粉中活菌数大于10^{8} 菌落形成单位/克 用量：3种菌剂菌粉和玉米芯粉按重量配比为1∶1∶1∶20复配，复合菌剂活菌总数大于10^{8} 菌落形成单位/克，饲料的0.02%添加量	改善公猪繁殖性能 显著降低精子畸形率 提高精子密度和总精子数
		菌剂：粪肠球菌、嗜酸乳杆菌、枯草芽孢杆菌中的任意一种或多种，复合活菌数≥10亿个/克 用量：饲料的0.06%～0.1%添加量	营养全面、易消化、易吸收 明显降低热应激 提高公猪每次采精量、精子活力 提高公猪每次采精总个数和每次精液稀释头份，提高公猪配种能力

六、维 生 素

（一）维生素系统营养概述

维生素（Vitamin）是指人和动物为维持正常的生理功能而必须从食物中获得的一类微量有机物质，在动物生长、代谢和发育过程中发挥重要作用。随着饲料无抗时代的来临，动物机体的生产性能、代谢强度和方向都与过去有了重大的差异，因此对维生素的需要量也发生了相应变化。维生素分为脂溶性和水溶性两大类。脂溶性维生素对组织结构的发育与维持有特殊功能，包括维生素A、维生素D、维生素E和维生素K；由碳、氢、氧3种元素构成，对外界环境（氧化、热、紫外线、金属离子等）敏感。水溶性维生素在动物体内发挥催化功能或代谢控制功能，包括B族维生素（维生素B_1、维生素B_2、维生素B_6、维生素B_{12}、烟酸、泛酸、生物素、叶酸、胆碱）和维生素C（抗坏血酸）；组成元素除碳、氢、氧外，还有氮、硫、钴等元素。

1.维生素参与代谢作用 水溶性的B族维生素以辅酶或辅基的形式几乎参与机体所有代谢过程，尤其是能量代谢。因此，B族维生素的最适需要量、最适比例与机体代谢的强度和方向是相适应的。在无抗饲料条件下，病原微生物风险增加，会导致两个方向的发展趋势：一是维持代谢增高，肠道菌群变化、肠道微生物增加引起肠道、肝脏免疫性代谢增强，消耗更多的能量用于基础代谢；二是瞬间应激代谢风险增高，肠道疾病发生率提高，对于应激代谢的B族维生素的体内储备有所增加。因此，在无抗条件下，B族维生素的用量需要增加。

在无抗条件下，动物机体处于高炎症风险状态。在适当提高B族维生素用量的同时，更要关注的是与应激代谢相关的几个维生素的添加量。在应激和炎症反应中，机体以能量产生的分解代谢为主导。以糖酵解限速酶的维生素B_1、氨基酸分解中维生素B_6及能量产生通用的烟酰胺、泛酸最为重要。

2.维生素作为调节代谢的因子 脂溶性维生素并不直接参与动物生产的代谢过程，而是经不同的作用机制调节和改变动物代谢的方向。高量添加会对免疫和生长产生不同的影响。断奶仔猪的试验显示，8毫克/千克（2 752 国际单位/千克）维生素A时的生长性能最佳，高于此后料重比有升高趋势（王兆斌，2020）。这表明，适当增加维生素A用量会提高代谢的强度和免疫水平，有利于免疫，但这是以免疫代谢增强和生长代谢下降为基础的。维生素D也有类似规律，即最优钙磷代谢需要量与促进免疫对维生素D的需要量不同。以仔猪为例，泰高公司的维生素D推荐用量为3 500 ~ 4 000国际单位/千克（87.5 ~ 100毫克/千克）。而李德发等（2001）研究显示，断奶仔猪添加15 000 国际单位/千克（375毫克/千克）的维生素D_3表现出更好的免疫水平。这已超出我国饲料法规的限量，且长期使用有蓄积的风险。所以，最优的方法是通过饮水添加，在免疫应激期短时间使用。总之，高免疫条件对维生素A、维生素D需要量要高于生产条件。在无抗时代，添加量要适当平衡生产与免疫的需求。

3.维生素作为稳定代谢的成分 以抗氧化为核心的代谢稳定体系是维持和保护动物体代谢能力的重要部分。而维生素是重要的组成成分，其中以维生素C、维生素E等最为重要。饲料无抗后一个重要因素是，随着微生物风险的增加，常态化炎症的增加必然引起氧化损伤。维生素C抗氧化的重要性已被生猪生产者广泛认可，在关键的生产和生长阶段添加100 ~ 200毫克/千克。而近年来，随着猪生产性能的提高、对维生素E保护作用的重视，生产中经常添加到80 ~ 150毫克/千克。考虑到2种维生素的协同性，通常推荐在重要生长阶段中分别添加维生素C 80 ~ 100毫克/千克、维生素E

40～60毫克/千克，这是一个相对性价比很高的组合。

4.商业维生素质量要求　大多数维生素属于敏感物质，运用到商业饲料中的维生素应选择合适剂型。对活性维生素基团进行包被，以保护其活性。含有合适抗氧化剂的商品形式有更长的有效货架期。这种包被工艺保护内部的维生素分子免受外部侵蚀性因素（如氧、阳光中的紫外线照射、潮湿、极端温度等）的不利影响。商业饲料添加维生素的工业要求如下。

（1）明胶交联、砂糖乳化包被工艺，可使维生素A具备良好的耐高温、抗氧化能力。

（2）将分子结构中的敏感基团羟基酯化成维生素E醋酸酯，可大幅提高维生素E的稳定性。

（3）包囊化、串珠工艺：β-胡萝卜素、维生素A、维生素D_3。

（4）细晶体粉末工艺：维生素B_1、维生素B_6、烟酰胺、维生素K_3、维生素B_{12}。

（5）喷雾干燥分散型工艺：维生素B_2、生物素、叶酸。

（6）乙基纤维素包膜型工艺：维生素C。

单项维生素的剂型、活性、稳定性需要符合不同类型的饲料。在目前非洲猪瘟疫情成为常态的大环境下，高温制粒（如85℃数十秒）需要选择更稳定的化合物。维生素K_3选用亚硫酸烟酰胺甲萘醌（MNB）替代亚硫酸氢钠甲萘醌（MSB），包膜维生素C调整为维生素C磷酸酯。

在多种维生素复合生产过程中，应确保混合均匀度、流动性和变异性，选择合适的载体，确保混合均匀且维生素不被吸附。

（二）无抗背景下维生素需要量的变化趋势

1.饲料无抗后生产性能、健康变化与维生素的关系　维生素通过影响机体的代谢强度和方向，最终影响动物的生产性能和健康度。在过去30年里，随着育种水平的提高，动物生产潜力提高了，机体代谢潜力也在提高。与30年前相比，母猪现在每窝多产活仔3头以上，日增重、料重比、断奶重、背膘厚、成活率等也有相似的遗传趋势变化。而这种遗传潜力的充分发挥，需要提高饲料的营养浓度，尤其是能量的供应。而这些能量是用来促进体内各种代谢过程，而不是用来蓄积的。因此，用于生长代谢方面的维生素需要量也在逐年提高。然而，在饲料中限制使用抗生素引起了日粮配合、饲养管理和饲养环境的种种改变，给养猪业带来一系列不利的影响。

首先，禁用抗生素类促生长剂后，生猪亚临床的治疗费用明显增多，尤其在较差的环境和饲养管理条件下；其次，饲料中禁用抗生素类促生长剂后，生猪的耗料量增加，饲料转化率下降，产生了更多的肠道性疾病。因此，在饲料无抗后，应对生猪机体炎症、应激方向的维生素需要量有所增加。在维生素的使用量和方向上，需要根据代谢方向、饲料配方、饲养条件作系统调整，而不仅仅是量的增加。需要根据实际生产条件，在生猪高生产性能和高健康状态下作相应平衡。推荐各阶段猪日粮维生素需要量见表4-7。

表4-7　各阶段猪日粮维生素推荐需要量（每千克饲料添加量）

营养指标	单位	乳仔猪（<25千克）配合饲料	生长猪（25～60千克）配合饲料	大猪（60千克至出栏）配合饲料	妊娠母猪配合饲料	泌乳母猪配合饲料	公猪配合饲料
维生素A	国际单位（毫克）	10 000～14 000（3.0～4.2）	6 000～6 500（1.8～1.95）	6 000～6 500（1.8～1.95）	10 000～12 000（3.0～3.6）	6 500～7 000（1.95～2.1）	10 000～13 000（3.0～3.9）
维生素D_3	国际单位（毫克）	2 000～3 000（0.05～0.075）	1 500～2 500（0.037 5～0.062 5）	1 000～1 500（0.025～0.037 5）	3 000～4 000（0.075～0.1）	3 000～4 000（0.075～0.1）	3 000～4 000（0.075～0.1）
维生素E	国际单位（毫克）	60～80（40.1～53.4）	40～60（26.7～40.1）	40～60（26.7～40.1）	60～90（40.1～60.1）	60～90（40.1～60.1）	80～100（53.4～66.8）
维生素K_3	毫克	4.0～6.0	2.0～4.0	2.0～4.0	2.0～4.0	3.0～5.0	4.0～5.0

（续）

营养指标	单位	乳仔猪（<25千克）配合饲料	生长猪（25 ~ 60千克）配合饲料	大猪（60千克至出栏）配合饲料	妊娠母猪配合饲料	泌乳母猪配合饲料	公猪配合饲料
维生素B_1	毫克	3.0 ~ 5.0	2.0 ~ 4.0	1.0 ~ 3.0	2.0 ~ 3.0	2.0 ~ 3.0	1.0 ~ 2.0
维生素B_2	毫克	10.0 ~ 12.0	6.0 ~ 9.0	4.0 ~ 7.0	6.0 ~ 9.0	7.0 ~ 9.0	7.0 ~ 9.0
维生素B_6	毫克	6.0 ~ 8.0	2.0 ~ 4.0	1.5 ~ 3.0	3.0 ~ 5.0	4.0 ~ 6.0	4.0 ~ 6.0
维生素B_{12}	毫克	0.04 ~ 0.06	0.03 ~ 0.05	0.03 ~ 0.05	0.03 ~ 0.05	0.03 ~ 0.05	0.03 ~ 0.05
生物素	毫克	0.2 ~ 0.4	0.15 ~ 0.3	0.1 ~ 0.3	0.4 ~ 0.7	0.5 ~ 0.8	0.5 ~ 0.8
叶酸	毫克	1.5 ~ 2	1 ~ 1.5	0.5 ~ 1	5.0 ~ 6.0	3.5 ~ 5.0	3.0 ~ 5.0
烟酰胺	毫克	35 ~ 50	20 ~ 40	20 ~ 40	25 ~ 40	25 ~ 40	25 ~ 45
泛酸钙	毫克	30 ~ 40	20 ~ 35	20 ~ 35	15 ~ 25	20 ~ 30	20 ~ 25

2.饲料无抗后维生素添加量的应用策略　在过去的数年里，同时面对生猪生产性能的提高和饲料无抗引起的体况稳定性下降。因此，专家提出维生素使用要考虑多重需求，维生素的推荐量不断提高。如在配合饲料中，维生素D_3的含量从以前的1 000 ~ 2 000 国际单位（0.025 ~ 0.05毫克）/千克增加到现在的3 000 ~ 4 000 国际单位（0.075 ~ 0.1毫克）/千克，而2012年的NRC标准中母猪的维生素D_3需要量也由200 国际单位（0.005毫克）/千克增至800国际单位（0.02毫克）/千克。维生素E含量从过去10 ~ 20 国际单位（6.68 ~ 13.36毫克）/千克增至为20 ~ 40 国际单位（13.36 ~ 26.72毫克）/千克，自配料甚至增加到80 ~ 100 国际单位（53.44 ~ 66.80毫克）/千克，新版的NRC标准中种猪维生素E也由22 国际单位（14.70毫克）/千克增至44 国际单位（29.39毫克）/千克。B族维生素目前的添加量都已经是NRC标准的2 ~ 3倍。在新版的NRC标准中，种猪叶酸由0.3毫克/千克增至1.3毫克/千克。商品猪有效烟酰胺由7 ~ 20毫克/千克增至30毫克/千克；10千克以下仔猪维生素B_6由1.5 ~ 2毫克/千克增至7毫克/千克；11 ~ 25千克猪维生素B_6由1.5毫克/千克增至3毫克/千克。

而在饲料无抗时期，炎症风险加大，生产性能必然有所下降。这时生猪代谢的主要瓶颈在于能量、氨基酸。这时维生素的调整方向是提高代谢维生素，适当调整稳定维生素，稳定甚至适当降低调节维生素。以生猪健康度为优先考虑方向，其次是生产性能。

3.针对免疫需要的维生素供给　大量研究显示，维生素可提高生猪的抗病能力。四川农业大学动物营养研究所开展的如生物素、叶酸对于圆环病毒攻毒仔猪的影响，维生素D对于轮状病毒攻毒仔猪的影响等研究，都显示在仔猪发生疾病的情况下，额外添加高出正常代谢需要量的维生素D、生物素、叶酸都有很好的抗病抗应激功效，可以改善仔猪免疫力，提高仔猪对病毒的抵抗力。然而，在饲料中长期添加高维生素成本较高，在仔猪健康时引起浪费。因此，可以通过饮水短时间添加部分维生素。

（三）影响无抗生产的维生素因素

维生素不仅在机体代谢过程中以辅酶的形式发挥重要作用，还在维持机体稳态、调节免疫、调控生长方向等方面扮演着重要角色。在生产中，应根据饲料原料来添加可被稳定利用、有效且经济实惠的维生素预混料或额外添加维生素预混剂。

1.饲料和饮水中维生素的添加　维生素可以在饲料中添加，也可在饮水中添加。对于商业饲料中添加的维生素，一般用于满足以下需要：一是维持动物的正常代谢需求；二是确保动物的繁殖性能；三是提高动物的生产性能和饲料转化率。另外，对于部分高端商业饲料和养殖专业企业自用饲料，还会考虑提高动物的抗应激能力；激发和强化动物的免疫机能，提高机体的抗病能力；减少和消除炎症反应，促进疾病恢复。这是因为，动物在正常条件下和高应激或炎症条件下，对维生素的需要量是不同的。代谢维生素（B族维生素）与代谢强度有关，在动物体内不易储存，过多添加会很快代谢；稳定维生素（维生素E、维生素C）在代谢正常时过多添加并不一定有产能的直接提高，所以饲料中过高的添加量反而降低性价比。

近年来，随着养殖规模化水平的不断提高和饮水供药系统的完善，通过饮水额外添加维生素成为越来越多的选择。特别是在应激或疾病引起采食量下降和消化能力受损时，通过饮水能够快速、高效、大剂量地补充代谢维生素和稳定维生素，能及时满足特殊条件下维生素需要量的大幅度增加，而同时在饲料中添加满足动物正常生长的需求，这是最经济的维生素使用方案。

2.维生素原料特性对无抗生产的影响　在饲料和饮水中添加维生素，应考虑对各种不同原料的影响。

（1）维生素的稳定性。有些维生素不稳定，在饲料加工、储存和运输过程中很易氧化、变质或失效。因此，在饲料生产中使用的单体维生素，会使用多种方法来增强其稳定性。例如，加入抗氧化剂和稳定剂、制成脂类或盐类衍生物、包膜处理等。又如维生素A，在饲料中并不直接使用视黄醇，一般会使用较稳定的视黄醇乙酸酯，并在视黄醇乙酸酯原料中加入抗氧剂和络合剂后，使其分散于明胶和蔗糖组成的基质中，再覆盖上变性淀粉、干燥，制成粒度为30 ～ 80目的微粒。这种剂型的维生素A不但抗氧化性能好，而且硬度高，抗机械力强，不易破碎。这种颗粒表面粗糙，易黏附于载体上，比重又与饲料相差不大，容易混合均匀。

（2）维生素的混合均匀度。维生素在饲料中的添加量极小，能否混合均匀至关重要。维生素本身和载体的形状、粒度、比重、流散性、静电、含量都会影响混合均匀度。在饲料中，硝酸硫胺素的稳定性优于盐酸硫胺素，但硝酸硫胺素是柱状晶体，混合时很容易抱团。不同厂家生产的维生素B_1由于结晶工艺的不同，晶体形态差异较大。相对来说，粗短晶体更接近球形，不易抱团。实际生产表明，使用粗短晶体比使用细长晶体更容易混合均匀。对于添加量极低的维生素，如生物素，不仅要考虑混合均匀度，在配合饲料中的颗粒数也非常重要。饲料中使用2%生物素预混剂的稀释方法有2种：一种是将生物素微粒直接与载体（如玉米淀粉、黄豆粉、硅酸盐等）混合制成；另一种是将生物素与载体混溶于水再喷雾干燥制成。前者平均100个2%预混剂颗粒中只含有2个生物素活性颗粒，每克预混剂含生物素活性颗粒约50万颗，以每千克配合饲料含0.2毫克生物素计算，平均每10克配合饲料中才含活性颗粒约10颗，考虑到混合均匀度因素，动物尤其是小型动物采食不到生物素的可能性很大；后者每一个预混剂颗粒都有生物素活性，每克2%生物素预混剂含生物素活性颗粒约2 000万颗，平均每10克配合饲料含生物素活性颗粒1 000余颗，即使是采食量很低的断奶仔猪也能保证每天采食到足够的生物素。

而在饮水中使用维生素，其溶解性是一个非常重要的问题。如果在饮水中添加脂溶性的维生素A、维生素D、维生素E，首先要有良好的溶解性，需要在生产中制成衍生物或通过纳米技术制成纳米乳剂。在解决溶水性的同时，可以提高其吸收利用率。

3.液体维生素在无抗生产中的意义　如前文所述，通过饮水添加维生素最大的意义在于能够快速、高效、短期大剂量地补充维生素，及时满足特殊条件下维生素需要量的大幅度增加，可更好地适应无抗条件下抗病、抗应激的要求。

经水溶性处理的亲脂维生素有更高的生物活性。饮水补充的脂溶性维生素剂型一般有2种：一种是普通乳化维生素，另一种是纳米级微乳化维生素。研究认为，粉状复合维生素中的脂溶性维生素的吸收率为20%～25%，生物利用率为30%；乳化复合维生素中的脂溶性维生素的吸收率为

40%～45%，生物利用率为55%；纳米级微乳化复合维生素中的脂溶性维生素的吸收率为100%，生物利用率为90%以上。主要原因是维生素经乳化或纳米化后，在肠道吸收过程中不需要油脂参与和胆汁乳化而直接吸收。因此，可大幅度提高吸收利用率。

目前，影响液体维生素在猪场使用的主要问题在于养猪生产中使用的方便性和习惯性。

（四）应用案例

2018年，湖南师范大学动物营养与人体健康实验室对维生素A产品做了应用研究。选取32头21日龄杜长大断奶仔猪，在断奶仔猪无抗基础日粮中（原料中包括0.2毫克/千克维生素A）分别添加2毫克/千克、4毫克/千克、8毫克/千克和16毫克/千克维生素A，每组8头，单栏饲养，试验期14天。试验期仔猪自由采食、饮水。试验结果见表4-8。

表4-8　维生素A对断奶仔猪14天内生长性能的影响

项目	维生素A添加水平（毫克／千克）			
	2	4	8	16
断奶后体重（千克）				
第1天	8.33	8.34	8.34	8.34
第7天	9.18	9.25	9.33	9.08
第14天	10.38	10.50	10.80	10.66
第1周				
日增重（克）	120.54	129.46	141.97	105.36
日采食量（克）	237.30	255.45	252.60	239.06
料重比	2.04	2.00	2.22	1.96
第2周				
日增重（克）	172.32c	178.57c	209.82b	225.89a
日采食量（克）	388.67	381.89	407.58	400.78
料重比	2.27a	2.13ab	1.96b	1.79c
2周平均				
日增重（克）	146.43	154.02	175.89	165.62
日采食量（克）	312.98	318.67	330.09	319.92
料重比	2.17	2.08	1.96	1.96
腹泻率（%）	20.54a	15.18b	10.71c	19.64a

注：1.每天定时（9：00、12：00、15：00、18：00）记录每个单栏饲养的断奶仔猪的腹泻情况，根据公式（每头仔猪的腹泻率=每头仔猪的腹泻天数/试验总天数）计算腹泻率，并统计每头仔猪的腹泻率。

2.a、b、c同一行不同字母表示差异显著。

结果发现，试验1～7天，维生素A对断奶仔猪日增重、日采食量和料重比均没有显著影响。试验8～14天，断奶仔猪日增重差异显著，在基础日粮中添加16毫克/千克维生素A试验组的断奶仔猪日增重显著高于2毫克/千克维生素A试验组，断奶仔猪料重比随日粮维生素A水平的上升而呈线性下降。试验1～14天，维生素A对断奶仔猪的生长性能没有显著影响。此外，维生素A添加水平的改变对仔猪腹泻率有较大影响。该试验的血液指标检测结果表明，补充 16 毫克/千克维生素A会降低试验猪血清中乳酸脱氢酶的含量，从而影响断奶仔猪的能量代谢；补充4毫克/千克维生素A试验猪血清样品的甘油三酯、总胆固醇和高密度脂蛋白的含量显著升高，表明日粮中补充4毫克/千克维生素A可改善断奶仔猪的脂质代谢。由此可见，日粮维生素A对仔猪后期的生长发育有一定的促进作用，对仔猪腹泻有较大的影响；同时，对断奶仔猪蛋白质（氨基酸）、能量、脂质和铁的代谢可能产生影响。

此外，湖南师范大学动物营养与人体健康实验室在无抗条件下对断奶仔猪的维生素营养需要量进行了系统性研究，并取得了一定的成果。确定了日粮中不同水平的维生素A对断奶仔猪生长性能及肠道功能的调控作用，为断奶仔猪日粮中维生素A的合适需要量（4毫克/千克）提供了参考；同时，利用肠道类器官模型研究维生素A及其代谢产物对仔猪隐窝干细胞的调控作用，发现维生素A主要通过影响隐窝干细胞的分化进而影响仔猪的肠道功能，对于缓解断奶应激有一定的价值，初步揭示了维生素A对仔猪肠道稳态的调节机制。

维生素E对断奶仔猪的试验结果表明，日粮中添加维生素E能够影响断奶仔猪肠道形态结构和功能，通过影响抗炎因子的表达抑制空肠上皮细胞的增殖（图4-9），并通过影响促炎因子和脂质代谢基因的表达影响杯状细胞的分化（Chen et al.，2019）。

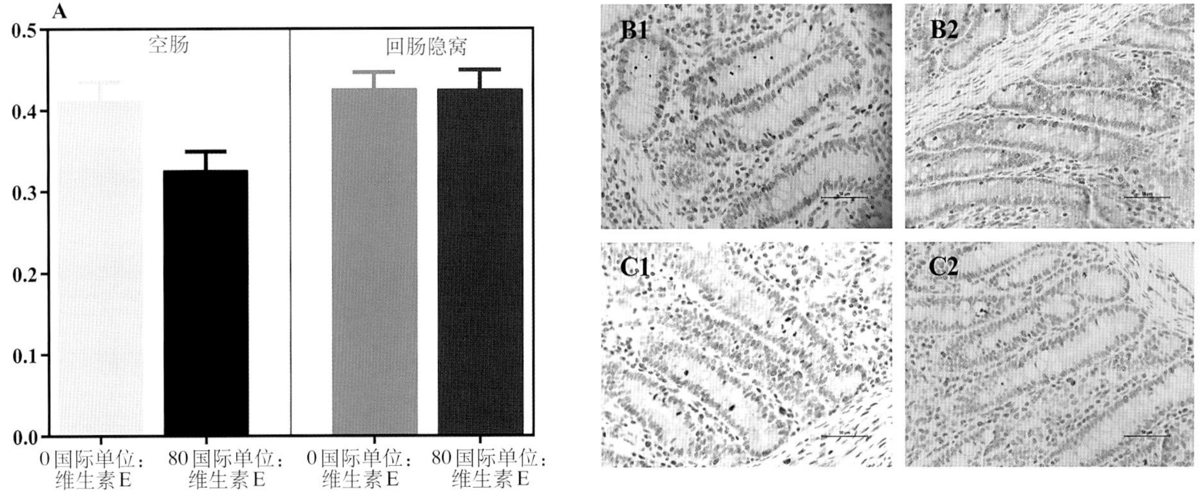

图4-9　维生素E对断奶仔猪空肠和回肠隐窝内肠上皮细胞增殖的影响

注：A为空肠、回肠隐窝中的增殖细胞数量；B1、B2分别为0国际单位和80国际单位（53.44毫克）维生素E组空肠隐窝中Ki-67染色细胞数目；C1、C2分别为0国际单位和80国际单位（53.44毫克）维生素E组回肠隐窝中Ki-67染色细胞数目。

以叶酸为代表的维生素是影响细胞增殖的关键因子，在仔猪的生长、代谢、蛋白质沉积和组织合成中起重要作用。在无抗生素低蛋白日粮的条件下，添加叶酸可显著改善仔猪肠道形态结构和功能，提高断奶仔猪空肠黏膜的乳糖酶和蔗糖酶活性。结果表明，日粮中添加4.42毫克/千克的叶酸可以通过减少肠上皮细胞的脱落率，维持上皮细胞更新的平衡来改善断奶仔猪的生产性能、空肠绒毛形态和黏膜酶活性（Wang et al.，2020）。

研究发现，饲粮中添加烟酸对仔猪断奶后1周和2周的肠道形态与功能有不同的影响。断奶后第7天日粮中添加烟酸30 ～ 45毫克/千克为最佳剂量，且烟酸通过调节肠道细胞增殖，从而影响肠道健康（图4-10）（Yi et al.，2021）。这些研究结果为日粮中烟酸对断奶仔猪肠道形态和发育的影响及其机制提供了新的信息。

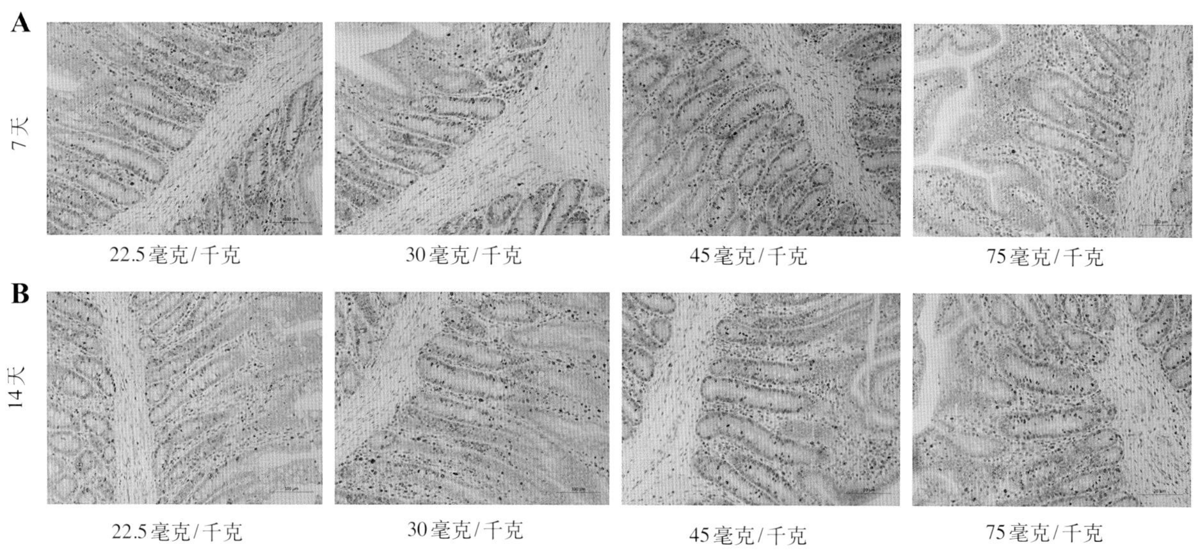

图4-10 日粮烟酸对断奶仔猪空肠隐窝肠上皮细胞增殖的影响

注：A和B分别为7天和14天断奶仔猪在不同烟酸水平下空肠Ki-67抗体免疫组化（IHC）染色的代表性图像（×200；$n=6$）。

研究发现，维生素B_5对于维持仔猪肠道稳态具有重要的调节作用，日粮中添加50毫克/千克泛酸改善了断奶仔猪回肠的肠道形态和功能，改变了盲肠和结肠的形态结构以及细胞增殖与分化功能，同时，泛酸通过影响仔猪结肠内容物的微生物功能富集进而调控仔猪的肠道功能。

维生素B_6改善了断奶仔猪回肠的形态结构及功能，不同维生素B_6水平对断奶仔猪回肠的形态结构、细胞增殖、功能及氨基酸代谢具有显著影响，适当补充维生素B_6可改善肠道功能和营养的消化吸收（Yin et al.，2020）。

研究发现，核黄素缺乏会降低肠上皮细胞的抗氧化能力，增加细胞凋亡，从而抑制十二指肠绒毛的发育。结果表明，低水平或高水平的核黄素影响肠上皮细胞的抗氧化活性和凋亡，从而影响十二指肠的形态及其增殖代谢功能。由此可见，日粮中核黄素的缺乏或过量对断奶仔猪肠道有不良影响。但核黄素对断奶仔猪的适宜添加量还有待进一步研究。

商业维生素的添加量以日粮为基础，北美地区以玉米和大豆为主要来源的基础饲料，其维生素的含量及生物利用率与木薯、大麦、小麦、稻谷副产品日粮相比大有不同。在当前规模化程度越来越高的养殖环境下，基于我国常用的日粮，给出高产母猪、中高生产性能生长育肥猪推荐量（以风干物质计）。

1.维生素A　促进皮肤和黏膜的生成，维持上皮细胞和黏膜表面功能完整性，保护呼吸道和消化道上皮组织的完整。不同阶段生猪日粮中维生素A的推荐添加量见表4-9。

表4-9　不同阶段生猪日粮中维生素A的推荐添加量

单位：国际单位/千克

阶　段	种猪后备期	母猪妊娠期	母猪哺乳期	种公猪	仔猪前期（<15千克）	仔猪后期（15～25千克）	生长育肥前期（25～75千克）	生长育肥后期（75千克至出栏）
推荐添加量	7 000	11 900	7 000	7 000	14 000	9 555	6 370	6 370

2.维生素D_3　维生素D_3代谢产物与受体结合后，抑制单核细胞向树突状细胞转化，阻止幼年的DC细胞向成熟化的DC细胞分化，从而增强了单核细胞向巨噬细胞转化的能力。同时，可以增强

吞噬能力，增强体内单核细胞、中性粒细胞以及其他细胞的抗菌肽活性（如肠上皮细胞的β防御素表达）。不同阶段生猪日粮中维生素D_3的推荐添加量见表4-10。

表4-10 不同阶段生猪日粮中维生素D_3的推荐添加量

单位：国际单位/千克

阶 段	种猪后备期	母猪妊娠期	母猪哺乳期	种公猪	仔猪前期（<15千克）	仔猪后期（15～25千克）	生长育肥前期（25～75千克）	生长育肥后期（75千克至出栏）
推荐添加量	2 100	2 100	2 100	2 100	3 000	3 000	2 000	2 000

25-OH-D_3是维生素D_3的肝脏代谢产物，更具亲水性。25-OH-D_3及其代谢产物对机体的体液免疫存在一定的调节作用。不同阶段生猪日粮中25-OH-D_3的推荐添加量为50微克/千克。

3.维生素E　维生素E通过保护细胞膜维持细胞组成部分的结构和功能，能稳定和保护细胞代谢中对氧化作用敏感的脂肪酸以及其他敏感的化合物，诸如维生素A、β-胡萝卜素。维生素E能防止机体组织不饱和脂肪酸的氧化，防止由机体或环境产生的不稳定、破坏性的自由基所引起的机体细胞的氧化破坏。为了获得最佳肉质，应额外添加150国际单位/千克。当日粮中脂肪含量高于3%时，日粮脂肪每增加1%需要添加5国际单位/千克维生素E。不同阶段生猪日粮中维生素E的推荐添加量见表4-11。

表4-11 不同阶段生猪日粮中维生素E的推荐添加量

单位：国际单位/千克

阶 段	种猪后备期	母猪妊娠期	母猪哺乳期	种公猪	仔猪前期（<15千克）	仔猪后期（15～25千克）	生长育肥前期（25～75千克）	生长育肥后期（75千克至出栏）
推荐添加量	150	100	115	150	100	81	54	54

4.维生素K　不同阶段生猪日粮中维生素K的推荐添加量见表4-12。

表4-12 不同阶段生猪日粮中维生素K的推荐添加量

单位：毫克/千克

阶 段	种猪后备期	母猪妊娠期	母猪哺乳期	种公猪	仔猪前期（<15千克）	仔猪后期（15～25千克）	生长育肥前期（25～75千克）	生长育肥后期（75千克至出栏）
推荐添加量	4.6	4.6	4.6	4.6	4.0	3.0	2.0	2.0

5.维生素B_1　不同阶段生猪日粮中维生素B_1的推荐添加量见表4-13。

表4-13 不同阶段生猪日粮中维生素B_1的推荐添加量

单位：毫克/千克

阶 段	种猪后备期	母猪妊娠期	母猪哺乳期	种公猪	仔猪前期（<15千克）	仔猪后期（15～25千克）	生长育肥前期（25～75千克）	生长育肥后期（75千克至出栏）
推荐添加量	2.1	2.1	2.1	2.1	4.0	4.0	3.0	2.0

6.维生素B_2　不同阶段生猪日粮中维生素B_2的推荐添加量见表4-14。

表4-14 不同阶段生猪日粮中维生素B_2的推荐添加量

单位：毫克/千克

阶 段	种猪后备期	母猪妊娠期	母猪哺乳期	种公猪	仔猪前期（<15千克）	仔猪后期（15～25千克）	生长育肥前期（25～75千克）	生长育肥后期（75千克至出栏）
推荐添加量	6.3	6.3	6.3	6.3	12.8	12.8	10.2	6.8

7. 维生素B_6 不同阶段生猪日粮中维生素B_6的推荐添加量见表4-15。

表4-15 不同阶段生猪日粮中维生素B_6的推荐添加量

单位：毫克/千克

阶 段	种猪后备期	母猪妊娠期	母猪哺乳期	种公猪	仔猪前期（<15千克）	仔猪后期（15～25千克）	生长育肥前期（25～75千克）	生长育肥后期（75千克至出栏）
推荐添加量	3.5	3.5	3.5	3.5	6.0	6.0	6.0	4.0

8. 维生素B_{12} 不同阶段生猪日粮中维生素B_{12}的推荐添加量见表4-16。

表4-16 不同阶段生猪日粮中维生素B_{12}的推荐添加量

单位：毫克/千克

阶 段	种猪后备期	母猪妊娠期	母猪哺乳期	种公猪	仔猪前期（<15千克）	仔猪后期（15～25千克）	生长育肥前期（25～75千克）	生长育肥后期（75千克至出栏）
推荐添加量	0.03	0.03	0.03	0.03	0.05	0.05	0.04	0.03

9. 生物素 生物素是维持机体上皮组织和角质层细胞完整性所必需的。生物素缺乏导致消化道、呼吸道和泌尿道上皮细胞组织不完整，生猪易受细菌和病毒感染。不同阶段生猪日粮中生物素的推荐添加量见表4-17。

表4-17 不同阶段生猪日粮中生物素的推荐添加量

单位：毫克/千克

阶 段	种猪后备期	母猪妊娠期	母猪哺乳期	种公猪	仔猪前期（<15千克）	仔猪后期（15～25千克）	生长育肥前期（25～75千克）	生长育肥后期（75千克至出栏）
推荐添加量	0.50	0.70	0.70	0.70	0.32	0.32	0.24	0.16

10. 烟酸 烟酸是氧化-还原反应中电子的载体，它以辅酶形式存在于烟酰胺腺嘌呤二核苷酸（NAD）中。NAD是一种超强抗氧化剂，可保护机体细胞，同样也可以保护维生素A、维生素E和β-胡萝卜素，促进其他抗氧化物再生（维生素E、维生素C、谷胱甘肽等）。不同阶段生猪日粮中烟酸的推荐添加量见表4-18。

表4-18 不同阶段生猪日粮中烟酸的推荐添加量

单位：毫克/千克

阶 段	种猪后备期	母猪妊娠期	母猪哺乳期	种公猪	仔猪前期（<15千克）	仔猪后期（15～25千克）	生长育肥前期（25～75千克）	生长育肥后期（75千克至出栏）
推荐添加量	35	35	35	35	48	48	36	24

11.泛酸　辅酶A是泛酸的生物活性形式，在代谢中占有中心位置，包括脂肪、碳水化合物、氨基酸；泛酸具备制造抗体功能，与皮肤和黏膜的正常生理功能等有着密切关联。不同阶段生猪日粮中泛酸的推荐添加量见表4-19。

表4-19　不同阶段生猪日粮中泛酸的推荐添加量

单位：毫克/千克

阶段	种猪后备期	母猪妊娠期	母猪哺乳期	种公猪	仔猪前期（<15千克）	仔猪后期（15～25千克）	生长育肥前期（25～75千克）	生长育肥后期（75千克至出栏）
推荐添加量	22	22	22	40	40	30	20	20

12.叶酸　不同阶段生猪日粮中叶酸的推荐添加量见表4-20。

表4-20　不同阶段生猪日粮中叶酸的推荐添加量

单位为毫克/千克

阶段	种猪后备期	母猪妊娠期	母猪哺乳期	种公猪	仔猪前期（<15千克）	仔猪后期（15～25千克）	生长育肥前期（25～75千克）	生长育肥后期（75千克至出栏）
推荐添加量	5.3	5.3	5.3	5.3	2.4	2.4	1.8	1.2

13.维生素C　具有组织修复、胶原组织形成、加强细胞间联系、防止病原体入侵等作用。维生素C是抗氧化剂，可保护维生素A、维生素E、β-胡萝卜素，保证它们的活性；同时具有抗氧化作用，可抵御自由基对机体伤害，维持细胞组织完整性。成年猪通常不需要额外补充维生素C；在非洲猪瘟威胁环境下，仔猪与母猪日粮中可添加100毫克/千克维生素C。

七、有机微量元素

矿物元素是构成机体组织的重要必需营养素，是大多数代谢酶的组成成分。在体内主要是以蛋白质及氨基酸相结合的形式存在，也有的以游离状态存在。科学合理的矿物元素营养方案在维持饲料的稳定性、促进生猪肠道健康、提升其抗病能力和保障养殖环境安全等方面发挥关键性作用。

（一）微量元素替抗的理论基础

1.微量元素可提高饲料的品质和稳定性　无机微量元素（铜、铁、锰和锌）对饲料的总抗氧化能力和过氧化值影响显著，其中，无机铜浓度与饲料的过氧化值呈显著正相关。维生素和微量元素（铜、铁、锰和锌等）是猪日粮中的必需营养素，但由于维生素在饲料加工和储存过程中易受到湿度、光、热、pH的影响，会导致降解和活性损失。当维生素暴露在氧化物中，如矿物质盐，其离子电荷会加快维生素的破坏速度。与无机微量元素添加剂相比，有机微量元素（氨基酸螯合微量元素）可以显著提高饲料中维生素A、维生素K_3、维生素B_{12}、维生素B_1和维生素B_6的稳定性。预混料中用氨基酸有机微量元素可以使储存120天后的预混料中的维生素损耗降低40%～50%，尤其是提高维生素A、维生素B_1、维生素K_3、维生素B_{12}的稳定性。与添加无机微量元素相比，添加复合有机微量元素（寡二糖螯合微量元素）极显著地提高了育肥猪肝脏维生素A的储备，这与有机微量元素提高了饲料中维生素的稳定性有关。碱式氯化盐（锌、铜、锰）具有稳定、缓释的作用，其饲料的稳定性显著优于无机硫酸盐，适合替代无机微量元素使用。

尽管针对微量元素影响酶制剂、抗氧化剂活性的效用有待进一步研究，但有机微量元素可在维持酶制剂、抗氧化剂活性，改善饲料稳定性方面发挥重要作用。同时，有机微量元素的整体添加量比无机微量元素更低，可以缓解饲料中营养物质的氧化速度、保障饲料的新鲜度。这不仅保障了生猪健康，也助力了无抗养殖工作的开展。

2.微量元素具有肠道屏障功能 日粮微量元素铁、锌的添加对生猪的肠道健康影响显著。微量元素锌可作用于肠道，调控肠道紧密连接蛋白表达，影响抗氧化应激酶、消化酶（肠道内刷状缘肽酶）活性，影响肠道健康。微量元素铁缺乏显著降低了十二指肠绒毛高度，不利于仔猪肠道发育。采用甘氨酸亚铁替代硫酸亚铁，可以改善仔猪的肠道发育，增强肠道屏障功能，包括提高肠道紧密连接蛋白表达、促进杯状细胞黏液产生和先天性免疫防御（董正林，2021）。相比于无机微量元素，采用羟基蛋氨酸系列复合有机微量元素显著改善了仔猪的肠道屏障功能，显著降低了仔猪的腹泻率，促进了胎儿体内组蛋白乙酰化和编程，进而调控仔猪出生和断奶时的肠道健康与骨骼肌发育，促进了仔猪生长发育（Jang et al.，2020）。

3.微量元素可提高机体的抗氧化能力 仔猪铜过量（>25毫克/千克）和铁过量（>400毫克/千克）均可导致仔猪肝脏铜、铁微量元素蓄积，引起肠道和肝脏出现氧化应激，不利于仔猪健康。而硒、锌是重要的抗氧化微量元素，硒参与构成谷胱甘肽过氧化物酶、含硒磷脂过氧化氢谷胱甘肽过氧化酶和硒蛋白。这些物质不仅能有效去除自由基，防止出现氧化损伤现象，还能进一步促进生物膜结构完整性提升，进而极大地提升仔猪机体免疫功能。采用有机锌替代无机锌，如羟基蛋氨酸锌单独使用或羟基蛋氨酸锌与硫酸锌混合使用，可显著改善仔猪应激条件下的抗氧化活性，改善仔猪的健康水平（郭洁平，2020）。相比于亚硒酸钠，饲粮中添加0.3毫克/千克硒代蛋氨酸，可提高生长育肥猪抗氧化能力。与添加无机微量元素相比，添加复合有机微量元素显著改善了仔猪抗氧化性能（Wang et al.，2022）。

4.小肽微量元素络合物具备抗菌能力 小肽是指植物蛋白经酶解后，2 ~ 3个氨基酸通过肽链连接形成的化合物。它的含量是结合水解度、水溶度和肽分子质量分布图（高效液相色谱仪）3种检测方法获得的，小肽与铜、铁、锰、锌等微量元素络合后就形成小肽微量元素络合物。在所有的有机微量元素中，小肽微量元素络合物具有体外抗菌能力，这个特性最接近抗生素的本质特性。因此，小肽微量元素在替抗方面有很大的潜力可以挖掘。小肽微量元素对大肠杆菌和金黄色葡萄球菌的抑菌圈试验（小肽微量元素样品由杭州香保饲料有限公司提供）如下。

从图4-11可以看出，对于大肠杆菌，小肽锌的抑菌能力最强；小肽铁和小肽铜抑菌能力相近，但与小肽锌相比差距较大。

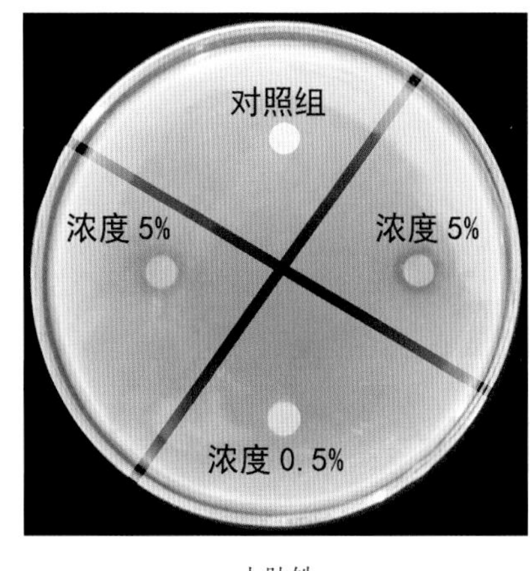

小肽铁

小肽铜

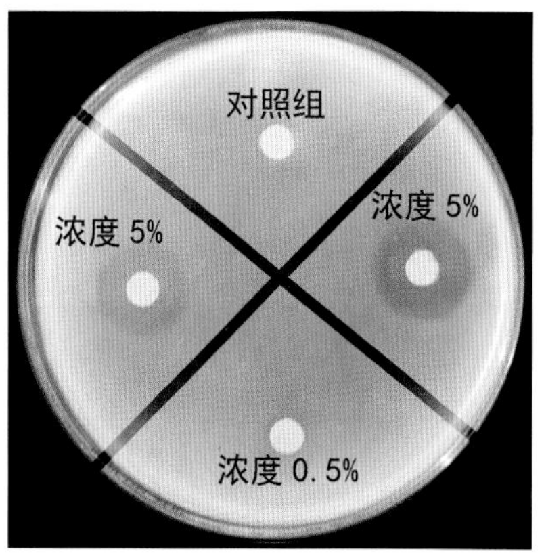

小肽锌

图4-11 大肠指示菌

从图4-12可以看出，对于金黄色葡萄球菌，小肽锌的抑菌能力最强，小肽铁次之，小肽铜最差。

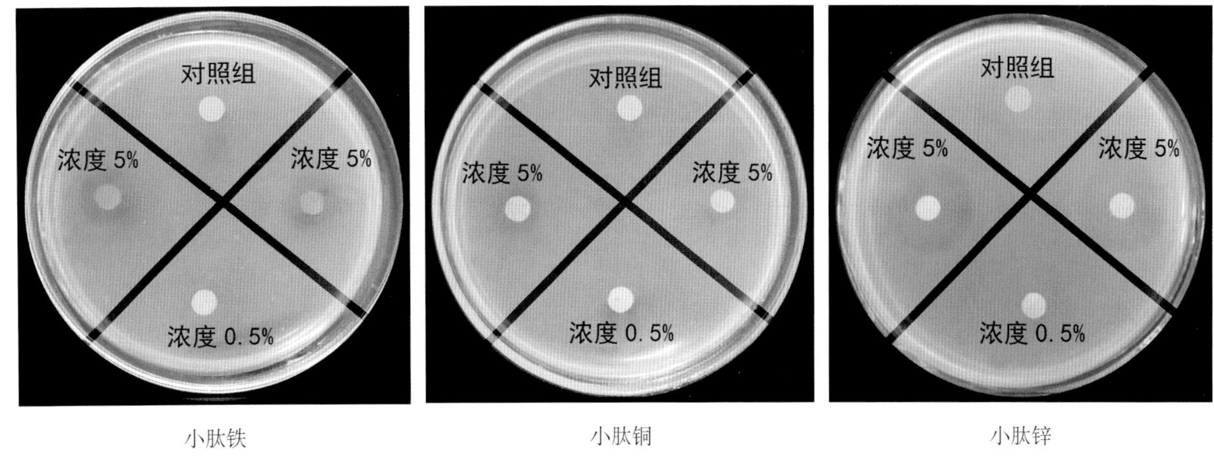

图4-12　金黄色葡萄球菌指示菌

5.科学的微量元素添加方案可改善生猪抗病能力　微量元素锌对机体免疫力具有重要的调控作用。在非特异性免疫方面，锌可调节免疫细胞的发育过程，有助于中性粒细胞发挥正常的生理功能、提高机体的防御能力。在特异性免疫方面，锌可调节T淋巴细胞、B淋巴细胞的增殖和功能。缺锌可导致免疫系统清除病原体的能力下降。铁可以影响外周血淋巴细胞对有丝分裂因子的反应，调节中性粒细胞对细菌的杀伤能力，影响巨噬细胞的吞噬功能和T细胞数量。有机锌快速供应维持肠道自身的更新和生长能量需要，促进肠道免疫球蛋白合成，促进肠道发育和损伤修复，改善肠道健康；促进免疫器官发育，促进胸腺T细胞成熟，诱导B细胞产生抗体，增强生猪的抗病能力；还可增强猪抗氧化和抗应激能力。

铁也是重要的免疫营养素。机体铁在充足的情况下，肠道杯状细胞分泌黏液增加，在一定程度上可以抑制感染的发生。但同时，微量元素铁过量可改变肠道微生物群，导致有益菌的相对丰度显著降低，有害菌的相对丰度显著增加。补充甘氨酸亚铁可以显著改善回肠微生物的多样性和丰度，促进生猪健康。与添加无机微量元素相比，添加复合有机微量元素虽然未改变猪血清IgA、IgM，但是显著改变了IgG含量。蛋白螯合锌显著提高生长育肥猪空肠上皮内淋巴细胞、杯状细胞的数量，降低空肠炎性因子白细胞介素-6水平。高质量的有机铁、有机锌、有机铜、有机锰是抗病营养的重要组成部分：一方面，可以降低微量元素的添加量，减少有害菌增殖；另一方面，可以改善生猪免疫功能，从营养角度助力饲料无抗事业的发展。

（二）应用案例

1.浒苔多糖锌（EP-Zn）　青岛海大生物集团股份有限公司通过浒苔多糖与锌螯合而成的有机锌复合物，具有溶解性好、生物学效价高和易消化吸收等特点，是一种新型的功能性饲料添加剂。与无机锌相比，有机锌在人体中具有更高的生物利用率和更少的毒副作用。与单独使用多糖或无机锌相比，有机锌多糖具有更高的抗氧化和免疫功能。在生理条件下，EP-Zn（350毫克/千克）刺激细胞因子（TNF-α、IL-1β、IL-6和IL-10）分裂，调节肠道微生物群，降低短链脂肪酸（SCFAs）（乙酸和丙酸）的水平。此外，在LPS诱导的炎症模型（图4-13）中，EP-Zn预处理可有效缓解LPS诱导的结肠长度缩短，增加MPO和DAO含量，通过调节黏膜结构改善肠道物理屏障功能（图4-14），抑制TLR4/NF-κB信号通路减轻肠道炎症。这些结果表明，EP-Zn在生理条件下和炎症条件下分别具有

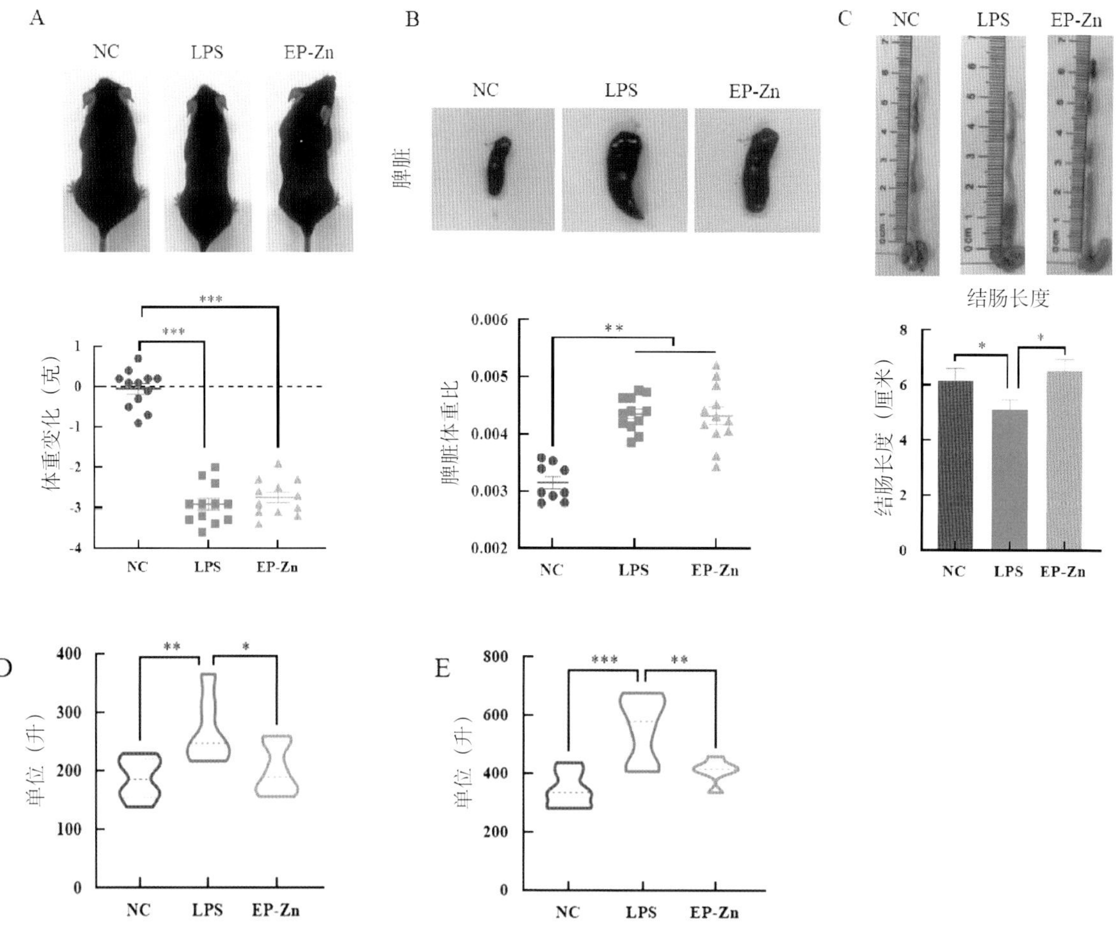

图4-13　LPS诱导的炎症模型

（A）LPS注射前后的体重变化（n=12）；（B）脾脏体重比（n=9～12）；（C）结肠长度（n=8）；（D）血清MPO（n=8）；（E）血清DAO（n=8）

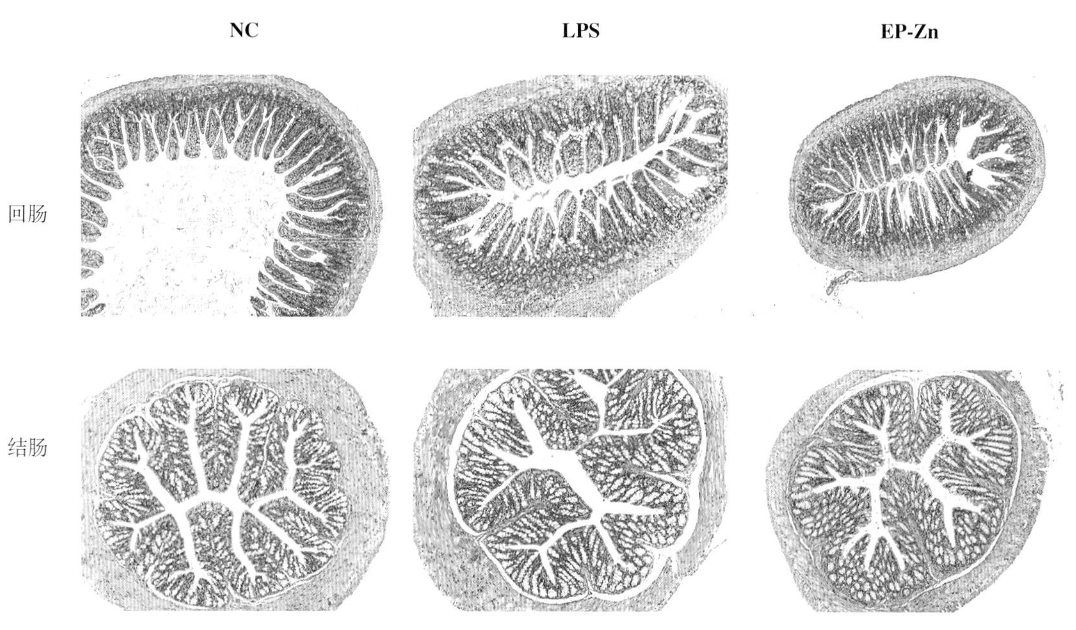

图4-14　回肠和结肠的H&E染色（×200；n=8）

免疫调节和抗炎活性。这些研究报告证实了EP-Zn具有触发免疫反应的功能，在一定程度上可作为预防性抗生素的替代药物。在断奶仔猪阶段添加0.08%浒苔多糖锌替代抗生素，不仅不影响仔猪的生长性能，还能促进机体蛋白的合成、减少蛋白的降解，提高仔猪天然免疫能力、降低肠道炎症因子的表达；另外，在一定程度上还有助于保持断奶仔猪肠道屏障的完整性（Zhang et al.，2022）。

2.仔猪无抗日粮中用有机微量元素替代100%、75%、50%、25%无机微量元素饲养试验（Wang et al.，2022） 选取35日龄断奶仔猪，按表4-21矿物元素的配方设计5组，每组6个重复（栏），每栏4头。按照NRC 2012仔猪营养需要配制日粮，按照猪场正常管理流程免疫、饲喂。

表4-21　试验添加微量元素含量

单位：毫克/千克

有机微量元素	无机微量元素组	有机复合微量元素组			
	100%	25%	50%	75%	100%
碱式氯化铜	115	115	115	115	115
硫酸亚铁	100	–	–	–	–
甘氨酸亚铁	–	25	50	75	100
硫酸锌	90	–	–	–	–
羟基蛋氨酸锌	–	15	30	45	60
硫酸锰	40	–	–	–	–
羟基蛋氨酸锰	–	7.5	15	22.5	30
亚硒酸钠	0.4	–	–	–	–
酵母硒	–	0.1	0.2	0.3	0.4

结果显示，在生长性能和腹泻率方面，有机复合微量元素组仔猪日增重高于无机组仔猪，但各试验组之间差异不显著；50%、75%和100%有机复合微量元素组仔猪腹泻率低于无机组仔猪。这些结果表明，有机复合微量元素组仔猪生长性能优于无机组仔猪（表4-22）。

表4-22　有机复合微量元素对仔猪生长性能的影响

项　目	无机组	25%有机组	50%有机组	75%有机组	100%有机组
初重（千克）	9.13±0.36	9.16±0.34	9.09±0.40	9.18±0.34	9.21±0.30
末重（千克）	21.95±1.14	22.45±3.14	23.20±1.75	22.45±0.57	22.43±2.31
日采食量（克）	628.50±60.93	674.84±120.35	671.62±80.08	640.20±88.85	626.38±107.21
日增重（克）	366.38±30.83	379.80±92.00	402.96±46.60	379.25±18.24	377.68±70.62
料重比	1.72±0.13	1.81±0.25	1.67±0.15	1.68±0.17	1.67±0.19
腹泻率（%）	6.11±4.06ab	7.50±5.13ab	4.05±5.30ab	2.50±1.41a	3.57±2.47ab

注：同一行数据标不同小写字母表示差异显著。

在生长潜力方面，50%、75%和100%有机复合微量元素组仔猪血清中GH和IGF-1含量均高于无机组。其中，100%有机复合微量元素组仔猪IGF-1含量显著高于无机组。结果表明，50%、75%和100%有机复合微量元素组仔猪具有较强的生长潜能（表4-23）。

表4-23　有机复合微量元素对仔猪血清中生长激素、类胰岛素样生长因子的影响

单位：纳克/毫升

项　目	无机组	25%有机组	50%有机组	75%有机组	100%有机组
GH	19.3±0.3b	19.6±0.6ab	20.4±0.4ab	20.2±0.4ab	20.3±0.3ab
IGF-1	579±33bc	572±29c	634±19abc	651±27ab	676±15a

注：同一行数据标不同小写字母表示差异显著；GH为生长激素；IGF-1为类胰岛素样生长因子。

在免疫功能方面，75%和100%有机复合微量元素组仔猪血清中IgG含量显著高于无机组、25%和50%有机组仔猪。这一结果表明，75%和100%有机复合微量元素组仔猪具有较强的免疫机能（表4-24）。

表4-24　有机复合微量元素对仔猪血清中免疫球蛋白含量的影响

单位：毫克/千克

项　目	无机组	25%有机组	50%有机组	75%有机组	100%有机组
IgG	3.95±0.21b	4.00±0.16b	4.25±0.20b	5.14±0.18a	5.18±0.19a
IgA	0.88±0.07	0.80±0.08	0.82±0.05	0.87±0.09	0.95±0.08
IgM	4.82±0.89	4.47±0.56	3.68±0.65	4.03±0.40	3.99±0.49

注：同一行数据标不同小写字母表示差异显著。

（三）推荐应用

综合国内外文献研究进展，推荐各阶段猪日粮中微量元素添加量见表4-25。通过总结国内企业典型应用案例，推荐无抗日粮条件下规模化养猪场和中小型养猪场微量元素应用方案见表4-26。微量元素合理的添加量和高效的剂型，对提高微量元素的利用效率、改善生猪的肠道健康和免疫机能至关重要。

表4-25　各阶段猪配合饲料微量元素推荐添加量

单位：毫克/千克

项　目	乳仔猪（<25千克）	小猪（25～60千克）	中大猪（60千克至出栏）	母　猪	公　猪
铁	100	60～80	50～60	80～100	80～100
铜	25～30	10～20	10	15	20
锌	60～80	50～60	40～55	60～80	50～70
锰	45	40	30	60	65
硒	0.35	0.3	0.35	0.35	0.4

表4-26　各阶段生猪日粮中微量元素应用案例

单位：毫克/千克

应用生猪阶段	应用场景	以元素计				
		铁	锌（不包含氧化锌）	铜	硒	锰
乳仔猪（<25千克）	中小型养猪场（存栏<1 000头）	甘氨酸亚铁80	羟基蛋氨酸锌30＋碱式氯化锌50	碱式氯化铜或柠檬酸铜115	亚硒酸钠0.20＋硒代蛋氨酸0.15	甘氨酸锰5＋羟基蛋氨酸锰15
	规模化养猪场	甘氨酸亚铁90	羟基蛋氨酸锌30＋苏氨酸锌30	碱式氯化铜或柠檬酸铜115	亚硒酸钠0.10＋硒代蛋氨酸0.25	羟基蛋氨酸锰20

（续）

应用生猪阶段	应用场景	以元素计				
		铁	锌（不包含氧化锌）	铜	硒	锰
小猪（25～60千克）	中小型养猪场（存栏<1 000头）	甘氨酸亚铁50	羟基蛋氨酸锌25＋碱式氯化锌35	碱式氯化铜或柠檬酸铜15	亚硒酸钠0.15＋硒代蛋氨酸0.15	甘氨酸锰10＋羟基蛋氨酸锰10
	规模化养猪场	甘氨酸亚铁60	羟基蛋氨酸锌25＋苏氨酸锌25	碱式氯化铜或柠檬酸铜15	亚硒酸钠0.15＋硒代蛋氨酸0.15	甘氨酸锰5＋羟基蛋氨酸锰15
中大猪（60千克至出栏）	中小型养猪场（存栏<1 000头）	甘氨酸亚铁40	羟基蛋氨酸锌20＋碱式氯化锌30	碱式氯化铜或柠檬酸铜10	亚硒酸钠0.25＋硒代蛋氨酸0.10	甘氨酸锰10＋羟基蛋氨酸锰10
	规模化养猪场	甘氨酸亚铁50	羟基蛋氨酸锌20＋苏氨酸锌20	碱式氯化铜或柠檬酸铜10	亚硒酸钠0.10＋硒代蛋氨酸0.25	甘氨酸锰5＋羟基蛋氨酸锰15
母猪	中小型养猪场（存栏<1 000头）	甘氨酸亚铁70	羟基蛋氨酸锌30＋碱式氯化锌50	碱式氯化铜或柠檬酸铜15	亚硒酸钠0.20＋硒代蛋氨酸0.15	甘氨酸锰10＋羟基蛋氨酸锰15
	规模化养猪场	甘氨酸亚铁80	羟基蛋氨酸锌60	碱式氯化铜或柠檬酸铜15	亚硒酸钠0.10＋硒代蛋氨酸0.25	羟基蛋氨酸锰25
公猪	中小型养猪场（存栏<1 000头）	甘氨酸亚铁70	羟基蛋氨酸锌30＋碱式氯化锌40	碱式氯化铜或柠檬酸铜10	亚硒酸钠0.2＋硒代蛋氨酸0.2	甘氨酸锰10＋羟基蛋氨酸锰10
	规模化养猪场	甘氨酸亚铁80	羟基蛋氨酸锌50	碱式氯化铜或柠檬酸铜10	亚硒酸钠0.1＋硒代蛋氨酸0.3	羟基蛋氨酸锰20

注：上述应用方案由湖南兴嘉生物科技发展有限公司、四川省畜牧科学研究院验证并推广。

八、酸制剂

酸制剂，又称为酸化剂，作为一种绿色无污染的功能性饲料添加剂产品，在生猪饲料防霉保鲜、促消化、肠道抑菌、肠道营养等方面有很大的应用价值。所谓无抗饲料酸为骨架，是替抗的主要选择。由于酸制剂仅仅突出酸对饲料和消化道的酸化供氢作用，对于近年来发现的有机酸抑菌、抗氧化、抗应激的作用有矮化之嫌，故有学者建议用酸制剂来取代酸制剂。

（一）酸制剂主要功能

酸制剂，是一类由一种或多种酸及其盐组成，可以有效降低饲料系酸力和消化道pH，具有促消化和抑菌抗病毒作用的饲料添加剂。有关酸制剂在生猪上的研究和应用已有几十年的历史。早在1963年，英国就有乳酸能减少仔猪粪便中大肠埃希氏菌数量并提高其生长率的报道。如今，随着动物营养和研究手段的发展，众多学者不断深入验证酸制剂的效果和作用机理，并取得了很大的进展。酸制剂被广泛地应用于生猪饲料中，用于降低日粮酸度和胃肠道内pH、改善胃肠道微生物区系、参与体内代谢和提高营养物质消化率、促进矿物质和维生素的吸收、防霉保鲜和抑菌抗病毒，并已成为无抗养殖中公认替抗效果较好的一类饲料添加剂。

（二）酸制剂作用机理

1.促进营养物质消化 仔猪在断奶前的食物来源主要是母乳。母乳中含有大量乳糖。乳糖在胃内经过乳酸杆菌的作用转变为乳酸，使胃内pH维持在4.0以内，进而有效地消化乳蛋白。而仔猪在早期断奶时，由于消化系统及免疫器官发育尚不完善，因此消化酶和胃酸分泌不足；此外，仔猪食物从母乳突然变更为固态饲料，乳糖供应减少使胃内乳酸生成减少；再加上固体饲料系酸力较高，中和胃酸，从而导致胃内pH升高到5.5以上。而胃蛋白酶要求的pH为2.0 ~ 3.5，当pH>4.0时，胃蛋白酶活性减弱甚至失活。因此，添加酸能够给刚断奶的仔猪提供大量氢离子，使胃肠道内pH降低，促进胃蛋白酶原转化为胃蛋白酶，同时提高其活性，提高蛋白等营养物质的消化率，降低断奶仔猪采食量下降或消化不良导致腹泻的风险。

2.抑制病原菌 有机酸的pKa值是一个反映有机酸动态平衡的解离常数。当外部环境的pH比该有机酸的pKa值大时，有机酸会解离出氢离子来中和以维持一种动态平衡。因此，在相同的浓度下，pKa值越高，pH越小，释放氢离子的速度越快，解离程度越大。一般来说，解离程度较高的酸能有效降低环境中的pH，而解离程度较低的酸中相当一部分处于非解离状态，能进入细胞内部进行抑菌。基于此，目前国际上公认推测有机酸抑菌机理是氢离子效应。低pH环境有利于有益菌生长繁殖，高pH环境有利于病原菌生长繁殖。而酸分子解离出氢离子，降低周围环境的pH，形成不利于病原菌繁殖的环境，从而达到抑菌作用（表4-27）。

表4-27 常见有益菌和有害菌的最适生长pH

有益菌	最适pH	有害菌	最适pH
乳杆菌 *Lactobacillus*	5.4 ~ 6.4	大肠杆菌 *Escherichia coli*	6.0 ~ 8.0
酵母菌 *Saccharomyces*	5.6 ~ 6.0	沙门氏菌 *Salmonella*	6.8 ~ 7.2
芽孢杆菌 *Bacillus*	7.2 ~ 7.5	链球菌 *Streptococcus*	6.0 ~ 7.5
拟杆菌 *Bacteroides*	5.0 ~ 7.5	葡萄球菌 *Staphylococcus*	6.8 ~ 7.5
双歧杆菌 *Bifidobacterium*	6.5 ~ 7.0	肠球菌 *Enterococcus*	7.0 ~ 9.0
丁酸梭菌 *Clostridium butyricum*	4.0 ~ 9.8	志贺氏杆菌 *Shigella*	6.4 ~ 7.8
		巴氏杆菌 *Pseudomonas*	7.2 ~ 7.4
		变形杆菌 *Proteus*	7.5 ~ 8.5

未解离的酸分子会自由扩散进入细菌细胞膜，在细菌体内弱碱性环境下迅速解离为酸根离子和氢离子，影响其正常代谢和繁殖，起到抑菌作用；机体启动氢离子转运泵将多余的氢离子转运出体内，而这一过程需要耗能，最终导致细菌衰竭死亡，起到杀菌作用。

3.参与机体能量代谢 柠檬酸、富马酸等有机酸是机体三羧酸循环的重要产物之一，其产生能量的途径较葡萄糖的糖酵解途径短。因此，在机体应激状态下，能够紧急合成大量ATP来保证机体能量代谢，提高机体抵抗力。乳酸、丁酸等有机酸也可以通过糖异生途径来为机体合成葡萄糖。其中，丁酸可为结肠上皮细胞提供超过70%的能量源。这些能量源大部分被小肠黏膜上皮细胞吸收，未被吸收的则转运到肝脏进一步参与代谢。

（三）酸制剂替抗优势

通过对比众多替抗物质，酸制剂在饲料防霉保鲜、消化、肠道抑菌、肠道营养等方面与抗生素有很多共同之处，但作为替抗物质，酸制剂还具有如下优势。

1.直接营养作用 以乳酸、柠檬酸、富马酸、苹果酸等有机酸为主要成分的酸制剂，在生猪胃肠道中除了具有促消化、抑菌作用之外，还可以直接进入肠道上皮细胞进行氧化供能。而抗生素大多为细菌或霉菌发酵、纯化而成，经机体吸收入血，经肝、肾降解后排出体外，大多不为机体吸收利用。

2.具有无抗特性 酸制剂相比抗生素，具有绿色、无污染的特性。例如，乳酸是一些细菌代谢的终产物，不会被细菌利用或产生耐性；而部分抗生素的作用原理是抗生素进入细菌细胞内，通过抑制或干扰细菌DNA的复制来达到抑菌目的。如果长期大量使用抗生素，细菌的DNA很容易出现耐性质粒，则该抗生素的作用效果就消失，即出现耐药性。

（四）酸制剂在生猪无抗养殖中的应用

1.酸制剂在仔猪上的应用 pH是动物体内消化环境中的重要影响因素之一。动物胃中的pH为2.0 ～ 3.5、小肠内pH为5 ～ 7。这种酸性环境是饲料成分在体内被充分消化吸收、有益菌群合理生长、病原微生物受到有效抑制的必要条件，可达到提高动物生产性能和机体免疫力的目的。而由于断奶仔猪消化道尚未发育完全，因此消化酶分泌不足，胃中产酸能力不足，从而无法激活胃蛋白酶原，不能有效消化饲料中的营养物质。所以，断奶导致的采食量降低是胃肠功能异常的自我调节。研究发现，在仔猪断奶第3天胃中pH就升高到6以上，制约营养物质的消化，从而导致腹泻（表4-28）。而表面地、短暂性地提高采食量，只能造成呕吐或消化不良、腹泻。因此，从本质上解决断奶仔猪采食量降低的问题仍然是提高消化率，那么，使用酸来提高胃中酸度是首选方法。

表4-28 断奶仔猪胃肠道pH（Makkink，1994）

消化道	断奶天数			
	0天	3天	6天	10天
胃	3.8	6.4	6.1	6.6
十二指肠	5.8	6.5	6.2	6.4
空肠	6.8	7.3	7.3	7.0
回肠	7.5	7.8	7.9	8.1

国内外众多研究（表4-29）表明，添加0.1% ～ 1.5%的酸制剂可显著改善断奶仔猪的平均日增重，降低料重比和腹泻率。在日粮中添加0.2% ～ 0.5%的酸制剂，可以通过提高血清IgG和IgM含量，改善断奶仔猪的免疫功能，并能通过减少羟基自由基含量来提高抗氧化性能。对于肠道健康的作用，研究发现，在断奶仔猪日粮中添加酸制剂，可以显著减少肠道中沙门氏菌和大肠杆菌数量，提高肠道中乳酸杆菌数量。

表4-29 酸制剂对仔猪生长性能、血清免疫机能和肠道健康的影响

项目	酸制剂	添加量	结果	参考文献
生长性能和腹泻率	柠檬酸、富马酸、甲酸	0.4%	平均日增重提高7.9%，料重比降低7.6%，腹泻率降低46.3%	王丽娟，2019
	甲酸、乙酸、丙酸、MCFA	0.3%	平均日增重提高7.8%，料重比降低11.4%，腹泻率降低73.5%	Long，2018
	乳酸、富马酸、MCFA	0.2%	平均日增重提高10.6%，料重比降低6.1%，腹泻率降低58.0%	池仕红，2019
	富马酸、柠檬酸、苹果酸、山梨酸	0.2%	平均日增重提高21.6%，料重比降低3.2%，腹泻率降低27.7%	Xu，2020

（续）

项目	酸制剂	添加量	结果	参考文献
免疫机能	丁酸、MCFA、山梨酸	0.2%	15 ~ 28天的血清羟基自由基含量减少20.9%	Long，2018
	三丁酸甘油酯	0.2%	血清中白蛋白含量增加24.7%，尿素氮含量减少50.5%	Sotira，2020
	乳酸	0.4%	血清的T-AOC含量提高44.44%，IgM提高30.30%	李马成，2015
肠道健康	乳酸、富马酸	0.5%	乳酸杆菌增加110.9%，沙门氏菌减少35.4%，大肠杆菌减少50.7%	严欣茹，2020

2.酸制剂在生长猪上的应用　酸制剂在生长猪上的替抗应用研究报道相对断奶仔猪要少很多，主要原因是生长猪胃肠道功能已经完全建立，并且处于动态平衡，机体自我调节能力相对较强，能够自我调节胃肠道酸碱平衡。因此，酸制剂调节胃中pH的功能大大降低。对于日龄较小的保育阶段的生长猪来讲，仍然可以使用一定量的具有促进消化作用的酸制剂，以此促进谷实类等难以消化的饲料充分消化，降低腹泻率和促进生长；而对于日龄较大的生长猪，酸制剂主要考虑其抑菌和抗病毒能力。酸制剂能够改善生长猪的生长速率和饲料转化率，改善机体免疫，有效改善肠道微生物环境和肠道健康。

3.酸制剂在母猪上的应用　猪场经济效益的高低取决于繁殖母猪的生产力。母猪在“妊娠后期-哺乳期”过程中，自身营养代谢和生理状态发生剧烈变化，分解与合成代谢持续旺盛，机体氧化应激加强，若保健没有做好将会影响生产力和使用年限。正如孕妇喜爱吃酸口味的食物一样，怀孕后期母猪也需要补充一定剂量的酸制剂。另外，在繁殖母猪妊娠后期，需要大量的钙用于胎儿生长和维持泌乳；而母猪主要从日粮或体储获取所需的钙，故当日粮钙利用率较低时，母猪的骨骼就易发生脱矿质作用。长时间的脱矿质会使母猪骨骼矿化严重，从而导致母猪瘫痪。而通过添加酸制剂来规避一些不利于钙吸收的影响因素，提高钙的生物利用率，增加钙吸收，减少钙流失。此外，酸制剂还具有刺激肠道蠕动的功能，可以有效预防和治疗母猪便秘。国内外学者研究表明，在繁殖母猪饲粮中添加酸制剂，对母猪肠道健康和机体免疫具有正向的生理意义，能够提高母猪和仔猪的免疫力，防止仔猪病毒性腹泻。

4.酸制剂的应用方向　在简单搭配理念下使用酸制剂时，在发挥其作用效果的同时，不可避免地会出现相应的副作用。例如，磷酸能够快速提供氢离子，但易与饲料中的矿物质、维生素等营养成分发生反应；添加含有磷酸的酸制剂时，要考虑饲料配方的钙磷平衡；添加含有乳酸成分的酸制剂时，要考虑乳清粉的添加量等。因此，酸作为一种最有潜力的替抗物质选择，一定是从分子、细胞、器官到动物等多个层面进行酸制剂的评估和应用。而基于路易斯酸碱电子理论，借助分子模拟、分子动力学等前沿技术并协同微生物、营养生理学、分子生物学等研究工具探索功能性酸制剂产品的研发新路径，具有作用精准、用量更小、效果更明显特点，是未来酸制剂发展应用的主流方向。

（五）应用案例

1.酸制剂　酸在生猪现代养殖生产中具有不可替代的作用，下面综合了国内外文献中酸制剂在生猪上的应用研究进展。要合理使用消化酸，夯实消化基础；肠道抑菌需合理应用苯甲酸，通过工艺控释是必然的精准应用趋势；还需挑选特定Lewis酸，并精准应用，以解决病毒感染和氧化应激问题（表4-30）。

表4-30 酸制剂组合应用方案

生长阶段	添加量		
	消化酸	肠道抑菌酸（包被苯甲酸等）	特定Lewis酸（抗病毒、抗氧化）
断奶仔猪	0.3%	0.3%	0.1%～0.2%
生长育肥猪		0.2%	0.05%～0.10%
种猪		0.1%～0.2%	0.1%～0.2%

2.三丁酸甘油酯　三丁酸甘油酯（tributyrin，TB）是3分子丁酸和1分子甘油酯化后的产物，是丁酸的前体物质，属于短链脂肪酸酯，理化性质稳定，半衰期长，且安全无毒副作用。三丁酸甘油酯可克服丁酸根在血液中代谢快的缺陷，维持有效浓度时间长，并能到达全身各组织器官发挥作用。三丁酸甘油酯具有全过胃、速供能、护黏膜的功效，能快速修复肠黏膜损伤，维持肠道完整性。在日粮中添加三丁酸甘油酯可以为生猪肠道提供能量，改善肠道健康，从而提高生长性能，保障机体的健康。综合国内外文献研究进展以及国内企业典型应用案例，推荐无抗日粮条件下各阶段猪日粮三丁酸甘油酯的应用方案（表4-31）。

表4-31 各阶段猪日粮中三丁酸甘油酯应用方案

应用阶段	以60%三丁酸甘油酯含量计（千克/吨饲料）	解决问题
乳仔猪	0.8～2.0	促进乳仔猪肠道发育，提高机体免疫力，减少应激性下痢及各种肠道疾病，有效提高营养物质消化吸收率
生长育肥猪	0.4～0.8	修复因长期用药引起的各种肠道损伤，促进后肠发育，促进养分消化吸收，改善粪便形态
妊娠母猪	0.4～1.0	改善妊娠母猪肠道内环境，预防妊娠母猪结肠炎，缓解妊娠母猪便秘，促进胎儿发育，提高新生仔猪整齐度
哺乳母猪	0.4～1.5	修复哺乳母猪肠道损伤，提高营养物质消化吸收率，提高哺乳母猪采食量，促进奶水分泌，提高奶水质量，提高仔猪断奶窝重及仔猪健康水平

注：上述应用方案由湖北浩华生物技术有限公司验证并推广。

九、酶制剂

饲用酶制剂的功能很多，普遍公认的基本功能有补充内源性消化酶的不足和消除、降解日粮抗营养因子作用。饲料酶制剂功能的营养价值在不断地认识深化，除提高营养消化改善生猪生产性能外，酶制剂还不同程度地参与生猪肠道健康调节，通过多种途径参与生猪肠道健康的构建。其中，某些酶制剂替抗杀菌的作用尤为引人瞩目，如葡萄糖氧化酶、溶菌酶等，为绿色生态养殖提供了新的途径。

（一）酶制剂的分类

世界上已发现的酶的品种有5 000多种，生产用酶已达300种，饲料用酶也有20多种。这些酶主要为消化酶，多为水解系列酶。根据酶制剂类型不同，可以分为单一酶制剂和复合酶制剂。

1.单一酶制剂　从目前来看，最具应用价值的单一酶制剂基本上分为2类：

（1）消化酶。内源消化酶是可以由生猪消化道自身分泌的酶，主要指蛋白酶、淀粉酶和脂肪酶。因某些原因（如疾病、饲料等），需要使用外来的与生猪内源消化酶类似的酶来补充，以提高营养物质消化率，这种酶称为外源消化酶。外源消化酶的结构和性质不同于内源消化酶，但催化功能相同。

（2）非消化酶。生猪自身通常不能合成，但可从特定的微生物菌株经纯种培养获得，主要用于消化生猪自身不能消化的物质或降解抗营养因子和有害物质。这类酶包括植酸酶、纤维素酶、木聚糖酶、果胶酶等。还有如具有杀菌抑菌功能的葡萄糖氧化酶和溶菌酶等；具有降解霉菌毒素能力的黄曲霉毒素分解酶、玉米赤霉烯酮分解酶等；具有抗氧化功能的过氧化氢酶、超氧化物歧化酶等。

2.复合酶制剂　复合酶制剂是以一种或几种单一酶制剂为主体，加上其他单一酶制剂混合而成；或由一种或几种微生物发酵获得。复合酶制剂根据不同动物和不同生长阶段的特点进行配制，有较好的作用，是目前最常用的饲料添加剂。复合酶制剂可以同时降解饲料中多种需要降解的底物（多种抗营养因子和多种养分），可最大限度地提高饲料的营养价值，效果优于单一酶制剂。

（二）酶制剂在无抗养猪中的应用

1.提高营养消化率，降低生猪营养性腹泻　蛋白质消化不良，不仅导致蛋白质的浪费，还会导致生猪肠道健康问题。合理地使用外源蛋白酶，能协同内源酶发挥作用，提高日粮蛋白质消化率。添加酸性蛋白酶能提高仔猪的蛋白质表观消化率，降低腹泻率及提高仔猪的生长性能。断奶仔猪日粮中添加外源蛋白酶能显著减轻断奶应激对仔猪的影响，提高断奶仔猪增重。添加角蛋白酶能显著降低断奶仔猪腹泻率，提高日粮干物质、粗蛋白和粗脂肪的表观消化率，提高仔猪生长性能。复合蛋白酶可以提高断奶仔猪的生长速度，改善营养物质消化率，降低断奶仔猪粪便中的氨气含量。

2.参与生猪肠道健康的构建　近几年，酶制剂调节肠道健康的功能越来越得到重视，最典型的具有促进肠道健康功能的酶制剂是非淀粉多糖酶。它主要通过2个机制来实现：一是利用酶制剂的物理作用降低肠道食糜黏性；二是利用酶制剂的生化代谢作用，一些非淀粉多糖酶可以产生一些寡糖，产生的寡糖可促进肠道正常蠕动、促进有益菌的增殖、抑制有害菌的定殖。例如，降解非淀粉多糖后产生的甘露寡聚糖可促进双歧杆菌、酪乳杆菌、嗜酸乳杆菌、德氏乳杆菌等有益菌群增殖，进而限制沙门氏菌、弯曲杆菌和梭酸芽孢杆菌等致病细菌生长。添加含非淀粉多糖和蛋白酶的复合酶制剂可显著提高日粮蛋白质消化率，降低断奶仔猪肠道食糜中氨态氮的含量，改善肠道形态结构，降低有害菌的数量，增加有益菌的数量，促进肠道微生态平衡。这些说明，添加酶制剂能促进断奶仔猪肠道健康。

3.抗菌和抑菌作用

（1）葡萄糖氧化酶的抗菌和抑菌作用。葡萄糖氧化酶（glucose oxides，GOD）是用黑曲霉等发酵制得的一种需氧脱氢酶，能专一地氧化β-D-葡萄糖成为葡萄糖酸和过氧化氢，同时消耗大量的氧气。葡萄糖氧化酶具有抑菌和促生长作用，且无毒、无抗药性，作为一种替代抗生素的新型添加剂，在饲料工业中得到了广泛应用。葡萄糖氧化酶是通过与饲料中葡萄糖作用产生葡萄糖酸来发挥作用。葡萄糖酸是一种有机酸，能够降低肠道pH，提高饲料酸结合力，促进肠道健康，提高营养物质利用率。另外，葡萄糖酸还具有类似益生元作用，其在小肠中很少被吸收，但能被栖息在肠道后段的菌群所利用，生成丁酸而发挥更为重要的作用。同时，葡萄糖氧化酶在与葡萄糖作用过程中消耗大量氧气，使消化道形成厌氧环境，抑制有害菌群繁殖。

断奶仔猪日粮中添加0.5%的葡萄糖氧化酶饲喂28天后，与对照组相比，试验组仔猪的平均日增重提高了25.0%，料重比下降了17.2%，腹泻率降低了56.0%，表明添加葡萄糖氧化酶对断奶仔猪的采食量、饲料转化率和抗病力都有显著的改善（宋海彬等，2008）。选用28日龄的仔猪，在基础日粮中分别加入0.1%的葡萄糖氧化酶1组（30单位/克）、葡萄糖氧化酶2组（1 200 单位/克），结果表明，葡萄糖氧化酶1组和葡萄糖氧化酶2组仔猪的腹泻率分别显著降低85.09%和65.88%。这说明，添加葡萄糖氧化酶能有效降低仔猪的腹泻率（侯振平等，2017）。仔猪日粮中添加0.05%的葡萄糖氧化酶（45单位/克）饲喂40天后，与对照组相比，试验组仔猪的平均日增重显著提高7.03%，料重比显著降低2.75%。由此可见，在仔猪饲料中添加适量葡萄糖氧化酶可有效改善日增重、采食量和料重比，并能提高养殖经济效益。这是因为添加葡萄糖氧化酶增加断奶仔猪十二指肠的绒毛高度以及绒毛高度/隐窝深度比，降低仔猪胃和十二指肠的pH，减少胃和回肠中的大肠杆菌数量，使乳酸菌数量显著增长，从而促进营养物质吸收（陈清华等，2015）。

（2）溶菌酶的抗菌和抑菌作用。溶菌酶（lysozyme）又称为胞壁质酶或N-乙酰胞壁质聚糖水解酶或糖苷水解酶，是一种对细菌细胞壁有水解作用的蛋白质，也是生物体内重要的非特异性免疫因子之一，被WHO、FAO公认为无毒、无害、无残留、安全性高、专一作用于目的微生物细胞壁的天然蛋白质，可用作添加剂应用于食品领域。

溶菌酶对大肠杆菌、金黄色葡萄球菌、链球菌、巴氏杆菌、李斯特菌、沙门氏菌、布鲁氏菌、肺炎球菌、魏氏梭菌、结核分枝杆菌及破伤风梭菌等均有很强的抑制与杀灭作用。溶菌酶能够提高内源性蛋白酶的活性，与葡聚糖等联合使用可以对引起仔猪腹泻的大肠杆菌等有较强的抑制作用。因此，在饲料中添加溶菌酶能够显著降低仔猪因断奶而引发的腹泻比例。饲粮中添加溶菌酶或抗生素均可提高小肠绒毛高度，处理组间小肠总黏膜和黏膜的蛋白浓度以及多糖酶活性没有显著差异，提示溶菌酶与抗生素的使用效果相当（Oliver et al.，2014）。用*E. coli* K88感染断奶仔猪，口服溶菌酶溶液后，发现使用溶菌酶的仔猪生长情况良好，肠黏膜上血清炎性细胞因子数量和*E. coli* K88减少，表明溶菌酶能有效抑制*E. coli* K88的生长，维持肠道健康。研究发现，在仔猪饲料中添加溶菌酶（100克/吨），与传统药物对照组（每吨饲料中添加2千克多西霉素和5千克土霉素）和空白对照组相比，仔猪的腹泻率分别下降了93.06%和96.85%，表明在饲料中添加溶菌酶具有降低仔猪腹泻发病率的作用（沈彦萍等，2005）。在生长育肥猪日粮中分别添加溶菌酶能显著提高生长育肥猪的生产性能、胴体品质及肉质特性（吴汉东，2013）。这是因为溶菌酶能溶解细菌细胞壁，使细胞壁不溶性多糖分解为可溶性糖肽，溶解细胞壁释放内容物，使酶和营养物质接触面积增大，增加了肠道内的有益菌，使肠道内有害物质减少，机体抵抗力增加，提高了动物对饲料的利用率。

（3）发酵溶菌酶作用机理。发酵溶菌酶属于溶菌酶家族的一员，是通过微生物发酵而获得，其主要作用于N-乙酰胞壁酸及N-乙酰葡萄糖胺之间的β-1, 4糖苷键，使细菌细胞壁中的肽聚糖水解，造成细菌因渗透压不平衡引起破裂而死亡。发酵溶菌酶能有效杀灭生猪肠道内的有害菌，促进有益菌生长，从而维持肠道内菌群平衡，提高肠道健康水平。作为一种非特异性免疫因子，发酵溶菌酶能激发并增强机体内巨噬细胞的吞噬和消化功能，增加白细胞数量并激活其吞噬功能，从而提高机体自身的免疫力。发酵溶菌酶可以改善组织基质的黏多糖代谢，分解脓液，增强局部防卫功能，从而有效保护消化道内膜，消除氧化锌的副作用，加快产道和损伤组织的修复。发酵溶菌酶的特点如下。

①抗菌谱广。对革兰氏阳性菌和革兰氏阴性菌都具有显著的杀灭效果，且能杀灭抗生素的耐药菌株。对细菌性疾病防控率高，不易复发。

②杀有害菌，促进有益菌增殖。能够快速提高生猪肠道的微生态系统，增强机体消化吸收，显著提高采食量、生长速度和饲料转化率。

③与抗生素联合使用能使其增效，增强对顽固性疾病的防控效果。

④加快消化道和产道内膜的伤口修复，增强对消化道内膜的保护（包括氧化锌、球虫等引起上皮黏膜的损伤），有利于产道和外伤恢复，对种猪效果尤佳。

⑤具有靶向功能。能富集到目标器官，渗透生殖屏障和血脑屏障，对产后恢复、乳腺炎、输卵管炎等顽固疾病的防控效果显著。

（三）应用案例

浙江艾杰斯生物科技有限公司采用分子生物学技术，经过精密定向提取等工艺制得，具有抗菌谱广、抗病毒、增强机体免疫力、修复机体损伤组织、促进有益菌增殖等作用。生物相容性好，对组织无刺激、无毒副作用，且其抗菌活性稳定，特别是对一些耐药性菌株有良好的杀灭作用。不仅在消化道发挥作用，而且可通过血液循环到达机体免疫系统，并能透过生殖屏障进入乳汁和生殖系统保护后代健康。发酵溶菌酶在无抗饲料中的应用见表4-32，各阶段腹泻控制率在3%以下。

表4-32　发酵溶菌酶的替抗方案

阶段	溶菌酶替抗方案	
教槽	饲料厂专用溶菌酶	600 ~ 800克/吨（其中，促生长300克/吨，杀菌300 ~ 500克/吨）
	普通氧化锌	1.8 ~ 2千克/吨
	溶泰	1 ~ 2千克/吨（该产品主要起收敛、消炎等作用）
	普通酸化剂	3 ~ 4千克/吨
保育	饲料厂专用溶菌酶	500 ~ 600克/吨（其中，促生长200克/吨，杀菌200 ~ 400克/吨）
	溶泰	1.5 ~ 2千克/吨
	普通酸化剂	3千克/吨
小猪	饲料厂专用溶菌酶	500 ~ 600克/吨（其中，促生长200克/吨，杀菌200 ~ 400克/吨）
	溶泰	1 ~ 2千克/吨
中大猪	饲料厂专用溶菌酶	500 ~ 600克/吨
	溶泰	0.5 ~ 1千克/吨

目前，没有单独一种产品可以完全替代抗生素。要根据不同日粮、不同动物、不同生长阶段及不同目的来选择不同酶制剂，与其他替抗产品配合使用，采取综合解决方案。生产中常用的酶制剂替抗方案见表4-33。

表4-33　生产中常用的酶制剂替抗方案

阶段	常用方案	备注
乳猪	内源消化酶（强化蛋白酶）+葡萄糖氧化酶+溶菌酶（或中草药提取物）	关注营养性腹泻
小猪	复合酶（根据日粮定制）+葡萄糖氧化酶+溶菌酶（或中草药提取物）	关注细菌性腹泻
生长育肥猪	复合酶（根据日粮定制）+溶菌酶（或中草药提取物）	关注肠炎性腹泻
种猪	复合酶（根据日粮定制）+葡萄糖氧化酶	关注霉菌毒素

十、噬菌体

噬菌体（phage）是感染细菌、真菌、藻类、放线菌或螺旋体等微生物的病毒的总称（图4-15）。1915年，弗德里克·特沃特（Frederick W. Twort）和费利克斯·德赫雷尔（Felix d′Herelle）分别发现了噬菌体。噬菌体是地球上数量最多的生物，其总量可达10^{32}个。噬菌体没有完整的细胞结构、有相对较小的基因组，严格依赖宿主进行增殖，在自然界中长期与宿主共同进化。

噬菌体一经发现，就被人类作为治疗细菌性疾病的利器之一。1923年，格鲁吉亚成立了世界上第一个噬菌体专门研究机构——Eliava研究所，主要从事噬菌体的研究和临床工作。但是，从1929年弗莱明发现抗生素后相当长的时间里，由于抗生素的优势非常明显（生产成本低、抗菌谱广），噬菌体的研究发展缓慢和不受重视。但近年来，由于抗生素的滥用导致一系列生物安全问题的产生，超级细菌问题被大家越来越重视，噬菌体又重新回归大家的视野，并越来越被人们寄予厚望。许多噬菌体成功治愈细菌性疾病案例被陆续报道，有科学家甚至断言：未来细菌性疾病的治疗方法将是抗生素和噬菌体协同作用。噬菌体作为抗菌类产品之一，最大的短板在于它的抑菌谱窄。例如，即便是一株大肠杆菌噬菌体，它也不能裂解所有的大肠杆菌。但这也是噬菌体最大的优点，即噬菌体的高度特异性使其对肠道致病菌的定向精准清除成为可能。与抗生素相比，噬菌体在杀菌的同时不会破坏肠道正常菌群，反而因为清除了有害菌，促进了有益菌的定殖占位。如果能把不同种类有害菌的噬菌体进行复配，就可以拓宽噬菌体制剂的抗菌谱，更好地进行混合感染细菌性疾病的预防和治疗。

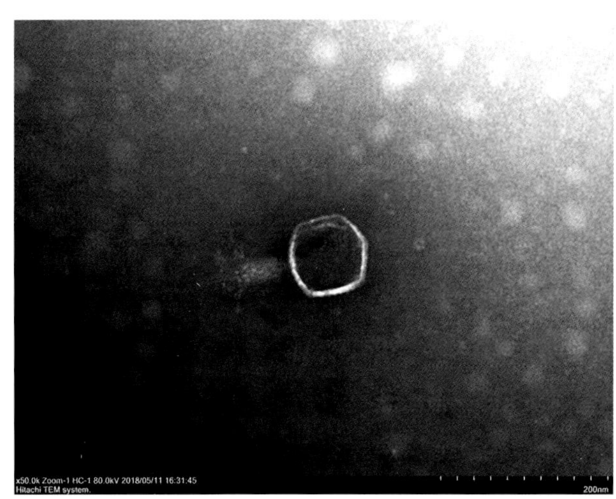

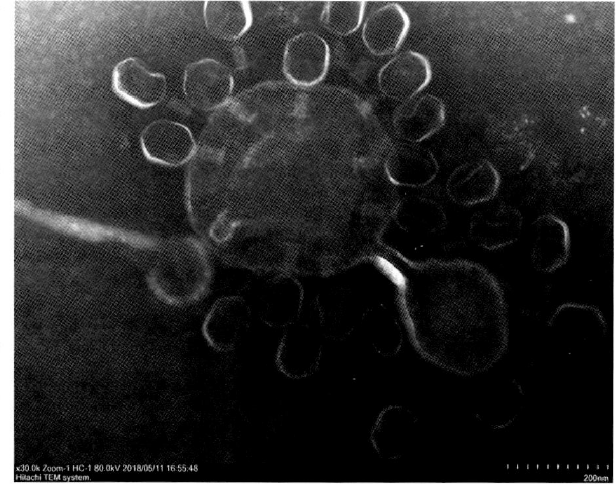

图4-15 噬菌体的电镜照片

（一）噬菌体替抗的理论基础

1.噬菌体的杀菌机制 噬菌体按照其增殖特点，可分为温和噬菌体和烈性噬菌体。温和噬菌体感染宿主菌后并不增殖，其有溶源性周期和溶菌性周期，可偶尔自发地或在某些理化或生物因素的影响下，整合的前噬菌体脱离宿主菌染色体，进入溶菌性周期导致细菌裂解，并产生新的成熟噬菌体。温和噬菌体感染宿主导致宿主发生溶源化反应，常用来做转基因工具。烈性噬菌体也称毒性噬菌体，是指在宿主菌体内复制增殖，产生许多子代噬菌体，并最终裂解细菌的一类噬菌体。它在宿主菌内可高效复制，迅速地形成数百个子代噬菌体颗粒，每一个子代颗粒具备相同的侵袭、繁殖能力；重复4个感染周期后，一个噬菌体颗粒可杀灭数十亿个细菌，这是噬菌体极具特色的一种生物学特性。其杀菌机制主要包括2个方面：一是通过抑制宿主细胞壁的合成导致宿主菌溶解；二是通过溶解酶作用导致宿主细胞壁的破坏。这2个方面都能够有效地破坏宿主菌细胞壁的合成，从而达到杀菌的目的。

噬菌体与其他杀菌类物质相比，其控制细菌性疾病的优势有以下几点：

（1）来源广泛。噬菌体是地球上最丰富多样的生物之一，其传播途径多、分布广。理论上来说，只要有病原菌的地方，就可以挑选到相应的噬菌体。

（2）安全性高、无污染。噬菌体对于真核生物而言是无毒的，同时噬菌体是有限自我复制的病毒。它们仅在宿主菌存在的环境中复制，在其缺乏时快速降解，不污染环境，符合绿色环保的要求。

（3）特异性强。噬菌体只裂解相应的宿主菌，而不会和抗生素一样破坏正常菌群。

（4）增殖速度快。噬菌体以指数方式进行增殖，以T7噬菌体为例，其可在1 ~ 2小时内扩增近100倍。相对于抗生素而言，用少量的噬菌体制剂就可以灭杀宿主菌。

（5）噬菌体能与宿主菌共进化。噬菌体在治疗中优于抗生素之处在于其具有共进化能力，其能够根据宿主菌的进化而进行相应的进化，从而克服宿主菌的抗性。

（6）宿主菌不易对噬菌体产生抗性。细菌对抗生素产生耐药性的突变频率是10^{-6}，相对于抗生素而言，对噬菌体产生抗性的突变频率则为10^{-7}。同时，可以通过鸡尾酒的方法显著降低细菌对噬菌体产品的耐受。

（7）杀菌机制不同。耐受抗生素的细菌不会耐受噬菌体。

2.噬菌体调节肠道菌群的能力 提到调节肠道菌群，首先会想到微生态制剂，其中包含益生菌、益生元等。益生元通常是指能够为肠道有益菌提供营养物质的低聚糖类物质。其实，精准强化肠道菌群的另一种方法是补充有害菌的噬菌体。因此，噬菌体通常被描述为能够靶向清除有害细菌的病毒。

Deerland公司益生菌和酶科学技术副总裁John Deaton博士提出："噬菌体种类繁多，丰富多样，存在于海水、土壤、人类和发酵食品中。"Deerland公司的新型PreforPro噬菌体可通过靶向，并利用特定的不需要的或致病的活细菌细胞作为宿主进行自我繁殖。当噬菌体侵染宿主时，它将控制有害细菌细胞的代谢过程，从而迅速产生噬菌体子代，破坏细胞壁，扩散并寻找更多的细菌宿主细胞。这有效地减少了宿主细菌的数量，为有益细菌的增殖提供了更多的空间，从而改善了肠道的健康状况。

在*Nutrients*杂志上发表的一项研究报告中，研究人员发现，连续28天服用15毫克的噬菌体PreforPro减少了肠道内大肠杆菌的存在，并在此过程中增加了特定有益菌的数量。更具体地说，摄入噬菌体增加了肠道中双歧杆菌、德氏乳杆菌和产丁酸盐的真杆菌属，同时，促炎细胞因子白细胞介素4显著降低。

噬菌体还可以与益生菌结合使用。20多项研究表明，该成分能够促进有益细菌菌株的生长。体外和体内实验均证明，PreforPro噬菌体在有益菌菌株与致病菌菌株竞争时，对乳球菌、乳杆菌、双歧杆菌和枯草芽孢杆菌等有益细菌株的生长有促进作用。在多项体外实验中，PreforPro噬菌体已被证明可促进许多益生菌的生长，包括短双歧杆菌、动物双歧杆菌、长双歧杆菌、嗜酸乳杆菌、干酪乳杆菌、鼠李糖乳杆菌、乳酸乳球菌和枯草芽孢杆菌等。

3.噬菌体的抗逆性 噬菌体是活的生物体，有其最适的生存条件。在生猪养殖中使用时，特别是在饲料加工过程中日常添加使用时，必须考虑其抗逆性，主要包括耐胃酸、胆盐、蛋白酶，耐饲料制粒高温，耐储存等。在一些国家，像格鲁吉亚、波兰等，噬菌体作为人类口服药物的使用已经有100多年的历史，其耐胃酸、胆盐、蛋白酶及耐储存的能力已经得到了充分的验证。在饲料加工过程中，主要的难点在于噬菌体是否能经受其高温制粒工艺（含温度和压力）。近些年，由于饲料禁抗，噬菌体的开发利用已经被越来越多的科研院所和企业所重视。

目前，提高噬菌体在制粒过程中耐高温制粒能力主要从3个方面入手：第一，不同种属的噬菌体耐受的温度不一样，在自然界筛选噬菌体时，可以优先考虑耐高温能力较好的毒株；第二，可以对噬菌体毒株进行高温驯化，逐步提高噬菌体耐高温的能力；第三，可以对噬菌体进行预制粒、包衣和包被，通过耐温保护工艺，提高噬菌体对高温、高压的耐受能力。选用嵌段式聚醚F-86为包被剂、脱脂米糠为载体，可以大幅度提高噬菌体耐高温、高压的能力。

4.噬菌体的安全性 噬菌体本质上是一类细菌病毒。由于“病毒”一词通常带有负面色彩，因此把病毒用作抗菌剂应用时是否安全，始终遭受部分学者质疑，甚至日后可能面临极大的公众阻力。这一状况堪比转基因食品。无论噬菌体应用于人体、动物还是食品中，关于其安全性的质疑，主要集中在以下4个方面：噬菌体是否会感染动物体细胞、是否会对动物体产生毒副作用、是否会破坏机体正常菌群以及是否会引发严重的内毒素血症。

无论是经动物试验，还是经人体临床试验，噬菌体的使用均被证实不会产生副作用。大量毒理学试验也表明，噬菌体对机体无急性或慢性毒理作用。美国FDA批准噬菌体作为食品添加剂，说明其对人体和动物是安全的。从机理上看，噬菌体被普遍认为不会感染动物体细胞，不具备广谱杀菌作用。因此，它们作抗菌剂使用不会产生副作用，不会破坏肠道的正常菌群、引发严重的内毒素血症。

5.噬菌体与其他替抗品的联合作用 自从饲料禁抗以来，抗生素的替代品被人们研究得越来越多，如益生菌、精油、抗菌肽、溶菌酶、中草药提取物等。在实际应用中，配方师在做替抗配方时，通常不会只使用一种替抗产品，而是选择2～3种甚至多种组合，以保证效果。这就要求，在所选的替抗方案的各产品中，相互之间不能有拮抗、抑制等情况发生。事实上，目前市面上使用最多的还是益生菌系列产品。益生菌包含了乳酸菌、酵母菌、枯草芽孢杆菌等多种，不少抗菌物质对其是有一定影响的。

噬菌体作为替抗配方中的一种，有5个显著的优势：

（1）在目前所有替抗品中，噬菌体的杀菌能力是最强的。不少替抗品都是间接抑菌或者调节免疫，只有噬菌体是直接裂解细菌、杀菌。目前，在人类耐药菌感染的临床治疗中，除了抗生素外，只有噬菌体在广泛应用，其高效性和安全性已经得到了充分检验。

（2）噬菌体不能进入人体和动物的细胞，不参与动物体内代谢，但能穿透血液屏障。所以，相比其他替抗产品以肠道为主要作用区域，噬菌体除了在肠道直接杀菌，还能进入血液到达其他器官，对全身感染的治疗效果更好。

（3）噬菌体特异性很强，是选择性地杀菌，不会杀灭肠道中的正常有益菌。这相比某些“广谱通杀”的替抗品来说，是一个独特的优势。因此，噬菌体可以作为肠道菌群的精准调节剂。

（4）噬菌体可与多种常见替抗品配伍使用。噬菌体是只杀特定细菌的病毒，它既不会影响其他替抗品的效果，其他替抗品也不会抑制它的功效。

（5）养殖场经过以前大量使用抗生素的时代后，很多致病菌已经对抗生素产生了耐药性。但是，致病菌产生的耐药性对噬菌体没有作用，而且致病菌在受到噬菌体的侵染时，噬菌体对其耐药机制产生破坏，使抗生素的敏感性增强，养殖场用药效果变好，这点是其他替抗产品所不具备的。

（二）噬菌体的应用现状

近年来，噬菌体在生猪饲粮中的应用已陆续被报道。Lee等（2016）研究表明，在母猪料和教槽料中添加噬菌体可以改善母猪繁殖性能，提高产仔数、断奶重和平均日增重，降低母猪肠道产气荚膜梭菌数量，降低断奶仔猪肠道大肠杆菌的数量，同时提高乳酸杆菌的数量。Lee等（2016）利用大肠杆菌K88构建断奶仔猪攻毒模型，断奶仔猪饲粮中添加噬菌体可以显著降低攻毒引起的断奶仔猪腹泻、缓解攻毒引起的仔猪采食量和平均日增重降低，改善攻毒引起的仔猪肠道损伤。结果表明，噬菌体可以缓解大肠杆菌K88攻毒引起的断奶仔猪不良症状。Hosseindoust等（2016）通过2×2因子设计，研究了饲粮中添加噬菌体对污染猪舍或非污染猪舍中饲养仔猪生长性能的影响，研究者在试验开始前10天将腹泻的非试验猪引入猪舍建立污染猪舍试验条件（不清理猪舍排泄物，且试验开始前不进行消毒）。研究发现，污染猪舍仔猪日采食量（ADFI）和平均日增重（ADG）均显著降低，饲喂含1克/千克噬菌体35天可提高仔猪ADG和饲料转化率（FCR），且仔猪FCR受噬菌体与猪舍环境交互作用影响。具体表现为：在非污染猪舍条件下，添加噬菌体对仔猪FCR无影响；而在污染猪舍条件下，添加噬菌体提高仔猪FCR。给断奶仔猪饲喂含0.34%氧化锌、0.20%有机酸和0.1%噬菌体，试验期35天，结果发现，尽管各组间断奶仔猪ADFI无显著差异，但相比对照组，饲粮中添加0.1%噬菌体显著提高断奶仔猪试验第0～21天ADG和FCR，且噬菌体组仔猪生长性能与氧化锌组、有机酸组无显著差异。Kim等（2017）进行了2项有关噬菌体在仔猪饲粮中的试验研究。试验一发现，饲粮中添加噬菌体均可显著提高断奶仔猪ADG，而对仔猪ADFI和FCR均无显著影响；试验二进一步采用2×2因子设计研究了噬菌体与益生菌的组合效应（因子2为噬菌体水平：0克/千克和1克/千克；因子1为益生菌水平：0克/千克和3克/千克），但其结果发现，噬菌体与益生菌对断奶仔猪生长性能并没有互作效应。饲粮中添加0.1%噬菌体显著提高断奶仔猪试验第7天、第21天和第35天干物质全肠道表观消化率，且提高试验第7天和第21天粗蛋白质全肠道表观消化率。1×10^6 菌斑形成单位/克特异性裂解噬菌体组可显著降低产毒素大肠杆菌ETEC攻毒仔猪粪便中ETEC数。

（三）应用案例

综合国内外的文献研究及国内实际应用中的使用情况，山东新航线生物科技有限公司推荐了各阶段猪配合饲料中添加量（表4-34和表4-35），并列举了一些国内企业典型应用案例（以大肠杆菌噬菌体+沙门氏菌噬菌体+魏氏梭菌噬菌体总效价为10亿菌斑形成单位/克的产品为例），数据见表4-36。试验表明，科学添加噬菌体制剂，可以有效地改善生猪肠道健康，降低腹泻等细菌性疾病发生率，提高生猪健康水平，提高饲料转化率。

表4-34　各阶段猪日粮噬菌体推荐使用量

单位：克/吨

产　品	乳仔猪（<25千克）配合饲料	小猪（25～60千克）配合饲料	中大猪（60千克至出栏）配合饲料	母猪配合饲料	公猪配合饲料
噬菌体（总效价1×10^9菌斑形成单位/克）	500	400	300	400	400

表4-35　噬菌体对断奶仔猪生长性能、腹泻率、肠道微生物和血清免疫指标的影响

组　别	料重比	腹泻率（%）	乳酸菌菌落形成单位的常用对数	大肠杆菌菌落形成单位的常用对数	沙门氏菌菌落形成单位的常用对数	IgA（毫克/毫升）	IgG（毫克/毫升）	IgM（毫克/毫升）
对照组	1.68±0.02a	10.61±1.25a	6.21±0.16b	8.33±0.23a	4.11±0.22a	1.19±0.06b	1.29±0.03b	1.28±0.02
试验组	1.52±0.03b	3.12±0.88b	8.52±0.25a	7.28±0.55b	3.09±0.28b	1.52±0.07a	1.65±0.05a	1.30±0.06

注：同一列数据标不同小写字母表示差异显著（$P<0.05$）。

表4-36　噬菌体对母猪生产性能、肠道微生物和血清免疫指标的影响

组　别	断奶活仔数（头）	平均断奶重（千克）	平均日增重（克）	乳酸菌菌落形成单位的常用对数	大肠杆菌菌落形成单位的常用对数	沙门氏菌菌落形成单位的常用对数	IgA（毫克/毫升）	IgG（毫克/毫升）	IgM（毫克/毫升）
对照组	8.90±1.40	6.12±0.05b	223.33±5.12b	6.95±0.21b	7.73±0.19a	4.35±0.16	2.02±0.13b	12.88±1.03b	3.79±0.57b
试验组	10.00±0.50	6.62±0.07a	246.67±3.89a	7.68±0.29a	7.01±0.52b	3.13±0.33	2.67±0.19a	15.05±0.87a	4.50±0.35a

注：同一列数据标不同小写字母表示差异显著（$P<0.05$）。

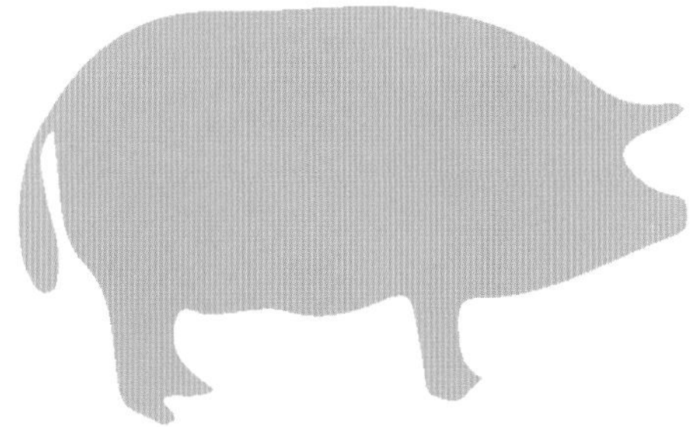

第五章 实操策略

主　　编：谭会泽

副 主 编：李平华

编写人员（按姓氏笔画排序）：

王松波　尹德明　邓　敦　龙伟华　李　勇

李　浩　李玉峰　李平华　李鹏飞　吴承武

邱新深　辛海瑞　陈琨飞　郑卫江　侯黎明

高　硕　高勤学　黄亚宽　曾志凯　谭会泽

魏清甜

审稿人员：黄瑞华

内 容 概 要

本章系统梳理了生猪养殖替抗的实操策略，详细介绍了猪场的管理团队、规划设计、生物安全、场舍条件、环境控制、健康养殖体系、猪群健康监测、疫病防控、系统营养方案、后备引种、公猪精液质量、母猪配种哺育、仔猪培育护理、生长育肥饲管14个方面的实际操作策略和指南，对于生猪养殖替抗条件下猪场各方面的实际操作具有重要的借鉴和参考价值。

一、猪场管理团队要专业高效

（一）专业高效猪场管理团队的重要性

当前，饲料禁抗、养殖减抗及产品无抗的环境和形势，对生猪养殖过程饲料营养、环境控制、疾病防控和高效管理等诸多方面提出了新的要求。其中，专业高效的管理对于提高饲料利用水平、改善养殖环境和减少疾病发生等均具有至关重要的作用。此外，猪场的经济效益主要通过生产水平来实现，而高生产水平必须依靠专业高效的管理团队执行猪场的各项生产管理和技术措施。因此，猪场管理团队的水平和素质不仅会影响生猪的健康养殖，同时也决定着猪场的经济效益。

目前，许多规模化猪场普遍存在替抗压力大和经营管理难的问题，尤其是中小型规模化猪场更是普遍面临着生产成绩不理想、员工工作积极性不高、工人跳槽现象严重、企业效益低下等局面。因此，组建和培养一支专业高效的管理队伍是取得良好经济效益的关键性因素，更是有效推进生猪产业健康发展、实现生猪养殖从饲料无抗向产品无抗发展的重要保障。

（二）专业高效猪场管理团队的构成

现代化猪场管理的要求和猪场生产规模决定着猪场管理团队构成与岗位组成。一般来讲，猪场管理团队包括（副）场长、场长助理、区长和组长等不同层级。猪场（副）场长1人；场长助理1人或生产主管1人；区长人数按区数而定，1～2条生产线设区长1人；猪场后勤设组长1名，每条生产线需设立配种妊娠舍组长1人、分娩舍组长1人、保育舍组长1人。猪场管理团队通过对下辖的饲养员、采精员、精液制作员、出纳、仓管、水电工、厨师、保安员和洗衣工/清洁工等人员的管理，保证猪场生产和生活的良好运行。一般猪场的组织架构如图5-1所示。

1.（副）场长　负责猪场全面管理（团队管理、组织管理、生产管理、经验管理、安全管理、沟通与协调）工作，保障生产和经营效益。一般要求中专及以上学历，优先畜牧兽医或相关专业，3年以上相关工作经验；要求掌握饲养管理、疾病防控、生产设备管理、基建与环保知识，熟悉仓储管理、安全管理知识，掌握猪场各环节关键技术操作，熟练操作办公软件。直接下级岗位为场长助理、出纳、仓管、后勤组长。

（1）出纳。负责猪场财务管理，如现金收支管理、单据管理和物资管理等，协助做好各项财务监管、统计。一般要求高中或中专以上学历，优先财会类专业；要求掌握企业财务制度，熟悉财会相关法律法规、会计核算、资金管理、成本管理、财务内控等知识，了解审计知识，熟练操作财务等相关办公软件。

（2）仓管。负责管理和发放饲料、药品及其他物料，保障猪场生产和经营效益。一般要求高中、中专学历，优先财会类专业；要求掌握仓储管理知识，具备较高的物料整理和归类能力，熟悉安全管理知识。

2.场长助理　协助（副）场长管理猪场（生产管理、安全管理、防疫消毒管理、财务管理、沟通与协调），保障生产和经营效益。一般要求中专及以上学历，优先畜牧兽医或相关专业，2.5年以上相关工作经验；要求掌握疾病防控知识，熟悉饲养管理、设备管理、安全管理及仓储管理知识，熟练掌握猪场各环节技术操作要点，熟练操作办公软件。直接管理下级岗位为区长。

3.区长　负责本区管理（团队建设、生产管理、安全管理、防疫管理、财务管理等）工作，保

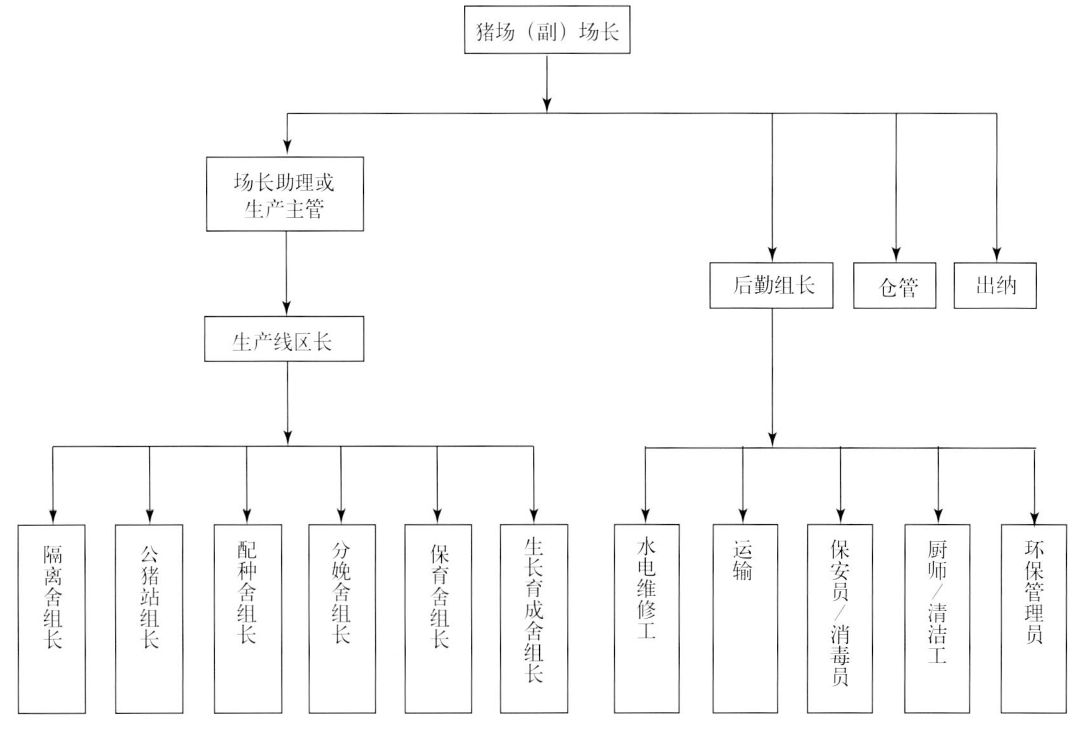

图5-1　猪场组织架构

障本区生产和经营效益。一般要求中专及以上学历，优先畜牧兽医或相关专业，2年以上相关工作经验；要求掌握疾病防控和安全管理知识，熟悉饲养管理、设备管理及仓储管理知识，熟练掌握猪场各环节技术操作要点，熟练操作办公软件。直接管理下级岗位为组长。

4.组长　包括隔离舍组长、公猪站组长、配种舍组长、分娩舍组长、保育舍组长、生长育成舍组长6个生产组组长。

(1) 隔离舍组长。负责隔离舍的管理（团队建设、生产管理、环境管理、防疫消毒管理、财务管理等）工作，保障生产和经营效益。一般要求高中、中专及以上学历，优先畜牧兽医或相关专业，2年以上相关工作经验；要求掌握疾病防控和安全管理知识，熟悉饲养管理、设备管理及仓储管理知识，熟练掌握猪场各环节技术操作要点。直接管理下级岗位为隔离舍饲养员。

隔离舍饲养员：负责隔离舍猪群饲养、护理，保障猪群的经济效益。一般要求有养殖场工作经验，熟悉饲养和防疫基本知识，掌握饲养基本技术操作。

(2) 公猪站组长。负责公猪站管理（团队建设、生产管理、环境管理、防疫消毒管理、财务管理等）工作，保障生产和经营效益。一般要求中专或高中以上学历，优先畜牧兽医或相关专业，2年以上相关工作经验；要求掌握疾病防控和安全管理知识，熟悉饲养管理、设备管理及仓储管理知识，熟练掌握猪场各环节技术操作要点。直接管理下级岗位为采精员/公猪站饲养员、精液制作员。

采精员/公猪站饲养员：负责精液采集、公猪饲养及保障生产。一般要求有养殖场工作经验，熟悉饲养及防疫基本知识，掌握精液采集及制作技能。

精液制作员：负责精液制作、处理及保障生产。一般要求有养殖场工作经验，熟悉饲养及防疫基本知识，掌握精液采集、制作技能。

(3) 配种舍组长。负责配种舍管理（团队管理、生产管理、环境管理、防疫消毒管理、财务管理等）工作，保障生产和经营效益。一般要求高中或中专以上学历，优先畜牧兽医或相关专业，2年以上相关工作经验；要求掌握疾病防控和安全管理知识，熟悉饲养管理、设备管理及仓储管理知识，熟练掌握猪场各环节技术操作要点。直接管理下级岗位为辅配和配种舍饲养员。

辅配：负责配种舍猪群饲养、护理、查情和人工授精。一般要求高中或中专以上学历，优先畜牧兽医或相关专业；要求有一定养殖场工作经验，熟悉饲养和防疫基本知识，掌握饲养、查情和人工授精技术操作。

配种舍饲养员：负责怀孕母猪饲养、护理，保障生产。一般要求有养殖场工作经验，熟悉饲养和防疫基本知识，掌握饲养基本技术操作。

（4）分娩舍组长。负责分娩舍的管理（团队管理、生产管理、环境管理、防疫消毒管理、财务管理等）工作，保障生产和经营效益。一般要求高中或中专以上学历，优先畜牧兽医或相关专业，2年以上相关工作经验；要求掌握疾病防控和安全管理知识，熟悉饲养管理、设备管理及仓储管理知识，熟练掌握猪场各环节技术操作要点。直接管理下级岗位为选育员和分娩舍饲养员。

选育员：协助组长做好分娩舍饲养管理工作，同时负责仔猪选留。优先畜牧兽医或相关专业，有养殖场工作经验，熟悉饲养和防疫基本知识，掌握饲养管理及技术操作知识。

分娩舍饲养员：负责分娩舍种猪和仔猪饲养、护理，保障所负责猪群的经济效益。一般要求有养殖场工作经验，熟悉饲养和防疫基本知识，掌握饲养基本技术操作。

（5）保育舍组长。负责保育舍的管理（团队管理、生产管理、环境管理、防疫消毒管理、财务管理等）工作，保障生产和经营效益。一般要求高中或中专以上学历，优先畜牧兽医或相关专业，2年以上相关工作经验；要求掌握疾病防控和安全管理知识，熟悉饲养管理、设备管理及仓储管理知识，熟练掌握猪场各环节技术操作要点。直接管理下级岗位为保育舍饲养员。

保育舍饲养员：负责保育舍仔猪群饲养、护理，保障所负责猪群的经济效益。一般要求有养殖场工作经验，熟悉饲养和防疫基本知识，掌握饲养基本技术操作。

（6）生长育成舍组长。负责生长育成舍的生产管理和行政工作，保障生产和经营的合理效益。一般要求高中或中专以上学历，优先畜牧兽医或相关专业，2年以上相关工作经验；要求掌握疾病防控和安全管理知识，熟悉饲养管理、设备管理及仓储管理知识，熟练掌握猪场各环节技术操作要点。直接管理下级岗位为生长育成舍饲养员。

生长育成舍饲养员：负责生长育成舍猪群饲养、护理及上市前准备工作，保障所负责猪群的经济效益。大专以下学历，一般要求有养殖场工作经验，熟悉饲养和防疫基本知识，掌握饲养基本技术操作。

5.后勤组长　负责管理猪场后勤团队，为猪场生产、生活提供后勤保障。一般要求高中或中专以上学历，优先机电类相关专业，2年以上相关工作经验；要求熟练操作及修护各种水电设备，了解仓储管理知识，熟悉安全管理知识。直接管理下级岗位为水电维修工、厨师/厨工、洗衣工/清洁工、保安员/消毒员和环保管理员等。

（1）水电维修工。负责猪场水电线路及设备的安装、监控和修护，保障生产。一般要求高中、中专或大专学历，优先机电类相关专业，1年以上相关工作经验；要求掌握水电等设备工作原理和安全操作规程，熟练掌握水电安装和维修，熟悉公司安全生产相关规章制度。

（2）厨师/厨工。为猪场员工提供饮食，并保障饮食安全。要求身体健康，1年以上相关工作经验，烹饪技术较好，了解食品安全管理相关制度。

（3）洗衣工/清洁工。负责生产线员工服装清洗、消毒及修补，保障生产安全。一般大专以下学历，熟悉去污、消毒知识以及洗衣机操作程序，掌握服装缝补技术。

（4）保安员/消毒员。维护猪场内部、周边治安及水电、生产安全，确保场内生产、生活正常。对外来车辆、人员及场内设施进行消毒，防止病毒、细菌渗入，保障生产安全。一般要求有养殖场工作经验，熟悉猪场存在的各类安全隐患以及安全生产规章制度，掌握消毒方法及消毒液配法，熟悉公司防疫消毒规章制度，掌握各类隐患排除方法。

(5) 环保管理员。解决猪场排污问题，确保达标排放。一般要求高中或中专学历，优先机电类相关专业，有养殖场工作或相关设备操作工作经验，熟悉基本排污知识以及污水处理相关设备操作与修护。

6.夜班组组长 负责夜间生产线猪群饲养管理及夜间安全生产管理，保障生产及经营效益。一般要求高中、中专学历，优先畜牧兽医或相关专业，2年以上相关工作经验；掌握疾病防控和安全管理知识，熟悉饲养管理、设备管理及仓储管理知识，熟练掌握猪场各环节技术操作要点。直接管理下级岗位为夜班员。

夜班员：负责夜间生产线猪群饲养、护理（值班巡查、日常事务），维护夜间生产安全，保障经营效益。一般要求有养殖场工作经验，熟悉饲养和防疫基本知识，掌握饲养基本技术操作。

（三）专业高效猪场管理团队的组建

1.外部招聘 外部招聘是指企业通过在专业媒体发布招聘公告的途径招聘人才。此外，养猪行业的同行及内部员工推荐也是招聘人才的重要途径。招聘人员一般需进行试用。管理规范、在业界口碑良好的企业更容易吸引人才加盟，猪场良好的运营状况是吸引优秀人才加盟的重要因素。

2.内部选拔 内部培养和选拔也是养猪企业获得所需人才的重要途径。企业需要深入了解内部人才，盘点员工技能、经验、期望和抱负。在猪场扩大或分场建设过程中，内部选拔是快速而有效的途径。猪场所需要的人才大多数是实用型人才，内部选拔的人才对猪场的情况也比较了解，忠诚程度相对较高。而且，晋升的激励作用会提高内部员工的工作积极性。

（四）专业高效猪场管理团队的培养

猪场管理团队要根据猪场存在的问题，采取针对性的培养措施。目前，猪场存在的问题一般包括：平台和提升空间缺乏，工作环境和激励机制欠缺，对员工重视程度不够、缺少人文关怀，学习和培训力度不够等。因此，针对以上问题，需要采取相应有效措施，培养专业高效的管理团队。

1.企业文化 企业文化是凝聚员工的源泉，更是鼓励员工积极向上的动力。例如，温氏食品集团股份有限公司的企业文化精神是精诚合作，各尽所能。用科学，办实事，争进步，求效益。文明礼貌，胸怀广阔，磊落光明。同呼吸，共命运，齐创美满生活。齐创共享的精神和理念能够很好地吸引和聚集人才。再如，牧原食品股份有限公司企业文化包括核心理念、企业责任和人生观价值观。核心理念：倡导“利他”主义，走共同发展道路。企业责任：为员工创造机遇，为社会创造财富，为人类提供质优价廉、安全放心的猪肉；让每个员工工作都顺心，每个家庭生活都幸福。人生观价值观：认识人生，感悟人生，体验人生。总之，良好的企业文化对于培养专业高效的管理团队具有潜移默化的巨大推动作用。

2.管理制度 制度是双刃剑，具有两面性，既有约束人行为的作用，也有保护人利益的作用。企业要让员工明白什么是应该做的，什么是不应该做的，还要让猪场生产标准化和模式化。管理者需要根据养猪规模和实际情况制定制度及要求，如岗位职责和操作规程、消毒制度、防疫制度、财务制度和薪酬制度等。一些大型生猪企业都制定有“猪场作业指导书”“猪场岗位说明书”等管理制度，以方便管理团队开展管理工作，达到专业高效的目的。

3.人文关怀 管理团队要与员工多沟通，了解员工需求，并尽量为员工生活排忧解难。同时，要满足员工精神上的基本需求和合理诉求。管理团队可以根据实际情况，组织有意义的集体活动；此外，要认同和尊重员工。例如，可以开展员工生日祝福和节假日聚会等活动，制定岗位轮休制度及相关激励奖励政策。

4.执行力度 好的制度和管理需要有强的执行力才能真正落实和见效。猪场的管理不能只作表面文章、搞花架子，要用真功夫、动真格。企业的规章制度和场内的规章制度，需要员工共同遵守执行，不能形同虚设。首先，团队要组织员工学习猪场制度，传达制度的必要性和重要性。规章制度并不是管束和约束员工的手段，而是让员工学习做好管理者或生产者、履行好职责、提升自己的知识和操作技能的方法。员工对猪场规章制度的内心认同，是猪场规章制度有效执行的前提和保障。其次，团队要督查落实制度。在学习认识猪场制度的前提下，管理团队更要抓制度的落实，检查和监督员工的执行情况，设定一定的奖惩措施，不断巩固强化制度的落实和执行。

5.激励机制 适当的激励机制是调动员工积极性和保证团队执行力的有效措施。在猪场生产中最好以正向激励为主，包括表扬、赞许、加薪和奖励等。负向激励包括带有惩罚和警示性质的批评及减薪等。综合运用这两种激励手段，鼓励、发扬好的做法、好的行为、好的作风，促其发扬光大；抑制、打压坏的做法、不利行为、不良作风，促其改正错误。只有这样才能更好地调动员工积极性，保证各项制度有效落地。

6.合作精神 只有良好的合作才能发挥1＋1>2的效果，实现共赢并推动猪场各项工作的顺利开展。首先，团队要有共同的奋斗目标，团队成员对目标要达成共识。其次，团队方向、路线要一致。目标定位后，要确定方向和路线，朝着一个正确的方向前进。再次，团队要同心同德，心往一处想，劲往一处使。工作中相互支持、相互配合，形成合力，积聚能量。最后，团队要加强沟通协作。沟通既是一种工作态度，也是一种工作能力。沟通要保持平等、真诚、坦荡、唯实的原则。通过有效的沟通，推动猪场工作的协助和开展。

7.培训工作 培训是提高管理团队素质、提升团队凝聚力和战斗力的重要举措，因此要重视和做好培训工作。培训可考虑以下4个方面。

(1) 企业文化培训。加强企业精神、经营理念、职业道德等培训，宣传、践行主流文化和核心价值观。

(2) 企业制度培训。引导员工认识企业（猪场）的制度、领会制度、执行制度，增强制度执行的自觉性和有效性。

(3) 职业技能培训。针对猪场相关的技能，如畜牧技术、兽医技术、管理科学、财会专业等开展培训，提高员工养殖技术水平和管理水平，使之熟练掌握各种规范化操作。

(4) 政策法规培训。通过培训使管理团队掌握与生猪健康养殖相关的国家政策法规（特别是饲料健康、养殖健康及产品无抗等），进而更好地开展猪场的相关工作。

二、猪场规划设计要科学合理

（一）猪场选址的原则

猪场选址首先要考虑的是符合当地法律法规所要求的条件和当地政府的规划，其次需要考虑的就是计划投资金额和“四通一平”所付出的代价等，再次就是生物安全和遗传育种级别要求等。单从生物安全角度考虑，综合各种风险，按照各种风险要素的重要性分配分值和打分，根据打分的高低选择建设遗传育种水平不同等级的猪场。根据这样的选址原则，整理需要考虑的关键要素如下。

1.法律法规条文和当地政府规划 禁止在旅游区、自然保护区、古建筑保护区、水源保护区、畜禽疫病多发区和环境公害污染严重的禁养区建场。还要到政府的规划和环保部门咨询土地性质、对环境的影响和未来土地规划等。

2.计划投资额和“四通一平” 经济活动都是要追求投资回报率的。计划建设的猪场首先要考虑投资总额、“四通一平”的前期投入，然后再考虑后续建设的投资、运营的流动资金等。如果前期投入过大，会严重影响投资回报率。

“四通”是指通路、通水、通电、通信，“一平”是指场地平整。这些是建设猪场前期的投入，其中通路最为关键和重要。猪场场址交通便利与猪场防疫是矛盾的统一，需要二者兼顾。因为一方面猪场需要运输大量的饲料，出售种猪、肥猪和仔猪；另一方面有大量的猪粪需要外运处理，尤其是北方的冬季，需要考虑大雪封路时道路不通对生产的影响。

3.生物安全防控距离

（1）生猪密度和潜在运输量。

①调研计划新建猪场不同范围内猪只的数量。分别统计0 ～ 2千米、2 ～ 5千米、5 ～ 10千米、10 ～ 20千米、20 ～ 50千米村庄和养猪场的数量，每个范围内猪只的数量和密度等。

②距离公共道路的距离、公共道路拉猪车的转运频率。

（2）规模化猪场距离污染源的最低距离见表5-1。

表5-1　规模化猪场距离污染源的最低距离

屠宰场	垃圾处理场、肉骨粉加工厂	死猪处理场	活畜交易市场	拉猪车辆洗消点	其他猪场粪污消纳点
＞5千米	＞1千米	＞2千米	＞10千米	＞1千米	＞2千米

注：考虑到污染源处于规模化猪场常年主要季风的位置和隔离带建设等情况，表中要求的距离是最低要求。

（3）距离其他类型动物养殖场的距离。其他动物养殖场距离越近、规模越大，对计划新建猪场的风险越大。

（4）计划新建猪场的地形地势、隔离带及防护林带等。所选地块的地形越平坦，所付出的土地平整费用越低；所选地块的地势越分明，排污和通风效果越好（最大坡度不宜超过25%）；所选地块周围隔离带和防护林带越稠密（最好10米以上），随风传播的疾病如猪繁殖与呼吸综合征、口蹄疫等防控效果越好。所选地块应高燥，地下水应在2米以下。

（5）季风、气候和居民区情况。

①应该避开处于最近规模化养殖场常年季风的下风口。如果实在避免不了，应该考虑建设防护措施，如建设防护林带等。

②防寒保暖、防暑降温。南北气候差异较大、季风时间长短不一，北方高寒地区应考虑猪场坐北朝南，最好西北方向靠山、东南方向朝阳，同时做好猪舍的防寒保暖措施；南方高温高湿地区应考虑做好猪舍的防暑降温措施。

③远离居民区。计划新建猪场首先应避开城镇居民区常年主导风向的上方，养猪场或多或少都会有部分空气污染和噪声污染。为避免影响养猪场周围居民的生活，养猪场最好与居民区保持500米以上的距离。

（6）计划建设猪场遗传育种等级有关的位置风险。不同等级的种猪场如公猪站、父系/母系核心育种场、遗传改良场、规模化种猪场、普通商品种猪场、商品肉猪场等要求的选址评分数值不同，级别越高的种猪场要求的评分越高。同时，还要兼顾未来周围环境变化趋势的风险等，避免投资失误。

4.风险的重要性排序　根据各种风险的重要性，按照表5-2猪场风险评估表的内容，可以简洁明了地评估计划建设猪场所选地块是否安全。

表5-2 猪场风险评估表

指标	重要性	最高分
计划新建猪场周围10千米内猪只的数量	******	200
计划新建猪场周围5千米内猪只的密度	****	150
计划新建猪场周围20～50千米内猪只的密度	***	100
距离计划新建猪场最近的规模化猪场的距离、规模、管理水平	***	100
计划新建猪场附近其他可能的污染源	***	100
计划新建猪场的地势/地形	***	100
计划新建猪场与最近道路的距离和每天拉猪车经过的数量	***	75
计划新建猪场的规模	**	50
计划新建猪场周围5千米内猪场的数量	**	50
计划新建猪场周围其他动物的影响	**	50
季风和气候情况	*	25
合计分值	*	1 000

（二）猪场的合理布局

目前，国内不同规模的猪场并存，而且未来也将长期共存。规模化猪场配套设施设备齐全，而中小规模猪场和家庭农场相对简单很多，但不同规模猪场设计规划时都要考虑经济实用和生物安全2个最重要的因素。中小规模猪场和家庭农场一部分设施设备和功能区（如车辆一二级洗消等）可以借助社会资源而不必自己建设，另一部分设施设备和功能区（如人员和物资初级洗消隔离中心等）则必须匹配。下面以规模化猪场配套的设施设备和功能区为例介绍猪场规划设计时的布局原则和方法，中小散养户可以参考设计原则和方法建设相应的功能分区。

具体来说，规模化猪场规划布局需要匹配7区1平台1中心等。

1.车辆洗消区 规模猪场所需物资多，各类物资进出频繁，为生物安全考虑，需要建设车辆一、二、三级洗消区。

（1）车辆一级洗消区。主要是猪只销售车辆的初洗、消毒和晾干。

（2）车辆二级洗消区。主要是猪只销售车辆的二次洗消、晾干和烘干。一般要求车辆二次洗消烘干后，对车辆的驾驶室、车底板、车厢表面、栏杆等全方位采样检测非洲猪瘟、流行性腹泻等病原；车辆二级洗消区也配套建设司机洗澡消毒通道以及配套的洗消物资，如淋浴间、洗衣机、烘干机、司机休息室等。二级洗消区也适用于饲料转运车辆及司机的洗消和检测等。

（3）车辆三级洗消区。经过一级、二级洗消处理后，对准备靠近猪场的车辆进行最后一次消毒、晾干和烘干处理。车辆三级洗消区一般建设在靠近猪场围墙或猪场专用道路上，准备作业生产的最后一次消毒处理。洗消的对象一般是场外罐装饲料运输车、袋装饲料运输车、场外猪只中转车辆、大件物资运输车等。

2.人员物资洗消区 包括人员和物资的一级洗消区和二级洗消区。

（1）人员物资一级洗消区。鉴于目前和今后疫情复杂以及生猪养殖从业者生物安全意识的提高，人员物资分阶段处理和洗消已成共识。人员一级洗消区指员工休假回场前或访客进入猪场前需要在专门建设的隔离区，经过洗消通道和流程处理，确保安全后再进入下一个环节的区域。物资处理流程与人员相仿，在一级洗消区，物资经过浸泡消毒、干燥、紫外线照射、熏蒸等处理，然后在洗消区的净区采样检测和静置。待猪场需要时，用专用车辆配送到猪场的二级洗消区处理。

（2）人员物资二级洗消区。一般指养殖场入口处设置的人员和物资洗消通道。人员和物资在一级洗消区经洗澡消毒检测安全后，到场区入口处再次洗澡消毒处理，然后进入养殖场生活区和物资库房。

3.场外后勤保障区

（1）中央厨房。目前，规模化猪场的厨房大部分都转移到场外的专门区域，建立起中央厨房。中央厨房的食材从人员物资一级洗消区配送进来，在中央厨房加工处理后经专门的容器配送到养殖场或生活区入口处的蒸箱，再经蒸箱加热消毒后供员工食用。

（2）后勤保障区。提供后勤保障服务的外勤和政府联络官、中央厨房厨师、锅炉工、健康中心员工等集中在后勤保障区工作生活。

（3）健康中心。专指给猪场提供各种微生物、病毒抗原抗体等化验的实验室，是目前规模化猪场的标配。

4.销售中转平台

（1）场外销售中转平台。为防止社会车辆靠近猪场作业带来的风险，特设计场外猪只销售中转平台。目前，建设科学合理的场外销售中转平台匹配有猪场内部中转车辆卸猪口、社会车辆装猪口、猪只暂存栏、洗消房、死猪无害化处理点、污水储存处理点等功能区。同时，要求猪场内部中转车辆和社会车辆的道路完全分开、不交叉。

（2）场内销售中转平台。特指猪场内猪只转运到院墙外所使用的中转平台。需要注意的是，场内中转平台的洗消污水不能倒流回场内，需要合理设计和收集储藏在场外容器中。

5.场外饲料中转区　部分规模化种猪场的罐装饲料车经过车辆二、三级洗消区洗消烘干处理后直接到猪场院墙外，通过罐装料车的机械臂直接打料到场内的料塔里，然后再由场内散装料车转运到各栋舍的料塔内。而生物安全等级更高的公司和猪场要求外部罐装料车即使经过车辆二、三级洗消也不能靠近猪场，而是在场外设置饲料中转区。外部罐装饲料车只能到中转区把散装料卸到料塔内，饲料再由场内专用车辆转运到料塔里。

6.场内后勤保障区（供暖区、无害化处理中心和门岗等）

（1）供暖区、无害化处理中心。目前，国内新建的规模化猪场都把为猪场服务的功能区（如供暖区、无害化处理中心等）与猪场核心生产区用实体墙分隔开。这样设计的好处有很多：首先，供暖区所需的燃料运输车（如天然气罐车、醇基燃油罐车、煤炭车辆等）不用进入猪场院墙内，减少了车辆消毒不彻底带来的风险；其次，无害化处理过程本身风险就很高，再高标准和强度的消毒都会出现百密一疏事故。如果与猪场核心生产区分隔开，就可以大大减少交叉污染的可能性。

（2）门岗。门岗是人员、物资进入猪场生产区配套的生活区和物资库房的最后一道屏障。猪场入口处配置的门岗人员洗消通道设计必须合理，特别是人员洗消通道门最好设计为单向开关，洗澡时间有保证，以及洗消供水供暖条件的设计要科学合理。

7.场内员工生活区、物资库房和洗消通道

（1）场内员工生活区。目前，部分规模化猪场设计的员工生活区与生产区彻底分开，而且又与社会道路和居民区彻底分隔。员工每天上下班用专车接送或走专用通道直接到生产区洗澡通道，避免与一切可能的污染源接触。

（2）场内物资库房。物资从一级洗消区经过猪场入口处的二级洗消通道后到猪场的生产区库房。场内库房设计要分门别类，设计和建设面积要适宜。

（3）场内人员物资洗消通道。人员洗消通道与物资洗消通道彻底分开。不同物资配备不同的洗消设施，保证入场前最后一道洗消流程所需要的设备设施配套完善，执行到位。

8.生产区 目前，规模化猪场设计对分点方式有不同的看法和做法。有集团公司建设聚落化模式（饲料、养殖、屠宰一条龙），有集团公司建设楼房式养殖模式（母猪场、保育育肥场一体化），大部分集团公司采用分点式养殖模式。分点式养殖模式又分为三点式模式（一胎母猪场区、二胎及以上母猪场区、保育育肥场区）、二点式模式（母猪场区、保育育肥场区）、一点式模式（自繁自养一条龙式）。不同养殖模式到底哪个更科学合理，需要根据防疫难易程度、粪水资源化利用效率、土地承载能力、环保压力、周围村民和当地政府对项目的预计反馈与支持力度等各方面考虑。

目前，规模化猪场主流设计方法还是二点式模式。二点式模式主要包括母猪场区和保育育肥场区。现就二点式模式的设计思路做一简要介绍。

（1）母猪场区。规划合理的母猪场区应该包括隔离舍、保育舍、后备舍、配怀舍和产房等。集团化公司和较大规模猪场一般都不在母猪场区设计公猪站，而是将公猪站单独分隔，建设在生物安全级别更高的场址上。

①隔离舍。隔离舍要求建设在单独区域，距离生产区300 ~ 2 000米外常年主要季风的下风向。自繁自养模式的母猪场设计的隔离舍饲养大群更新用后备母猪或祖代后备母猪。例如，商品种猪场隔离舍饲养父母代后备猪（后备来源唯一的祖代场生产的父母代后备母猪）或祖代后备母猪（商品种猪场父母代后备母猪由场内祖代母猪生产，隔离舍饲养更新祖代母猪用的后备母猪）。还有部分公司曾祖代、祖代、父母代母猪都在一个场区，这样的猪场隔离舍用于隔离饲养外引曾祖代后备母猪。

隔离舍的建筑面积根据种猪场规模、设计更新率、后备猪利用率、隔离时间长短、隔离舍地板类型（全漏缝、半漏缝）、考虑动物福利要求的后备猪密度、引种频率（每年1 ~ 3次，最多不能超过3次）等参数决定。特别是减少引种频率可以显著降低疾病感染风险，从而降低抗生素使用量甚至避免使用抗生素。隔离舍至少分3个单元用于不同阶段猪只的分群饲养和隔离。

隔离舍一般不能用于隔离病弱猪、待淘汰等问题猪只。规模化猪场会把问题猪只及时转移到其他场区或淘汰，以减少疫病传染的风险。

②保育舍。二点式种猪场场内的保育舍是用于饲养场内种猪群更新用的保育猪，其他类型的保育猪和选种后剩余的不合格后备猪及时转移出种猪场。保育舍的建筑面积由种猪场规模、种猪品系（不同品系的种猪初配日龄不同）、种猪更新率、饲养周期、地板类型等因素决定。

饲养本场更新用后备母猪的保育舍根据规模可以设计成2 ~ 3个单元轮流使用，及时清空洗消，降低不同批次间疾病传播的风险。

③后备舍。后备舍设计为3个分区，每个分区分别饲养10 ~ 16周龄、17 ~ 23周龄、24 ~ 40周龄后备母猪（24周龄开始诱情）。根据规模大小，每个分区又可分为若干单元，根据饲养周期配套设计相应的建筑面积和养殖设备等。另外，后备母猪24 ~ 40周龄阶段的猪舍应设计专门的诱情栏和定位栏。诱情栏靠风机端设计，栏内设置多个公猪定位栏；公猪定位栏首尾分别设计2个大栏，可以提高诱情效率（每次赶2栏后备猪分别到2个大栏内诱情）。合理的诱情栏设计可以显著提高后备猪的利用率，降低激素的使用量。后备舍定位栏用于饲养有发情记录且下一个情期准备配种的后备母猪。发情猪进入定位栏饲养，是提前适应定位栏生活进而提高受胎率的重要方法。当然，后备舍也可以不安装定位栏，下一个情期准备配种的后备猪可以转入配怀舍定位栏适应新环境。

④配怀舍。根据猪场管理水平不同，可以设计不同规模和大小的配怀舍。管理水平高的种猪场还可以兼顾动物福利，配套设计怀孕中后期自动饲喂站系统的大栏。根据当前疫情常态化现象，配怀舍建设成小单元模式比较好。小单元分断奶配种区、妊娠第1个月、妊娠第2个月、妊娠第3个月、妊娠第4个月等，单元大小根据规模而定。这样设计的好处是可以阶段性清空洗消猪舍，降低猪舍中病毒微生物的载量。

⑤产房。根据批次化模式不同，产房单元数设计也不同。7天批生产的种猪场根据设计的产房仔猪断奶日龄（21日龄或28日龄）和种猪场规模分成4*n*或5*n*个单元（*n*=1、2、3……）；10天、11天、28天、35天批的种猪场产房的单元数分别为3*n*、3*n*、1*n*、1*n*（*n*=1、2、3……）。每一个单元产床数根据管理水平不同数量也不同，原则是兼顾投资回报率和管理水平。管理水平较低的猪场每单元产床数设计越少越好，这样可以降低每单元母猪的产程（从第一头母猪分娩到最后一头母猪分娩间隔的天数），从而提高大群仔猪的均匀度和健康度；单元越小资金投入越大，投资回报率越低，在考虑管理水平的同时还要兼顾投资回报率。

（2）保育育肥场区。保育舍设计要遵守全进全出的原则，7天批生产的种猪场保育舍一般设计8*n*个单元（*n*=1、2、3……），确保保育猪饲养到10周龄。中小规模猪场目前比较流行的10天、11天、28天、35天（*n*天批）等批次化生产场，保育舍可以根据批次类型，设计为*x*个单元[*x*（四舍五入取整数）≈49/*n*]。

育肥舍设计原则上也是全进全出的模式，与保育舍的单元数相等。规模较大的猪场，可以考虑育肥猪公母分饲，阉猪与商品小母猪对营养的要求不一样，公母分饲可以饲喂不同配方的饲料从而降低饲料成本。规模较小的猪场育肥舍设计单元数可以是保育舍单元数的一半，以适当降低建设和设备成本。

9.环保中心 主要指粪水处理中心和场内生产生活废弃物处理中心。

（1）粪水处理中心。

①粪水储存。储存容积建设规模与工艺必须符合当地法律法规、环境保护和安全的要求。

②资源化利用。在经过干湿分离处理、有机肥制作、粪水厌氧有氧等工艺处理后达标排放或有机肥灌溉农田，做到粪水资源化利用。

（2）场内生产生活废弃物处理中心。

①生产物资废弃物处理。做好物资分类和资源化利用，特别是医疗垃圾，按照医疗垃圾处理流程处理并做好备案记录等。

②生活废弃物处理中心。按照当地环保要求配置相关专用储存容器，由场内专用车辆转运到指定位置后处理。

（三）猪舍建设注意细节

1.按猪只转运顺序排列猪舍 按常年主要季风的风向或地形地势，依次布局为保育舍、后备舍、配怀舍、产房等。车间之间设计转运通道，每个车间都要设计淘汰猪专用通道和平台。

2.保育育肥舍栏位设计原则 猪栏的长宽比例为（2～3）：1，且长边垂直于走道而不是平行于走道，有利于培养猪只的“三点一定位”习惯（休息、采食、玩耍、排泄）。料槽安装于靠近排泄区1/3的位置，饮水器靠近料槽可以增加采食量。猪只采食时站立的方向平行于漏缝地板板条，有助于减少肢蹄病的发生等。

3.雨污分离 为减少粪水压力，粪沟做成暗管。检查井四周高出地面0.5米以上，避免雨水进入粪水管道。

4.空气过滤 进入猪舍的气溶胶、粉尘可携带病毒和细菌，空气过滤可以预防病原体进入猪舍。生物安全等级越高的公猪站和种猪场、养殖密度较高地区的养殖场应考虑安装空气过滤系统。

5.猪舍周围 应有0.6米以上宽度的碎石屏障。该屏障由最小尺寸为2.54厘米的岩石组成。用碎石屏障可防止爬行动物接近猪舍。

6.猪场内原则上不能植树 猪舍周围15米范围内的草或绿化带必须修剪整齐，以防止野生动物蓄积。不允许在猪场院墙内、外堆积杂物。

7.附属功能区和猪舍内部　附属功能区特别是饲料药品库房、食材库房等周围及内部设置防止啮齿动物的诱饵洞。诱饵洞必须防潮防水、距离合理。

8.猪场饮水安全　猪场饮水禁止使用地表水和深度小于15米的浅井水。水质超标的猪场，必须设置多个水窖。每个水窖的水必须经过消毒处理24小时以上，再经过净水系统软化处理，检测合格后方能饮用（要达到人用饮水指标）。并且，定期检测水质指标。保证水源充足：通常万头规模化生猪养殖场，每天的日常用水量为100 ～ 150吨。水源充足才能保障规模化猪场的正常运行。

9.死猪死胎及胎衣处理　应设置净、污实体分界线。污区提取点相对于净区必须低0.5米以上，以便净污区工具、死猪胎衣等不交叉。

三、生物安全措施要科学可行

2018年非洲猪瘟暴发以来，养猪业开始真正意识到生物防控体系的重要性，并逐渐强化，但防控中仍存在诸多问题。例如，引种来源不安全，消毒过度或者无效，人、猪、料管理不科学，疫病检测结果无效，病猪处理不规范等。因此，建立科学可行的生物安全措施至关重要。

（一）生物安全的概念

生物安全是指在生物体外杀灭病原微生物（包括寄生虫），降低机体感染病原微生物的机会和切断病原微生物传播途径的一切措施。通过这些措施来保护易感动物、切断传播途径、杀灭传染源。其中，单一的消毒措施不等于是生物安全，生物安全也不仅仅是单一的消毒。

（二）生物安全的任务

1.阻止外部病原入场　为避免生猪养殖场外部人员、动物、物品等与内部动物、人员、设施、场地等区域直接接触而出现病原微生物感染，应在养殖场外部、净污通道、出猪台等位置构建实体围墙，如图5-2所示；内部也应利用封闭式墙体、门体将生活区与生产区进行物理隔断；进场位置、出场位置分别进行净、污通道隔离设置，净道用于消毒后人员、饲料、其他物资等进入，污道主要用于病死猪、排泄物或其他物资输出，污道为单一流向，不可回转。

图5-2　猪舍实体围墙物理阻断

2.阻止内部病原传染　场内生产区按照生物等级从高到低依次为种公猪舍、后备舍、配怀舍、产房、保育舍、育肥舍。应按照所在地的常年主导风向进行合理布局，将生物安全等级高的区域安排在上风向，生物安全等级低的区域安排在下风向，不同猪舍之间要有明显的物理界限。同时，生产区内部的猪只流动只能从健康等级高的向健康等级低的方向流动，不可逆向流动。每栋猪舍内配备专门独立的人员、工具和设备等，防止猪舍与猪舍之间交叉感染。每个区域都有相应的生物安全措施，实行严格的生物安全分区管理。

3.阻止内部病原向外扩散　对于非正常死亡或确定得了传染病的猪只，考虑其会威胁到其他猪只的健康，应立即对其进行无害化处理。为了保障大环境的安全，建议有条件的猪场在场区下风向建立病死猪无害化处理中心，以便及时处理场内的病死猪，无害化处理中心采用实体围墙进行完全隔离；需将病死猪送无害化处理场集中进行处理的猪场，应建立一个本场专用的无害化处理移交点，并对移交点定期进行监测。

（三）阻断病原传播的有效途径

病毒传播的途径可归纳为“四流一媒介”。“四流”是指人流、猪流、车流和物流；“一媒介”是指生物媒介，如老鼠、鸟类、软蜱、蚊蝇、野猫和狗等。针对以上传播途径，除了常规的化学消毒外，物理隔离手段也能有效地阻断病毒的传播，如图5-3所示。例如，通过限制人员入场、淋浴、更换衣物、隔离等措施可以阻断人流传播；通过清洗、烘干、静置等物理手段，可以阻断车流传播；对于猪流传播的阻断，可以通过实体墙、隔挡等物理手段，并采用独立饲槽和饮水，减少疫病经口传播的可能性；可以通过高温、臭氧等措施阻断物流传播，其中气流可以通过过滤及等离子净化措施阻断病原传播；针对生物媒介造成的病原传播，可以通过在猪场周围建立物理防护墙、防鸟网、猪舍防蝇网等措施加以阻断。

图5-3　区域物理隔断

1.内外部设计　新建猪场需注意控制区域内猪只的数量，与无害化处理点、屠宰场、动物交易市场等场所的距离。尽可能考虑天然屏障，避开具有疫病风险区的下风向。对已经投产的猪场，需努力改善区域的大环境，做到联防联控，成立公共洗消中心。猪场内部建立多级生物安全防护圈，猪场里按风险不可控区、洗消隔离区、办公区、生活区和生产区等逐级降险；采取“大栋小单元”的模式，设置短通槽、单槽、实体隔栏等减少传播接触的风险，在单元网格发生疫病风险时，精准剔除以减少损失；分开净道与污道；转运过程应减少人力，方便操作，降低内外交叉污染风险。

2.猪群管理　引进猪群应进行抗原抗体检测，评估应激后继发感染的风险。对于种猪场引种，应确保非洲猪瘟、口蹄疫和猪瘟等抗原阴性，猪伪狂犬病免疫抗体合格且野毒抗体阴性。育肥场引入苗猪时，应尽量保证来自同一批次，确保非洲猪瘟、猪伪狂犬病抗原抗体阴性。尽量减少运输距离和运输时间，提前对路线进行考察和规划，设计好备用路线、临时停靠点等，在路线设计上应避开疫区或者风险较高的区域。运输途中尽量不停车，不进服务区，避开人员密集区和市场等。车辆到达引种场后，经严格的洗消、干燥、检测合格后方可装运猪只。引入种猪群隔离观察45天以上，且再次检测为阴性的，方可入场并群。具有可靠疫苗用于预防的疫病，可通过“免疫”策略进行防控；无疫苗可用的疫病，则需通过“净化”策略加以控制。对种猪群定期检测，避免因种畜或配种方式问题引发疾病相互传染。场内猪群单向流动，不可回转。及时排查、隔离发病猪，及时采取血样送检，查清病因，并按规范程序报告处理。适当减少饲养密度，定期对水线和水嘴进行消毒，保持环境温度稳定、勤通风消毒。注意猪群的科学免疫和常规监测，警惕雨季水灾和积水带来的疫病传播。采用全进全出管理措施，待全群转移后，执行“清扫-消毒-冲洗-消毒-干燥-熏蒸-臭氧-检测”程序，确保消毒彻底，避免批次猪间交叉感染。

3.饲料供应 选择具备良好生物安全意识的供应商，并能够根据要求做好生物安全工作。禁止含有猪源成分的原料加入。饲料原料的收集、存储、运输、加工及饲料运输原料、器具及环境，应纳入疫病监测范围。为了确保饲料进场安全，外部运输饲料车辆应进行严格的洗消-烘干操作（图5-4）。确保检测送料到场车辆、人员及饲料外包装最终检测合格方可入场。吨包料送货车与场内饲料中转车均不可进入饲料仓库，送货车使用外部传送带将饲料及原料传送入库，由专门人员上外部货车搬货，打料员在仓库接货。人员之间不交叉，司机禁止下车。原料仓库最好设计2 ～ 3个密封的单间轮换使用，方便每周所使用的饲料原料及预混料做熏蒸消毒和静置使用。有条件的可以设立烘干房，加热到60℃维持30分钟以上，再静置5天。单间的进货口和出货口卷闸门分别设在相对的两边，避免人员交叉。

图5-4 车辆洗消-烘干

4.物资供应 养殖期间购买兽药和疫苗时，均需按照规定的保存方式和方法予以储存消毒。进场前，要经彻底消毒（图5-5）、更换外包装检测确认后方可进场。疫苗不能加热消毒，可在弱光源下拆到最小包装，用消毒药进行浸泡，再用消毒毛巾对外包装进行彻底消毒后方可中装进场。用后的疫苗瓶、药瓶和过期的生物制品等要彻底消毒，再集中处理。兽药用品、生活用品进场前拆成最小包装，能浸泡的全部进行浸泡消毒；不能浸泡的先用消毒毛巾对表面进行擦拭，然后在密闭的环境下进行臭氧或熏蒸消毒。拆除的外包装纸箱、袋子、胶布等须及时用火进行销毁，或放入消毒池中进行浸泡消毒。采购的设备、工具均须进行浸泡或喷淋干燥，再进行臭氧或熏蒸消毒。所有物资，均须检测合格后方可入场。公猪精液微生物病原检测指标参考种猪引入标准，以避免公猪精液中存在病原微生物导致母猪受孕率降低、早期胚胎死亡、终止妊娠及仔猪隐性带毒等长期风险。生产性物资尽量少次多量，尤其是保质期较长的易耗品，增加单次的采购量，减少进场的频次，减少感染风险。采用场内种菜和场外厨房送熟菜的方式，以降低厨房物资入场带来的生物安全风险。同时，做好场内餐厨管理，确保安全的就餐环境和餐厨垃圾的规范回收，以降低疾病传播的风险。

5.运输车辆 运猪车必须严格遵循来自无疫区、不途经疫区、PCR检测为阴性的原则。运输车辆须经充分清洗、消毒，且有车辆运输备案登记。内外部运输车辆需经“冲洗-消毒-烘干-检测”

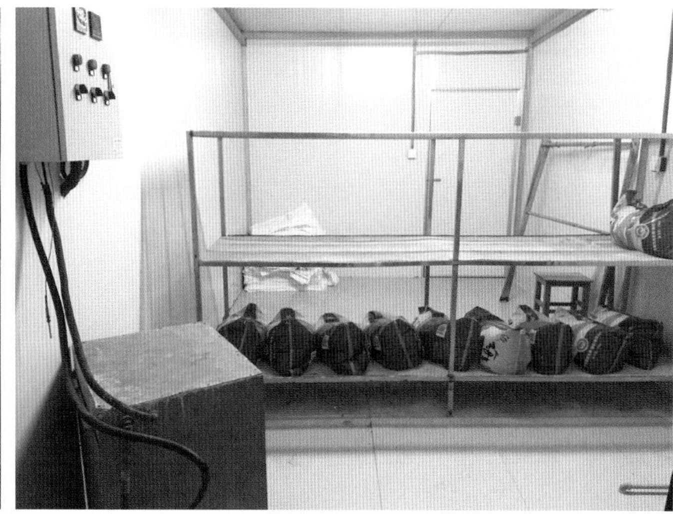

图5-5 物资消毒

的流程规范操作，确保无病原污染。出栏猪至屠宰场和病死猪废弃物至无害化处理场的两种猪场物品输出形式，均需要做到专车专用和车辆严格消毒。屠宰场和无害化处理场是不同来源猪的汇集地，相比猪场内的情形更为复杂，是高危传染源。因此，尤其要注意运输车的消毒检测工作。猪场内部车辆尽量做到外部交接，要将隔离点前置，在场外洗消隔离48 ~ 72小时，检测合格后再返场。隔离点应相对密闭并尽量远离村庄，防止外部车辆、人员交叉污染。

6.消毒 正确理解消毒，严格消毒管理，包括出入人员、物料、移动车辆、移动生猪、装猪台、转运道路、场区环境、带猪消毒及参与以上工作的人员。消毒的3个关键点：清洗、消毒剂使用和执行力。清洗可以彻底去除有机质、油脂、蛋白质等污渍。消毒剂种类根据不同场景来选择，同时要关注浓度、用量和时间。消毒方案应科学合理有利于执行，以安全、高效和可视化为原则；同时，应及时检查没有可见污染物，并进行ATP检测、细菌检测、qPCR检测。对参与消毒的人员要制定相关的激励机制，以提高员工的积极性。

7.隔离 外来的人员和物资严格按照消毒制度，做好消毒、洗澡、更衣、隔离措施，在隔离点隔离不少于3天。在取样的过程中进行有效的监督，对样品进行严格的把控，防止采样过程不完善，检测合格后方可入场。对随身携带食品、水果或不含猪产品成分的礼品，一律进行浸泡或臭氧消毒，严禁带入生产区。休假回来的员工做好消毒、洗澡、更衣和隔离措施，在隔离点隔离不少于2天，检测合格后方可入场。严格执行洗消流程，任何外面物品禁止带入安全区。

8.人员管理 返场人员进隔离点可按照“场外隔离-检测-场内洗消-检测”流程开展生物安全监测，杜绝私带物品进入场内。生产区与生活区、猪舍内与猪舍外要有过渡带，设置相应的物理屏障。淋浴房单向管理，配套3间房进行控制：外间存放外部衣服（污区）、中间人员淋浴间（图5-6）、内间（净区），以便于人员洗澡、更换衣服和雨鞋，防止交叉感染。按不同生物安全防疫等级划分区域，根据不同

图5-6 人员淋浴间

区域对员工的衣服、鞋子、工具等进行颜色区分，以此明确固定后备猪、种公猪、空怀猪、妊娠猪、分娩猪、保育猪、育肥猪分区管理和责任人，避免串舍和借用生产工具。养殖场工作人员消毒人性化，洗澡间做好水温、环境、舒适度相关的配套措施，让员工自愿进行淋浴，确保淋浴时间不低于10分钟。开展风险评估，对猪场各项风险进行分级。对中级以上的因素提出相应的生物安全管理措施，并制定生物安全计划列表，明确疫病检测节律。规模化猪场建议成立生物安全管理小组，通过飞行检查采样监督生物安全执行情况；中小型猪场选定具备一定生物安全意识的员工，通过飞行检查采样监督猪场的生物安全执行情况。

9.其他动物　不准饲养其他品种动物，一旦发现流浪猫、狗，要坚决予以捕获上缴或扑杀。场内要定期开展灭鼠、灭蟑和生猪体内体外寄生虫防治。对场内外和舍内外环境、缝隙、巢窝和洞穴等，用40%辛硫磷浇泼溶液、氰戊菊酯液等喷洒除蜱，消除疾病传播。做好养殖场灭蝇、灭蚊措施落实，减少蚊蝇数目。可在饲料中添加益生素、酶制剂等有助于肠道消化吸收的有益物质，减少氮的排放量；同时，对猪场粪污进行日扫日清，及时运送粪污至无害化处理场。

10.粪污及死猪的管理　有条件的猪场可以通过焚烧炉对病死猪进行无害化处理，或高温生物降解法将病死猪尸体及废弃物进行高温灭菌、生物降解成有机肥。粪污排放口设在围墙外，污水采用氯制剂消毒。猪场内落实雨污分流、干湿分离措施。

11.检测方面　生物安全措施的重点在于找到生物安全风险监测点。通过检测进口（人员、饲养水源及其他物品）和出口（售猪、粪污及死猪）的洗消效果，尽早鉴别出是否被感染，按照猪场生产资料类别及安全等级进行“消杀”处理；以“监测、溯源”理念，检测异常猪、人员、专用工具、区域环境、车辆、物资、废弃物等，以核验施策效果。此外，需要根据周边风险情况进行频率调整。在周边风险较大的情况下，需要加大环境的检测频率；如果周边防疫压力较小，可以适当降低采样频率。同时，应减少因采样人为造成扩大污染及猪群应激的操作和检测。在不同类型猪场，应根据实际情况调整病原检测体系。

综上所述，科学有效的生物安全措施主要采用隔离、消毒等手段，做好人猪进出、车辆进出、物资进出、无害化处理等环节，制定简单易行、可核查的操作程序，核实疫病防控效果。

（四）小结

在非洲猪瘟常态化大背景下，加之其他疫病的共同威胁，保持和提高生物安全意识和制定科学的防控措施，建立科学的病原检测监测体系，加强疫病监测和控制传播途径，是保障生猪无抗生产的必要前提。

四、场舍条件建设要提档升级

（一）场舍条件可以对替抗有效支撑

猪场的设施设备、场舍条件是猪场正常生产运营的重要组成部分。一个设备先进且齐全的猪场，必然对猪群健康有很高的保障作用，进而能促进养殖减抗、替抗的实施。正确合理地选择猪场的设施设备，不仅能有效控制猪场环境，改善饲养管理条件，有利于卫生防疫，促进猪群正常发育和生产性能的充分发挥；还能降低饲料、饮水和抗生素等兽药消耗，减轻劳动强度，提高生产效率，进而发挥其对养猪替抗的支撑作用。

（二）当前主要的猪舍类型

根据生产工艺，经典的现代化猪场猪舍主要有以下7种类型。

1. 后备舍　主要用于培育后备母猪，从事后备母猪饲养、诱情、查情等培育工作，是补充猪场“生力军”的主要地方，一般以大栏为主。

2. 配种舍　用于从事发情母猪的配种、配种至妊娠诊断期间的饲养管理。一般以限位栏为主。

3. 妊娠舍　主要饲养妊娠阳性至分娩阶段的母猪。栏位主要有限位栏、半限位栏、大栏和母猪智能群养系统等。

4. 分娩舍　主要饲养哺乳母猪，栏位以产床为主。当前流行的主要有母猪区固定式产床和半开放式产床。

5. 保育舍　主要饲养断奶仔猪，饲养周期以5 ～ 6周为主。当前流行的有全漏粪大栏和1/3实心保暖地面＋2/3漏粪大栏。

6. 育肥舍　主要饲养育肥猪。当前流行的有全漏粪大栏和1/3实心保暖地面＋2/3漏粪大栏。

7. 公猪舍　主要饲养公猪。栏位一般是部分单体大栏和限位栏两种结合，配套有采精栏/采精站和实验室。

（三）场舍条件的主要系统介绍

大型集约化猪场的设施设备最主要的有各种栏位系统、饲料存储及供应设备系统、防寒保暖/防暑降温设备系统等。

1. 栏位系统　在现代化猪场中，不同的功能分区要有不同的栏位系统。猪栏的设计需要考虑每个群体的数量及其管理方式。因此，做好猪栏的设计、布置适宜的猪栏规格极为重要。

（1）单体栏，又称定位栏/限位栏，见图5-7。

特点：①按妊娠时间集中单栏饲养，便于观察和管理母猪，避免母猪相互咬斗、挤撞、强弱争食，降低流产风险。②规格主要有（2.2 ～ 2.4）米×0.65米。根据不同猪群，设计有所不同。③栏位和喂料设计为一体，定量饲喂，便于实现上料、供水和粪便清理的机械化。④优化栏门开启装置，分单开后栏门、双开后栏门、单开前栏门等，以便于工人操作开关栏门。⑤单体栏整体热镀锌防腐处理，使用寿命更长。

配套设施：①食槽：配备不锈钢/树脂食槽；②地板：全漏缝地板。

（2）分娩栏，又称母猪产床，见图5-8。

图5-7　单体栏（限位栏）

图5-8　产　床

特点：①可根据需求调整母猪的位置，使母猪在空间狭小的栏架内不会感到压抑，最大限度地保证母猪顺利生产。后门可整体打开，方便母猪进出；侧栏可调节宽度，方便母猪活动。②当前主流的产床是2.4米×1.8米规格。可以根据母猪大小和胎次调节栏的宽度，防止母猪压仔猪。③分娩栏后侧留有自由通道，便于仔猪活动。④分娩栏漏缝地板上设计有清粪口，便于粪污清理。⑤产床PVC板围栏装卸方便、易清洗、易消毒。⑥母猪栏整体热镀锌防腐处理，使用寿命更长。

配套设施：①仔猪保温箱。②母猪食槽。③复合漏粪板。④饮水器为碗式饮水器，仔猪采用不锈钢鸭嘴专用饮水器。⑤仔猪补料槽。

(3) 保育栏/育肥栏分别见图5-9和图5-10。

图5-9 保育栏

图5-10 育肥栏

特点：①保育栏每头仔猪占地面积不低于0.35米^2，育肥栏每头猪的占地面积为0.9 ~ 1.2米^2。②保育一般使用PVC板围栏，单侧可装卸；育肥使用热镀锌围栏，单侧角落开门设计。③配置双面料槽或干湿料槽。

配套设施：①地板：当前比较主流的是半漏缝/全漏粪地板设计。半漏缝地板与地暖结合使用，实心地面地暖区宽度不超过栏位面积的1/3。②保温罩：可根据需要，选择在采暖区增加保温罩，保证采暖区的热量恒定。③食槽：可配置干湿料槽或不锈钢双面料槽。④饮水器：根据饲养量配置不锈钢饮水碗。保育猪一般安装高度25 ~ 30厘米，育肥猪一般安装高度50 ~ 60厘米。

2.饲料存储及供应设备系统 自动化料线是猪场内各类型猪舍都必须普及应用的，相较于老式的人工推车饲喂，自动化料线具有3项主要优点：一是大幅节约人工成本；二是可利用料线保障饲料运输环节全封闭，避免暴露于空气中，且减少潜在的病毒、细菌、蚊虫和老鼠等接触污染风险，从而保持饲料新鲜；三是可减少猪只在饲喂过程中的嘶吼躁动，减少猪只饲喂应激，可以有效降低母猪流产、外伤、肢蹄伤等疫病发生的风险，从而有利于猪群健康成长。

自动料线的注意事项：

(1) 投产前需对料管进行消毒清理，打开驱动主机盖，绑上浸泡消毒液的海绵进行运行，每20米1个。在运行过程中，检查料管是否有渗漏。如有渗漏，及时联系设备厂家进行更换。

(2) 每周检查1次料线各处螺栓是否有松动。如有松动，使用扳手拧紧锁死。

(3) 每周对料线末端传感器检查1次，看传感器是否能正常检测。根据实际使用情况，可适当调节传感器感应距离，并清理上面灰尘及异物。

（4）每周清扫1次电机外部灰尘及油泥，检查电机、料线支撑等螺栓是否松动。如有松动，及时进行拧紧，防止在运行过程中跳动、损坏设备。

（5）每月检查1次塞盘磨损情况。如果塞盘磨损严重，应及时进行更换。

（6）每月检查1次料线落料三通使用情况，能否正常下料，开关是否正常，连接螺栓是否松动。落料口处的浮尘要及时清理，防止霉菌毒素滋生。

（7）驱动电机每月定期检查电机是否有润滑油。缺少润滑油时，及时进行补充（建议3 ~ 6个月更换1次）。

（8）定期检查控制箱电气元件的使用情况，保持内部干燥。尤其下雨天操作不得进水，防止短路；夏天保持柜体内部通风散热，防止温度过高设备停止工作。

3.防寒保暖/防暑降温设备系统　我国地域辽阔，各个地区气候环境又有自身独特的特点。猪场分布区域广泛，南北气候差异较大。因此，按照常规意义上的月份区分四季偏差太大，不符合猪场实际情况。需要灵活调整猪场的四季通风模式。

在气候学上，通常用候（一个候为5天）来划分四季，具体为：

春季：候平均气温（上半年）10 ~ 22℃。

夏季：候平均气温＞22℃。

秋季：候平均气温（下半年）10 ~ 22℃。

冬季：候平均气温＜10℃。

因此，猪场应该根据不同季节调整相应的防寒保暖方案。

表5-3和表5-4根据实践粗略划分南、北方区域的防寒保暖要求，具体还应根据猪场实际情况制订具体方案。

（1）南方：包括广东、广西、海南、福建、江西、湖南、湖北、浙江、江苏、安徽、四川、重庆等省份。

表5-3　南方区域防寒保暖要求

序号	项目	防寒保暖要求
1	窗户	设计有玻璃窗户的，3个窗户按照封2留1的要求执行。需要封堵的，用橡塑棉（3厘米厚）在里面粘贴；保留采光的窗户，外层使用镀锌卡槽加聚酯纤维布进行密封。确保猪舍玻璃窗处无贼风，达到密闭保温效果 注：橡塑棉有胶质的一面粘贴在玻璃上
2	门	门可关严，确保严丝合缝、不漏风。边角漏风处采用聚氨酯发泡进行密封，外部悬挂保温门帘 注：只针对单栋猪舍加装，门帘下方安装钢管，避免密封不严
3	水帘	单栋水帘直接到猪舍的，水帘外部压条安装在水帘外框上，聚酯纤维布安装完成后与墙体结合严密，无褶皱与鼓包；内侧使用双面聚酯纤维布加橡塑棉保温密封 联排/气楼/楼房带走廊猪舍，水帘不用密封保温，猪舍走道内进风口使用双面聚酯纤维布加3厘米厚橡塑棉保温密封
4	风机	风机外部使用聚酯纤维布进行密封。停用风机后，内部百叶窗处使用压边条加风机棉帘进行密封
5	吊顶	屋面板厚度小于7厘米，舍内吊顶采用2厘米橡塑棉进行吊顶；屋面板厚度大于7厘米，舍内采用聚酯纤维布进行吊顶 注：针对屋顶太高、空间大、密闭性差猪舍

注：各猪舍密闭后使用烟雾弹或烟雾机进行测试，发现漏风点使用聚氨酯发泡进行补漏密封。

（2）北方：包括河南、河北、陕西、山西、山东、辽宁、吉林、黑龙江、内蒙古、新疆等省份。

表5-4　北方区域防寒保暖要求

序号	项目	防寒保暖要求
1	窗户	设计有玻璃窗户的，3个窗户按照封2留1的要求执行。需要封堵的，用橡塑棉（3厘米厚）在里面粘贴；保留采光的窗户，外层使用镀锌卡槽加聚酯纤维布进行密封。确保猪舍玻璃窗处无贼风，达到密闭保温效果 注：橡塑棉有胶质的一面，根据窗户大小，粘贴在玻璃上
2	门	门可关严，确保严丝合缝、不漏风。边角漏风处采用聚氨酯发泡进行密封，外部悬挂保温门帘 注：只针对单栋猪舍加装，门帘下方安装钢管，避免密封不严
3	水帘	单栋水帘直接到猪舍的，水帘外部压条安装在水帘外框上，聚酯纤维布安装完成后与墙体结合严密，无褶皱与鼓包；内侧使用双面聚酯纤维布加橡塑棉保温密封 联排/气楼/楼房带走廊猪舍，水帘外部压条安装在水帘外框上，聚酯纤维布安装完成后与墙体结合严密，无褶皱与鼓包（水帘内侧不用密封保温），猪舍走道内进风口使用双面聚酯纤维布加3厘米厚橡塑棉保温密封
4	风机	风机外部使用专用保温风机罩进行密封。停用风机后，内部百叶窗处使用压边条加风机棉帘进行密封
5	吊顶	屋面板厚度小于7厘米，舍内吊顶采用2厘米橡塑棉进行吊顶；屋面板厚度大于7厘米，舍内采用聚酯纤维布进行吊顶 注：针对屋顶太高、空间大、密闭性差猪舍
6	进水管的安装改进	猪舍外的给水管全部埋到冻土层以下，最深1.2米；猪舍外走廊的给水管移至猪舍内

注：各猪舍密闭后使用烟雾弹或烟雾机进行测试，发现漏风点使用聚氨酯发泡进行补漏密封。

（3）其他地区：涉及高海拔地区的云南、贵州等区域，海拔＜2 500米的猪场采用南方标准，≥2 500米的采用北方标准。

五、环境控制要精确精准有效

猪是世界上分布最广泛、数量最多的家畜之一，这表明它对环境有很强的适应能力。从猪的生态分布及适应性角度考虑，猪对寒暑气候以及不同饲料、不同饲养管理方法和方式都有很强的适应能力，这使其能够在世界范围内良好生存。尽管猪有很强的环境适应能力，但只有给予适宜的环境条件，才能充分发挥其遗传潜力，获得良好的生产性能，近年来发展起来的高密度规模化养殖就是一个很好的例子。同时，环境控制也越来越被重视，良好的环境调控已成为养殖过程减抗防病的关键技术手段之一。

猪只在不同生长阶段的体温调节能力也是不一样的。通常成年猪由于皮下脂肪层厚，汗腺不发达，因此散热能力较差。所以，在炎热环境中常见到成年猪的打圈现象。这便导致粪污在猪只体表及舍内空间扩散，极易造成污染物的传播，增加舍内猪只的患病风险。相对而言，仔猪皮下脂肪层较薄，被毛稀疏，体表面积较大，躯体对流散热系数较高，极易散失体热。这便导致仔猪在不良环境中极易患腹泻等疾病，增加用药风险与养猪成本，影响猪只健康饲养与生长。

综上所述，虽然猪对环境有一定的适应能力，但是不良环境所造成的应激会给养猪生产带来极为不利的影响。这必将导致养猪过程中增加用药量，不易于替抗的实现。因此，生产中给予猪适宜的生存环境是极其重要的。现代养猪生产以规模化和机械化饲养为主，养殖基本采用舍饲的方式。由于我国幅员辽阔，气候空间差异明显，因此舍内热环境对生猪健康养殖来说极为重要。此外，空气质量环境、光环境、声环境、猪的群居环境以及饲养工艺管理对猪的生产也有重要的影响。现代养猪以舍饲为主，虽然这种方式提高了舍内环境的调控能力，但是由于建筑外环境的不稳定性，舍内的环境仍很难达到一个绝对的适宜条件。同时，生产过程中各个环境要素的交互作用远比单一环境因子要大。再者，由于要考虑可能存在的技术问题和生产成本的经济问题，因此养殖过程中往往更加注重适宜的生长环境，而不是追求绝对的最优生产环境。所以，精准的环境调控需要结合多因素考量。

良好的舍内环境有利于猪只生产潜力的充分发挥，它不仅关系到猪只的福利与健康，而且与食品安全、产品质量和养殖场经济效益息息相关。目前，空气环境调控措施主要包括通风、降温、保温和加温技术。通风技术是通过增加猪舍与外界空气的交换来降低舍内空气中的水分、控制舍内温度，进而改善舍内的空气质量、增加空气流动性。降温技术主要用于减少夏季高温对猪只的影响，进而降低猪的热应激程度。保温和加温技术是通过改善建筑围护结构保温性能或增加热源的方式来减少冬季低温对猪的影响。除此以外，还有声光环境调控，其重点依靠猪场建设之初的设计。总而言之，猪舍环境的精准调控在养猪过程中是很重要的一部分，本部分将列举养猪舍环境调控过程中的6个主要环境因子。

（一）温度

温度是影响猪健康和生产力的主要环境因素之一。与其他恒温动物一样，猪的体温恒定首先是通过物理性调节来保持，然后通过化学性调节来实现。同时，猪的热调节过程、对热环境的反应以及对热的适应能力，有其自身的特点。猪有较厚的皮下脂肪层，无活动汗腺，皮肤薄，被毛少，不耐热，对高温的适应性较差。即使猪在能够保持体热平衡的情况下，也会因其热调节过程的差异导致生产力和健康水平的表现有所不同。通常猪对环境温度的要求因品种、年龄、生长发育阶段、生理状况等的不同而有所差别，因此常有“大猪怕热，小猪怕冷”的说法。初生仔猪不仅皮薄毛稀，没有皮下脂肪层，而且体重小，体表面积相对较大，体热调节机能还没有发育完全，因而对低温极为敏感。初生仔猪一般要求环境温度在32～34℃，出生后仔猪要在环境温度不是很低的情况下尽快吃到初乳，这有利于提高仔猪的耐寒能力。猪的不同部位也有不同的温度要求，如猪鼻端呼吸空气要求温度较低，以5℃为宜；脖颈部位则以15℃为宜；身体部位以30℃为宜。在适宜的温度范围内，猪的健康状况良好，生产力水平和饲料转化率都较高；相反，过高或过低的温度会引起猪热应激或冷应激，体热平衡将被破坏，这可能会导致猪只生长障碍甚至生长停止，机体极其容易进入病理状态，从而引发疾病甚至死亡。因此，生产中需要根据猪的生长发育阶段及热调节过程中的不同生理特征，采取不同的温度调控技术，从而满足其不同的温度要求。不同类型饲养环境的空气温度要求见表5-5。

表5-5　不同类型饲养环境的空气温度要求

猪舍类别	空气温度（℃）		
	舒适范围	高临界	低临界
种公猪舍	15～20	25	13
空怀妊娠母猪舍	15～20	27	13
哺乳母猪舍	18～22	27	16
哺乳仔猪保温箱	28～32	35	27
保育猪舍	20～25	28	16
生长育肥猪舍	15～23	27	13

在实际生产中，根据不同生产工况和不同阶段下猪的特性来进行相应的温度精准调控。在仔猪哺育阶段，考虑到仔猪的免疫系统未发育完全，抵抗力较弱，对环境的适应能力较差，容易产生冷应激。因此，在仔猪饲养时使用加热板、保温箱和暖灯等进行局部的温度精准调控，以防止仔猪产生冷应激而导致感冒或者腹泻等疾病。在猪的生长发育阶段，由于猪汗腺不发达，散热能力较差，因此在饲养时需要着重考虑热应激的问题。猪在夏季较容易产生热应激，可以通过控制通风来使舍内降温。通风方式有多种，如自然通风、机械通风和混合通风。自然通风主要是利用自然界的风压和温差来进行的。舍内气流分布通常不均匀，难以实现对舍内环境的精准调控。因此，常通过机械通风来进行环境调控。机械通风主要是通过在猪舍的2个侧壁分别安装湿帘和风机，湿帘布置于进风口处，当风机工作时，室外的热空气被抽吸进入湿帘中，湿帘冷却水由于蒸发吸热，带走空气中大量的热能，从而使空气温度得以降低，经过舍内通风后，通过负压风机排出室外。湿帘风机系统对改善舍内热环境具有良好的调节作用，因此在猪舍的环境调控中得到较普遍的应用，见图5-11。

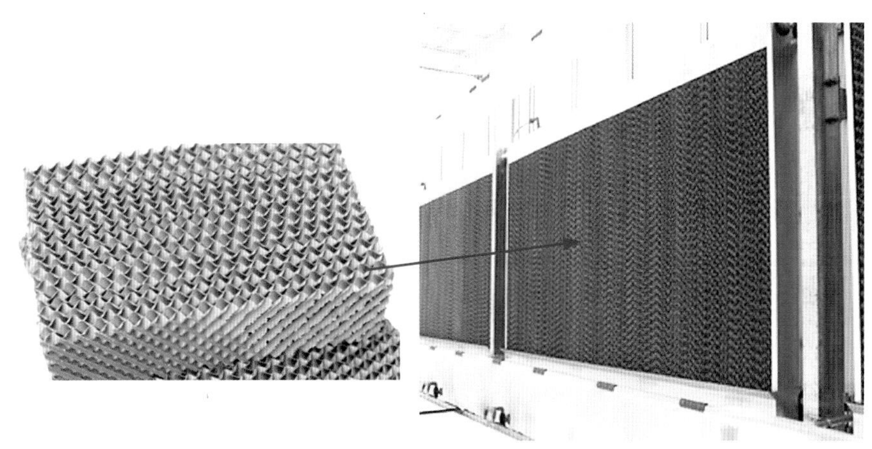

图5-11 猪舍中常用的湿帘风机系统

（二）湿度

在适宜的温度范围内时，湿度高低一般不会对猪的健康和生产力产生直接影响，但是会与其他环境因素耦合造成间接影响。高温下，猪只常通过体表沾湿进行散热，高湿则会阻碍蒸发散热的进行，使热应激程度更加严重；低温下，高湿可大幅提高机体的辐射散热和传导散热，使冷应激程度更加严重；常温下，高湿有利于病原微生物和寄生虫的繁衍与滋生，引起猪只皮肤病，或造成饲料、垫草等霉变，对猪群的健康产生消极影响。通常湿度超过80%，会对猪的体热调节产生影响，进而影响其健康和生产性能。低湿的危害远不如高湿，当湿度过低，如低于40%时，会导致猪皮肤和暴露黏膜干裂，同时舍内空气中颗粒物含量大幅增加。因此，低湿极易引起猪只的皮肤或呼吸道疾病。我国规模猪场环境参数及环境管理规定，保育猪舍内空气相对湿度的适宜范围为60%～70%，低临界相对湿度为50%，高临界相对湿度为80%，不同类型猪舍相对湿度要求见表5-6。

表5-6 不同类型猪舍相对湿度要求

猪舍类别	相对湿度（%）		
	舒适范围	高临界	低临界
种公猪舍	60～70	85	50
空怀妊娠母猪舍	60～70	85	50

（续）

猪舍类别	相对湿度（%）		
	舒适范围	高临界	低临界
哺乳母猪舍	60 ～ 70	80	50
哺乳仔猪保温箱	60 ～ 70	80	50
保育猪舍	60 ～ 70	80	50
生长育肥猪舍	60 ～ 75	85	50

在猪舍的湿度调节中可使用空气加湿器，通过电加热雾化水分的方式来对舍内进行加湿，这样可以有效地对舍内的湿度进行调节。现阶段随着智能装备的发展，猪舍内常布置温湿度传感器，结合远端操作系统，形成一套智能化温湿度调控设备。为避免潮湿的危害，通常采用如下4种方式。

1.加大通风　通风可以引进舍外的新鲜空气，还能将舍内的水汽排除。加大通风量的方式有4种：一是抬高产床，使仔猪远离潮湿的地面；二是增加进风窗的面积，从而增加通风量；三是开设地窗，直接将风吹向地面，加速水分的蒸发；四是通过风扇来加速空气的流动。

2.在地面上铺撒生石灰　生石灰具有良好的吸湿特性，可以使舍内的空气保持干燥。

3.使用加热板　在产房和保育舍内利用加热板来进行仔猪环境的调控。通过直接加热使局部水分蒸发，从而达到保持干燥的效果。

4.低温水管　当温度低于20℃的水管通过潮湿的猪舍时，由于其有吸湿的功能，舍内的水蒸气接触到低温水管壁面会凝结成水珠，从水管上流下，经排水管收集，可以降低舍内的湿度。

（三）气流

气流可促进机体对流散热和蒸发散热。低温时，加大气流会加剧冷应激的程度，从而对猪造成消极影响；高温时，则可减轻热应激造成的危害。由于猪体表无汗腺，且皮肤较薄，过大气流产生的体表摩擦会造成猪只不适。因此，高温时不应采用大气流进行降温，通常风速以不超过2米/秒为宜。此外，舍内气流需要均匀分布，尤其注意在冬季防止贼风。为确保舍内空气质量，应加强通风换气。不同类型猪舍通风换气率见表5-7。

表5-7　不同类型猪舍通风换气率

猪舍类别	通风量[米^3/（小时·千克）]		
	冬季	春秋季	夏季
种公猪舍	0.35	0.55	0.70
空怀妊娠母猪舍	0.30	0.45	0.60
哺乳母猪舍	0.30	0.45	0.60
保育猪舍	0.30	0.45	0.60
生长育肥猪舍	0.35	0.50	0.65

随着养殖过程节本增效需求的不断加强，单纯区分不同生产阶段的通风设计已不能满足精准通风的设计要求。为了精准设计通风量，中国农业大学齐飞等提出了一套基于猪只热平衡的通风量计算方法，并就我国不同气候区进行了分析评估，确定了不同地区不同猪只体重及生产状态条件下的通风设计。

合理的气流设计通常采用烟雾试验、缩尺模型试验及计算流体力学（CFD）技术等方式实现。近年来，随着计算机技术的发展，CFD在气流组织设计中发挥着越来越重要的作用。通过计算机辅助设计，可以便捷地得出不同通风模式情况下猪的散热状态，从而为工程技术人员提出快速的解决方案。

（四）空气质量环境

在规模化猪舍中，由于猪的呼吸、皮肤的分泌和外激素等，以及粪尿、饲料、垫草的积存发酵，加之人的操作、猪的活动影响，导致空气中有害气体、恶臭物质浓度较高，且空气中存在大量的微生物、颗粒物，舍内空气质量比较恶劣。由于保育仔猪的体质相对较弱，因此舍内空气质量的要求应适当提高。保育舍及哺乳母猪舍CO_2浓度不高于1 300毫克/米^3，NH_3不高于20毫克/米^3，H_2S不高于8毫克/米^3，细菌总数不高于4万个/米^3，粉尘不高于1.2毫克/米^3；其余类型猪舍CO_2浓度不高于1 500毫克/米^3，NH_3不高于25毫克/米^3，H_2S不高于10毫克/米^3，细菌总数不高于6万个/米^3，粉尘不高于1.5毫克/米^3。

猪舍氨气的排放与猪的品种、饲养方式、生长阶段、环境温度、通风速率、清粪方式及季节变化等多种因素相关。在生产管理中，可以通过合理的饲养方式来减少有害气体的排放。

一是采用多阶段饲养的模式，使处于不同生长阶段的猪可以得到其所需要的营养，从而提高生产性能，减少粪尿中有害气体的排放量。二是调节饲养密度，以防止密度过高导致产生的粪尿未能及时清理而形成大量氨气。三是选择适宜的清粪方式。清粪方式不同对猪舍内部臭气排放影响巨大。猪舍通常采用水泡粪系统或者干清粪系统，适宜清粪频率的干清粪系统可有效降低猪舍内部臭气的产生。四是合理的通风系统设计。在环境调控方面，通风系统的设计直接影响着猪舍内部臭气的排放，可通过有组织的气流设计，避免气流与粪污表面的物质交换，减少污染物的产生。另外，也可以最大限度地收集污染气体，避免污染气体向猪活动区及工人工作区扩散。图5-12展示了丹麦奥胡斯大学Guoqiang Zhang团队的粪坑通风设计，局部坑道通风仅需要5%～10%的最大通风量，便可有效降低舍内的有害气体浓度。

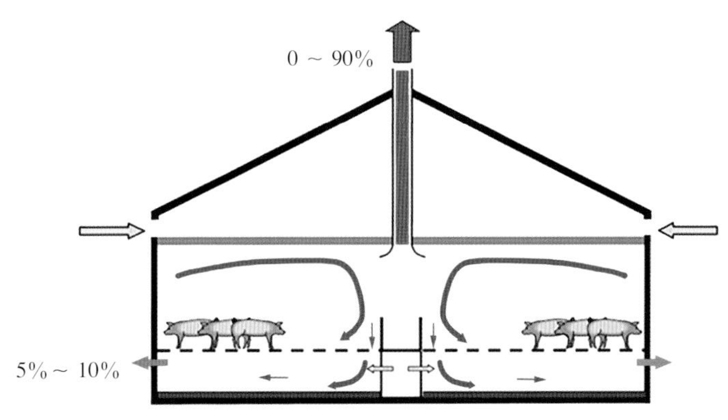

图5-12　粪坑通风设计

（五）光环境

猪对光不敏感，但光环境对养猪生产也有影响。虽然猪属常年发情动物，其性腺发育和性机能活动无明显的季节性差异，但是在光照度相对较强、光照时间相对较长时，猪的繁殖性能有所提高。据报道，人工控制光照环境中，母猪在8小时和17小时光照下，分娩猪只占交配头数的比例分别为74%和80%。一般认为，过强的光照和过长的光照时间会降低猪的日增重和饲料转化率，但对提高瘦肉率有一定的帮助。通常猪舍都采用自然光照，一般可按1/15 ～ 1/10的采光系数进行设计。为方便夜间管理，应辅助人工照明。猪舍的光照时间以10 ～ 12小时为宜，可按光照度50 ～ 100勒克斯配置灯具。育肥猪舍可适当降低光照度、缩短光照时间，可按1/15 ～ 1/12的采光系数设计，光照时间控制在8 ～ 12小时，光照度30 ～ 50勒克斯。猪舍人工照明宜使用节能灯，光照应均匀，按照灯距3米、高度2.1 ～ 2.4米、每灯光照面积9 ～ 12米^{2}的原则布置，不同类型猪舍光照设计见表5-8。

表5-8 不同类型猪舍光照设计

猪舍类别	自然光照		人工照明	
	窗地比（采光系数）	辅助照明（勒克斯）	光照度（勒克斯）	光照时间（小时）
种公猪舍	1/12 ~ 1/10	50 ~ 75	50 ~ 100	10 ~ 12
空怀妊娠母猪舍	1/15 ~ 1/12	50 ~ 75	50 ~ 100	10 ~ 12
哺乳母猪舍	1/12 ~ 1/10	50 ~ 75	50 ~ 100	10 ~ 12
保育猪舍	1/10	50 ~ 75	50 ~ 100	10 ~ 12
生长育肥猪舍	1/15 ~ 1/12	50 ~ 75	50 ~ 100	8 ~ 12

（六）噪声

猪对声音的反应比较迟钝，强噪声不仅能使猪的脉搏短时间加快，而且对其食欲和增重基本没有影响，并且猪能很快适应这种变化。但长时间的持续强噪声或突然的强噪声刺激，会对猪的健康和生产力造成不利的影响。仔猪对噪声相对敏感，突然的强噪声刺激可引起猪群的惊恐和骚动。65分贝以下的噪声会引起血细胞、胆固醇、γ球蛋白等血液指标的变化。生产中，一般要求噪声不超过80分贝。理应指出的是，虽然猪对声音反应不很敏感，但是对有规律的声音刺激很容易建立条件反射。因此，生产中通常可利用这一特性进行猪的行为调教与训练。

六、健康养殖体系要提档升级

最近10年，猪舍建筑技术更新很快，水泡粪、大跨度自动通风、自动料线、空气过滤、除臭等新技术已经成为猪场建设的主流技术。新一代楼房养猪模式的发展也对养殖体系提出了更高要求，尤其是2018年暴发的非洲猪瘟对现在的建筑和生产管理工艺提出了严重挑战。现有的养殖设施和工艺流程已经不能满足猪只安全生产需求，严重地落后于时代的发展，亟须提档升级。

现在的养殖体系存在诸多问题：第一，猪场选址不合理和布局工艺不成熟是非洲猪瘟防控失败的重要原因，新一代楼房养猪模式对选址要求和布局工艺进行了全新探索；第二，传统猪场缺少生物安全的设施设备，生物安全流程不健全，猪场的生物安全提高到首要位置；第三，清粪、喂料、巡舍、设备管理、数据录入等简单重复的工作环节用工数量多，劳动效率低，管理难度大，智能化是猪场提档升级的主要转型方向和抓手。

（一）健康养殖体系内容

1.猪场功能布局工艺 猪场总体布局要从防疫和生产管理角度出发进行分区设计与规划。一般猪场功能分区有生产区、生产辅助区和管理区。生产区主要包括分娩舍、种猪舍、育肥舍、保育舍等；生产辅助区主要包括饲料加工间、水塔、锅炉房、仓库、兽医室、装猪台、隔离室、配电房等；管理区主要包括人员办公室、宿舍等。生产区要与生产辅助区、管理区分开，以利于疫情发生后的控制。生产辅助区要围绕生产区布置，以便于生产。从地形角度出发，生产区和生产辅助区要在管理区的下风向，兽医室、粪污处理区更应处于下风向的最下面。除了注意猪场分区以外，还要规划好净道和污道，明确进出猪场人员和物资的流向，不使之产生交叉。具体来说，包括人流、车流、饲料流、粪尿流和猪流。

2.猪群流程管理工艺 猪群流程管理工艺是指现代规模化养猪场按照工厂化组织生产流程，以生产线的形式实行流水作业，按照固定周期（一般以周为单位）连续均衡地进行生产。养猪管理流程的主要特点是按照母猪的繁殖过程安排工艺流程，工艺流程一般包含配种、妊娠、分娩、保育、生长和育肥6个车间进行连续生产。每个车间都有具体的操作流程、岗位职责、考核标准，流程管理工艺就是按照每个车间的具体要求进行管理。实现了工业生产方式的猪场称为工厂化养猪，工厂化养猪是现代养猪的高级形式。

3.饲喂工艺 饲喂工艺是指猪场不同类型的车间饲喂标准、采食量、饮水量、环境控制和栏舍配置等方案。具体包括后备母猪的饲喂流程、妊娠母猪的饲喂流程、产房母猪的饲喂流程、哺乳仔猪的饲喂流程、保育仔猪的饲喂流程以及育肥猪的饲喂流程。

4.给排水工艺 猪场给排水工艺目前尚没有标准，参考民用建筑的给排水，结合猪场的生产特点，猪场给排水工艺包括场区给水外管网及附属设施、猪舍给水和生活区各单体给水、各单体建筑室内排污和室外排污。猪场给水主要有水塔、水井、市政自来水以及海水净化水等供水装置。对于水质有具体的卫生要求，有条件的猪场还可以考虑超滤净化后再供水；排水要做到雨污分流，污水收集管直径不低于250毫米，雨水收集管支线直径不低于160毫米，主线直径不低于400毫米。

5.温湿度调控工艺 温湿度调控工艺是指环境控制器的设置逻辑，包括风机的工作时间、变频设置、风速、开启台数以及湿帘的工作时间等参数。虽然现在高级的环境控制器可以做到智能化运行，但是作为猪场管理人员，需要了解基本的环境控制器设置逻辑。例如，夏季舍内温度不能超过28℃，风机的工作节律冬季设置为工作60秒后休息300秒，夏季设置为工作300秒后休息60秒。当然，具体的设置参数需要根据猪舍规格、存栏猪的数量和日龄等情况而定。

6.粪污清理与处置工艺 猪场粪污清理与处置工艺包括干清粪法、机械清粪法和水（尿）泡粪法等。干清粪法比较简单原始，缺点是饲养员劳动量大、效率低。在非洲猪瘟防控常态的形势下，干清粪法容易引起疫病的传播，这种工艺已经基本上被淘汰。机械清粪法是指利用刮粪机将猪粪清至猪舍外，刮粪机一般安装在漏缝地板下面，根据轨道和地面的形状可以做成V形，也可以是一个平面，由电机牵引刮粪车将猪粪清理到舍外粪沟里。水泡粪法就是在猪舍漏缝地板下面做一个积粪坑用来收集猪的粪尿，粪坑深度一般为0.8 ~ 1.6米。粪坑下面安装一个250毫米直径的排污管与外面的污水管线相连，每隔6 ~ 12米设置一个粪沟塞，当粪池快要满时拔下粪沟塞，粪污利用虹吸原理自动排走。污水经处理后达到排放标准即可，其中BOD不超过150毫克/升，COD不超过400毫克/升。

7.臭气控制与减排工艺 臭气控制和减排工艺主要针对3个来源采取针对性措施。具体来说，一是源头减量技术，通过调整饲料配方、降低蛋白质水平、添加酶制剂等手段减少猪群产生的臭气；二是过程控制技术，改变清粪工艺，将臭气产生量较大的水泡粪工艺改成干清粪工艺或水厕所，优化废气排放路线，尤其是楼房养猪，可以通过管道实现废气有组织排放来降低臭气污染；三是末端处理工艺，在排放端收集废气进行末端处理，目前主要有湿帘喷淋除臭技术、生物除臭技术和化学除臭技术。

8.猪群健康监测与免疫保健工艺 猪群要定期进行健康监测与免疫保健，确保安全生产。规模猪场一般2 ~ 3个月进行1次抽样检测，抽样数量是猪群数量的5% ~ 10%，抽样要覆盖各种猪群，具有代表性。健康检测包括抗体和抗原检测，检测的病原常见的有非洲猪瘟病毒、猪繁殖与呼吸综合征病毒、猪瘟病毒、圆环病毒和伪狂犬病毒。猪场可以建立实验室自测，也可以送到第三方检测机构进行委托检测。免疫工艺主要指春季防疫、秋季防疫和跟胎防疫；保健工艺主要指猪场定期消毒、猪群定期饲料中加药驱虫（如多西环素、甲氧嘧啶、伊维菌素等），还包括饲料中添加提高猪只免疫力和抗病力的饲料添加剂（如多维）等保健技术。

9.病死猪无害化处理工艺 对于病死猪处理，国家有明确的规范要求。《病死及病害动物无害化处理技术规范》《关于建立病死畜禽无害化处理机制的意见》《畜禽规模养殖污染防治条例》等文件规定：病死或者死因不明的畜禽尸体等应当进行深埋、化制、焚烧等无害化处理。《病死及病害动物无害化处理技术规范》将无害化处理定义为用物理、化学等方法处理病死及病害动物和相关动物产品，消灭所携带的病原体，消除危害的过程。常用的处理技术有焚烧法、化制法、掩埋法、发酵法等。例如，掩埋法要求掩埋场地距离居民区不低于500米，掩埋深度距离地面不低于1.5米；发酵法又可分为堆肥法、高温生物降解法和厌氧发酵法等。

（二）健康养殖体系升级措施

1.智能（慧）养殖体系研发与应用 养猪行业遇到百年未遇的重大变革，非洲猪瘟催生了不接触猪的现实刚需，猪场管理必须上移到线上。2019年，国务院总理李克强在政府工作报告中提出要拥抱“智能+”；同年5月，中国畜牧业协会成立了智能畜牧分会，大批智能养猪设备和智能养猪关联创业公司应运而生。所谓智能养猪，就是将生产过程中的饲喂、环境控制、穿戴、监测、称重等人为操作，用一系列相应的自动化硬件设备来替代。主要体现在精细化管理水平的提高以及数据集成和决策。所谓智慧养猪，就是将传统的养猪模式改造为智慧养猪模式，利用先进的ICT技术、云计算、5G通信技术，构建起端、边、云智能化现代生产体系；核心技术是人工智能（AI）和自动感知，包括猪只自动点数、车辆识别、人员识别、周界管理等经典应用场景。智慧养猪更强调系统性，利用人工智能算法指挥设备自动运行。

智能养猪包含的内容很广，覆盖养猪生产的全流程，还没有形成标准化方案。目前，比较成熟的方案分为12个系统（场景）。

（1）生产管理智能化：生产数据采集、生产任务派发执行、场内巡检与即时通信、设备检测与管理。

（2）AI巡检预警：猪只安全智能监控、人员行为智能检测、外来生物入侵监测、车辆轨迹动态追踪、设备智能管理与预计。

（3）自动盘点：舍内/过道盘点、舍内/过道死猪估重、卖猪台盘点。

（4）精准饲喂：料塔重量监测、根据背膘自动调整饲喂量、按阶段精准投料、支持饲喂曲线投料、饲喂报表分析。

（5）智能环境控制：实时环境数据采集、水帘/通风窗/加热器控制、异常预警、环保报表分析。

（6）智能能耗：水电表远程抄表、能耗异常预警、成本精准核算。

（7）远程卖猪：车辆进出登记与追踪、车辆/司机/设备入场洗消、出猪轨迹盘点称重、猪只回流监控、跨界赶猪异常预警。

（8）洗消监管：车辆洗消监管、人员洗消监管、物资洗消监管、设备洗消监管。

（9）疫病监管：采食/饮水档案、体温/发情/运动等体征监测、死淘/死猪拖车/无害化监管、生物入侵/违规操作AI预警、疫病防治管理。

（10）农户代养：猪只档案/生产/防疫监管、远程生产/盘点监管、远程水/料/药品/疫苗消耗监控、远程死淘/死猪拖车/无害化监管、远程生物安全防控指导。

（11）环保系统：无害化全流程监管、无害化证明开具、保险远程查勘与理赔、猪场排放监管。

（12）远程风控：产业智能化数据上云、保理监管接入、金融机构业务接入、动物监理监管机构业务接入。

上述12个系统，有的适合集团企业，有的适合散养户，有的适合第三方服务机构。对于一个具体的猪场，可能业务只涉及其中的一部分内容。

智能（慧）养猪是我国进入5G时代一个重要的行业转型方向，主要优势在于利用人工智能管理猪场，算法部署在端侧（带软件算法的摄像机、控制器等）、边侧（猪场微云或者本地服务器，带专业AI芯片的智能边缘计算服务器）、云侧（阿里云或者华为云服务）。普通的自动化设备只是一台看得见的机器，而智能（慧）养殖与之不同，很多是看不见的算法或者是软硬件结合体，还需要强大的网络支持才能有效运行。目前，可以使用的算法有数十种（如人脸识别、车牌识别、工服识别、异物或抛物识别、越界预警），更多算法还在不断开发中。虽然落地还存在许多问题，但是随着我国养猪集约化程度越来越高，对智能（慧）养猪的需求越来越大，头部IT企业对智能（慧）养猪将投入更多的研发力量，智能（慧）养猪体系将更加完善。

2.批次化管理工艺引进与应用 批次化生产不是一个新技术，最早起源于30年前的欧洲家庭农场，由于平均每个猪场的存栏母猪数量较少，为了一次性获得数量较多的断奶猪而发明的生产技术。约翰·盖德在《现代养猪生产技术》中单独列为一章内容《批次分娩》进行了介绍，林国忠等在《猪业科学》2013年第11期也进行了系统的介绍，只不过那时没有引起业界的重视。2013年以来，猪流行性腹泻（PED）成为世界性流行病，从生产流程上进行技术革新，提高养猪的生产效率，降低疾病风险成为养猪业关心的头等大事。种猪全进全出、保育-育肥一体化（一栏到底育肥技术）和批次生产技术被认为是克服生产困境、提高生产效率的钥匙。这3项技术将重塑养猪行业的管理流程、猪场建设和人员技能要求，批次化生产技术得以重新引起人们的重视。2018年发生非洲猪瘟造成种猪普遍缺乏，商品母猪临时作为母猪进行生产。但是，商品母猪的发情率低、配种率低成为养猪生产的痛点，利用批次化生产中的激素处理后备母猪，可以有效地识别问题后备母猪，提高生产的确定性和效率，批次化生产再次引起人们的重视。2016年，由中国农业大学田见晖教授课题组发起成立了“全国母猪定时输精技术开发及产业化应用协作组”，并举行了6次研究进展研讨会。目前，河南牧原仪器股份有限公司、江西正邦科技股份有限公司、广东温氏食品集团股份有限公司、中粮肉食投资有限公司、广西农垦永新畜牧集团有限公司、中山市白石猪场有限公司、江苏梅林畜牧有限公司等知名企业都在积极进行临床试验和产业化推广，并取得了初步成绩。宁波三生生物科技有限公司2019年发布了批次化管理白皮书，系统介绍了母猪批次化生产的实施方案。

批次化管理工艺（生产管理技术）又称为母猪批次化分娩技术，指利用生物技术，根据母猪群体规模大小分群，并按照计划组织批生产，是一种母猪群繁育的高效管理体系，主要包括定时输精和同期分娩等技术。相较于传统的连续生产模式，批次化管理工艺可以将原本每天需要进行的断奶、配种、分娩等工作集中处理，在某一个集中时间段完成某项专一的生产管理工作，工作时间更加有规律、有节奏，猪群也更加容易实现全进全出。

批次化管理工艺的工作原理是利用化学合成激素——四烯雌酮，模拟猪发情的孕酮的作用终止发情周期，使猪都处于发情抑制期，从而使所有的猪在发情时间上都处于同一阶段，此时停止用药，经激素处理的所有母猪就可以同步开始发情。最早发明的合成类激素是猪律期媒®（Regumate Porcine），由默沙东公司生产，目前已经取得我国兽药批号。国内称为烯丙孕素，有几家动物药品厂都可以生产。常规的母猪生产是按每周一个批次进行管理的，实行批次化管理工艺后，母猪生产开始转换到3周、4周的批次生产节律，完成转换到一个新的批次生产系统约需6个月的时间。例如，3周批次和常规1周批次的母猪生产管理流程的区别见图5-13。

与传统的生产方式相比，批次化生产具有很多明显的优点：一是采用批次化生产后能有效地使用劳动力，可以将主要的工作时间安排在上半周完成，或者有1周工作量比较少的周，周末基本上可以休息或者部分员工可以放假1周而不影响生产，员工对工作的满意度提高，工作效率也更高；

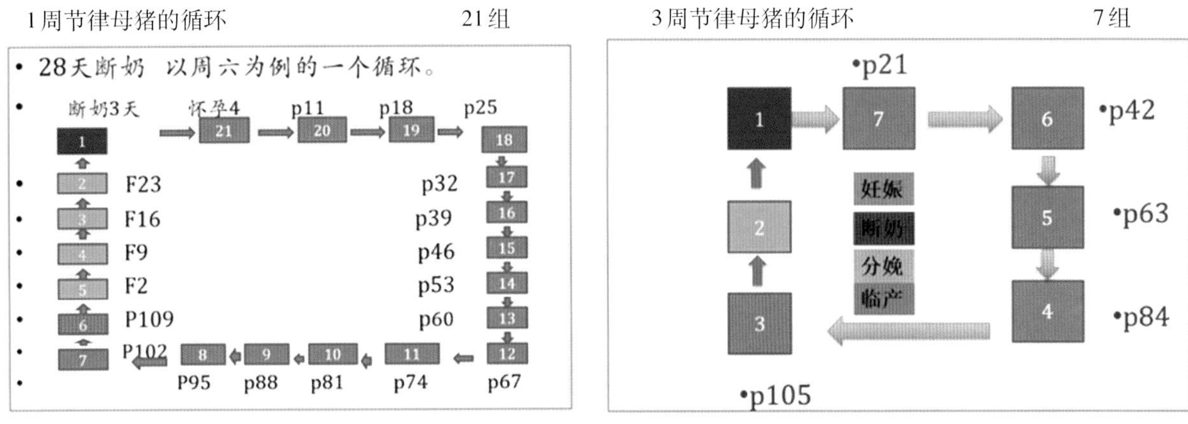

图5-13 批次化管理工艺的工作原理

二是相同的母猪规模可以一次性提供更多的断奶猪，猪的生长更加整齐，卖猪的时间更集中、数量更多，可以给猪场带来更多的经济效益；三是由于批次化生产要求集中配种，使公猪的数量减少3/4，或者同样数量的公猪可以供应原来4倍母猪数量的精液，公猪站的效率也得到提高，非洲猪瘟期间公猪精液特别火爆就是一个证明；四是批次化生产使全进全出更容易实现，仔猪的交叉寄养也变得更容易操作，断奶猪转到保育舍或育肥舍时基本不需要混群，减少了应激，批次化生产也使得计算料重比和水耗、能耗变得更加清晰明了。但是，批次化生产也有明显的缺点。因为批次化生产是一个高效、有序且有些刚性的系统，一旦启动批次，就必须跟上节奏，按照设计好的目标（配种率、发情率、分娩率）进行生产，一旦掉队会带来生产上的紊乱，甚至不得不中断批次，重新进入无序化的原始状态。此外，批次化生产需要增加一部分产床（增加5%～10%）和保育栏（增加10%～15%），增加后备母猪数量，母猪的淘汰率也有所提高。在转换为批次化生产的初期，母猪生产力还会有短暂的下降。

批次化生产实施主要依靠猪繁殖激素和管理手段，其中使用的主要激素是烯丙孕素，用来调控训练后备猪按时间节点入群；其次是垂体前叶释放促卵泡素（FSH）和促黄体素（LH）注射液，以及孕马血清促性腺激素（PMSG）注射液，还有促进母猪提前分娩的氯前列醇注射液。3周批次经产母猪同步化激素使用方案见图5-14。

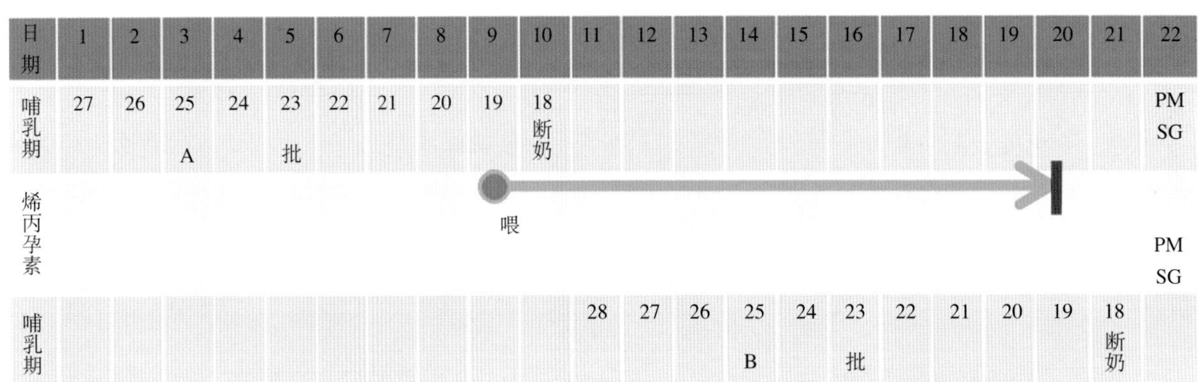

图5-14 3周批次经产母猪同步化激素使用方案

注：3周批母猪管理需要将母猪分成2组：1组为A组，1组为B组。当A组处于哺乳期时，B组断奶，使用烯丙孕素；当A组断奶使用烯丙孕素时，B组处于哺乳期，实现2组母猪轮换。在烯丙孕素停药第3天时，可以注射PMSG促进排卵。

要有效地实施批次化生产，必须熟练掌握批次化生产导入的措施。具体来说，分为新建猪场的批次化导入和连续生产猪场的批次化导入技术。以3周批次生产为例，分别进行介绍。

（1）新建猪场的3周批次导入。以1 200头母猪为例，假设配种分娩率88%，年产胎次2.3（实际上可能高于2.3，因为淘汰比较多），需要计算每批分娩母猪头数、产床数、配种数和需要准备的后备猪数4个关键指标。根据这些关键指标再安排生产流程，分配生产资源，调配员工，制定计划。需要指出的是，3周批的产床需要2组轮流使用，每批使用1组，断奶天数为28天。3周批设计的优点是符合猪的发情节律，掉队猪正好可以赶上下一次发情；缺点是使用的产床数较多。

①每批分娩母猪头数＝母猪头数×年产胎次/（52/3）＝1 200×2.3/（52/3）≈159头。

②产床数＝每批分娩头数×2＝159×2=318个。

③配种头数＝每批分娩头数/配种分娩率＝159/0.88≈181头。

④需要准备的后备猪数＝配种头数－每批分娩母猪头数＝181－159=22头。

对于新建的猪场，第一次准备后备猪，每批按照配种头数/0.9准备就可以，需要准备5批，因为后备猪利用率一般为90%。5批以后进入经产猪阶段，按照需要准备的后备猪数补充即可。

（2）连续生产猪场的3周批次导入。对于已经处于传统周连续生产体系的猪场，想要导入3周批次是比较容易实现的。从计划上可以参考新建猪场，计算每批分娩母猪头数、产床数、配种头数和需要准备的后备猪数4个关键指标。最重要的是针对现有产房的布局进行重新设计，以产房的数量来决定3周批次的每批分娩母猪头数。这样可能会减少每批分娩母猪头数，造成淘汰的母猪比较多。或者通过增加产床数来满足每批分娩母猪的头数，使产床数等于每批分娩母猪头数的2倍。

从操作的角度来讲，可以将正常断奶的第一周（开始实施批次化的当周）母猪延迟1周断奶，第二周母猪正常断奶，第三周母猪提前1周断奶，这样数量上正好可以凑齐3周的母猪数量，作为第一批。其他的依此类推，经过7批就可以完成导入，7批以后按正常需要补充后备猪的数量。完成整个导入的周期是5个月。导入过程根据需要使用烯丙孕素，如果母猪断奶后7天的发情率较高，可以选择部分母猪使用烯丙孕素；如果断奶母猪发情率不高，也可以对全部母猪都使用烯丙孕素。此外，还可以考虑使用前列腺素进行同期分娩，以及同期断奶来辅助导入的顺利进行。

（三）健康养殖体系升级案例——无针注射器的使用

1.无针注射器的优势分析 养殖过程进行疫苗免疫是必不可少的环节，采用不锈钢一次性金属针头注射疫苗的传统免疫方法有许多缺点。首先，金属针头在注射过程中极易断裂，残留的针头无法有效去除，会随着产业链进入屠宰和食品加工环节，从而带来食品安全风险；其次，在实际操作过程中，不可能做到一针头一头猪，容易产生疾病的交叉感染风险，尤其是在非洲猪瘟多发的新形势下，有针注射疫苗传播疾病的风险在加大。除此之外，随着养殖企业用工荒的出现，年轻一代体力劳动能力不断下降，对猪进行注射操作需要消耗大量的人力、物力，使用有针注射疫苗不但操作难度加大，还存在一定的人身安全风险。无针注射器可以很好地规避这些风险，提高免疫的效率。无针注射器除了可以注射疫苗外，还可以注射化学药物，实现微量多点注射；由于注射时间短，可以有效减少注射后肿包等现象，大大提高了动物福利。

无针注射器与常规注射器（玻璃或金属）相比，优点和缺点都十分突出。表5-9从疫苗浪费、动物福利、使用成本等11个方面比较了两者的优点和缺点。但是，很多指标很难具体量化得到一个准确的经济核算值。虽然无针注射器有许多优点，但是单件的造价太贵仍然是实际应用中推广的最大障碍。

表5-9　无针注射器与常规注射器优缺点对比

类别	无针注射器	常规注射器
疫苗浪费	剂量精确达99.5%，避免浪费药液	药物浪费较多，约10%
劳动效率	在定位栏给母猪臀部免疫能有效提高生产效率，保证员工安全；可以打飞针，适合育肥猪	用针头给母猪免疫注射效率低，劳动强度大，甚至要爬栏，很不安全；不能打飞针，需要保定
吸收速度	吸收速度快，缩短免疫应答时间，提高免疫效果	药物吸收速度较慢
动物福利	疼痛应激反应减小，方便下次免疫	疼痛应激反应较大
食品安全性	提高猪肉品质	针头断头导致囊肿
疫苗类型	有些疫苗不适合无针注射（油佐剂疫苗）	所有疫苗都能注射
使用成本	设备一次性投入较大，需要专人维护，耗材成本低	单件价格相对低廉，可多人、多生产线同时工作
操作复杂度	操作复杂，需多人协同，效率低，需要经过培训并多次练习才能熟练掌握	不需要培训，效率高
生物安全性	只接触皮肤，风险低	与肌液、血液产生接触，风险高，易产生交叉感染
出血率	0.2毫米注射孔径，出血率低于1%	大针孔，出血概率高
人员安全性	安全性高，操作安全，省力	安全性低，操作不安全，费力

2.无针注射器的技术原理　无针注射器的工作原理是运用可控制的压缩气体（空气或二氧化碳气体）作为不间断工作的动力源，通过压力使药剂加速到每秒200 ～ 300米的速度，并形成一股极其微小的液体流体，迅速穿透皮肤表层在软组织中扩散，并且可以精准地向皮下或肌肉内注射药液或疫苗（图5-15）。

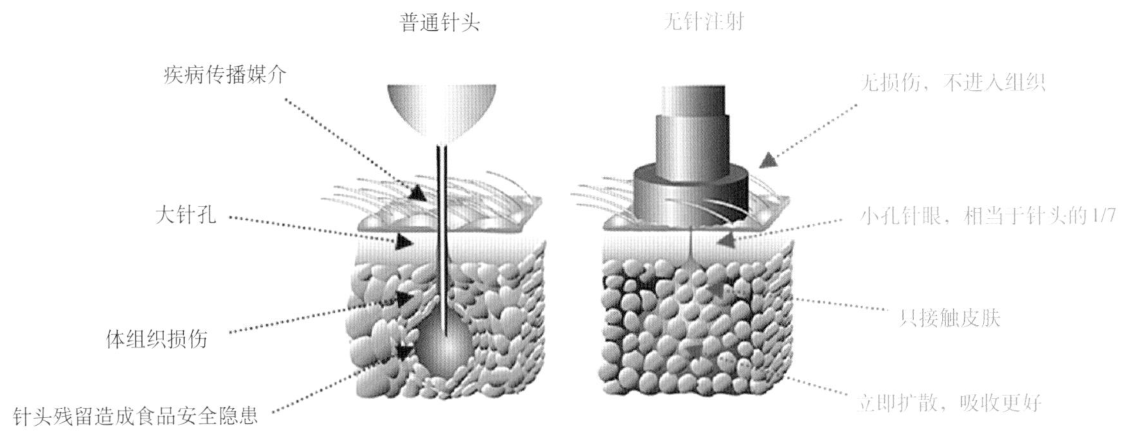

图5-15　无针注射器工作原理
（引自https://pulse-nfs.com）

3.无针注射器的结构特点　无针注射器按结构不同可分为4种类型：分体式、手枪式、笔式和台式。分体式和手枪式则多用于各种动物注射疫苗或保健药物等；笔式多为一次性人用或小动物使用，育肥猪也比较适合笔式；台式多为幼禽类注射疫苗和宠物注射疫苗。猪主要用分体式和手枪式无针注射器。注射剂量从0.1 ～ 5毫升不等，多剂量可调。

无针注射器按动力源不同可分为2种类型：电动和气动。电动无针注射器结构比较复杂，价格昂贵，市场上主要是气动无针注射器。气动无针注射器结构基本相似，一般由动力源（气瓶）、放大器、高压软管和发射手柄4部分组成（图5-16）。动力源最初是二氧化碳，由气站换气瓶供气，由于

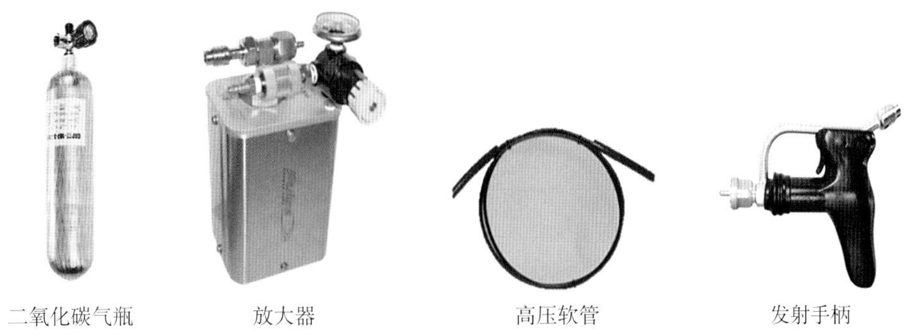

图5-16 气动无针注射器部件组成
（引自 https://pulse-nfs.com）

受非洲猪瘟影响，进出猪场的消毒流程复杂，部分企业已经将二氧化碳气瓶换成空气气瓶，由场内的空气压缩机进行场内充气。气瓶容量约3升，材质为碳纤维，重量约2.2千克，充满气重量约3千克，可以进行无针注射500次。PULSE原版气瓶重量是1.23千克，充满气重量是2.2千克。空气压缩机由厂家配备，可向气瓶充气30兆帕，时间约需1小时。放大器主要调节剂量（疫苗剂量或药液量）和动力（注射深度），将气体压力转化为液体压力，一般输出压力值为25 ~ 90Psi。有的无针注射器没有放大器。高压软管为塑料材质，一般长度为90 ~ 300厘米，用来连接发射器和放大器。发射手柄一般为手枪形状，带有扳机，可接疫苗瓶和一次性注射针筒。无针发射系统通常配备2把发射手柄（枪），发射手柄的注射剂量有的厂家是固定的，有的厂家是可调的；小剂量的低压手柄用来注射仔猪，注射剂量为0.1 ~ 0.5毫升；大剂量的高压手柄用来注射母猪，注射剂量为0.5 ~ 2.5毫升。除了上述主要部件以外，还会配备带轮气瓶推车1台、消毒套装（针筒、消毒液、蒸馏水），有的还配备一次性安瓿以及背带套件。

不同日龄的猪只无针注射所需要的压力值是不同的，注射仔猪和母猪的发射手柄的孔径也是不同的（表5-10）。在注射过程中，如果出现明显出血，则需要降低压力3 ~ 5Psi；如果出现明显漏液，则需要增加压力3 ~ 5Psi；若注射疫苗时出现乳白色丘疹，则需要增加压力3 ~ 5Psi。

表5-10 不同日龄的猪只无针注射所需的压力参考值

单位：Psi

适用体型	注射部位	建议压力	手柄类型
初生仔猪	肌肉/皮下	25	低压手柄
断奶仔猪	肌肉/皮下	35	低压手柄
5周龄	肌肉/皮下	40 ~ 45	低压手柄
8周龄	肌肉	55 ~ 60	高压手柄
9周龄	肌肉	65	高压手柄
12周龄	肌肉	65 ~ 70	高压手柄
16周龄	肌肉	70 ~ 75	高压手柄
20周龄	肌肉	75 ~ 80	高压手柄
>20周龄	肌肉	85 ~ 90	高压手柄

4.无针注射器的工艺升级　尽管现在市场上无针注射器主要为气动方式，但是气动方式存在固有的缺点，如注射时有出血点，设备组件太多、笨重、携带不方便。科研单位和企业也在不断开发

新产品，进行无针注射工艺的升级迭代，从而更加适应生产实际和市场的需求。具体的工艺升级方向主要有以下3点。

（1）动力源升级。原版的气动无针注射器动力源是二氧化碳气瓶。二氧化碳作为动力源有许多优点，如工作稳定、噪声小。但是，随着非洲猪瘟的出现，二氧化碳作为动力源，气瓶使用完了需要到气站进行更换，导致气瓶需要频繁进出猪场，需要多次消毒和检测，而气站一般离猪场比较远，增加了猪场的生物安全风险和经济成本。尤其是新型冠状病毒感染期间实行管控措施时物资运输和供应变得十分困难。猪场不可能储存大量的二氧化碳气瓶，二氧化碳作为动力源变得十分困难，许多企业开始尝试使用压缩空气作为动力源。具体做法就是，采购1台空气压缩机放在猪场，气瓶使用完了就用压缩机进行场内充气。压缩机有轮式和台式，其在猪场移动十分方便。根据气瓶的不同大小，一般充气1次需要2 ~ 4小时，充气达到额定压力后，压缩机自动停止工作。

（2）驱动方式升级。电动化一直是无针注射器的发展方向。目前，主要有罗氏与默沙东合作开发的IDAL电动无针注射器、加拿大ACUSHOT电动无针注射器以及韩国MIRAJET-100电动无针注射器。由于电动无针注射器价格过高，市场上的用户很少，只有极少数的研究所和疫苗企业才有部分样机。电动无针注射器总重量2 ~ 3千克，部分不锈钢组件可以拆下来消毒，驱动方式为电机+弹簧。电动无针注射器采用锂电池包作为动力源，充1次电可以连续注射1 000 ~ 1 200次，可以连续免疫仔猪1 000头、育肥猪400头左右。

（3）注射方式升级。用常规注射器免疫需要2 ~ 3人一组才能进行有效操作，而无针注射器可以1 ~ 2人一组进行操作。如果将无针注射器固定到可移动的平台设备上，可以实现完全自动注射，1名不需要进行专业培训的普通员工就可以操作，大大减少了技术员的劳动强度，提高了免疫的均匀度。目前，无针注射机器人还处于研发阶段，尚未有成熟的产品面世。无针注射器的注射方式主要有移动式和固定式两种模式：移动式是将无针注射器安装在一个可移动的通道式设备上，在猪舍过道里或者圈栏内驱赶猪只，猪只经过通道便实现了自动注射；固定式是将无针注射器固定在猪舍固定位置的一个架子上，驱赶猪只经过架子下面，从而实现自动注射。

七、猪群健康监测要及时全面

近些年，我国生猪养殖业迅速发展，推动着社会经济的进步。但伴随着生猪从出生直到出栏，整个养殖过程存在诸多感染疾病的风险。近年来，尤其以非洲猪瘟为代表的各类猪病越来越复杂，且呈高暴发性和强传染性，严重威胁着猪群健康，降低了养殖者的经济收益，甚至部分人畜共患病会威胁人类的生命安全。因此，如何应对层出不穷的各类疾病并保证猪群健康，对猪群的健康监测和防控是必须加强的前提条件。早期发现猪场的健康问题对于及时干预和提高疾病的治疗成功率，从而促进生猪可持续生产至关重要。本部分主要围绕猪群监测的体系建设展开论述。

（一）建立常见的猪病监测方法

1.观察猪群状态　猪在表现一些慢性或者亚临床、临床症状之前，伴随的行为变化有很大的诊断价值。猪的进食、异嗜等异常行为与其健康状况有很大关系。行为的改变是早期监测猪群健康的重要方法之一，因为这些变化往往先于疾病的临床表现，并持续影响猪群的性能。例如，呼吸道疾病的感染会引起猪的咳嗽等。饲养员对自己所饲养的猪群通过视觉、听觉、触觉和嗅觉发现健康异常的猪只，如有异常，及时向猪场技术人员或兽医汇报。猪场技术人员或兽医每日建议巡栏猪群

2～3次，通常采用“三看”方式，即看精神状态、看饮食、看粪便，对猪群的个体行为变化进行观察，及时发现临床症状。猪群健康监测的行为指征见表5-11。对巡栏过程中发现的异常情况，要及时分析、查找原因，尽早采取措施解决。对于一般疾病，对症治疗，妥善处理，及时做好舍内消毒、紧急免疫等措施，防止疾病扩散；对于病猪、弱猪、差猪及时淘汰，提高生产成绩，切断潜在的传染源。

表5-11 猪群健康监测的行为指征

各项指征	关键行为	异常行为情况
体况外貌	被毛光亮、皮肤无结痂	体况差、被毛粗乱、皮肤脱毛、消瘦、结痂，有脓包、疥等
精神状态/社会行为	精力旺盛、活泼、群卧、反应灵敏、呼吸均匀、食欲佳	精神委顿、行走摇摆、动作呆滞、反应迟钝、离群、咬尾、惊恐、不安、乱跑、兴奋、瞪眼、不食、呕吐、腹泻等
体温、心率	正常体温38.7～39.8℃，心率60～80次/分	体温异常、腹式呼吸、喘气、咳嗽、打喷嚏
粪便	成型、硬而不干	粪便稀软、异常，有未消化的饲料等
其他指标	相关指标正常	繁殖性能指标、死亡率、淘汰率、产仔数、胎次等

2.动态监测猪群各项生长指标数据　依据动态监测指标等判断猪群的健康情况变化，每隔一段时间监测一下猪群的健康情况。一般固定的场、固定的品种、特定的饲养管理水平，会表现出猪的生产力水平。生产力水平的高低间接反映猪群的健康状况。常见的生产指标异常，如猪的初生重低、21天窝均重低、受胎率低、产仔数少，肉猪的日增重低、猪只死淘率高等。这些除了跟生产管理相关外，还可能与某些疾病的因素导致猪的生产性能低下有关。

3.猪只尸体剖检及屠宰场检查

(1) 猪场内部猪只剖检。在确保场内无非洲猪瘟感染的情况下，对病弱猪进行剖检，观察各组织、器官等是否存在病变及病变的程度、数量等。如果条件允许，可送至相关实验室进行病理切片诊断。

(2) 借助屠宰场检查。在屠宰场检查猪只脏器的情况，查看组织和器官有无异常及病变，了解猪场传染病的情况及严重程度。

4.实验室检测　实验室检测是疫病确诊的重要手段。常用的实验室检测方法有血清学检测、病理组织学检测、病原学检测等。实验室检测最常用的方式主要有2种：一种是血清学检测，评估机体内抗体水平；另一种是病原学检测，用于非洲猪瘟、口蹄疫、猪瘟等一系列常见疾病。测定猪只血清及其体液特定的抗体水平，是了解猪只免疫状态的有效手段。猪只血清中存在某种抗体，说明与同源抗原接触过，产生了抗体。体内抗体的出现意味着猪只正在患病或者过去一段时间患过病，或猪被注射了免疫疫苗，机体产生了免疫反应。免疫后抗体水平的整齐度，反映疫苗免疫的有效程度。抗体整体水平的高低，可用于评估疫苗免疫的时间、剂量等。通过对抗原的检测（如非洲猪瘟、口蹄疫、猪瘟），可快速识别猪群是否发病，降低对猪群的感染风险，淘汰阳性猪只，实现快速剔除、净化。

5.流行病学调研　猪场兽医人员要对常见疾病的流行病学趋势有所了解，掌握所在区域主要疾病的流行状况，如非洲猪瘟、猪繁殖与呼吸综合征、猪瘟、猪伪狂犬病、猪流行性腹泻、圆环病毒病、细菌性疫病等。

（二）猪群健康监测的方案

1.制订监测方案的必要性　大多数规模化猪场或者自繁自养的猪场，会经历引种、转群、排苗、肥猪上市等阶段。在不同的阶段，要做好猪群的监测方案及检测频次，做好猪的驯化和免疫等工作。

（1）引种阶段的监测。非洲猪瘟暴发后，猪场引种发生了很大的变化。引种期间的健康评估一般分为3个阶段，即引种前、引种途中和引种后。引种前健康评估至关重要，尤其是大批量引种。如果条件允许，建议提前进入供种场，做好临床评估，重点观察猪群是否为连续性生产，猪场的繁殖和生产指标（配种率、断配率、分娩率、死淘率、更新率、后备母猪利用率、死胎及木乃伊比例等），有无免疫记录、采样检测报告和日常的健康检测记录等，尤其是非洲猪瘟、猪繁殖与呼吸综合征、猪伪狂犬病、口蹄疫、猪瘟、猪流行性腹泻及猪传染性胃肠炎等病原学和血清学检测。引种途中，为防止非洲猪瘟的感染，应提前规划引种路线。引种后，后备母猪从种猪场被引至商品猪场，所处环境发生改变，后备母猪在种猪场环境中所产生的免疫不一定对商品猪场完全有效。种猪场与商品猪场微生物区系组成不一样，可能会导致后备母猪或猪场原有母猪产生疾病。因此，一般对新引进的后备母猪隔离饲养3天以上。这期间需要对后备母猪进行采血，以做抗原或抗体检测。必要时，对猪群进行免疫。同时，对于运输过程中出现物理性损伤做一定的康复处理。隔离结束后，对引进猪只进行健康评估，包括非洲猪瘟、猪瘟、猪繁殖与呼吸综合征、猪伪狂犬病、口蹄疫、猪流行性腹泻及传染性胃肠炎等。

（2）公猪的监测。精液除采精后的常规镜检外，还需定期进行病原和抗体检测，监控是否有猪繁殖与呼吸综合征病毒、伪狂犬病毒检出。若精液中有猪繁殖与呼吸综合征病毒检出，则3个月内禁止采精；如精液中有伪狂犬病毒检出，则必须坚决淘汰。公猪的伪狂犬病毒检测应配合病原学和血清学检测，如抗体检测阳性、精液病原检测阴性，则需隔离饲养，增加免疫频次，精液仍可用，不必淘汰该公猪，但后续要持续监控。

（3）转群阶段的监测。不同猪只在生产阶段可能会经历公猪舍、隔离舍、后备舍、配怀舍、分娩舍、保育舍及育肥舍等。猪只在转群过程中存在疫病传播风险。在转群前后，要对猪进行健康度评估及病原检测。如保育阶段仔猪抵抗力差，是疾病感染高发期，要评估母源抗体和疫苗免疫的平衡点等，以确定是否调节免疫程序及免疫时间。

（4）母猪配种前后的监测。伪狂犬病毒对胚胎着床有重要影响，阳性稳定场可检测抗体，以确定是否需要加强免疫。

除了引种、转群期间的健康监测以外，猪场还要依据猪的健康状况对猪群进行定期的健康监测，因为非洲猪瘟、猪繁殖与呼吸综合征、猪伪狂犬病、口蹄疫、猪瘟、猪流行性腹泻及猪传染性胃肠炎等传染病对猪场的生产业绩影响巨大。定期对猪群进行健康监测，及时掌握猪群免疫水平，建立科学的免疫程序，对预防和控制疾病有不可或缺的作用。定期的健康监测需要覆盖猪场内全部的猪只类型，有详细的监测计划。猪场猪群健康监测计划示例见表5-12。具体的监测计划要依据本场的实际情况确定，并定期进行调整。

表5-12　猪场猪群健康监测计划示例

序号	猪只类型	生产阶段	采样部位／样品种类	采样数量	检测项目	
					病原检测	抗体检测
1	基础母猪	妊娠经产40～80天	血清	15头	猪繁殖与呼吸综合征、非洲猪瘟	猪瘟抗体、猪伪狂犬病病毒gB抗体、猪伪狂犬病病毒gE抗体、猪繁殖与呼吸综合征抗体、口蹄疫抗体
2		妊娠后备40～80天	血清	15头	猪繁殖与呼吸综合征、非洲猪瘟	
3	基础公猪	采精公猪	血清	10头	猪繁殖与呼吸综合征、非洲猪瘟	

（续）

序号	猪只类型	生产阶段	采样部位／样品种类	采样数量	检测项目	
					病原检测	抗体检测
4	仔猪	3～5天仔猪	处理液	15窝以上，仔猪合样1份	猪繁殖与呼吸综合征	/
5		7天仔猪	肛门拭子	5窝，每窝1份	猪流行性腹泻、猪轮状病毒、猪传染性胃肠炎、猪丁型冠状病毒	/
6		21天仔猪	肛门拭子	5窝，每窝1份		/
7		断奶仔猪-差弱猪	血清	5头，每窝1头	猪繁殖与呼吸综合征	/
8	哺乳母猪	泌乳期母猪	初乳	15头	/	猪流行性腹泻抗体
9	母猪	妊娠经产猪	棉绳口腔液	10头，每5头装1份	猪繁殖与呼吸综合征	/
		妊娠后备猪	棉绳口腔液	10头，每5头装1份	猪繁殖与呼吸综合征	/
		后备猪	棉绳口腔液	10头，每5头装1份	猪繁殖与呼吸综合征	/

2. 猪场监测的样品采集、送样要求　现在猪场的发病很多为多病原的混合感染。猪病料的正确采集是开展猪场健康监测的前提，采样方法、采样部位、采样数量和送检实验室的样品保存质量，很大程度上决定了检测结果的准确性，并对诊断结果提供科学的依据。

（1）病料采集的注意事项。

①病料的采集部位要具有代表性。依据猪的临床症状及明显发生病变的部位，根据不同的检测目的，采集相应的组织、脏器、肠道内容物、粪便、唾液分泌物、血液等。采集的部位应包含病变部位、过渡部位和健康组织，并且组织结构完整（如肾脏结构包括被膜、皮质、髓质）。具体如表5-13所示。

表5-13　猪疫病病料采集部位建议表

疫病种类	病料采集部位
猪瘟	扁桃体、淋巴结（肺门、腹股沟、肠系膜）、脾脏、肺脏、流产胎儿、全血等
猪繁殖与呼吸综合征	睾丸处理液、肺脏、脾脏、淋巴结、流产胎儿、口腔液、鼻腔分泌物、血清
猪伪狂犬病	脑、脊髓、扁桃体、血液
猪圆环病毒病	脾脏、肺脏、淋巴结（肺门、腹股沟、肠系膜）、口腔液、血液
猪流行性乙型脑炎	脑、流产胎儿、腹股沟淋巴结、血液
猪细小病毒病	流产胎儿、扁桃体、肝脏、脾脏、肺脏、肾脏、淋巴结
猪流感	鼻腔拭子、气管、肺脏、淋巴结
猪流行性腹泻	小肠、粪便、口腔液、肠系膜淋巴结
猪轮状病毒病	小肠、粪便、肠系膜淋巴结
猪传染性胃肠炎	小肠、粪便、肠系膜淋巴结
猪丁型冠状病毒病	小肠、粪便、肠系膜淋巴结
猪鼻支原体	鼻腔拭子、肺脏

（续）

疫病种类	病料采集部位
猪肺炎支原体	肺脏、鼻腔拭子
非洲猪瘟	咽拭子、口鼻拭子、尾根血拭子、血液、淋巴结等
猪弓形虫病	全血、肺脏、脾脏、肝脏、淋巴结
猪附红细胞体病	抗凝血
胞内劳森菌病	粪便
梭菌病	空肠及内容物
猪链球菌病	慢性：关节液及周围组织；急性和最急性：心脏、肺脏、肾脏、脾脏、肝脏、淋巴结；病猪：扁桃体、鼻拭子
副猪嗜血杆菌病	脑、肺脏、关节液、胸腔积液、腹腔积液、抗凝血
猪传染性胸膜肺炎	肺脏
猪巴氏杆菌病	肺脏、脾脏、心血、肺门淋巴结

②取样要尽量无菌操作。病料采集时，对采集病料的器械及容器必须提前消毒，减少因器械或盛放病料的容器对病料的污染。做细菌相关疾病检测前，除了代表性部位取样，最好是采集未经抗生素治疗的病例。采集病料前，尽量是活体动物或死亡时间不超过6小时的动物，这样细菌分离、鉴定的成功率会显著提高。

③尸体剖检。禁止剖检疑似患炭疽的病猪。其他尸体剖检应将尸体浸泡或喷洒消毒，防止毛屑、尘土飞扬对病料造成污染。尸体剖开胸腹腔时，第一时间采集病料，从腹腔到胸腔、从实质性脏器到腔肠等内容物，减少病料因暴露于空气中而造成的污染。

（2）病料的采集数量及采样目的。流行病学调查、猪群健康监测评估检测时，样品的采集数量要满足基本的统计学意义，以确保检测结果在置信区间内。采样前，应根据监测项目和检测目的，选择合适的样品类型和采样数量。

①疫病诊断。采集有疑似症状或明显病变的部位；采集头数不少于2头；采集部位尽可能2个以上。抗原检测，组织不少于3厘米×3厘米×3厘米；细菌检测，腹腔液等可用一次性注射器抽取2～5毫升，组织不少于5厘米×5厘米×5厘米，均放入自封袋中，以便于复检和留样。同时，要及时与实验室做好沟通。

②免疫效果监测。通常在猪群免疫14～20天随机抽检。猪群健康监测时，按照一定的猪群阶段比例，每阶段不少于5头。存栏万头以上的猪场以不低于0.5%进行采样，每次送检样本数量不少于30份。

（3）样品采集及送检要求。

①送检要附上送检单。送检单内容要包含场区信息、猪只表现、样品数量等信息。

②样品采集及保存要求。

口腔液：在猪未吃料之前，用无菌的棉绳悬挂在干净区域，远离料槽、饮水嘴等易污染区域。绳子高度与猪齐平，咀嚼20～30分钟。采集完的唾液尽量保证无杂质，装入无菌50毫升离心管中，封口，4℃保存。

组织样品：用无菌手术刀割取相应组织装入自封袋，封口，4℃保存，尽快送往实验室检测。

鼻拭子/口腔咽部拭子：无菌拭子插入鼻腔至鼻甲部位、口腔咽部装入盛有核酸保护剂的离心管中，封口，4℃保存。

血液：抽取前腔静脉血，离心转入离心管中，4℃保存。

肠道及内容物：取小肠一段，两端结扎，剪下放入自封袋并做标记，4℃保存，尽快送往实验室检测。

胸腹腔积液、心包积液、关节液：用一次性注射器抽取2 ～ 5毫升积液，放入无菌离心管中并做标记，尽量避免接触污染。见图5-17、图5-18。

图5-17　胸腔积液

图5-18　关节液

3.猪场常见疾病的实验室检测　实验室检测一般有病原检测、血清学检测和细菌检测等。

（1）病原检测。一般指病毒的核酸检测。核酸检测即PCR或荧光定量PCR检测，对病原体的遗传物质，如DNA或RNA进行检测。如果检测结果为阳性，说明病原存在猪只体内，猪正处于感染期或潜伏感染期，但不一定有临床症状。如有症状，可结合病理诊断结果确定是否感染。

（2）血清学检测。抗体检测方法主要有病毒中和试验法（SN）、间接血凝试验法（IHA）和酶联免疫吸附试验法（ELISA）。病毒中和试验法是行业内公认的标准抗体检测方法，因为其能直接反映出猪只对疾病感染的抵抗能力，但病毒中和试验需要进行细胞培养和病毒增殖，耗时较长，且对实验场地和实验室检测人员要求较高，因此不适合临床大规模样品的检测。酶联免疫吸附试验法具有快速、操作简便、标准化程度高等特点，适合进行大规模流行病调查和疫病检测，也是目前各实验室最常用的抗体检测方法。以下只针对此方法检测结果作简单分析。

ELISA检测结果包括离散度、抗体检测值等指标。离散度常用变异系数（*CV*）表示，它是衡量抗体检测结果均匀度的一个重要指标。离散度的大小可以间接反映猪场在免疫后体内抗体水平的整齐度，以此评估疫苗免疫效果或猪群的健康度，为猪场免疫程序制定和调整提供数据支撑。离散度越小越好，猪群整体抗体的离散度一般要求≤30%，种猪的离散度要求≤25%，则认为该猪场抗体水平比较整齐，达到了免疫效果；反之，则免疫效果不理想。抗体检测值一般用*S*/*P*或*S*/*N*表示，该值的范围也能判定是否感染过病毒或正处于感染阶段，具体范围的界定要依据使用的试剂盒确定。

（3）细菌检测。细菌检测主要是对采集的病料进行细菌分离鉴定、纯化培养、药敏试验（图5-19），筛选敏感药物，指导猪场用药，防止猪场发生大面积的细菌性疾病。

综上所述，随着无抗养殖时代的到来，猪身上的疾病越来越多，很多都是多种疾病混合感染、疾病继发感染等。因此，要更加关注猪只的健康状态，加强日常猪群的监测，时刻关注猪的日常行为、饮水和排泄等情况。同时，利用实验室检测技术手段，全面关注猪群健康，防止疾病的产生及传播，保障猪群有一个健康的生长环境。

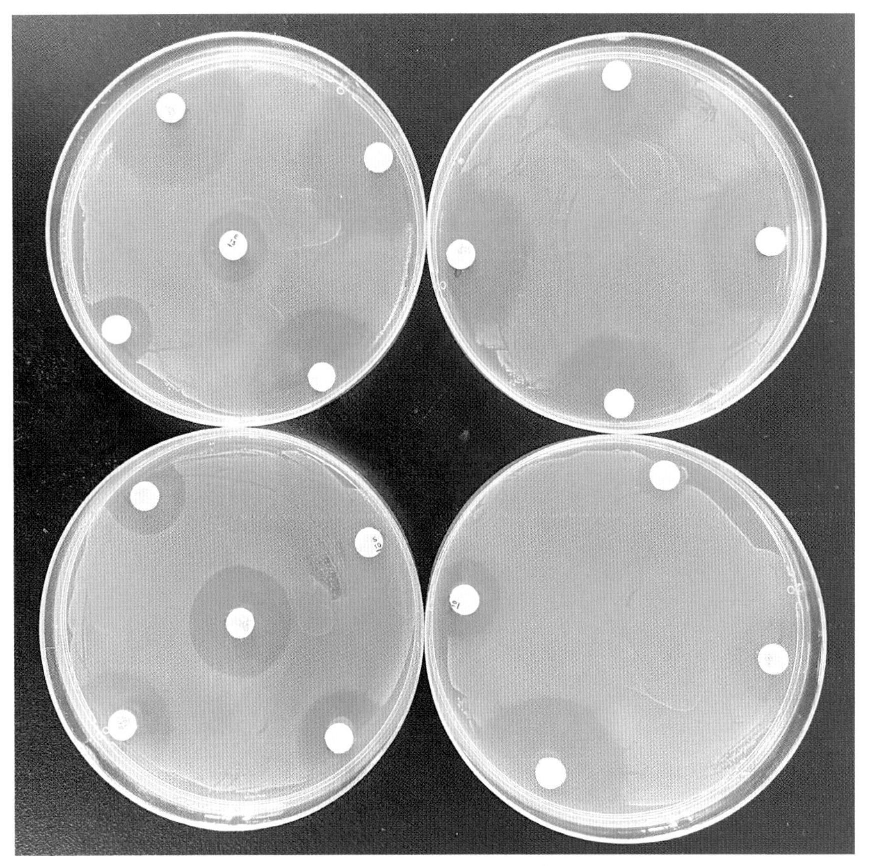

图5-19 某猪场传染性胸膜肺炎药敏试验结果

八、疫病防控保障要精准有效

细菌病的发生与治疗是导致猪群抗生素使用增加和肉品中抗生素残留超标的核心因素。而大部分细菌病都是在其他病原感染或应激的条件下发生的，尤其是在猪群感染猪繁殖与呼吸综合征病毒、猪圆环病毒2型、猪支原体的条件下发生的频率更高。当猪群有效地控制这3种疫病并在减少应激的情况下，细菌病发生的比例会显著降低。当前，我国猪群常见的细菌病有副猪嗜血杆菌病、猪链球菌病、猪丹毒、猪传染性胸膜肺炎和猪萎缩性鼻炎。

（一）副猪嗜血杆菌病

副猪嗜血杆菌病是当前我国猪群常见、多发的细菌性感染疾病。从2周龄至4月龄的猪均易感，主要在5～8周龄易发病，感染高峰期多见于保育阶段（4～6周龄）。该病的发生与断奶应激，尤其是猪群的PCV2感染显著相关。因此，临床上将副猪嗜血杆菌病称为PCV2的“影子病”。

1.临床症状　该病临床上可分为最急性型、急性型、亚急性型和慢性型。最急性型主要表现为无症状的突然死亡。急性型多见于体况良好的猪只，表现为精神沉郁，食欲减少或废绝，发热；行走缓慢，关节肿大；呼吸困难，耳缘发紫，眼睑周围水肿；有明显的神经症状；怀孕母猪会出现流产。亚急性型呈现出非典型症状，表现为被毛粗乱、生长发育不良、咳嗽、发热、呼吸困难、四肢无力或跛行。慢性型主要表现为僵猪。

2.病理变化 病理剖检以多发性浆膜纤维素性渗出为主，表现为胸膜炎、心包炎、腹膜炎、关节炎和脑膜炎五大炎症。最具有典型性的示征变化是胸膜炎和心包炎。

3.预防与控制 该病的主要防控手段是疫苗免疫和药物防控。灭活疫苗能够对同源菌株提供有效的免疫保护，但对不同血清型的菌株或同一血清型的不同菌株交叉保护力弱。因此，在一个特定的地区，清楚地知道流行的主要血清型对于有效控制本病至关重要。若使用当地分离的菌株制备灭活疫苗，则防控效果理想。初产母猪在产前42天和21天各免疫1次，经产母猪在产前30天免疫1次即可；仔猪在产后10 ～ 14天免疫1次，间隔14 ～ 21天加强免疫1次。敏感药物包括头孢类、氟苯尼考、阿莫西林等。目前，国内已经出现了部分头孢类和氟苯尼考耐药菌株，可根据药物敏感实验开展耐药性分析后再对症用药。

（二）猪链球菌病

猪链球菌病是由猪链球菌感染引起猪群发病的一种重要的细菌性疾病，主要导致5 ～ 10周龄猪的败血性疾病。目前，国内育肥猪群在7—9月的发病率也比较高。

1.临床症状 表现为急性死亡、脑膜炎、多发性浆膜炎、传染性心内膜炎和关节肿胀。部分猪神经症状明显，出现角弓反张、倒地划水和尖叫等明显的神经症状。

2.病理变化 以肺脏的纤维素性渗出、胸腔积液、绒毛心、心脏的菜花样赘生物、腹腔的纤维素性渗出和关节的干酪样内容物为主；部分猪还有脑膜脑炎、肠道出血和母猪流产等症状，而且母猪流产以妊娠前期为主。

3.预防与控制 该病主要的防控手段是药物防控和疫苗免疫。常用的药物有头孢类、阿莫西林和磺胺六甲氧等。如猪群有脑膜炎症状出现，建议优先使用磺胺类药物。肌肉用药可以考虑用大剂量的青霉素。灭活疫苗的使用可参考副猪嗜血杆菌病的防控。

（三）猪丹毒

猪丹毒是由红斑丹毒丝菌引起猪的一种急性、热性、败血性传染病。红斑丹毒丝菌是广泛存在于自然界中的一种革兰氏阳性细菌，感染宿主非常广泛。家猪是该病原的主要储存宿主，有30%～ 50%的健康家猪在扁桃体和淋巴结中携带该菌。当前，我国流行的血清型为1a型。该病多在中猪群应激的情况下发生，一旦发生则造成的损失比较大。该病一般在3月龄以上的猪中发生，猪日龄越大，发生该病的风险性越高，尤其是二次育肥猪的风险较大。

1.临床症状 该病临床上可为急性型、亚急性型和慢性型。急性败血型主要表现育肥猪或重胎母猪等大猪的发热，体温在40 ～ 42℃，个别猪出现猝死，母猪出现流产；大部分急性发病猪病程进展较快，一旦表现出明显的临床症状，治疗效果会显著降低。亚急性型临床表现不典型，会在皮肤表面出现数量不等的皮肤损伤（疹块状突起）；母猪产出木乃伊胎和弱仔的比例增加。慢性型主要表现为慢性关节炎、呼吸困难和皮肤发绀等。

2.病理变化 病理剖检主要表现为脾脏肿大、心脏瓣膜出现菜花样赘生物、肾脏皮质出现针尖状出血点和膝关节的增生性滑膜炎。

3.预防与控制 该病的主要防控手段是疫苗免疫和药物防控。弱毒疫苗免疫优于灭活疫苗，但现有的弱毒疫苗菌株对流行菌株的保护效果不是非常理想，而且需要在使用前至少停用抗生素3天。另外，当猪群处于猪丹毒的不稳定状态时，不能用弱毒疫苗肌肉注射免疫，建议采用口服的方式进行免疫。用分离的流行毒株开发的商品化灭活疫苗或制备的自家苗免疫效果良好，需要每头份疫苗细菌数在150亿及以上。母猪群在每年的4月和5月各免疫1次弱毒疫苗或连续2次免疫灭活疫苗，可有效防控当年的猪丹毒。后备母猪建议在配种前免疫1～2次猪丹毒疫苗。当前，广泛应用于防控猪丹毒的药物是阿莫西林。但要注意，阿莫西林是时间依赖性药物，需要每天用药3次及以上。发病猪可以考虑使用青霉素进行注射。

（四）猪传染性胸膜肺炎

猪传染性胸膜肺炎是由胸膜肺炎放线杆菌引起的一种能够在猪群中突然性暴发，同时伴有高死亡率的呼吸道传染病。该病的临床表现与猪的日龄、免疫状态和环境条件等相关。本病具有明显的季节性，多在高温季节发生，且在130日龄后的中大猪中高发。

1.临床症状　该病临床上可分为最急性型、急性型和慢性型。最急性型发病突然，同一圈或不同圈的几头猪同时发病；高烧，体温达到41.5℃或以上；精神沉郁，厌食，部分猪出现呕吐；口鼻有泡沫性带血分泌物；部分猪猝死。发病率为10%～100%，死亡率为1%～10%。急性型表现为同一圈或不同圈的很多猪发病；皮肤发红，体温40.5～41℃；患病猪精神沉郁，起立困难，不采食，不愿饮水；呼吸道症状明显，呼吸困难、咳嗽，张口呼吸现象明显。慢性型表现为低烧或不发烧，零星的或间歇性咳嗽，食欲下降，非典型、温和的类流感的呼吸道症状。

2.病理变化　最急性型死亡病例没有明显的病理变化，部分猪可能在气管和肺内有血性泡沫。急性型主要表现为气管充满血性泡沫，肺脏表面有纤维素性渗出和黑色到红色的融合区，肺脏间质增宽，胸腔和心包积液。慢性型病例主要表现为明显的双侧或单侧性肺炎，部分区域变硬，剖检后可看到干酪样内容物。

3.预防与控制　该病的防控手段主要是疫苗免疫和药物控制。商品化疫苗有全菌灭活苗和亚单位蛋白（ApxⅠ、ApxⅡ、ApxⅢ和opm2）疫苗。全菌灭活苗能够对同源菌株提供免疫保护，但对不同血清型的菌株和同一血清型不同菌株交叉保护力弱；亚单位蛋白疫苗则能对不同血清型的菌株提供很好的交叉保护力，尤其是在细菌已经感染的情况下能够有效地减少肺脏的损伤。母猪可以采用产前免疫2次的策略，小猪可以采用在6周和8周各免疫1次的策略。另外，使用疫苗后一旦零星发生传染性胸膜肺炎，则敏感药物治疗效果理想；反之，则药物治疗效果差，停药后反弹明显。当前，对该菌高度敏感的药物有头孢类、氟苯尼考和阿莫西林，生产实践上应用阿莫西林较多。

（五）猪萎缩性鼻炎

猪萎缩性鼻炎分为非进行型萎缩性鼻炎和进行型萎缩性鼻炎。非进行型萎缩性鼻炎主要发生在哺乳仔猪群，由单纯的败血性支气管波氏杆菌感染引起，可恢复。进行型萎缩性鼻炎由产毒素性多杀性巴氏杆菌引起，其中单纯的巴氏杆菌毒素就可以引起进行型萎缩性鼻炎。该病很少会导致猪只的发病和死亡，但会导致料重比增加、继发病原感染增加等问题。当前，我国屠宰猪50%以上有中度到重度的鼻甲骨萎缩情况。

1.临床症状　该病临床上主要表现为感染猪打喷嚏，流鼻涕，眼角下出现明显的泪斑。严重感染的猪鼻甲骨萎缩，颜面部变形，鼻腔出血，口鼻在墙壁和栏杆等处摩擦，墙壁和栏杆上出现明显的血液。感染猪皮毛粗乱，生长发育不良，料重比增加。

2.病理变化　剖检变化主要观察猪鼻部的横断面，可以观察鼻甲骨萎缩，鼻中隔变形，部分感染严重的猪会出现明显的肺炎变化。根据鼻甲骨的萎缩情况和鼻中隔的弯曲，可以采用打分系统对进行型萎缩性鼻炎的严重程度进行判定。

3.预防与控制　该病的防控主要通过疫苗免疫。败血性支气管波氏杆菌的菌体灭活疫苗能阻止非进行型萎缩性鼻炎的发生和抑制部分巴氏杆菌的定殖，但不能防控进行型萎缩性鼻炎。产毒素性多杀性巴氏杆菌灭活疫苗的特点与以上的菌体灭活疫苗相同。需要着重指出的是，只有包含巴氏杆菌毒素的疫苗才能有效防控进行型萎缩性鼻炎的发生。后备猪配种前免疫2次，经产母猪酌情免疫。小猪出生后14 ～ 28天免疫1次，首免14天后加强免疫1次。巴氏杆菌产生耐药性的速度较快，相对敏感药物的有头孢类、青霉素类和阿莫西林。

九、系统营养方案要科学合理

不同阶段猪群均需要科学、均衡的营养来实现其繁殖或生长性能。养猪企业通过低成本商品猪出栏以实现盈利目的，为了保证饲料成本整体可控，需要制订满足各阶段猪群的营养方案。在后备期需要达到适宜的配种体重和体沉积；妊娠期间通过饲喂管理有效控制体况，保证妊娠母猪的繁殖性能；为了提高仔猪断奶重，需要提高哺乳期采食量并提供合适营养水平的日粮；适宜的断奶日龄、日粮和养殖环境是断奶仔猪健康的关键；对不同生长育肥猪群制订针对性的营养方案，如采取多阶段饲喂、公母分饲等措施实现精准营养，达到猪群健康、饲料成本优化，从而实现养猪效益最大化。

（一）后备母猪饲养

1.青年后备母猪达到适宜初配体重 后备母猪首次配种的体况与未来的繁殖性能密切相关。在实际生产中，一般将首次配种体重作为后备母猪培育最重要的参考指标。因为体重代表母体体脂、体蛋白和骨骼系统等所有体成分的储备情况，以满足未来高强度繁殖活动的需求。后备母猪日粮设计要保障母猪适宜的生长速度，且日粮中的脂肪含量充足，以促进母猪雌激素的分泌及初情期的启动。如果后备母猪生长速度过快，超过培育目标，则可以考虑适当降低日粮中可消化氨基酸水平，控制生长速度，避免配种时母猪体重超标。建议后备母猪首次配种体重要在135 ～ 150千克（210 ～ 230日龄），最大不要超过170千克。

2.后备母猪钙、磷和维生素设计适当 母猪由于生命周期较长，在后备母猪培育期需要改善骨骼矿盐沉积，从而提升机体矿物元素储备。后备母猪日粮的标准回肠可消化磷水平在0.3%、钙在0.9%左右，以避免繁殖周期内钙、磷损失过多，造成行动困难而被提前淘汰。日粮铜、铁、锌水平分别在25毫克/千克、750毫克/千克和100毫克/千克左右，以避免潜在的缺乏症。生产上为了保证母猪繁殖所需的维生素储备，维生素A、维生素E、维生素K_3、维生素B_2、泛酸钙、维生素B_1、维生素D_3、维生素B_3添加量一般分别为每千克配合饲料10 000 国际单位、30 毫克、0.5 毫克、3.75毫克、12毫克、1 毫克、800 国际单位和10 毫克左右。

（二）妊娠母猪饲养

体况管理是妊娠母猪饲养的核心。母猪配种后一般会限制饲喂水平，避免过度摄入能量和营养物质，造成母猪体况偏肥（妊娠母猪饲喂量参考见表5-14）。配种后72小时内的高能量摄入可能影响妊娠早期胚胎的存活，故配种前3天应适当降低饲喂量。妊娠中期应根据母猪实际体况调整饲喂水平，偏瘦的母猪要提高采食量以恢复体况，偏胖的母猪要适当减料以控制到合理体况。需要注意的是，后备母猪在妊娠期间依然需要沉积蛋白和脂肪。因此，建议头胎母猪妊娠后期可以适当增加0.3 ～ 0.5 千克的饲喂量。

当前，中国饲养的母猪品系大多数为瘦肉型品种，一般推荐分娩时最后肋骨P2点背膘厚度为

16 ~ 18毫米，有地方品种血统的母猪品系理想背膘可能在20毫米左右。体况测定一般使用眼观评分法、背膘测定法或体况卡尺（Caliper）法。体况卡尺法测定快速且成本低，容易综合反映母猪体脂和体蛋白储备情况，目前已被多家大型养猪企业采用。

表5-14　妊娠母猪饲喂量参考

阶段	饲喂量（千克/天）
断奶-配种	自由采食
配种后前3天至胚胎存活（0 ~ 3天）	
后备母猪	2.0
正常以及体况偏瘦经产母猪	2.0
体况偏肥经产母猪	1.8
妊娠前期（4 ~ 28天）	
后备母猪配种体重135 ~ 160千克	2.2 ~ 2.4
正常经产母猪	2.4 ~ 2.6
体况偏瘦后备母猪及经产母猪	2.4 ~ 2.8
体况偏肥后备母猪（>160千克）及经产母猪	1.8
妊娠中期（29 ~ 100天）	
后备母猪配种体重135 ~ 160千克	2.0 ~ 2.4
正常经产母猪	2.2 ~ 2.4
体况偏瘦后备母猪及经产母猪	2.8 ~ 3.2直到恢复体况
体况偏肥后备母猪及经产母猪	1.6 ~ 1.8直到恢复体况
妊娠后期（101 ~ 112天）	
正常后备母猪	2.4 ~ 2.8
正常经产母猪	2.2 ~ 2.4
体况偏瘦后备母猪及经产母猪	2.4 ~ 2.8
体况偏肥后备母猪及经产母猪	2.2 ~ 2.4

（三）哺乳母猪饲养

哺乳母猪饲养的核心是采食量，目标是确保母猪每天摄入的能量和营养素能够实现窝断奶重最大化，且减少母猪哺乳期体重损失以改善后续胎次的繁殖成绩。哺乳母猪日粮的可消化氨基酸水平取决于窝产仔猪生长速度和母猪平均日采食量。头胎母猪采食量比经产母猪低15%~ 20%，因此头胎哺乳母猪日粮需要设计更高的可消化氨基酸水平，有条件的猪场则建议哺乳母猪分胎次饲喂。PIC《营养与饲喂手册（2021）》推荐头胎母猪回肠可消化（SID）赖氨酸需要量为59克/天，经产母猪为56.5克/天。如果不能实现哺乳母猪分胎次饲喂，则建议母猪SID赖氨酸摄入量以不低于50克/天设计日粮。同时，饲喂新鲜、适口性好的日粮，保证充足干净且温度适宜的饮水，有利于促进哺乳母猪的采食量提高。

（四）断奶仔猪饲养

适当提高断奶日龄可以改善仔猪保育期的生长性能和健康水平，降低死亡率。研究显示，断奶日龄从18.5天提高到24.5天，断奶日龄每增加1天，校正到同等日龄出栏重平均提高0.7 千克(Faccin et al.，2020)。在当前饲料无抗养殖的情况下，适当提高仔猪断奶日龄（24天）是养猪企业有效保障猪群健康水平的策略之一。提高仔猪断奶第一周的采食量、降低肠道有害菌群繁殖以减少腹泻的发生，是保障仔猪成功度过断奶应激的关键之一。低蛋白日粮、低致敏易消化吸收的原料组成的平衡日粮是仔猪阶段营养的主要策略。舒适的小环境温度、干净充足的饮水和合理的垫料及教槽调教有利于提高断奶仔猪的健康和生产性能。

（五）生长育肥猪饲养

1.多阶段饲喂　生长育肥猪（25 ～ 130千克）饲料消耗量占饲养全程的90%左右，保障生长育肥期的精准营养供给是控制养猪饲料成本的关键，也是减少氮磷排放、节能降耗的主要手段。通过多阶段饲喂，在正确的体重阶段提供准确足额的能量和营养物质，以达到最佳饲料预算（饲料预算量参考见表5-15）。随着猪体重和采食量的增加，日粮中的可消化氨基酸、磷和其他营养素的含量是逐渐降低的。多阶段饲喂可以根据猪的实际体重和营养需要量制定配方，最大限度地减少营养低估和高估的概率。但是，在实际生产中，很难准确地测定猪群的体重，可以根据饲料预算量确定每一个体重范围需要消耗的饲料总量，从而确定饲料更换时机。

表5-15　饲料预算量参考

阶段		参考体重（千克）	预算量（千克／头）	计划饲喂天数（天）
保育	保育1	6 ～ 8	3	14
	保育2	8 ～ 14	8	16
	保育3	14 ～ 24	18	20
生长	生长1	24 ～ 34	19	14
	生长2	34 ～ 44	22	14
育肥	育肥1	44 ～ 54	24	14
	育肥2	54 ～ 69	39	18
	育肥3	69 ～ 84	41	18
	育肥4	84 ～ 99	46	18
	育肥5	99 ～ 114	49	16

2.公母分饲　在相同出栏日龄的条件下，阉公猪生长育肥期的采食量比母猪高12%左右，日增重高6%左右。因此，生长育肥期阉公猪日粮的可消化氨基酸水平低于母猪。在实际生产中，并不需要专门制定多个不同阶段的公猪料和母猪料来实现公母分饲，避免增加饲料厂的生产成本。在饲料预算制定过程中，可以让阉公猪跳过1 ～ 2个阶段的预算量或者适当减少阉公猪饲喂高营养水平饲料的预算量，从而实现公母分饲。

（六）水的营养需要

1.水的需要量　猪对水的需要量受多个因素的影响，包括日粮组成、生理健康状况、饮水设备以及环境因素等。养猪生产者主要通过检查和监控饮水器水流速度判断是否存在饮水限制。一般推荐保育猪饮水器水流速度250 ～ 500毫升/分钟；生长育肥猪饮水器水流速度500 ～ 1 000毫升/分钟；母猪群（后备母猪、妊娠母猪和哺乳母猪等）饮水器水流速度1 000毫升/分钟以上。

2.水的品质　水的品质直接影响猪的健康和生产水平。水的品质通常用水中总可溶性固形物(total dissolved solids，TDS)、病原菌以及水的硬度等指标来衡量。TDS主要以钙、镁、钠的碳酸盐、氯盐或硫酸盐、重金属离子和微量元素离子形式存在。当TDS含量小于1 000毫克/升时，通常认为水质是安全的，不会影响猪的健康及生长。而当TDS含量大于7 000毫克/升时，则认为水质不安全，危害妊娠母猪、哺乳母猪及热应激猪的健康，不宜饮用（NRC，2012）。水中含有多种微生物，包括细菌和病毒。有害细菌主要包括沙门氏菌属、钩状螺旋体属及大肠杆菌属。除此之外，水中还可能有致病性原生动物以及肠道蠕虫的虫卵等。病原微生物可能在每100毫升5 000个时就会对猪产生危害，而非病原微生物可能在远高于此浓度时依然对猪的健康没有危害。

（七）抗病营养与替抗技术

营养是决定生产效率和潜力的关键因素之一。适宜的营养素和营养水平及其组合可以明显增强猪的抗病力。采用综合营养技术，实现在无抗条件下猪肠道发育良好，机体的抗病能力强，确保猪健康和高效生产。

不同蛋白源对仔猪的生长性能和肠道微生态效应影响不同。研究表明，日粮蛋白来源以酪蛋白为主的仔猪，与大豆分离蛋白组和玉米醇溶蛋白组相比，其日增重显著升高，对应的料重比显著降低，表现出良好的生长性能。酪蛋白显著增加仔猪盲肠和结肠食糜中总细菌与乳酸杆菌的数量，增加盲肠乙酸、丙酸、丁酸以及结肠乙酸、丙酸的含量（陈代文等，2012）。大豆球蛋白及伴球蛋白因其具有抗原性（致敏性），是造成仔猪营养性腹泻的重要原因之一。因此，在实际生产过程中，要注重断奶仔猪日粮中优质蛋白的应用。蛋白质和氨基酸不足会影响免疫器官的发育。当机体受到外来抗原刺激后，体内的免疫细胞增殖、分化以及抗体的合成需要大量蛋白质和氨基酸。含硫氨基酸在很大程度上影响猪的免疫功能及其对感染的抵抗力。

不同的淀粉来源影响猪的生长性能。研究表明，糯米淀粉日粮在空肠前段和回肠末端消化率分别为81.90%和99.81%，而抗性淀粉增加显著降低了日粮干物质、能量和粗蛋白质的表观消化率(吴德，2017)。不同来源的淀粉所含的直链淀粉/支链淀粉比例不同，影响日粮消化率和肠道微生物的生长（Li et al.，2015)。豌豆淀粉、小麦淀粉、玉米淀粉、木薯淀粉的直链淀粉/支链淀粉比例分别为0.52、0.24、0.21、0.12，研究结果显示，豌豆淀粉显著增加仔猪整个肠道双歧杆菌、乳酸杆菌、芽孢杆菌的数量，增加其占总细菌的比值；显著降低仔猪整个肠道食糜大肠杆菌的数量；而木薯淀粉则与豌豆淀粉作用相反，玉米淀粉和小麦淀粉对仔猪肠道微生物数量的影响居于豌豆淀粉和木薯淀粉之间，并且两者差异不显著。

脂肪来源影响仔猪的生长性能和肠道健康。亚油酸、亚麻酸、花生四烯酸、二十碳五烯酸和二十二碳六烯酸是5种重要的多不饱和脂肪酸。研究表明，与鱼油组、豆油组、猪油组相比，椰子油极显著增加仔猪1 ～ 3周平均日增重，极显著降低1 ～ 3周料重比（刘忠臣等，2011)。在大肠杆菌攻毒条件下，添加椰子油日粮显著降低仔猪盲肠内容物中大肠杆菌数量，增加乳酸杆菌和双歧杆菌数量，增加乳酸杆菌/大肠杆菌、双歧杆菌/大肠杆菌的比值，鱼油组次之，猪油组最差（刘忠臣，2011)。这些结果表明，不同来源的脂肪能够调控肠道微生态环境，进而影响猪的生长和健康。亚麻油（粉）对于母猪繁殖性能具有一定的改善作用，可以提高初生仔猪的活力。脂肪酸是饲料中重要的免疫调节剂。多不饱和脂肪酸通过影响脂膜的组成，改变类二十烷酸种类、数量来影响免疫功能（陈代文等，2020）。研究表明，日粮中添加n-3多不饱和脂肪酸降低了动物的淋巴细胞转化率、自然杀伤细胞的活性和炎性细胞因子（IL-1、IL-6、TNF）的产生。这些疾病的特点是免疫反应失控，从而产生过多的炎性细胞因子，对机体造成损伤（王建琳等，2002）。

纤维是一类不易被前肠道内源消化酶所消化，但能部分或全部被后肠道微生物降解的碳水化合物。在母猪方面，纤维主要应用在妊娠期日粮中，既可增加限饲母猪的饱腹感，刺激肠道蠕动，缓解便秘，缩短产程，减少死胎，还可通过增加母猪胃肠道容积以及缓解胰岛素抵抗来提高哺乳期采食量。研究认为，连续多个繁殖周期饲喂纤维效果更佳（Tan et al.，2018）。建议在妊娠母猪日粮中使用可溶性纤维含量较高的纤维原料，粗纤维水平保持在6%～8%。在仔猪方面，纤维主要作用是改善肠道健康，其影响大小与纤维来源和水平相关。研究发现，长期饲喂豌豆纤维可改善饲料转化率，改善仔猪肠道菌群和屏障功能，效果优于玉米和大豆纤维（Chen et al.，2013）。此外，日粮中添加适宜水平的可发酵性纤维，可调节肠道菌群，增强肠道屏障功能，从而降低腹泻率及改善生长性能。但是，纤维水平过高会降低采食量和消化率，影响生长。

原料霉菌毒素污染是不可忽视的问题。霉菌毒素是由霉菌在生长过程中产生的有毒次生代谢产物，广泛存在于猪的原料中。截至目前，发现的霉菌毒素有300多种，饲料中常见且危害最大的有玉米赤霉烯酮（ZEN）、黄曲霉毒素（Afla）、呕吐毒素（DON）、烟曲霉毒素、T-2毒素、赭曲霉毒素A（OTA）等。研究表明，霉菌毒素不仅会导致机体的免疫抑制，还会对呼吸道、消化道黏膜产生损伤，使猪呼吸道、消化道发生其他慢性感染性疾病（张永香等，2018）。霉菌毒素对免疫系统的影响包括：①免疫器官体积变小；②T淋巴细胞、B淋巴细胞和白细胞的数量减少；③免疫细胞功能下降，影响抗体的生成及活性；④抗体滴度及抗体持续时间下降。具体来讲，玉米赤霉烯酮具有类似雌激素的作用，不仅会导致母猪的生殖障碍，诱发阴道炎、阴道和直肠下垂，还能使猪食欲减退、恶心、腹泻、生长性能降低；或导致机体对免疫接种后的反应性降低，使抗体的产生速度减缓、持续时间缩短，影响疫苗的免疫效果。黄曲霉毒素是引起免疫抑制较强的毒素，尤其对于伪狂犬病毒的感染起着助推作用。呕吐毒素会抑制肝脏的蛋白合成，引发氨基酸血症，并且影响免疫器官的生长。

目前，应用比较广的霉菌毒素处理方法有无机吸附法、有机处理法、微生物发酵生物转化法。①无机吸附法使用的物质主要是铝硅酸盐类的吸附剂。天然铝硅酸盐有沸石、蒙脱石、硅藻土、高岭土等。该类物质表面带有亲水性的负电荷，适于吸附带有极性基团的霉菌霉素，如黄曲霉毒素；而那些极性不强的霉菌毒素（如玉米赤霉烯酮和赭曲霉毒素）则不易被这些矿物所吸附。②有机处理法主要以β-葡聚糖、甘露寡糖为主。β-葡聚糖可与多种霉菌毒素形成特异的互补构造，在肠道内结合形成多糖-毒素复合物，防止毒素被肠道吸收。另外，β-葡聚糖是免疫反应的基质，可促进免疫细胞的活性。甘露寡糖不仅可螯合胃肠道释放的黄曲霉毒素，还可能结合玉米赤霉烯酮。此外，甘露寡糖可吸附肠道病原菌，调节非免疫防御机制的活性。③微生物发酵生物转化法。某些细菌进入猪肠道后，迅速繁殖增长，其在生长代谢过程中分泌的酯化酶进入血液中能快速分解赤霉烯酮和赭曲霉毒素的基团，使其失去毒性。通过菌酶发酵降解毒素也是目前饲料行业正在研究的方法之一。但是，目前最有效的办法还是使用霉菌毒素含量低的原料，以确保猪只健康不受毒素影响。而如何在植物未收割前有效抑制种子霉变，可能是未来更有效和低成本地减少霉菌毒素危害的手段。

十、后备引种更新要系统评估

对于持续高效养殖的猪场，每年都会淘汰部分繁殖性能不佳、长期不发情、存在疫病或高胎龄的种猪，并引进部分后备种猪，尤其是后备母猪进行种群更新，提高猪场的生产效率和经济效益。后备母猪一般是指仔猪育成阶段结束（5～6月龄）至初次配种前，有可能作为种用的预备青年母猪，是猪场中种猪群的后备力量和猪场持续繁殖生产的基础。生产实践已证实，成功引进后备母猪对提高母猪生产性能影响极大，后备母猪引进过程和引种后的隔离驯化的好坏，不仅影响母猪第一胎的产仔数和初生重，而且还会影响后续多胎生产成绩。不仅如此，当非洲猪瘟进入国内后，使得引种存在比较大的疫病风险。若没有做好科学引种，将导致非常大的疫病风险。因此，如何系统、科学地引进健康、优质的后备种猪，以及做好引种后的隔离期管理，对猪场的整体效益以及生猪养殖替抗都很关键。本节归纳总结了在非洲猪瘟背景下，后备母猪引种的主要流程和注意事项。

（一）引种前评估与隔离场准备

1.引种计划的制定

（1）引种数量的确定。规模猪场通常在每年年初制定生产计划，根据生产目标和上一年度淘汰母猪的数量确定当年的引种数量。现代商品猪场种猪的年更新率一般在30%左右。为此，一个年出栏万头生猪、约500头母猪的猪场，每年必须引入150头左右的后备母猪。因此，每个猪场可以根据自己每年的生产计划和未来3年的发展计划，确定引种数量。

（2）引进品种的确定。对于瘦肉型猪育种核心场和扩繁场，通常引进纯种的杜洛克、长白和大白种母猪、种公猪或公猪精液进行群体更新。对于规模化三元商品猪养殖场，主要引进长大二元后备母猪，以保证猪场正常运行的生产需求，维持猪群结构的稳定。但是，在非洲猪瘟背景下，部分猪场可以考虑在引进长大二元后备母猪的同时，引进部分大约克后备母猪和长白后备公猪来补充自然更新和淘汰母猪，实现闭环生产。此外，对于引进什么品系的种猪，可以根据场内种猪存在的弱点，如产仔数、料重比、生长速度等是否存在严重不足，引进相应优势的高产仔数、低料重比、高生长速度的品系种猪。当前，在高产性能方面，以丹麦和法国的种猪比较有优势，加拿大种猪次之；在料重比方面，丹麦猪比较有优势；在生长速度方面，丹麦、法国、美国和加拿大种猪都不错。

（3）引种时间的选择。在非洲猪瘟背景下，建议使用空调车引种，这样引种时间主要根据生产计划即可。但是，在没有条件使用空调车的情况下，建议引种时避开极高温与极寒的季节。最好选择在每年的4—5月和10—11月。

2.种源场的考察和种猪健康检测

（1）引进场的种猪必须是具备生产资质的种猪企业，要有种畜禽生产经营许可证、动物防疫合格证，以及能满足引种数量的需求。

（2）应到引种企业去考察，了解育种场的场址选择、规划和布局情况，重点考察种猪场的生物安全执行现状，查看免疫记录，了解猪群的健康状况。最好是选择生物安全做得好的大企业、大猪场（猪群健康有保障）。一般来说，种猪场非洲猪瘟和伪狂犬抗原抗体阴性是引种的最基本前提条件；猪瘟、细小病毒病、乙型脑炎等繁殖障碍性疾病都有合理的免疫，对于猪流行性腹泻及猪传染性胃肠炎等最好阴性；猪繁殖与呼吸综合征为阴性，或猪繁殖与呼吸综合征的毒株类型与本场的毒株类型相同，这样的种猪群是引种的目标。确定好种源场后，需要委托第三方机构采样检测以了解猪群健康状况。一般按引进头数的5%采集血样进行非洲猪瘟、猪繁殖与呼吸综合征、猪流行性腹泻/猪传染性胃肠炎的抗原检测，并检测非洲猪瘟、猪繁殖与呼吸综合征、猪瘟、伪狂犬gE、伪狂犬gB等抗体。检测合格后再引种。

（3）通过了解企业育种团队、育种平台，掌握企业种猪育种和管理水平；通过查看系谱、主要性状估计育种值（EBV）、父系指数或母系指数，了解种猪生产性能。尽量选择健康且指数高的种猪引种。由于EBV和父系（母系）指数通常为离均差或标准化值，故了解群体均值十分必要。

3.引种前隔离场及物资的准备

（1）引种前需要建好隔离舍。隔离舍最好距离猪场生产区1千米以上。如果猪场受到地理位置的限制，可以把后备母猪饲养在猪场生产区最边缘且处在下风口位置的猪舍。隔离的目的是使后备母猪尽快地适应本场猪群的饲料、饮水和环境条件，同时避免后备种猪将其携带的病原传播给本场猪群，保护本场猪群的健康，降低暴发疾病的风险。隔离的时间不少于4周。

（2）引种前隔离栏舍需做好相应准备，包括猪场内栏舍必须提前刷洗干净，熏蒸消毒，检测合格，干燥5天以上；风机环境控制、料线、水线、保暖设备等均能正常运行；舍内生产工具备齐；根据引种头数、饲养单元的大小，匹配数量充足的饲养人员、技术人员、管理人员等；所需饲料、物资（如兽药、抗应激药物）、疫苗等准备齐全。

（二）引种过程种猪挑选与生物安全管控

1.后备种猪的挑选标准

（1）对于纯种猪，需要选择符合品种外形特征、系谱清晰且种猪性能（父系指数或母系指数及自家猪场关注性状的育种值）好的种猪。同时，对于公猪的血缘应足够多，避免回场后快速近交。此外，为了核查引进种猪品种是否纯正，也可以对引进种猪进行抽样，并委托第三方机构进行种猪基因检测，判定是否纯正。

（2）对于种猪的外表体征需要评估选留。

①体重要求。引种时，后备母猪以结束生产性能测定并完成遗传评估即约100千克为宜。但传统上，人们习惯于在猪50千克时引种。过大体重的种猪隔离的时间短，驯化很仓促，给猪群的健康带来波动；过小体重的后备母猪，发育还没有充分完成，会影响选种，增加不合格的种猪数量，淘汰率高。

②体型外貌尽量符合种用外形。

头型：头颈清秀、眼睛明亮，下巴没有赘肉。

背线：背线与尾根的夹角越小越好，即尾巴上翘，证明骨盆发育好。

外阴：外阴轮廓大小至少要与尾根的切面相当，对外阴上翘或外阴过小的母猪不宜引种。

后肢：不能太直，2个蹄甲要均匀、对称，腿不能外八或内八。

乳头：排列均匀、大小适中，母猪7对或以上，肚脐前至少3对。公猪6对或以上。

前肢：肢蹄强健，无关节肿大，无畸形，轻微卧系可以选，严重卧系不选。蹄部宽厚，匀称，间距分布合理，无蹄裂，无擦伤。

整体：体格匀称，躯体线条符合种用要求。

其他方面的缺陷，如疝气、闭肛、阴阳猪、畸形、严重的咬尾、咬耳、颈部脓包、消瘦喘气、严重拉稀等均不引种。

2.引种过程的生物安全管控　针对当前非洲猪瘟疫情，为了保障猪在引种过程中的健康，在猪群运输过程中需要注意以下4点。

（1）需要使用空气过滤车对猪进行转运，引种车辆需要通过洗、消、烘，检测合格后再去引种。

（2）需要安排人车提前探路，制订行车路线与停靠点、加油点。

（3）在猪只转运中，需要高度重视路途中车辆、人员等操作细节的消毒和生物安全，引种全程封闭式管理，减少路途停车、司机下车，且尽量全程高速。引种相关检疫票据、合法手续准备齐全，并随车走。车辆行驶过程中不宜速度过快，应匀速行驶，天热时盖遮阳网，下雨天盖篷布。

（4）待运猪车抵达猪场门口时，要做好严格的消毒工作。人、猪、车均需采样进行非洲猪瘟检测，合格方可卸猪。

此外，为了减少运输途中的应激，启运前可以通过饲喂多维等方式进行保健，并适当限饲。同时，装猪时储备水、料（进场后过渡饲喂用），以便长距离运输时给猪只补充水分。

（三）引种后隔离驯化与检测

1.猪进场后的隔离驯化

（1）隔离4周。隔离期间，要做好猪场的生物安全工作，专人饲养引入的后备母猪。人员进出隔离猪舍要更换衣服、鞋子，并且进行严格消毒。做好日常的饲养管理工作。后备母猪饲料营养充足，保持圈舍的通风干燥，满足后备母猪生长发育的需要。隔离期间给后备母猪饲料中添加保健药物，如多维＋中药（如板青颗粒、黄芪多糖颗粒等），还有体内外的驱虫和抗感染药物，使用扶正解毒散、黄芪多糖等免疫增强药物，加强对免疫抑制病的控制。结合种源场的免疫程序、日龄大小、体重大小制定后备母猪的免疫计划，主要是基础疫苗的免疫，如猪瘟、口蹄疫、流行性乙型脑炎、细小病毒病、圆环病毒病等。

（2）驯化4周。促使后备母猪同本场母猪抗体水平一致、病原相同。可用原场淘汰母猪（1 ： 20）驯化，也可原场唾液或粪便稀释后饲喂驯化。注意事项：当唾液或粪便驯化时，需检测合格。完成唾液或粪便驯化后的第三周即可进行混群驯化，即把要淘汰的健康母猪按1 ： 5的比例与后备母猪关在一起饲养1周。

2.猪进场后的抗体检测 完成所有的驯化工作，并且当猪瘟、猪繁殖与呼吸综合征、圆环病毒病、伪狂犬病、口蹄疫等所有疫苗都做过基础免疫和强化免疫之后，对全部引入的后备母猪进行采血做抗体检测，合格的后备母猪进入生产母猪群开始配种。同时，根据场内情况开展非洲猪瘟、猪繁殖与呼吸综合征、伪狂犬病等疫病的抗原检测。

十一、公猪精液质量要有效保障

在猪人工授精技术普及的大环境下，公猪精液品质保障工作是助力现代养猪业发展的核心内容。在日粮替抗的背景下，只有通过科学的管理，保障种公猪的营养和环境需求，避免种公猪常见疾病和疫病的发生，才能从源头上减少抗生素的使用。

种公猪的精液质量是衡量公猪生产性能的一个主要标准。精液质量评价指标主要包括射精量、颜色、气味、活力、密度、形态或畸形率以及顶体完整性等。不同品种种公猪的射精量不同，射精量要以一定时间内多次采精量的平均值为准。如果射精量太少，则可能是由于采精方法不当、采精次数太多或者生殖机能发生障碍等因素引起；如果射精量太多，则说明可能混入副性腺分泌物、水或者尿等异物。一般成年公猪的射精量每次以200 ～ 600毫升为宜。精液的颜色正常应该为乳白色、奶白色或者浅灰色，其中没有异物。当精液的浓度高时，为乳白色；当精液的浓度低时，为灰白色。如果精液出现黄脓状，其中夹杂有异物，则为不合格精液。精液的气味正常，略带有腥味。如果发现有异味，且带有恶臭味，则为炎症的表现；如果精液受到包皮的污染，气味也会较大，带有异味的精液为不合格精液；如果发现精液内含有血液、有臭味，则认为该种公猪可能发生生殖器官疾病，要及时淘汰。精子的活力是指精液在37℃的条件下呈直线运动的精子占全部精子数的比例。检测的方法是用恒温载物台将精液加热到35 ～ 37℃，然后在100 ～ 400倍显微镜下观察精子，一般用0.1 ～ 1.0的10个数表示。刚采集和稀释的精子活力应不低于0.7，保存24小时以上的精子活力应不低于0.6，否则不能使用。精子的密度是指每毫升精液中所含有的精子数。这个指标是确定稀释倍数的重要指标，目前使用最为方便的是分光光度计检测。一般种公猪原精液的密度在每毫升 2 亿个以上为密，每毫升在 1 亿～ 2 亿个为中，每毫升在 1 亿个以下则为稀。精子的畸形率是指异常精子的百分率。正常的精子有头部和尾部，形状像小蝌蚪；畸形精子多为头部畸形、尾部畸形、顶体缺陷等。一般可用伊红染色后，使用400 ～ 600倍显微镜进行检测。要求每头公猪每2周检查1次精子畸形率，一般要求精子畸形率不大于18%。如果正常精子比例小于70%，则被认为是劣质精液。在评定精子的质量时，顶体完整性比精子的活力更具代表性。顶体完整性低于51%的精液受胎率很低，被认为是劣质精液。

（一）影响公猪精液品质的主要因素

种公猪精液品质直接影响整个猪场的繁殖力，也是影响猪人工授精（AI）成功率的主要因素之一。成年公猪睾丸在持续不断地产生精子，该过程涉及精原细胞到精母细胞发育、精子形成以及精子在附睾中成熟等。该过程要持续40天左右，很多因素都会影响精子正常发育，从而影响公猪精液品质。种公猪精液品质受种公猪自身遗传因素、年龄与健康状况、营养条件、环境、气候以及精液保存与运输等因素的影响。了解这些因素便于采取合适的措施，最大限度地发挥种公猪的生产作用。

1.遗传因素　研究表明，公猪繁殖性状的遗传力较高，如睾丸大小的遗传力平均为0.4，精子数量平均为0.3，公猪性欲平均为0.2。遗传因素是决定公猪繁殖力的主要因素。不同品种间由于具有不同的遗传特性，其精液品质具有一定的差异。公猪的射精量与睾丸大小有直接关系。因此，不同品种间公猪的生精能力具有显著差异。相对于常见的引进品种，我国地方猪种品种繁多，不同品种的差异主要体现在体型大小、睾丸大小、射精量及每次射出精子数、血清卵泡刺激素（FSH）和抑制素浓度等，因此精液品质也参差不齐。另外，杂交优势不只是体现在生产性能方面，同时也体现在杂交猪的繁殖性能方面，包括性成熟早、睾丸较重、性欲较强以及生精能力较强等。良好的品种是生猪养殖的重要基础，选择好的品种能提升种公猪的生产能力、增强精液品质。

2.年龄因素　公猪精液品质（射精量、精子密度、精子形态等）受公猪的年龄影响，即使是同一头个体，其精液品质也会随着年龄的变化而呈现出规律性的变化：一般从性成熟到壮年，精液量和精子密度逐年增加，壮年以后逐年下降。公猪的每次射精量和精子数从初情期（5 ～ 8月龄）开始，随着月龄的增加而增加，一直到18月龄，然后维持在较高水平，到5岁左右又开始下降。因此，在现代养猪生产中，多利用青壮年种公猪，除个别生产性能特别优秀的个体外，种公猪一般利用2 ～ 3年，不超过4年。通常情况下，种公猪在7月龄后进行调教及采精。刚开始采精时，种公猪的精液质量不稳定，需要一定时间的稳定期，在采精几次后逐渐趋于稳定。一般在种公猪养殖一年后精液品质达到要求，同时采精量提升。随着年龄的增加，种公猪身体机能衰弱，生殖能力有所降低，精液品质降低。养殖场要做好后备种公猪的繁育，及时淘汰生育能力弱的种公猪，避免影响整体精液质量。

3.营养因素　营养是影响精液品质的直接因素，种公猪的日粮要营养全面、适口性好、易于消化。如果营养不足或者营养水平过低，会导致种公猪的体况下降、精液品质降低；相反，如果营养过剩，则会导致种公猪脂肪沉积过多，影响配种能力。饲料蛋白质含量直接影响种公猪精液的数量和质量，种公猪日粮中的蛋白质含量要适量。一般非配种期成年种公猪饲料中的蛋白质含量应在

12%左右，配种期饲料中的蛋白质含量则在14%以上。另外，日粮中还要保证有适量的矿物质、微量元素和维生素。如果日粮中缺乏钙、磷、锌、碘、维生素A等，则会导致精液的品质下降，影响种公猪的配种能力；还易导致种公猪的睾丸组织发生退化萎缩，影响终身的繁殖性能。

4.疾病与健康状况 生殖系统疾病（如睾丸炎、附睾炎）、繁殖障碍疾病以及一些传染病等可降低精液品质，使公猪生育力降低，甚至不育。因此，加强日常管理，除提供适宜的营养外，还要加强疾病的预防，给种公猪提供适宜的生长环境，保证养殖环境的卫生。对先天性生殖障碍的公猪以及衰老的公猪要及时淘汰。另外，适当的运动对增强公猪的健康、提高精液品质具有重要的意义。运动是种公猪管理上的一项重要措施，对公猪性欲和精液品质都起着至关重要的作用。运动可以增强机体的新陈代谢，锻炼神经系统和肌肉，提高繁殖机能。运动的方式包括在运动场上自由活动和沿指定路线的驱赶运动。运动量以每天0.5 ～ 1小时、1 ～ 2千米为宜。应避开酷暑、寒冬，以及一天中最热、最冷的时间进行运动。当配种任务大时，应酌情减少运动量或暂停运动。

5.气候因素 季节的改变导致光照周期和温度的改变。公猪属于无季节性繁殖动物，但有研究表明，光照周期会影响公猪的生长和繁殖性能，补充光照可以提早公猪的初情期，秋季日照的缩短刺激公猪睾酮的分泌，从而增强性欲，提高睾丸的生精能力。极端的光照周期（0小时/天和24小时/天）既会影响到公猪的精液品质（射精量、精子密度、顶体完整性），也会明显影响到副性腺（尤其是尿道球腺）的分泌活动。光照周期通过下丘脑-垂体-性腺轴来调控精子的发生以及精子在附睾中的成熟过程。公猪睾酮水平的高低会直接影响公猪的精液品质，在夏季（6—9月）对公猪肌肉注射250毫克睾酮，可以显著减少夏季高温对精子畸形率的影响。另外，季节导致的温度变化对公猪精液品质的影响显著。气温的剧烈变化以及气温处于过高或过低的状态，容易引起病原体数量的变化以及猪本身抵抗能力的降低，导致精液品质的下降。

6.环境及其他因素 公猪对高温甚为敏感。高温可使公猪血液中的促肾上腺皮质激素升高，从而使睾丸中睾酮的产生受到抑制，致使公猪的交配欲减退；同时，高温使精细胞发生变性，破坏精子核的染色体结构，出现染色体破裂或碎片，形成多核巨型细胞。另外，附睾内的精子最容易受到热应激的影响，从而导致染色体畸变，致使精液品质下降，直接影响配种受胎率。公猪造精功能产生障碍的极限温度为30℃，相对湿度极限为85%。当环境温度超过30℃时，公猪出现一系列热应激反应，呼吸次数增加，精神沉郁，性欲低落，采食量明显减少20%～40%，精子活力下降0.5 ～ 1.0，精子密度下降30%，畸形精子增加5%～10%。因此，在生产中要注意种公猪饲养环境的稳定控制，避免热应激的发生。

影响公猪精液品质的其他因素包括精液的保存与运输、猪场消毒剂使用、人员采集手法与技术等。凡是要保存的精液都必须进行稀释和保存，目的是延长精子的存活时间并维持其受精能力，便于长途运输，扩大精液的使用范围，增加受配母猪的头数。长时间运输会造成公猪的强烈应激反应，从而明显降低公猪的精液品质。因此，在长距离运输过程中要注意防震、闭光。另外，一些化学物质以及消毒液具有雄性生殖毒性，使精子发生受阻，精液品质下降。例如，棉酚作用于精子发育过程的不同阶段，最终表现为精子减少、不育。饲养员采集的技术熟练度也会影响公猪的精液品质，不熟练的饲养员会引起公猪的警惕，导致公猪应激、射精量降低，同时也会影响下次采集的效果。加强采集人员的培训，有助于提高公猪精液的品质。

（二）提高种公猪精液品质的措施

1.种公猪的选择与合理利用

（1）科学选种。遗传育种的研究表明，公猪几个主要繁殖性状的遗传力估值较高，如睾丸大小（平均0.4）、精子数量（平均0.3）和性欲（平均0.2）。遗传因素是决定公猪繁殖力的主要因素。不同品种间由于具有不同的遗传特性，其精液品质具有一定的差异。后备公猪选留要根据选育目标，从现有猪群中选出优良个体作为种用，以便产生符合选育要求的下一代。如何选择优良品种是提高猪生产性能的重要手段，在选种时，要注意选择机能形态良好、结构匀称、体质好、雄性特性发达、睾丸匀称、四肢健壮无病残，且适应能力强、繁殖性能好、耐粗饲、肉质好的公猪作为种用。同时，要查明血系来源，避免因近亲繁殖而带来不利的影响。

（2）合理配种。不同品种公猪的生精能力具有显著差异。良好的品种是生猪养殖的重要基础，只有合理配种才能提升种公猪的繁殖能力、提高猪场经济效益。相较而言，中国地方猪种一般初配年龄较早，国外引进品种与培育品种则要稍晚。中国地方猪种一般在3 ～ 4月龄达性成熟，6 ～ 7月龄体重达到成年体重的60%左右即可利用；国外猪种一般在4 ～ 5月龄性成熟，7 ～ 8月龄体重达120千克左右才使用。为防止偷配、早配而影响种公猪的配种能力，4月龄后应将公、母猪分开饲养，按其大小、强弱、性情、吃食快慢分成若干小群分圈饲养，以防止强欺弱、大欺小等情况的发生，从而保证发育整齐。种公猪长期不配种或不采精，精子长期蓄积在睾丸中，会发生老化死亡，这也是长期不使用的公猪在第一次采精时精液中死精数量多的原因。因此，生产上要安排适宜的使用频率，且不要过度，要严格控制其使用频率。一般1 ～ 2岁的青年公猪，要每周配种或采精2 ～ 3次，壮年公猪每天1 ～ 2次，但是要间隔8 ～ 10小时，并且在连续使用4 ～ 6天后应休息1天。对于超过4年使用年限的种公猪要及时淘汰。

（3）及时淘汰。猪精液品质受公猪的年龄影响，即使是同一头个体，其精液品质也会随着年龄而呈现出规律性的变化：一般从性成熟到壮年，精液量和精子密度逐年增加，壮年以后逐年下降。种公猪的采精年限为3年，养殖场要做好后备种公猪的繁育，及时淘汰生育能力弱的种公猪，避免影响整体精液质量。如果种公猪有以下表现应该将其淘汰：精子品质较低；采精量少，且通过治疗和调整后依旧无法满足要求；人工授精效率低于50% ；年龄大于4岁或者是配种已经超过3年；后代出现各种各样的遗传缺陷疾病；后代的生产性能较差；公猪暴躁，对人造成伤害等。

2.饲养管理

（1）饲料营养均衡。营养条件（包括营养水平和营养平衡）不仅影响公猪的健康，还影响其生殖系统的生长发育、繁殖能力和精液品质。营养因素是引起种公猪死精增多的最常见原因。

日粮中维生素A、维生素E以及硒、锰等矿物质与种公猪的精液品质有着直接关系，缺乏任何一种营养物质或者营养配比不均衡都会导致种公猪死精数量增多。并且，这种由营养因素引起的死精增多是没有药物可以治疗的。公猪的生长、精液的产生、配种活动等都需要能量，一般饲料中能量应达到11.29 ～ 12.12兆焦/千克。种公猪精液中干物质占2%～ 10%，其中60%是蛋白质。此外，蛋白质与脑垂体有密切关系。例如，蛋白质不足会使脑垂体的机能降低，不能分泌足够的促性腺激素，使睾丸的生精机能受到抑制或损害，从而降低种公猪的性欲、精液浓度、精液量和精液品质。但长期喂蛋白质过高的饲料，易使体内产生大量有机酸，对精子形成也不利，并降低精液品质。维生素A是保证睾丸生殖上皮完整和正常分化所必需的养分，也是垂体正常发育和活动所必需的。当维生素A缺乏时，公猪睾丸上皮细胞变性退化，睾丸萎缩，促性腺激素分泌受阻，种公猪性欲降低，精子生成减少，精液浓度降低，精子活力下降，畸形率增加。维生素E又称生育酚，它通过垂体前叶分泌促性腺激素调节性机能，并促进精子的形成与活动，增加尿中17-酮类固醇的排泄，从而维持公猪的繁殖机能。当维生素E缺乏时，可引起公猪的睾丸变性，精子运动异常。

在大规模饲养条件下，种公猪饲喂适量的锌、硒、锰、铬、钙等矿物质元素可以增加有效射精量，改善精液质量，提高精子活力，减少畸形率，提高精液品质。锌是猪体内多种酶的成分，也是精细胞发育（精子形成及成熟）所必需的元素之一，还与睾酮的生成有关。锌缺乏会严重影响公猪的繁殖机能，主要表现为公猪的睾丸生长发育停止，生精上皮萎缩，垂体促性腺激素和性激素的分泌释放减少，性欲降低，严重缺锌将导致精子生成完全停止。硒是谷胱甘肽过氧化物酶辅酶的组成成分，在猪机体内可保护细胞膜和含脂细胞器免遭氧化作用的损伤，使细胞膜保持完整性。公猪精子中的硒主要存在于线粒体膜中，缺硒导致精细胞受损，释放出谷氨酸草酰乙酸转氨酶（GOT）降低精子活力和受精能力，影响精子形态，如尾部弯曲、折断。另有研究表明，多不饱和脂肪酸（PUFA）对精子质膜的流动性和脂质过氧化反应的敏感性有重要作用，同时也影响精子的受精能力。

此外，针对季节性配种的种公猪，在配种期要给种公猪加喂2 ～ 3枚鸡蛋或者喂1千克的牛奶，在非配种期适当地喂一些青绿多汁饲料。注意不能饲喂过量，否则会引起种公猪体况过肥。此外，在饲喂时要严禁喂稀食，以免造成腹部过大下垂，影响配种。

（2）疾病防治。种公猪常见疾病如睾丸炎、附睾炎、传染病等可降低精液品质，使公猪生育力降低甚至不育。为预防疾病发生，保障种公猪配种质量，平时就要注重环境卫生和消毒。常用10%～ 20%石灰乳剂、1%～ 10%漂白粉澄清液、1%～ 4%烧碱水消毒圈舍、场地，做到均匀喷洒，不留死角，每周1次。在做好卫生的同时，要做好种公猪的疫苗注射工作。要坚持“春秋两防，平时补针”的原则，每半年要进行1次猪瘟、猪丹毒、猪肺疫等疫苗的注射。疫苗要严格遵照运输和保存的要求，以免失效。注射时，要按疫苗标签规定的部位和剂量准确操作。要严防种公猪患口蹄疫、流行性乙型脑炎、细小病毒病等。种公猪患有发烧症状的病时会严重影响配种效果，应推迟配种，治愈后30天才可利用。对性能不好、性欲差的种公猪应认真分析原因，检查其饲粮营养成分和使用频率是简单实用的手段之一。在万不得已的情况下，可采用丙睾丸酮激素或维生素E、维生素A肌肉注射治疗。最后，要对种公猪定期驱虫，一般在每年的春、秋两季进行。可根据不同情况选用药物，如驱蛔虫等药物。

（3）适量运动。适量的运动可以使种公猪增进食欲，有效提高精子的活力；在提高种公猪精液质量的同时，也有助于促使公猪各身体部位的发展，使其体况更加强壮，提高自身的免疫能力，进而有效预防各种疾病的发生和流行。每一个公猪圈应该有6 ～ 8米^{2}的占地面积，圈内应该设有宽敞的运动场地，每天都需要让公猪做适量运动。运动的目的是使种公猪有健康的肢体，保持充足的精神，而不是增加额外的负担。故要注意时间和强度的把握，不可强度过大，适量即可。同时，要注意运动过程中的安全问题，注意选择合适的运动场地，避免种公猪在运动过程中受伤。建议修筑种公猪运动专用通道（最好为封闭式），地面以沙土地为宜，最好不要使用硬化的地面。

（4）环境控制。环境控制对种公猪精液质量及其健康等方面的影响显著。种公猪最佳体感温度范围为21 ～ 25℃，这种温度条件最有利于精液的生产；相对湿度控制在40%～ 65%；适当的气流可以有效地控制栏舍氨气的浓度和公猪膻味，建议空气流速控制在1.27米^3/分钟。

种公猪产生精子的过程受季节影响较大（主要是光照和温度），热应激的影响占主导地位，冷应激较小。在高温条件下，种公猪产精的生理功能受损严重（如射精量减少、精子畸形率增加、死精率增加），至少需要2个月的时间才可以恢复热应激对精液质量的影响。夏季，可以给种公猪适当补充一些瓜果蔬菜，以提高食欲和减少热应激的影响，这对提高种公猪的精液质量有较大帮助。应给公猪适当饲喂一定浓度的淡盐水，以利于猪体内的水盐平衡。在高温、高湿的夏季，应采取行之有效的措施，如安装湿帘降温系统或空调。合理安排饲喂时间和采精时间，如饲喂时间放到早、晚进行，采精放到夜间进行。在我国的南方地区，同一天的平均温度多数要高于北方地区，而且南方地区的湿度大，在这样一种高温、高湿的外界环境下，种公猪产精过程中受到的影响会更大。因此，应充分重视温度对精液质量的影响，采取积极的应对措施，确保精液合格率在正常的范围之内。

（5）无抗日粮的使用。近年来，为预防种公猪疾病，大量使用抗生素导致了药物残留，严重影响饲料质量安全和食品安全。抗生素被摄入猪机体后，会随血液循环分布到淋巴结、肾、肝、脾、胸腺、肺和骨骼等各组织器官，猪机体的免疫能力就被逐渐削弱，使慢性病发生率增多；抗生素还会导致抗原质量降低，直接影响免疫过程，从而对疫苗的接种产生不良影响。此外，长期、大量使用抗生素会造成机体内菌群失调，微生态平衡破坏，造成猪群健康与生产能力下降。因此，推广使用无抗饲料对种公猪精液品质的保障具有重要意义。

3.其他管理技术

（1）采精人员技术要求。采精方法主要分拳握法和自动采精法2种。拳握法由于不需要额外的器械，方法简便，可分段收集精液。因此，最近几年在世界各国普遍流行。拳握采精时，采精员戴上双层医用塑料手套，手套外面不得使用滑石粉，采精员蹲于公猪一侧，待公猪阴茎伸出后即用右手抓住阴茎，握住螺旋头，由轻到重有节奏地紧握龟头螺旋部，并以适度压力使公猪射精。另一手持集精杯接取公猪精液。在采精时，一定不要挤压盲囊，以防污染精液。这主要是因为盲囊腔内通常堆积着大量的腐败尿液以及一些脱落的上皮组织，有着非常大的气味。如果采精过程中挤压盲囊，就会有大量的污染物排出，从而使精液受到污染。自动采精法即制造一个类似假阴道的工具，利用假阴道的压力、温度、湿润度与母猪阴道类似的原理来诱使公猪射精而获得精液的方法。无论哪种采精方法，采精前都要清洁猪体和种公猪的阴部，及时做好消毒工作，与种公猪精液接触的所有器具都要做到严格消毒，并且做到等温操作。

（2）精液品质鉴定。公猪站精液采集完成后，首先要进行精液品质的检查，目的是鉴定精液品质的优劣、确定精液是否可以利用、确定精液稀释比例等。每次采精都要快速、准确地进行精液品质的鉴定。评估精子活力可使用显微镜，以便直观地看到浓度、运动力、凝固性、细菌、形态学和存活力。精子浓度一般由显微镜、光度计和计算机辅助分析法鉴定，运动分析用来确定精子的活动好坏，精液中必须达到大于70%的活动精子。精子形态学由固体标本在显微镜下检查，以分辨其是否异常并确定异常发生率。

（3）精液稀释技术。精液检查合格后，尚需经过稀释、分装、保存和运输等过程，最后用于输精。精液稀释是在精液里加一些配制好的、适宜于精子存活并保持精子授精能力的溶液。稀释液和稀释用水（常用蒸馏水）不达标都易造成精液质量下降。在平时的工作中，一定要特别注意防止细菌的滋生和霉变现象的发生。稀释原精液后，一定要保证精子与稀释液充分融合，严禁过于粗暴地摇匀操作，以防精子死亡。阳光直射对精子的杀伤很大，操作过程中要避免。原精液稀释后，要及时罐装，且罐装后在室温下避光60分钟，再放到17℃保温箱中进行暂时保存。

（4）精液保存及运输技术。精液保存的原则是抑制精子活动，降低代谢速度，延长精子的存活时间。保存精液的方法主要有3种，即常温保存（15 ～ 25℃，此法较为常见，最适温度为17℃）、低温保存（0 ～ 5℃）和超低温保存（−196 ～ −75℃）。种公猪精液保存、运输需要满足的条件是恒温、避光、防水、防震。此外，精液的保存、运输过程要有保温箱、避光、防水、防震设备。盛放精液的器具要使用正规厂家生产的产品，使用已消毒的塑料瓶或塑料袋分装精液，减少精液的震荡（可抽出其中的空气）。在保存过程中，每隔13 小时将精液轻轻翻转，以利于精子与营养物质充分接触，减少死精。在保存及运输的过程中要特别注意温度，温度过高或过低都会影响精液质量。在运输的过程中要注意精液安全，不能使精液受到污染，更不能出现储存袋（瓶）彻底损坏的现象。

十二、母猪配种哺育要精细呵护

母猪配种哺育阶段的生产管理，一直是猪场管理的重要环节。生产管理工作的好坏，决定着整个猪场的年产量。行业内一直以年生产力（PSY，平均每头母猪每年提供的断奶仔猪数）衡量母猪生产性能的最终指标，母猪的年生产力直接影响养猪生产的经济效益。在生产实践中，影响PSY的主要环节是配种母猪饲养管理和产房哺育饲养管理。科学的饲养管理可以提高机体的疾病抵抗能力，提升PSY，同时减少抗生素的使用。

（一）配种母猪饲养管理

1.配种前母猪管理　母猪配种是猪场生产的关键环节，待配母猪来源为后备母猪、正常断奶母猪、非生产性母猪。为了管理好待配母猪群体，主要采取的措施是短期优饲和补光。短期优饲是配种前1周开始采用高能量、高蛋白饲料自由采食[一般采用哺乳料饲喂，添加葡萄糖200克/(头·天)，正常断奶母猪自断奶第二天开始]。补光是通过在母猪头部上方增设光源，保障母猪头部光照度200勒克斯，光照16小时、黑暗8小时。

（1）栏位准备。将配种区空栏位调整好集中在一起，再将栏位清洗消毒，栏位、饮水、料槽等检修完毕。

（2）待配母猪转入。配种前15天，后备母猪转入待配限位栏，让后备母猪适应限位栏饲养环境。待断奶分娩舍查看档案、体况及健康状况，剔除待淘汰母猪后，将剩余断奶母猪群转入配种区。在日常生产管理中，发现非生产性母猪即转入待配栏位，并做好标记。

（3）待配母猪饲喂。在给母猪加料时，开始不能喂得太多，等有些食欲好的母猪吃完了再根据实际情况加料。对于待配母猪的饲喂应该勤添多加，同时添加葡萄糖200克/（头·天）和补光刺激。后备母猪转入限位栏后，根据膘情正常饲喂2.5千克/（头·天），配种前7天用哺乳料尽可能多喂，但不要浪费。一般断奶当天不饲喂，但饮水充足（断奶母猪在断奶后由于母仔分离，降低营养物质摄入，减少乳汁分泌，以防乳房肿胀造成母猪机体不适）。从第二天开始尽可能地让断奶母猪多吃料（哺乳料），但不要浪费。对于非生产性母猪要根据膘情饲喂，重点防止母猪配种时过于肥胖。

（4）待配母猪查情。查情的操作：一是将一头公猪放在断奶母猪栏的前面，其中一人拿一挡猪板以控制公猪前进的速度，另一人在母猪栏的后面查看；二是使用公猪气味剂替代公猪。发情好的母猪表现是阴户红肿、流黏液，用手按压背部站立不动，两耳高高竖起；也有的母猪阴户没有明显变化，但其他情况基本相同。若使用多周批次生产，可用四烯雌酮5毫升/(头·天)，连续饲喂18天，停止饲喂当天开始短期优饲和补光刺激，然后进行查情配种。

根据后备母猪的发情记录，对参与配种的后备母猪在下一情期前一周开始重点查情（240日龄，140千克）。母猪断奶后正常情况下4 ～ 5天内发情，但也有少量母猪在断奶后1 ～ 2天就发情。对于超期未发情母猪，调整到待配区域集中管理，做好信息跟踪。根据膘情，发情时间不固定，每天做好查情工作；对于产房提前断奶的母猪，除做好每天查情工作外，还要注意给予子宫充分的恢复期（一般要求18天）；对于空怀的母猪，调整到待配区域集中管理，每天进行查情（注意：流产母猪子宫恢复需要18天）。

2.配种母猪管理

（1）配种时间的确定。配种时间的确定以出现静立反应为准（压背静立反应）。查情的时间为每天2次，上午、下午各1次。母猪发情排卵一般规律是发情持续2 ～ 3天，发情后20 ～ 36小时开始排卵，不同母猪群体发情开始与排卵时间稍有差异，结合工作时间特点，各类猪群发情配种时间见表5-16。

（2）母猪输精。

①输精前精液检查。输精前，对同一批号的精液进行镜检，精子活力高于0.7的精液方可用于输精。

表5-16　各类猪群发情配种时间

母猪类型	发情静立时间	延迟时间	第一次配种时间	延迟时间	第二次配种时间
后备母猪	上午	8小时	当日下午	24小时	翌日下午
	下午	1小时	当日下午	24小时	翌日下午
断奶3～4天	上午	24小时	隔日上午	24小时	翌日上午
	下午	24小时	隔日下午	24小时	翌日下午
断奶5～6天	上午	12小时	当日下午	24小时	翌日下午
	下午	12小时	隔日上午	24小时	翌日上午
断奶7天以上	上午	0小时	当日上午	24小时	翌日上午
	下午	0小时	当日下午	24小时	翌日下午
非生产性母猪	上午	0小时	当日上午	24小时	翌日上午
	下午	0小时	当日下午	24小时	翌日下午

注：断奶后1～2天的母猪发情后一般不配种，间隔一个情期再配。

②输精方式的选择。常规输精适用于所有待配母猪，最好有公猪在现场或者使用公猪气味剂，输精效果较好，防止精液倒流；深部输精仅适用于经产母猪，配种前待配母猪不能接触公猪或者其他仿生刺激。

③待配母猪清洗消毒。配种前，应对待配母猪后躯及外阴部进行严格清洗消毒。方法是，先用清水或者0.01%高锰酸钾溶液清洗外阴及母猪臀部，再用纸巾擦拭干净。

④插入输精管。经产母猪用大号输精管，后备母猪用小号输精管；在输精管头部5～6毫米处涂上润滑剂。打开母猪阴户，手握输精管后1/3处，轻缓地将输精管斜向上逆时针方向旋进母猪子宫颈第2～3个皱褶，感觉有阻力"弹回"；当插不进时，输精管后退1厘米即可输精。插入时，可以轻轻捻转输精管和用手按压母猪背部，使母猪有舒适快感。使用深部输精外管插入方式与常规输精一致，内管则缓慢进入直到不能前进为止。

⑤常规输精时，配种人员用手按摩母猪后海穴、外阴部、乳房或骑在母猪背上，同时轻轻捻转输精管，刺激子宫收缩，防止精液倒流。深部输精时，则不需要。

⑥常规输精速度应缓慢，输精时间应在3～5分钟。如果出现倒流，应立即停止输精，将输精瓶放低，低于阴户5厘米左右。深部输精在内管插到位置的情况下，直接挤压精液进入子宫。

⑦常规输精结束后，将输精管折起不让精液倒流进入输精管且继续按摩刺激1～2分钟。深部输精结束后，则直接先拔出内管，再顺时针缓慢抽出外管。

3.妊娠母猪管理　妊娠母猪的管理除保障科学的营养配方、充足干净的饮水、适宜的环境外，还需要通过精细化的管理，做好妊娠母猪保胎（预防流产、降低妊娠期内胚胎损失等）和胎儿的生长发育。

（1）配种母猪移动。多数猪场设置专属的配种区域，将所有发情待配母猪调至配种栏，配种结束即将配后母猪转移到妊娠栏位，以"蛇形"排列。妊娠诊断后，阳性母猪以"蛇形"重新排列，并且在妊娠饲养期间出现了栏位空置（主要是母猪死亡、流产等损失）难以利用现象。根据上述出现的情况，建议改进配种母猪移动方案，采用移动配种区域，配种栏位也是妊娠栏位，设置观察区，同批次配种母猪根据本场受胎率及妊娠损失率预留部分母猪在观察区配种，诊断后将观察区同批次怀孕母猪补充到该批次未受孕空栏及妊娠损失栏位（图5-20）。

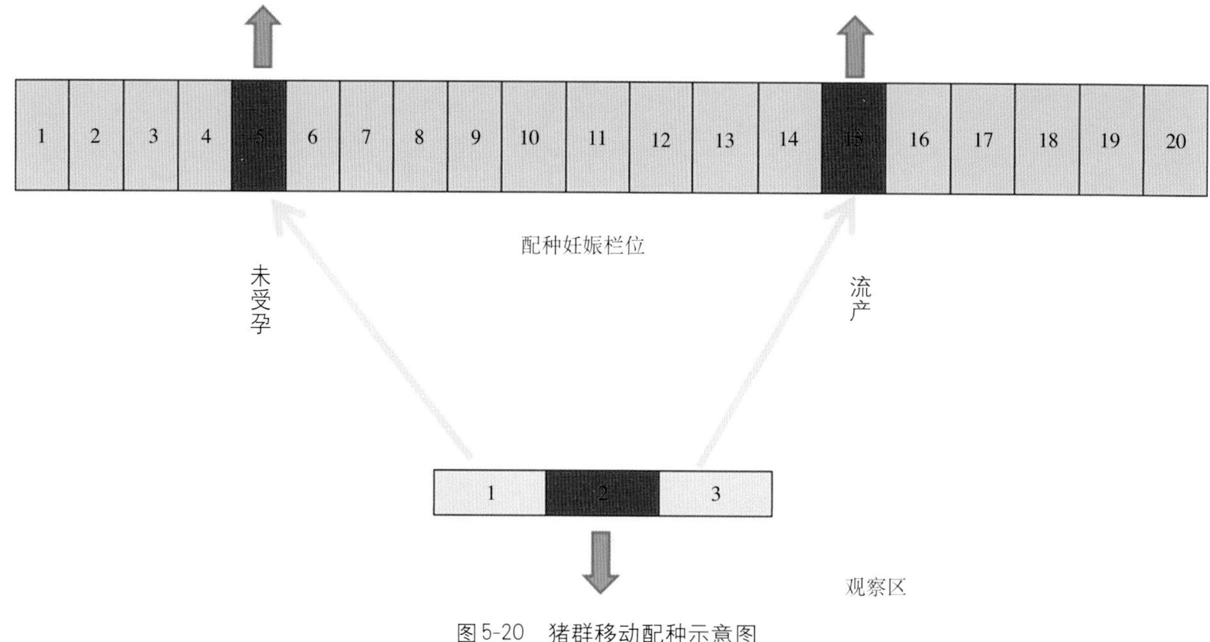

图5-20　猪群移动配种示意图

（2）猪舍环境控制检查。查看猪舍温度，妊娠母猪舍温度应保持在18 ~ 20℃。感受舍内空气质量，检查有无异常情况（如风机停止运转、猪只跳栏、照明灯损坏、水管破损等）。若有异常，应第一时间处理。

（3）饲喂及料量调整。妊娠母猪在怀孕阶段都处于限饲状态，一般按照每天2次投喂饲料。妊娠母猪对喂料的时间点及其他喂料刺激非常敏感，因此每次投放饲料要准、快，以减少应激。饲喂量的调整主要基于妊娠不同阶段饲喂量不同和母猪膘情不一（表5-17），母猪膘情评分见图5-21。

表5-17　妊娠不同阶段饲喂量

阶段		饲料品种	喂料量 ［千克／（头·天）］
妊娠前期	0 ~ 28天	妊娠前期料	1.8 ~ 2.2
妊娠中期	29 ~ 85天	妊娠前期料	2.0 ~ 2.5
妊娠后期	86 ~ 111天	妊娠后期料	3.5 ~ 4.0
分娩前3天	112 ~ 114天	妊娠后期料	2.5 ~ 2.0 ~ 1

（4）猪群检查。每次喂料，猪只站立采食时是猪群检查的最佳时机。从每排尾部走道快速检查猪群状况（采食、肢蹄、子宫内膜炎、流产等），并记录。

（5）料槽和饮水检查。喂料采食结束，预计半小时左右，从母猪前端快速检查料槽。若有剩余饲料，记录母猪栏位，将余料均匀分给左侧或右侧若干母猪采食，或者分给附近较瘦的母猪采食。

使用通槽饮水的栏舍，料槽检查完毕后给予饮水，将水位添加至水槽1/2 ~ 2/3的位置，保证每头猪都能喝到水。使用单独饮水器的栏舍，每天检查饮水器是否正常出水。

（6）查返情和妊娠诊断。

①查返情。每天上午和下午各1次重点针对配种后17 ~ 23天的母猪检查有无返情（使用查情公

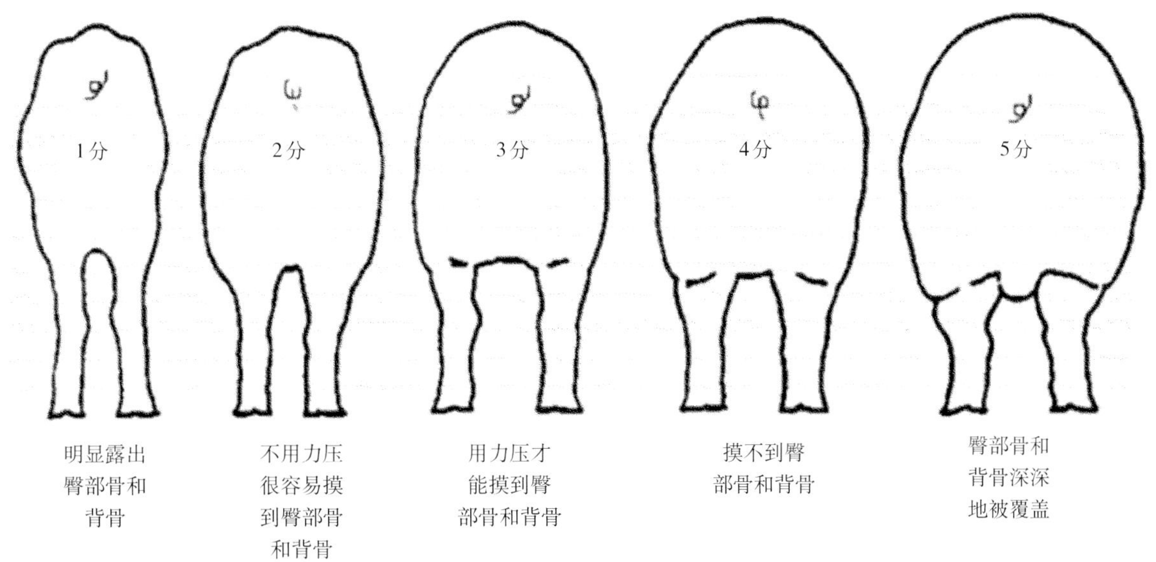

图5-21　母猪膘情评分

猪或者公猪气味剂，对眼观疑似返情母猪进行重点检查）。一般返情母猪在猪群中易于发现，表现比较躁动；而怀孕母猪则表现为贪睡、食欲旺、易上膘、性温驯、行动缓慢等。

②妊娠诊断。使用兽用测孕B超，配种后28～35天进行妊娠诊断。将测定仪探头置于母猪腹部一侧、倒数第二对乳头上2.5厘米处，探头指向腹部中心，即向前45°、向侧面45°朝对侧肩胛骨方向（随着妊娠日龄的增加，胚胎向腹腔迁移，当使用B超复检时，探头位置可适当前移），确保探头与皮肤接触良好（宋重境等，2017）。对可疑母猪于5～7天后进行复检确认，并在母猪背部标记妊娠检查异常结果。随着妊娠日龄的增加，B超显示屏幕的胚囊声像会逐渐缩小模糊，28～35天声像见图5-22。

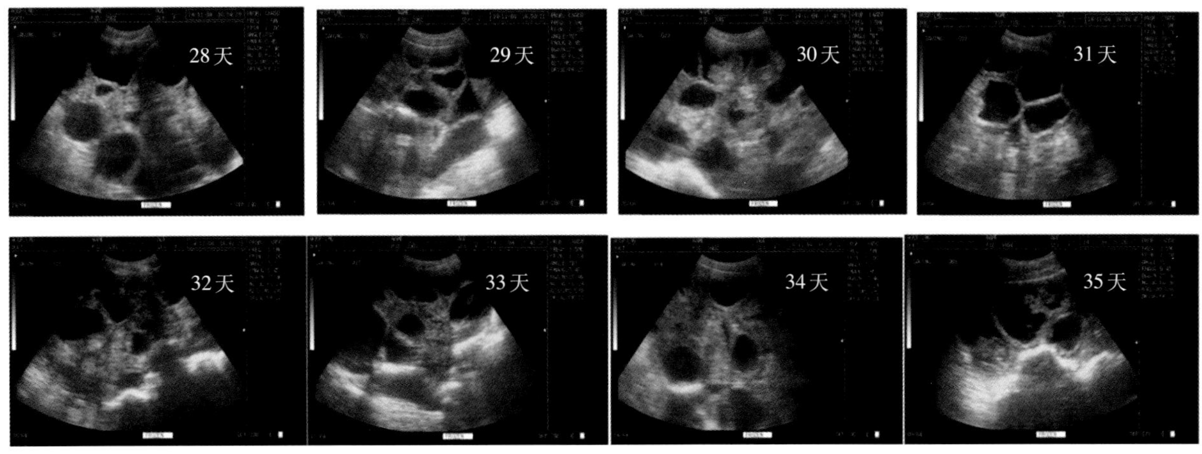

图5-22　妊娠诊断阳性声像（28～35天）

（7）疫苗免疫。根据猪场所在区域性疾病流行特点和本场疾病流行特点，制定场内合适的免疫程序。在免疫前后，要对怀孕母猪适时添加多维进行抗应激保健。

4.母猪淘汰更新　母猪的淘汰更新是猪场高效生产的保障，也对猪群健康度的提升起着关键作用。饲养不同的品种和生产情况决定着猪场的淘汰标准，现提供目前市场主导杜、长、大品种母猪的淘汰标准供参考（表5-18）。

表5-18 母猪的淘汰标准

序号	后备母猪	生产母猪
1	8月龄内一次都不发情的	一胎产总仔小于10头的
2	饲养过程中咬尾、有脐疝、雌雄同体、阴户小翘破损、背凹或弓、脱肛、阴户脱、僵猪等不符合种用标准的	分娩3胎其中没有一胎产总仔达到13头以上的；连续3胎产活仔数平均不足12头的或低于全场平均数的
3	2次发情不明显、不稳定的	1～2胎断奶超过21天，其他胎次断奶超过10天以上不发情的
4	达配种日龄体重过瘦（背膘极薄小于10毫米）、过胖（背膘极厚大于26毫米）、发情迟缓或不明显的	断奶过瘦（背膘极薄小于10毫米）、过胖（背膘极厚大于24毫米）；经调养发情迟缓或不明显、不稳定的
5	生殖道炎症严重的；肢蹄病及瘫猪	核心场大于6胎、扩繁场大于7胎、商品场大于8胎的
6	有效乳头低于7对、乳头排列不均匀、脐前少于3对有效乳头数的（杜洛克不低于6对）	乳头损坏或后躯乳头萎缩，有效乳头低于7对的
7	皮肤有斑点或杂色的	连续2胎带奶数不足死亡多，成活率低于60%的
8	有发情但超过10月龄没配上的	肢蹄病、瘫猪等影响配种和分娩、颈部脓肿严重及皮肤病经治疗依然严重的；先天性骨盆狭窄，经常性难产、子宫脱及脱肛严重的；子宫炎、乳房炎经治疗无效的
9	耳朵褶皱、耳号不明显或耳刺不明显的	母性差、连续2胎次咬仔、好斗有伤人倾向、泌乳性能不好连续2胎仔猪断奶体重不达标准的
10	有发热、气喘、皮肤病、泪斑多治疗后未见治愈的	流产、返情后超过2个情期时间不发情的；习惯性流产、累计返情2次以上的
11	疑似传染病或患有隐形疾病的	疑似传染病或患有隐形疾病或携带野毒的；存在其他健康问题的

（二）哺育阶段饲养管理

1.分娩舍的精心准备 因分娩舍同时饲养母猪和仔猪，且刚出生的仔猪弱小，对环境的要求要高于其他猪舍。分娩舍准备清单见表5-19。

表5-19 分娩舍准备清单

序号	项目
1	是否干燥
2	是否使用正确配比的消毒药消毒
3	是否使用正确配比的消毒药消毒饮水器及饮水管道
4	是否拆卸检查每个饮水器的出水情况
5	设施设备是否检修
6	栏杆、料槽、插座、保温、降温等设施设备和工具是否检修
7	保温、降温、清扫设施设备和工具是否配置齐全
8	单元内是否使用石灰乳白化
9	饲料是否准备
10	空置时间是否达到1周
11	进猪前温度是否调控到22～25℃、湿度是否调到65%～75%

2.分娩母猪的准备与转群

（1）母猪在产仔之前就要开始特殊的护理，重胎母猪至少应在产前3天进入分娩舍，以使母猪熟悉适应分娩舍的环境；保持分娩舍安静，是让母猪感觉舒适的重要条件。根据母猪预产期的先后顺序进行挑选，转群时也按照预产期顺序进行。

（2）赶猪通道干燥，非转猪单元关好门。必要时，使用防滑垫铺设赶猪通道。

（3）根据外界环境选择合适的转群时间点，避开当天寒冷和炎热时间段。

（4）每次转群4 ～ 5头，动作轻柔。禁止使用暴力，以防母猪应激。

（5）将母猪赶入洗猪栏内进行温水清洗。洗猪的步骤：先用温水将母猪的全身打湿、涂上肥皂，然后用刷子将躯体洗刷干净，再用温水清洗猪身，最后转入干燥房干燥。

（6）干燥后的母猪转入分娩舍，核对母猪信息，悬挂繁殖卡。

3.母猪饲喂与饮水　一般投喂母猪哺乳期饲料，在产前每天饲喂早、中、晚3次，饲喂量1 ～ 2.5千克/（头·天）。随着产后仔猪日龄的增加，母猪每天的饲喂量逐渐增加，必要时还要在晚上再补料1次。分娩舍母猪饲喂标准见图5-23。要确保母猪随时都能得到充足、新鲜、洁净的饮水。水对哺乳期的母猪极其重要，饮水器流量应达到每分钟1.5 ～ 2升，无长流水现象。

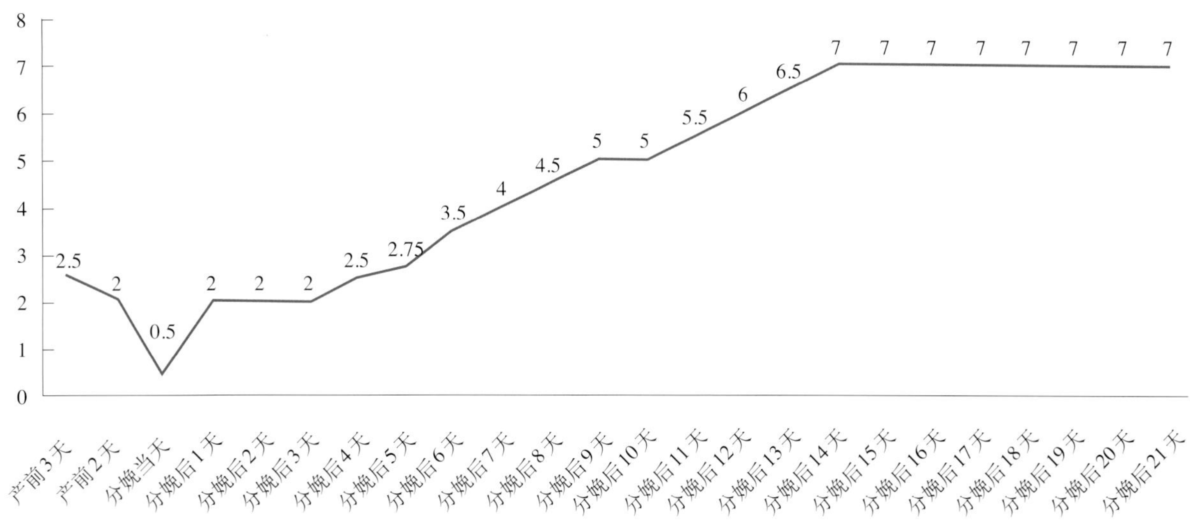

图5-23　分娩舍母猪饲喂标准

4.分娩舍环境控制与卫生　温度控制的原则是尽量让母猪感到舒适。分娩舍室温应保持在24℃左右，等到单元内最后一窝猪产完后，逐渐将分娩舍室温降至21℃。在小猪躺卧区增设保温灯。分娩舍适宜的湿度应在65%～ 75%。

分娩舍要尽可能保持清洁，尤其在产仔前和刚产仔不久，当时间允许时，把产床或猪栏擦洗干净，最好每天做1次。及时清理饲喂过程中裸露的饲料，以减少老鼠和昆虫的出现。

5.分娩管理

（1）分娩判断。

①分娩前12小时，母猪表现烦躁不安、不食或少食。

②阴门红肿、频频排尿。

③乳房有光泽，两侧乳房外涨，用手挤压有乳汁排出。初乳出现后，12 ～ 24小时内分娩。

④羊水破裂后，外阴能流出小猪粪便，表明将在1小时内分娩。

（2）接产管理。

①母猪产仔时，一般不过多进行人为干扰。要保持母猪安静舒适，尽量让其自然分娩，但至少每隔20分钟观察1次。

②仔猪出生后，应立即将其口鼻黏液清除、擦净，用抹布将猪体抹干，放在保温灯下烘干。发现假死猪及时抢救，产后检查胎衣是否全部排出。如胎衣不下或胎衣不全，可肌肉注射催产素。

③把初生仔猪放入保温箱，保持箱内温度为32 ～ 35℃。

④帮助仔猪吃上初乳，固定乳头。体重最小的放在最前面，体重大的放在后面。仔猪吃初乳前，每个乳头的最初几滴奶要挤掉。

⑤有羊水排出、强烈努责后1小时仍无仔猪排出或产仔间隔超过1小时，即视为难产，需要人工助产。

（3）难产的处理。

①有难产史的母猪临产前1天肌肉注射律胎素®或氯前列烯醇，或预产期当天注射律胎素®或氯前列烯醇。

②临产母猪子宫收缩无力或产仔间隔超过半小时者可注射缩宫素，但要注意在子宫颈口开张时使用。

③注射催产素仍无效或由于胎儿过大、胎位不正、骨盆狭窄等原因造成难产，应立即人工助产。

④人工助产时，要剪平指甲，润滑手、臂并消毒，然后随着子宫收缩节律慢慢伸入阴道内；手掌心向上，五指并拢；抓仔猪的两后腿或下颌部；当母猪子宫扩张时，开始向外拉仔猪，当母猪子宫收缩时，则停下，动作要轻；拉出仔猪后，应帮助仔猪呼吸（假死仔猪的处理：将其前后躯以肺部为轴向内侧并拢、放开，反复数次）。

⑤对于难产的母猪，应在母猪卡上注明发生难产的原因，以便下一胎次的正确处理或作为淘汰鉴定的依据。

（4）产后母猪的护理和饲养。

①哺乳母猪每天喂3次，产前3天开始减料，渐减至日常量的1/3 ～ 1/2，产后3天恢复正常，自由采食直至断奶前3天。喂料时若母猪不愿站立吃料，应轻轻将母猪赶起或抬起。

②产前产后日粮中加0.75%～ 1.50%的电解质、轻泻剂（维力康、小苏打或芒硝），以预防产后便秘、消化不良、食欲不振。夏季日粮中添加1.2%的碳酸氢钠，可提高采食量。

③清粪时应从健康的猪栏开始，最后清理患病猪栏，以免疾病传到健康猪群。

④随时观察母猪的采食量和泌乳量的变化，以便针对具体情况采取相应措施。

⑤哺乳期内注意环境安静、圈舍清洁、干燥，做到冬暖夏凉。随时观察猪只对环境的反应，保持温度适宜及通风换气设备运转正常，空气新鲜，避免贼风。

⑥哺乳断奶前2天母猪喂料减少至1.8千克以下（防止母猪断奶后患乳房炎），断奶当天不给料，断奶后母猪赶出分娩舍，经体表消毒后转至配种舍。

（5）出生仔猪的饲养管理。

①仔猪出生后1小时内保证吃上初乳。要及时帮助哺喂初乳（特别是弱仔），帮助固定乳头吮乳。

②保健：仔猪初生后3天内注射血康或富来血、牲血素等铁剂1.5毫升，预防贫血。

③处理：新生仔猪要在24小时内称重、打耳号、断尾。断脐以留下3 ～ 4厘米为宜，断端用5%碘酊消毒；打耳号时，尽量避开血管处，缺口处要用5%碘酊消毒；断尾时，距尾根部3厘米处剪断、5%碘酊消毒。

④寄养：仔猪吃过初乳后的3天内要固定好乳头，适当寄养调整。尽量使仔猪数与母猪的有效乳头数相等，防止未使用的乳头萎缩，从而影响下一胎的泌乳性能。寄养时，仔猪间日龄相差不超

过3天，把大的仔猪寄出去。寄出时，用寄母的乳汁擦抹待寄仔猪的全身。

⑤去势：3日龄小公猪去势，去势时要彻底，切口不宜太大，术后用5%碘酊消毒。

⑥补料：仔猪出生后第三天开始训练饮水，5 ～ 7日龄开始诱补料。可先涂抹诱补料于口鼻处，小料槽清洗消毒后才能用。补料时少给勤添，晚间要补添1次料。每天补料次数为4 ～ 5次。保证饲料新鲜；料型为颗粒型乳猪料，自由采食，每天净槽1次。

⑦产房要保持干燥，产床栏内只要有仔猪，便不能用水冲洗。

⑧仔猪平均21 ～ 25日龄断奶。一次性断奶，不换圈、不换料。断奶前后连喂3天开食补盐，以防应激。

⑨断奶后的2 ～ 3天，将仔猪躺卧区温度提高到30℃，以后逐渐降到24℃。

⑩断奶后1周，逐渐过渡饲料。断奶前2天注意限料，以防消化不良引起腹泻。

⑪免疫：根据场内情况制定免疫计划，及时按照仔猪日龄进行免疫。

十三、仔猪培育护理要周到得体

（一）哺乳仔猪培育护理

1.目的　规范哺乳仔猪培育护理流程，确保工作目标的达成，提高仔猪健康度。

2.工作目标

（1）3 ～ 4周龄健壮仔猪断奶成活率≥96%。

（2）仔猪平均断奶体重≥6.5千克。

（3）3 ～ 4周龄断奶仔猪采食教槽料300 ～ 400克/（头·天）。

3.工作流程　每天工作流程见表5-20、夜间管理见表5-21。

表5-20　每天工作流程

序号	护理事项	哺乳仔猪培育护理要点与要求	达成标准
上午			
1	上班	交接班工作，交接产仔记录表，要求准确无误（仔猪出生日期）	当面交接，签字认可
2	检查环境控制设备	检查环境控制设备运行是否正常，并做相应调整	应对大型环境控制设备（如降温保温装置）近距离检查
3	查看“三度”	查看舍内温度、湿度、空气新鲜度，并做相应调整	以仔猪不扎堆、无氨刺鼻为准
4	巡栏	查看每窝哺乳仔猪是否正常、是否有紧急事件需要处理；确保哺乳仔猪、设施处于正常状态	所有哺乳仔猪均需过目，时间不少于10分钟
5	检查饮水器	对哺乳仔猪饮水器进行检查和调整	出水量达到哺乳仔猪需要，杜绝饮水器滴水情况发生
6	投料准备工作	清理仔猪料槽，对有霉变污染的料槽要清洗。投放干净新鲜的教槽料	料槽干净、干燥，无污染
7	仔猪教槽补料管理	仔猪7日龄起诱食，10日龄起补料；补料时，确保教槽料新鲜，少量勤添，白天不少于4次，晚上1次	饲料呈颗粒状，确保仔猪采食足量的饲料
8	仔猪寄养	根据仔猪状况进行仔猪寄养；寄养仔猪在分娩后6 ～ 24小时内进行，7 ～ 10天进行第二次寄养	仔猪均衡生长，无落后体弱仔猪

（续）

序号	护理事项	哺乳仔猪培育护理要点与要求	达成标准
9	护理与治疗	及时护理和治疗非健康仔猪	哺乳仔猪无跛蹄病、无炎症表现、食欲正常；仔猪生长均匀、无腹泻
10	接产	按照接产程序操作	熟练掌握接产程序，护理初生仔猪
11	哺乳仔猪保健	注射铁硒针剂、保健药物或灌服保健药物，保证药物不外溢、不漏注，做好注射器械的消毒	操作要求熟练规范，注射部位准确，保证一窝一针头
12	协助其他工作	积极主动不推诿地帮助其他产区做好保健和接产工作	优先完成本部门的集体性工作；在完成本职工作的前提下，协助完成其他产区的工作，或以上级主管安排为准
13	断尾	按规定做好断尾等工作；工具和伤口都要有效消毒	按流程操作模式执行，器械每天都要清洗、煮沸消毒
14	仔猪转群	协助转出断奶仔猪，断奶仔猪以窝为单位转出，断奶时间安排在上午进行	以区为单位进行断奶，对未达断奶标准的仔猪转入下一区
15	疫苗注射	按规定的免疫程序，协助兽医注射疫苗，观察免疫后的情况和抢救过敏猪只	配合并协助兽医做好免疫注射
16	检查仔猪采食和加料	将个别窝仔猪未吃完的饲料及时清理集中，可添入瘦弱母猪食槽中，并加料1次，使每窝仔猪都能采食足量的饲料	料槽干燥清洁，饲料新鲜呈颗粒状，料量适中（以每天添加4次能吃完为准）
17	再巡栏1次	将上午的事情梳理一遍，完成未尽事宜，不留有影响哺乳猪群健康和生长的事项	下班前需巡栏1次，清理卫生
处理和完成上午1 ~ 17项所有工作后，才能下班（班清班结）			
下午			
18		重复做好1 ~ 13项的交接、喂料等工作	
19	仔猪去势	对出生后1周龄左右、不留种的小公猪去势	检查是否有遗漏；手术部位消毒；是否有疝气猪漏肠情况出现
20	检查仔猪采食和加料	将个别窝仔猪未吃完的饲料及时清理集中，可添入瘦弱母猪食槽中，并加料1次，使每窝仔猪都能采食足量的饲料	料槽干燥清洁，饲料新鲜呈颗粒状，料量适中（以每天添加4次能吃完为准）
21	有效消毒和更换消毒药液	按照消毒规定和要求进行带猪消毒或空栏有效消毒，定期每周3次更换消毒池或消毒桶的消毒药液	注意消毒剂的选择以及浓度的配比；配制消毒液时，要有准确的水量及药量的测算
22	投料准备工作	清理仔猪料槽，对有霉变污染的料槽要清洗。用干净新鲜的教槽料喂给哺乳仔猪	料槽干净、干燥，无污染情况
23	清理栏舍卫生	清理产床粪便和全舍卫生，观察哺乳仔猪的健康状况，并标记	用具摆放有序、整洁，产床上不见有宿粪，清洁干燥，物见本色
24	记录总结	下班前，真实、全面、准确地总结当日仔猪培育护理工作	确定当天的工作已全部完成
处理和完成白班1 ~ 24项所有工作后，下班休息（日清日结）			

表5-21　夜间管理

序号	护理事项	哺乳仔猪培育护理要点与要求	达成标准
1	上班	交接班工作，交接值班记录表，要求准确无误	当面交接，签字认可
2	检查环境控制设备	检查环境控制设备运行是否正常，并做相应调整	应对大型环境控制设备（如降温保温装置）近距离检查
3	查看“三度”	查看舍内温度、湿度、空气新鲜度，并记录和做相应调整	以仔猪不扎堆、无氨刺鼻为准

（续）

序号	护理事项	哺乳仔猪培育护理要点与要求	达成标准
4	巡栏	查看哺乳仔猪是否正常、是否有紧急事件需要处理；确保哺乳仔猪、设施处于正常状态	所有仔猪均需过目，时间不少于10分钟，对本班工作有个基本规划
5	护理与治疗	及时护理和治疗非健康哺乳仔猪	熟练掌握接产程序，对特殊情况及时上报主管或场长
6	接产、收集初乳	按接产程序和要求随时接产	
7	检查仔猪采食和加料	23:00，在大日龄区检查仔猪采食情况，并对已空槽的仔猪加料1次	以仔猪在3～4小时内能吃完为准
8	查看“三度”	2:00，再次查看舍内温度、湿度、空气新鲜度，并记录和做相应调整，巡栏，做好防盗及紧急事故的处理	以仔猪不扎堆、无氨刺鼻为准
9	再巡栏1次	看是否有异常情况，完成未尽事宜	确保晚上哺乳仔猪正常，无压死
10	记录总结	下班前，真实、全面、准确地填写仔猪培育护理晚班的详细记录表	确定晚班的事情已全部完成，对应交接的事情作出详细说明
11	交接班工作	交接值班记录表和相关要务事项	

4.哺乳仔猪培育护理要点

（1）牢牢抓好生物安全与非洲猪瘟（ASF）防控。

（2）树立“四心理念”：细心、爱心、耐心、责任心。

（3）调控哺乳仔猪生长的环境，达到人可居住的环境卫生要求。

（4）“五个确保”：确保仔猪的饮水量；确保每头仔猪出生后能够及时吃到足够的初乳（250毫升/头）；确保仔猪教槽成功；确保哺乳仔猪早期断奶成功（21～23日龄）但不掉膘；确保仔猪生长均匀，及时寄养体弱仔猪。

（5）哺乳仔猪护理检查：每天检查小猪保温灯是否正常工作，小猪有没有扎堆现象。如果是扎堆睡觉，说明温度过低，应加强保温；如果小猪不睡保温板，说明温度较高，应及时调整保温板的温度及保温灯的高度或功率。

5.哺乳仔猪培育护理到位的具体操作

（1）哺乳仔猪护理。

①初乳。用沾有消毒药的毛巾将泌乳母猪的乳房抹干净；仔猪出生后需在1小时以内吃初乳，吃初乳前将母猪每个乳头的前几滴乳汁挤掉；对于弱仔，人工辅助让其吃上初乳，确保每头仔猪都能吃到10毫升以上的初乳。

②专人护理。抽调专人对弱猪进行护理，对救活弱仔猪的员工进行专项奖励；从每10～15窝挑选最弱的仔猪由1头奶水好的母猪进行代乳；收集母猪的初乳，每头弱猪每天饲喂3～5次初乳，连续饲喂3天（由初乳管理者完成），直至仔猪会自己吃奶；仔猪7天后于教槽料中添加奶粉搅拌诱食。

（2）哺乳仔猪寄养。

①寄养原则。寄强不寄弱，寄后不寄前（日龄相差3天内）；窝分娩仔猪少时可交叉，弱弱并窝和强强并窝寄养；有疾病的仔猪不能寄养到健康的仔猪中；2～3胎母猪适合带弱仔（有效乳头较多者）。

②寄养时间。出生后12小时内，吃到初乳10～12次后再寄养；要尽量使寄入仔猪群和寄出仔猪群气味相同（在每头母猪鼻吻处喷雾碘酊或撒干燥粉；在栏中仔猪身上撒干燥粉）。

③寄养步骤。

一步式寄养：交叉寄养；弱仔并窝；将1头哺乳仔猪达18日龄的母猪提前断奶，将达到14日龄掉队的仔猪寄养过去。

两步式寄养：将1头哺乳仔猪达18日龄的母猪提前断奶，先将3 ～ 7日龄体重偏大的仔猪寄养过去，然后将吃完足够初乳体重偏大的仔猪寄养过去。寄养后，要跟踪仔猪的生长情况（标记）。

④寄养母猪应母性好、采食量高、有效乳头较多、奶水充足。

（3）哺乳仔猪护理常规操作。

①日常操作。仔猪断脐、断尾、剪牙、打耳号、去势（注意操作工具全程浸泡消毒）。

②弱仔救助。弱仔（≤0.7千克）或健康度较低、活力较差者，连续肌肉注射科特壮2 ～ 3 次，第一次保健时注射、间隔1天后第二次注射，注射量1毫升/（次·天）。

③仔猪补铁。仔猪出生后2日龄内（断尾时）注射铁剂0.7 ～ 1毫升/头；5 ～ 7日龄（阉割时）再次注射1.5 ～ 2毫升/头；仔猪出生后5 ～ 7日龄（阉割时）注射阿莫西林硫酸黏杆菌素0.5毫升/头；注射后，用大拇指按压注射部位3 ～ 4秒，以免铁剂溢出。注射用9号针头，长度为15毫米。

④补料管理。仔猪5 ～ 7日龄（阉割后）起诱食，10日龄起强制补食；强制补料每天不少于5次，直到仔猪自己学会采食；确保教槽料新鲜，少量勤添，确保料槽盆洁净（每天料槽盆清干）。保持料槽清洁，少量多餐（≥6次/天）。

⑤仔猪保温。仔猪保温一般采取调节保温灯的功率、数量、悬挂高度以及保温板的温度和启停等措施，以仔猪群居平侧卧但不扎堆为宜。

⑥断奶。仔猪21 ～ 24日龄断奶；仔猪断奶要遵循全进全出的原则，体重少于4千克的、有明显疾病的僵残猪全部一次性淘汰处理，不能寄养。

（4）拉稀仔猪护理。仔猪出现拉稀，马上灌喂土霉素1毫升，并对相应母猪每天饲喂氟苯尼考20克，连续饲喂5天；若2 ～ 3天后未见效，改用肌肉注射0.5 ～ 1毫升恩诺沙星，并对拉稀产床粪便进行清理，每天用消毒水冲洗（于中午温度较高、通风较好时进行），冲洗后拖干。同时，在产床上撒干燥粉（或过硫酸氢钾复合消毒剂并搅拌均匀），保持产床干净、干燥。

哺乳仔猪保温控制见表5-22。

表5-22　哺乳仔猪保温控制

对象	适宜温度（℃）	异常温度（℃）	措施
出生1 ～ 3小时	32 ～ 35	＞35	关保温灯，开保温板
		＜32	开保温灯，开保温板
1 ～ 3日龄	30 ～ 32	＞32	关保温灯，开保温板
		＜30	开保温灯，开保温板
4 ～ 7日龄	28 ～ 30	＞30	关保温灯，开保温板
		＜28	开保温灯，开保温板
8 ～ 14日龄	26 ～ 28	＞28	关保温灯，开保温板
		＜26	开保温灯，开保温板
15 ～ 28日龄	24 ～ 26	＞26	关保温灯，开保温板
		＜24	开保温灯，开保温板

（二）保育猪培育护理

1.目的　规范保育猪的培育护理流程，确保工作目标的落实和保育猪的健康生长。

2.目标

（1）保育猪批次成活率达97%以上。

（2）保育猪批次合格率达96%以上。

（3）63日龄转群重24千克以上。

（4）63日龄料重比1.15以内。

3.工作流程

（1）每天培育护理工作流程见表5-23。

表5-23　每天培育护理工作流程

序号	项目	保育猪培育护理要点与要求
		上午
1	上班巡栏	查看猪群整体情况和处理紧急事件
2	检查环境控制设备	检查环境控制设备运行是否正常并做相应调整；观察舍内温度、湿度、空气新鲜度并记录
3	猪只饲喂	根据料桶里面饲料剩余量及料盆表面饲料覆盖面积来判断猪群的采食量是否正常，前期猪及弱仔猪饲喂糊料
4	检查猪群与防治护理	发现问题猪只及时护理和治疗，如有疑难，请教技术员/主管
5	定期消毒工作	按消毒要求做好有效消毒工作，并更换消毒池、桶的消毒药水
6	转群和调栏	断奶仔猪转入必须在9:30前完成，根据猪群的实际情况调栏
7	饲料申报	按所需料号和料量进行申报
8	设备检修	检修饮水系统和环境控制设备
9	清理环境卫生	物品摆放井然有序，环境卫生干净、干燥
10	检查环境控制设备	检查环境控制设备运行是否正常并做相应调整；观察舍内温度、湿度、空气新鲜度并记录
		处理和完成上午1～10项所有工作后，才能下班（班清班结）
		下午
11		重复做好1～10项的工作
12	工作小结	填写报表，小计当天工作内容，制定第二天工作计划
		处理和完成白班1～12项所有工作后，才能下班休息（日清日结）

（2）每周、月例行培育护理工作流程见表5-24。

表5-24　每周、月例行培育护理工作流程

日期	上午	下午
星期一	统一挑选弱差猪	
星期二		栏舍消毒
星期三	接收断奶仔猪前的准备工作，接收断奶仔猪，仔猪分群	转入断奶仔猪的喂料、护理、三点定位
星期四	统一挑选弱差猪	
星期五		栏舍消毒
星期六	接收断奶仔猪前的准备工作，接收断奶仔猪，仔猪分群	转入断奶仔猪的喂料、护理、三点定位
星期天	统一挑选弱差猪	

（续）

日期	上午	下午
双数日	领用药品	
每月20日	生产区大扫除	

4. 保育猪培育护理操作要点

（1）牢牢抓好生物安全与非洲猪瘟（ASF）防控。

（2）树立“四心理念”：细心、爱心、耐心、责任心。

（3）调控保育猪生长的环境，达到人可居住的环境卫生要求。

（4）“四个确保”：确保保育猪的饮水量；确保每头保育猪进入保育阶段后能够及时吃到足够合适的饲料；确保保育猪保育成功（24～70日龄）；确保保育猪生长均匀，及时公母分群、大小体弱仔猪及时调栏。

（5）保育猪健康检查。每天检查保育猪毛色、精神状况、粪便等是否正常。如有异常，应及时采取措施。对于有健康问题的猪，要打上标记，以便对症治疗。每天检查保育猪保温灯是否正常工作，猪是否有扎堆现象。如果是扎堆睡觉，说明温度过低，应加强保温；如果小猪不睡保温板，说明温度较高，应及时调整保温板的温度及保温灯的高度或功率。

（6）保育猪进栏前的培育护理准备工作要点。

①栏舍清洗、干燥。饲养员在猪只出栏当天完成彻底打扫，用喷雾浸泡猪舍1小时，彻底冲洗栏舍后干燥。冲洗的顺序为从上到下，冲洗后要物见本色。最后由防疫人员验收合格后方可进猪，栏舍至少干燥2天。

②设备检修。完成栏舍清洗后，清除料槽积水，检查饮水器、供料装置、电器设备等。如发现有损坏，及时汇报给主管。

③栏舍消毒。设备设施检修完成后，用场部指定消毒药喷雾消毒，包括粪坑的消毒、饮水管线消毒、饮水器拆除浸泡消毒、生产用具的浸泡消毒，上批次剩余的生产物资（如药物）必须经紫外线/浸泡/擦洗消毒后方可再次使用。

④生产物资准备。生产物资包括电解多维、常规药物、注射器、铁铲、扫把、保温灯、水泥料槽、玩具等。进猪前3天，做好补充药物和饲料申报工作，准备教槽料5千克/头。

⑤进栏前的再次确认检查。猪只转入前1天，向产房转群的负责人询问具体时间与转入猪只头数。猪只转入前1天，对通风系统、供料系统、照明、饮水器、料槽、饲料的准备等情况再次确认无故障。

⑥温度。确保栏舍彻底干燥，检查栏舍的密封性，保持栏舍干燥，确保无贼风。正常栏舍每20头猪挂1个保温灯，隔离栏每5～10头猪挂1个；每30头猪垫1块模板，提前2小时开启所有保温灯预热，当温度达不到25℃时，用木炭加温。

⑦门口消毒池内药液的准备。进猪前1天，将猪舍门口的消毒池按要求加入消毒液，并在每周的周日和周三各更换1次消毒液。

⑧栏舍安排。按栏舍面积和猪只数量合理安排：进栏猪只根据大小按5间栏分群，留1间栏给饲养过程中出现的弱差猪。

（7）保育猪进栏后的培育护理操作要点。

①温度。猪舍温度参数：刚断奶时至断奶后7天，房间温度设置为30℃；断奶后7～25天，房间温度调到28℃；断奶后25～35天，房间温度从28℃逐渐下调到26℃；断奶后35～130天，房间温度逐渐降低到23.3℃，由主管统一设置好。

②密度。密度控制在0.4～0.5米^2/头，刚进栏密度可以大些，特别是冬季。最好小栏饲养，25～35头/栏，病弱差猪每栏保持0.6米^2/头，10～15头/栏，留1间正常栏舍用于中期分群。

③合理分群。根据仔猪大小、公母、健康度、强弱进行分群，自留种猪与二元阉公猪必须分群饲养。体重大的群体安排在前端（靠水帘处）栏舍饲养，体重小的安排在中间栏舍，体重中等的安排在栏舍后端栏舍饲养。设定专门的病猪栏与康复栏，设置显眼的标示，设在栏舍的出风端，与正常栏舍要有实墙隔离，装有保温箱，每栏饲养10～15头。

④首次喂水喂料。每15头猪准备一个小水泥料槽，完成分群后，每个料槽内添加电解多维饮水。饮水半小时后，将料槽翻倒沥干水，让小猪休息2～3小时。下午开始喂粥料，多维水与料的比例为2∶1，水温35～40℃，每2小时喂1次，10～15克/（头·次），确保30分钟内吃完。粥料中还可以添加葡萄糖和酵母粉，促进食欲和消化。保育舍晚上必须全程开启照明灯。

⑤防应激。猪只进栏前，在隔栏上或栏舍中央悬挂废旧料线或木棍，在栏舍内投放玩具（如塑料瓶等）引开注意力，减轻仔猪的打斗。对好斗严重的猪只，要适当驱赶。夏天用喷雾器喷洒气味较重的消毒液，冬季抛撒密斯陀粉，以保持栏内安静干燥、卫生整洁。对打架咬伤的新伤口，用喷壶喷洒安多福，每天2次以上，以免伤口感染而继发渗出性皮炎。

⑥三点定位。猪只休息区域悬挂保温灯，垫上模板，地面上撒少许饲料，保持栏舍干燥、卫生；采食区域可以放置一些小玩具，保持料槽干净卫生；对于大小便区域，可以通过洒水进行引导，进猪当天将小猪驱赶到漏粪板，用栏杆隔半小时后放开，饮食休息区域撒少许饲料。三点定位：在角落里绑上饲料袋或放上料槽；在睡觉的地方撒上饲料；将粪便用铲子铲到下面位置。猪只特点：一是喜欢跟着料槽睡觉；二是冬天喜欢跟着保温灯睡觉。

⑦饮水管理。每10～15头仔猪安排一个饮水位，饮水器流量250～500毫升/分钟，水压140千帕。水压异常的保育舍需要安装减压阀，进猪后的前24小时，可把乳头饮水器卡住，让它细水长流，确保仔猪能够顺利饮水。

⑧猪群状况查看。每天栏内巡查4次，重点关注腹部空瘪、缩在角落、行动迟缓、皮肤粗糙、拉稀等表现的猪只。当猪群整体采食量骤降、精神差时，立即向主管汇报。

⑨再分群。转入3天后，将体重偏小、掉膘及采食不正常的猪只挑出，集中到一起进行护理、饲养。

（8）保育猪喂料护理。保育猪喂料护理操作要点见表5-25。

表5-25　保育猪喂料护理操作要点

<table>
<tr><th colspan="2" rowspan="2">项目</th><th colspan="3">湿拌料</th><th colspan="2">干料</th></tr>
<tr><th>每天头均饲料量（克）</th><th>每天头均水量（温水）（克）</th><th>次数</th><th>每天头均饲料量</th><th>次数</th></tr>
<tr><td rowspan="6">进栏后的饲喂</td><td>第一天</td><td>25</td><td>50</td><td rowspan="5">以湿料为主，1次/2小时，4～5次/天</td><td rowspan="5">参照猪只的标准采食量，再减去湿料的量</td><td rowspan="5">5～6次/天</td></tr>
<tr><td>第二天</td><td>50</td><td>100</td></tr>
<tr><td>第三天</td><td>75</td><td>150</td></tr>
<tr><td>第四天</td><td>100</td><td>200</td></tr>
<tr><td>第五天</td><td>75</td><td>100</td></tr>
<tr><td>第六天</td><td>25</td><td>25</td><td colspan="3">改为自动投料，控制好下料口的大小，让饲料覆盖料盘25%～40%的面积。除病弱猪外，全部喂干料，实行自由采食，但每天必须跟踪猪只采食量，确保猪只采食量达到标准</td></tr>
</table>

（续）

<table>
<tr><th>项目</th><th>病弱的</th><th>最小的</th><th>小的</th><th>中等的</th><th>大的</th><th>备注</th></tr>
<tr><td rowspan="6">教槽料的分配</td><td>8千克</td><td>7千克</td><td>5千克</td><td>3千克</td><td>2千克</td><td>根据猪只体重与采食量确定换料时间，喂料量平均为5千克/头</td></tr>
<tr><td colspan="6">饲料过渡（大的、中等的4天过渡完毕，弱小的适当延长至5～7天）</td></tr>
<tr><td colspan="2">第一天</td><td colspan="2">第二天</td><td colspan="2">第三天</td></tr>
<tr><td>教槽料</td><td>保育料</td><td>教槽料</td><td>保育料</td><td>教槽料</td><td>保育料</td></tr>
<tr><td>75%</td><td>25%</td><td>50%</td><td>50%</td><td>25%</td><td>75%</td></tr>
<tr><td colspan="6">关注猪群采食量，记录每天的采食量及栏舍温度。实际采食量与标准采食量对照，有差异时立即查找原因</td></tr>
<tr><td>饲喂方式</td><td colspan="6">少量多餐制，上午转入的猪只在下午上班时喂饲，下午转入的猪只在转入后2小时喂饲。第一天每头仔猪饲喂量50～60克，不超过60克；第二天饲喂量不超过120克；以后每天白天5餐制湿拌料，即6:00、9:00、11:00、14:30、17:00，20:30料槽内加入适量干料（干料量确保在第二天早上可以吃完）
正常猪只出栏前1周停止饲喂水料，同一批次中弱小猪只饲喂湿拌料直至转出（销售），教槽料的饲喂时间延长（40日龄后再换成保育前期料）</td></tr>
<tr><td>料型更换</td><td colspan="6">仔猪38日龄前饲喂乳猪料，38日龄开始换保育前期料。换料周期为3天，第一天3：1，第二天1：1，第三天1：3
保育阶段确保每头仔猪能够吃上足够的教槽料（每头5千克左右）</td></tr>
<tr><td>喂料量</td><td colspan="6"><table>
<tr><td rowspan="4">前中期</td><td>日龄（天）</td><td>21</td><td>22</td><td>23</td><td>24</td><td>25</td><td>26</td><td>27</td><td>28</td><td>29</td><td>30</td><td>31</td></tr>
<tr><td>标准（克）</td><td>231</td><td>253</td><td>275</td><td>297</td><td>319</td><td>341</td><td>363</td><td>385</td><td>407</td><td>429</td><td>451</td></tr>
<tr><td>日龄（天）</td><td>32</td><td>33</td><td>34</td><td>35</td><td>36</td><td>37</td><td>38</td><td>39</td><td>40</td><td>41</td><td>42</td></tr>
<tr><td>标准（克）</td><td>473</td><td>495</td><td>517</td><td>539</td><td>561</td><td>583</td><td>605</td><td>627</td><td>649</td><td>671</td><td>693</td></tr>
<tr><td rowspan="4">中后期</td><td>日龄（天）</td><td>43</td><td>44</td><td>45</td><td>46</td><td>47</td><td>48</td><td>49</td><td>50</td><td>51</td><td>52</td><td>53</td></tr>
<tr><td>标准（克）</td><td>715</td><td>737</td><td>759</td><td>781</td><td>803</td><td>825</td><td>847</td><td>869</td><td>891</td><td>913</td><td>935</td></tr>
<tr><td>日龄（天）</td><td>54</td><td>55</td><td>56</td><td>57</td><td>58</td><td>59</td><td>60</td><td>61</td><td>62</td><td>63</td><td></td></tr>
<tr><td>标准（克）</td><td>957</td><td>979</td><td>1 001</td><td>1 023</td><td>1 045</td><td>1 067</td><td>1 089</td><td>1 111</td><td>1 133</td><td>1 155</td><td></td></tr>
</table></td></tr>
<tr><td>保健</td><td colspan="6">进栏当天饮水中添加电解多维，进栏1～7天粉料合规添加药物保健制剂+维生素E+益生素；38～45日龄保育中期料合规添加药物保健制剂等</td></tr>
</table>

（9）保育猪环境护理。

①温度。参数：断奶后前7天，房间温度设置为30℃；断奶后7～25天，房间温度调到28℃；断奶后25～35天，房间温度从28℃逐渐下调到26℃；断奶35天后，房间温度逐渐降低到23.3℃，由主管统一设置好。

②环境控制。环境控制遵循的主要原则是“三度一通风”，即猪舍的温度和湿度、猪只的密度、猪舍的通风换气4个方面。在生产中，保温和通风采用灵活的调控方式，两者兼顾。高温时多通风，低温时先保温再通风。应根据舍内的温度、湿度及环境状况，及时开启或关闭门窗及卷帘。注重栏舍内空气质量、粉尘与氨气浓度，氨气浓度低于10毫升/升，二氧化碳浓度低于3 000毫升/升，一氧化碳浓度低于2毫升/升，硫化氢浓度低于2毫升/升。

③环境卫生。每天清扫2次地面，清扫时必须开启风机，将粉尘抽取到舍外；所有料桶必须盖好盖子，保持密封状态；每天清理粪便2次。

④通风方式。栏舍内保持27 ～ 28℃，当舍内温度不够时，烧木炭或加装保温箱。小风机设置：每隔10分钟转90秒，防止水帘和门窗缝隙贼风直接影响；观察睡觉状态，是扎堆还是侧卧均匀散开，以评估仔猪的舒适度。进栏第五天开启地沟风机，每开2分钟左右关闭25分钟，晚上把关闭时间调长点。随着日龄增加，可加大开启时间、缩短关闭时间（根据不同气温相应调整）。

注意事项：以上除温度、湿度外的其他指标，由于各类猪场的测定条件不同，可根据人的感官感觉来决定。人觉得舒服，则猪也会感到愉快；再者，表中的数据不是固定的，需根据猪群的实际状况适当调整猪舍的环境参数。

（10）保育猪健康护理操作要点。

①猪群巡视与病弱猪的鉴别。每天栏内巡查3次，仔细观察猪只的毛色、呼吸、活动状态、粪便形状、精神状态等。

注意病猪的表现：消瘦、脊椎骨外露、精神呆滞、喜欢躲藏、拉稀猪只；急性型表现为粪便水样、肛门松弛潮湿、眼窝下陷；慢性型表现为消瘦、粪便粥样。

将有下列表现的猪只及时挑出：关节肿胀、跛行、踮脚、神经症状；无精打采、精神不振；扁扁的肚子；被毛直立；聚成一堆；眼窝凹陷。

②挑选与分群。每天巡栏及饲喂时若发现病猪，及时挑出单独饲喂水料。以组为单位，每周一、周三、周五、周日，饲养员通过协助的模式依次从小日龄到大日龄挑选弱差猪集中饲养。饲养40日龄开始，对密度大的栏舍进行分群。

③病弱差猪的饲喂方式。对于弱差猪采取特殊护理（关闭干料饲喂桶，全天湿拌料饲喂，并添加营养性药物，增强其免疫力，快速恢复）。弱差猪通过特殊护理3天还未有恢复迹象，应尽早作无价猪只处理。

④疫苗免疫防应激。35天注射猪瘟疫苗、49天注射猪伪狂犬病疫苗，提前3天饮水加多维防应激。注射疫苗前适当控料，确保栏舍温度保持在24 ～ 26℃。注射疫苗前，必须评估猪群的健康度。

⑤猪群流动批次管理。在正常情况下，严禁将2批猪只合成1批，销售剩余的尾猪可以合栏，且要有明显的栏位区分，尽量不要混群。因生产需要，产房的批次可以2批合成1批，保育可以2批合成1批转至育肥。商品猪群永远是单向流动，转出的猪只严禁返回上个部门，出场的猪只严禁返回场内。

⑥转群管理。转群前1天必须与育肥部门沟通好，确定转群头数与具体时间。育肥进猪时的分群由本栋饲养员、保育主管、育肥主管负责，其他饲养员不能参与。

十四、生长育肥饲管要注重福利

目前，国际上普遍认同动物福利的基本原则是，动物享受不受饥渴、生活舒适、表达天性、不受痛苦伤害和疾病威胁、生活无恐惧和悲伤感的自由。而农场动物福利是依据农场动物的生物学特性，通过改进生产工艺，降低动物的疾病发生和身体损伤，促进其天性的表达，从而提高农场动物生产力的整体水平（杨晓静等，2014）。我国《农场动物福利要求　猪》（CAS 235—2014）中明确规定，农场动物福利是指农场动物在饲养、运输、屠宰过程中得到良好的照顾，避免遭受不必要的惊吓、痛苦或伤害。

生长育肥猪的饲养管理是养猪生产的重要环节，也是生猪养殖的最终目标。此阶段获得较大的日增重、提高育肥猪的胴体品质，是获得最佳生猪养殖经济效益的关键。出于劳动力和成本效率的考虑，生长育肥猪大都被饲养在受控气候条件下的室内，普遍存在饲养密度大、生长环境过于单调、地板设计不合理和猪舍的小环境过差等不利于生长育肥猪的因素，给生长育肥猪带来了不良生理反应。鉴于禁抗背景及公众对集约化养猪场动物福利的日益关注，在生长育肥猪的饲养管理过程中要注重福利，依据其生长、运动、休息和天性表达等方面需求给予对应的管理方针与技术手段。在饲养管理中，影响猪福利的因素主要体现在人员、设备、饲料、环境和污染物等方面。

（一）从业人员培训

猪场管理者应接受过有关动物福利知识的培训，掌握动物健康和福利方面的专业知识，熟悉猪正常和异常的生理反应及表现；了解《农场动物福利要求　猪》（CAS 235—2014）的具体内容，且在其管理过程中熟练运用。猪场饲养人员应接受过有关动物福利基础知识的培训，掌握动物健康和福利养殖方面的基本知识，并掌握《农场动物福利要求　猪》（CAS 235—2014）的具体内容，且在其操作过程中有效应用。因此，在日常生产管理中，做到人猪亲和，工作人员严禁粗暴对待猪只，更不可棍打。饲养员、防疫员与猪要建立和善相处的良好氛围。加强从业人员培训，既要规范猪群的标准化管理，又要注重人员文化修养的提高，重视动物心理学的研修。

（二）营养福利

在集约化饲养条件下，生长育肥猪完全依靠饲养者供给的饲料和饮水，而生长育肥猪处于生猪养殖获得最佳养殖效益的关键生理阶段。因此，在饲养管理过程中，满足生长育肥猪对饲料和饮水的基本要求是保障其高效生产的基础和前提。

1.饲料和饲喂策略　按照生长育肥猪不同生理阶段的饲养标准，全面均衡地供给各种营养物质，能量、蛋白质、必需氨基酸、维生素、矿物质等供给适量。此外，饲料及其来源必须符合国家相关法律的规定，饲料来源应可追溯，并保证不使用变质、霉败、生虫或被污染的饲料原料，也不得使用餐饮业的废弃物及同源性饲料原料。猪场还不得使用以促生长为目的的非治疗用抗生素，不得使用激素类促生长剂；并严格执行休药期的相关规定。

饲喂生长育肥猪要做到定时、定量、定质地饲喂，并依据生长育肥猪所处的各个阶段、季节和生长情况及时调整饲喂量、饲喂时间和饲喂次数。猪场采用料槽饲喂时，应保持足够的饲喂空间（≥1.1倍肩宽）。饲养人员要及时清理料槽中的污水和剩料。此外，猪场还应根据生长猪的品种不同提供符合要求的青绿饲料或草粉饲料等。

在兽医检查、治疗或手术期间、特殊的饲喂阶段、标记、清洗或称重期间等特殊时期，可对猪只进行短期的限制饲喂。

2.饮水和饮水策略　不同阶段猪的水需要量和饮水品质见本章第九节相关内容。根据《农场动物福利要求　猪》（CAS 235—2014）中的要求，猪场应为每10头猪配备一个饮水位。猪场使用干湿料系统时，应在猪舍内提供额外的饮水器，数量为每15头猪1个；使用管道湿料系统时，应在猪舍内提供额外的饮水器，数量为每30头猪1个。饮水器的位置与高度应方便所有猪只饮水，并能同时供水，且流量满足每一头猪的需求。

养殖者还需保持各式饮水器洁净、供水系统定期维护和消毒。此外，猪场应储备足够的应急饮用水，以便正常供水时使用。饮水温度在生长育肥饲养管理过程中也同样重要，夏季给猪群提供凉爽的水源，冬季则提供温水。上述措施均有利于改善猪群福利和健康，提高饲料转化率。

（三）猪舍/环境福利

生长育肥猪正处于瘦肉量变和质变的生理阶段，福利养殖有利于生长育肥猪的肌肉健康和品质。

生长育肥猪存在的主要福利问题是圈舍地面材料过硬、饲养密度过大、生长环境过于单调。

1.圈舍地面　圈舍地面是猪身体直接接触的地方，其地板类型和卫生程度的好坏直接或间接影响生长育肥猪的生活舒适度和肢蹄健康。圈舍地面材料过硬，容易导致猪只生活舒适度下降，减缓其生长速度，导致腹泻或异常行为的增加。因此，可适当对生长育肥猪圈舍地面进行调整或选用新型的地板来提高猪的生产性能、健康状况和福利水平。

2.饲养密度　生长育肥猪应有功能齐全的宽敞猪舍，并可划分出不同的空间和地面区域供其进行各种正常的生理活动，同时避免拥挤发生争斗、咬伤或咬尾恶癖。因此，生长育肥猪圈舍应当使猪只有足够的可移动空间，即自由站立、俯卧不受圈舍内的设施剐蹭和影响；躺卧时两端不接触墙壁；站立时背部不受顶端影响；饲喂器的设置应方便生长育肥猪进食和饮水，但不得影响生长育肥猪的休息和活动；躺卧时不受相邻猪的攻击和伤害。此外，通道设计应将净道和污道分开，并尽可能避免猪只发生打斗、撕咬；猪舍水泥地面板条及狭缝宽度适宜。猪舍面积对生长育肥猪的影响主要通过饲养密度来体现，《农场动物福利要求　猪》（CAS 235—2014）对不同种类猪的饲养密度给出了明确规定，生长育肥猪最佳饲养密度见表5-26。

表5-26　生长育肥猪最佳饲养密度

体重（千克）	最小面积（米^2/头）	最小躺卧区面积（米^2/头）
＜20	0.35	0.20
20～50	0.60	0.40
50～80	0.90	0.60
80～110	1.20	0.80

3.小气候环境　多数规模化猪场猪舍保温隔热设计不合理，猪舍环境控制程度低，使舍内小气候环境稳定性差。夏季舍内持续高温高湿，春冬季舍内低温高湿，加之饲养密度不合理、通风不良，使舍内空气质量差。生长育肥猪在小环境差的环境中容易导致亚健康，影响猪的生产力水平和抗病力，降低饲料转化率，导致各种疾病的发生。因此，一方面，生长育肥猪的圈舍要遵照本章第五节中“环境控制要精确精准有效”的相关要求，制订良好的环境（温湿度、控制质量、光和声环境）实时调控方案；另一方面，从饲养密度、饲料配方和粪尿排泄物的去除方案等多方面来改善猪舍环境中有害气体对猪只健康的影响。

4.环境富集　环境富集是指在单调的环境中提供必要的环境刺激，促进猪只表达其种属内典型的行为和心理活动，从而使猪只的心理和生理都达到健康状态。猪环境丰富度调控技术指在猪养殖环境内增加垫料、玩具、光照、声音等多种环境富集措施，通过添加满足猪只各种行为需求的环境介质，给规模化生产下的猪提供丰富而新奇的饲养环境，刺激猪的适当行为，以提高猪只养殖的福利水平，同时提高生产性能与肉品品质。因此，在生长育肥猪舍内增加一些铁链球、轮胎、泥土类似物、稻草、木材等设施和材料供猪玩耍。一方面，提高猪心理福利；另一方面，减少猪打斗所造成的外伤，还可以降低猪对应激刺激的反应，提高生产性能和胴体质量。

综上所述，生长育肥猪在饲养过程中要制定合理的饲养密度，给生长育肥猪提供舒适的地面材料、适当的空间，满足其活动和休息的需要。在此基础上，丰富饲养环境促进猪的天性表达；最终避免饲料浪费，以及咬尾和争斗等异常行为的发生。

（四）健康福利

生长育肥猪的健康福利是评价其健康水平以及福利水平的重要指标。生猪养殖者可通过对猪只体重、心率、呼吸率、体温、声音、步态变化等信息的观察和汇总，最终综合判断生长育肥猪的健康和福利状况。此外，完善的兽医健康和福利计划是保障生长育肥猪健康生长的基石与根本。

1.体重 体重是判断动物营养和生长状况、福利水平的重要依据。对于生长育肥猪来说，结合猪体型的分级、对生猪背膘的测定等可较为全面地评估养殖状况，并针对性地调整饲喂方案，对精准畜牧业的发展、节能减排、福利评估等都有重要意义。

2.心率、呼吸率和体温 心率的变化能迅速且直接地反映出猪只的健康状况，以及短期外界刺激对生猪的影响。而体温变化表明，生长育肥猪可能存在皮肤伤痕、伤口、行为障碍、关节炎等。上述健康指标的变化，还可能预示着生长育肥猪生理状态的变化。

3.卫生、健康和福利计划 猪场应制定符合法律法规要求的兽医健康和福利计划，并至少包括生物安全措施、疫病防控措施、药物使用及残留控制措施、病死猪及废弃物的无害化处理措施；并定期对上述计划的实施情况进行检查和梳理，适时进行更新或修订。重视疾病预防，树立“防重于治”的观念，严格实施免疫和消毒等生物安全措施（具体见本章第三节“生物安全措施要科学可行”）。

在日常管理过程中，猪舍应保持良好的卫生状况。猪群应减少混群，并设立专门的治疗圈对伤病猪只进行隔离治疗；对治疗无效或效果差的猪只，在征得兽医的处理意见后，可实施人道宰杀。

（五）行为福利

生长育肥猪的许多行为表现与生理变化有关，其行为与其生理状况有着密不可分的关系。在应激状态下，猪往往会表现出一些特殊的行为，如咬尾、咬耳。猪异常的行为表现往往伴随着神经系统和激素水平的变化，同时伴随相应的行为反应。从动物福利角度来看，它降低了生物适应度，使猪产生心理沮丧（痛苦）和生理应激（疾病）；从生产角度来看，它降低了生产水平，给畜牧业造成了损失。目前，国内广泛采用的是圈栏饲养模式，生长育肥猪的生活环境较为贫瘠，缺乏有利于猪表现其天性行为的福利性措施。

在实际生产中，采食和排泄次数、排泄行为是判断猪健康状态，是否患有病毒性腹泻和传染性肠胃炎等的重要指标。此类病往往造成猪瘦弱甚至死亡，严重制约养猪生产。因此，对猪只异常行为的类型及发生频次的监测就显得尤为重要。随着计算机视觉和深度学习等人工智能在猪行为学中的应用，生长育肥猪各类行为的识别和量化可为猪只行为福利提供精准的技术保障。在此基础上，要参照本节“猪舍/环境福利”中有关环境富集的要求，在猪幼龄时就为其适当提供垫料、玩具等富集材料，让其表达天性并减少猪成年后的异常行为。

第六章
监管体系

主　　编：潘雨来

副 主 编：董永毅　冯艳武

编写人员（按姓氏笔画排序）：

冯三令　冯艳武　冯群科　毕昊容　朱　颖
朱慈根　吴　坤　何　涛　何琳琳　何晓芳
邹新海　汪　澄　宋慧敏　张宗军　佴　梅
周　杨　侯庆永　徐小艳　董永毅　储瑞武
潘雨来　燕　纯

审稿人员：黄瑞华

内容概要

本章系统梳理了我国现行饲料兽药等投入品、动物防疫、生猪屠宰、产品质量安全、畜禽养殖等管理方面的相关法律法规，并回顾了其发展历程，详细介绍了生猪养殖涉及各环节的监管体系、监管内容、监管种类和采取的技术方法，提出了日常管理和监督管理的相关要求。针对极易被养殖者忽视的土壤、饮用水，也明确了相应的管理要求。这对生猪养殖者、饲料生产经营者、生猪屠宰企业、无害化集中处理中心、行业管理人员都有很好的借鉴和指导作用。

一、投入品监管

饲料、兽药是生猪养殖的主要投入品，也是影响生猪产品质量安全的主要因素。我国一直非常重视饲料、兽药质量安全监管，不断完善管理法规、健全管理制度，通过明确主体责任、强化许可准入、加强监督监测、加大处罚力度等措施，规范饲料、兽药的生产、经营和使用行为。并通过实施药物饲料添加剂退出、兽用抗菌药物减量等行动，加快推进畜牧业绿色健康高质量发展，提升畜产品的质量安全水平。

（一）饲料和饲料添加剂监管

我国饲料工业起步于20世纪70年代末期，经过40多年的快速发展，取得了举世瞩目的成就。从2011年起，我国的饲料产量连续11年居世界第一位，并建立了包括饲料加工、饲料原料、饲料添加剂、饲料机械在内的完备的饲料工业体系。饲料行业管理法规不断完善，也形成了比较健全的监管体系和管理制度。

1.饲料管理法规体系 主要包括《饲料和饲料添加剂管理条例》、部门规章和规范性文件。

（1）《饲料和饲料添加剂管理条例》。1999年5月29日，我国饲料行业第一部权威性的行政法规《饲料和饲料添加剂管理条例》经国务院发布、实施，把我国饲料工业发展纳入了法制化、规范化轨道，对加强饲料行业管理、提高产品质量、促进产业发展发挥了重要作用。但随着经济社会全面发展，人民群众的食品安全意识日益增强，社会各方面对食品安全的要求不断提高，对饲料行业管理也提出了更高的要求。2009年，为了适应质量安全新形势、落实监督管理新要求，农业部会同国务院法制办公室启动了《饲料和饲料添加剂管理条例》修订工作，经过广泛调研和多方征求意见，历时3年完成修订。2011年11月3日，国务院发布了修订后的《饲料和饲料添加剂管理条例》，2012年5月1日起正式施行。

（2）部门规章。根据新修订《饲料和饲料添加剂管理条例》有关规定，农业农村部及时组织制定或修订了相关的配套规章，主要有《饲料和饲料添加剂生产许可管理办法》《新饲料和新饲料添加剂管理办法》《饲料添加剂和添加剂预混合饲料批准文号管理办法》《饲料质量安全管理规范》《进口饲料和饲料添加剂登记管理办法》。

（3）规范性文件。根据《饲料和饲料添加剂管理条例》和配套规章的规定，农业农村部陆续发布了一系列相关的规范性文件，主要有《饲料生产企业许可条件》《混合型饲料添加剂生产企业许可条件》《饲料原料目录》《饲料添加剂品种目录》《饲料添加剂安全使用规范》《宠物饲料管理办法》《养殖者自配料行为规范》《禁止在饲料和动物饮水中使用的物质》《食品动物禁止使用的药品及其他化合物清单》等。

2.饲料监管机构 根据《饲料和饲料添加剂管理条例》规定，农业农村部负责全国饲料、饲料添加剂的监督管理工作，县级以上地方人民政府农业农村部门负责本行政区域饲料、饲料添加剂的监督管理工作；县级以上人民政府统一领导本行政区域饲料、饲料添加剂的监督管理工作，建立健全监督管理机制，保证监督管理工作的开展。党的十八大以来，随着“放管服”改革持续深入、管理体制改革不断推进，各地基本形成了行政许可审批部门负责饲料许可审批、畜牧兽医管理部门负责行业监管、农业综合行政执法部门负责监督执法的饲料管理体制，三大部门既相对独立又紧密联系，为促进饲料行业规范发展提供了体制保障。

3.饲料和饲料添加剂生产管理要求　为深入贯彻落实国务院“放管服”改革决策部署，2011年版的《饲料和饲料添加剂管理条例》及其配套规章、规范性文件发布实施后经过了多次修订，现行饲料行业管理法规对饲料和饲料添加剂的生产规定了一系列管理要求，主要包括以下制度。

（1）生产许可制度。申请从事饲料、饲料添加剂生产的企业，必须符合相关条件，向省级人民政府饲料管理部门提出申请，省级人民政府饲料管理部门书面审查、现场审核后核发生产许可证。目前，部分省、自治区、直辖市深入推进简政放权、优化服务，将饲料、饲料添加剂生产许可审批事项委托下放至市、县实施。

（2）产品批准文号管理制度。饲料添加剂生产企业取得生产许可证后，还需获得省级人民政府饲料管理部门核发的产品批准文号才能组织生产。

（3）准用目录管理制度。农业农村部制定并发布了《饲料原料目录》《饲料添加剂品种目录》，以及可以在商品饲料和养殖过程中使用的兽药品种，禁止用这3类以外的任何物质生产饲料。

（4）原料查验检验制度。饲料、饲料添加剂生产企业应当按照规定和有关标准，对采购的原料进行查验或者检验。

（5）生产记录制度。饲料、饲料添加剂生产企业，应当按照产品质量标准以及国务院农业行政主管部门制定的饲料、饲料添加剂质量安全管理规范和饲料添加剂安全使用规范组织生产，对生产过程实施有效控制并实行生产记录。

（6）产品留样观察制度。饲料、饲料添加剂生产企业应当对每批次产品实施留样观察，填写并保存留样观察记录。

（7）产品质量检验制度。饲料、饲料添加剂生产企业应当对生产的饲料、饲料添加剂进行产品质量检验；检验合格的，应当附具产品质量检验合格证。未经产品质量检验、检验不合格或者未附具产品质量检验合格证的，不得出厂销售。

（8）销售记录制度。饲料、饲料添加剂生产企业应当如实记录出厂销售的饲料、饲料添加剂的名称、数量、生产日期、生产批次、质量检验信息、购货者名称及其联系方式、销售日期等。

（9）产品包装、标签制度。出厂销售的饲料、饲料添加剂应当包装并附具标签，包装应当符合国家有关安全、卫生的规定，标签应符合《饲料标签》（GB 10648—2013）的规定。

（10）问题产品召回、报告制度。饲料、饲料添加剂生产企业发现其生产的饲料、饲料添加剂对养殖动物、人体健康有害或者存在其他安全隐患的，应当立即停止生产，通知经营者、使用者，向饲料管理部门报告，主动召回产品，并记录召回和通知情况。召回的产品应当在饲料管理部门监督下予以无害化处理或者销毁。

4.饲料和饲料添加剂经营管理要求　现行饲料行业管理法规对饲料和饲料添加剂的经营进一步规范，制定了一系列管理规定，主要包括以下4个方面。

（1）经营者进货查验义务。饲料、饲料添加剂经营者进货时，应当查验产品标签、产品质量检验合格证和相应的许可证明文件。

（2）产品购销台账制度。饲料、饲料添加剂经营者应当建立产品购销台账，如实记录购销产品的名称、许可证明文件编号、规格、数量、保质期、生产企业名称或者供货者名称及其联系方式、购销时间等。购销台账保存期限不得少于2年。

（3）问题产品通知报告制度。饲料、饲料添加剂经营者发现其销售的饲料、饲料添加剂对养殖动物、人体健康有害或者存在其他安全隐患的，应当立即停止销售，通知生产企业、供货者和使用者，向饲料管理部门报告，并记录通知情况。

（4）禁止事项。饲料、饲料添加剂经营者不得对饲料、饲料添加剂进行拆包、分装，不得对饲料、饲料添加剂进行再加工或者添加任何物质。禁止经营用国务院农业行政主管部门公布的《饲料原料目录》《饲料添加剂品种目录》《药物饲料添加剂品种目录及使用规范》以外的任何物质生产的饲料。

5.饲料和饲料添加剂使用管理要求　《饲料和饲料添加剂管理条例》对养殖者使用饲料和饲料添加剂作了明确规定。

（1）规范使用饲料。养殖者应当按照产品使用说明和注意事项规范使用饲料，并查验产品标签、生产许可证、产品质量标准、产品质量检验合格证是否齐全。

（2）规范使用饲料添加剂。养殖者在饲料或者动物饮用水中添加饲料添加剂的，应当符合饲料添加剂使用说明和注意事项的要求，遵守饲料添加剂安全使用规范，并查验产品标签、生产许可证、产品质量标准、产品质量检验合格、产品批准文号是否齐全。

（3）规范使用自配料。养殖者使用自行配制的饲料的，应当遵守农业农村部制定的自行配制饲料使用规范，并不得对外提供自行配制的饲料。

（4）遵守限制性规定。使用限制使用的物质养殖动物的，应当遵守农业农村部的限制性规定。

（5）禁止使用禁用物质。禁止在饲料、动物饮用水中添加国务院农业行政主管部门公布禁用的物质以及对人体具有直接或者潜在危害的其他物质，或者直接使用上述物质养殖动物。

6.养殖场自配料管理要求　为规范养殖者自行配制饲料行为，保障动物产品质量安全，根据《饲料和饲料添加剂管理条例》要求，农业农村部组织制定了养殖者自行配制饲料的有关规定，2020年6月12日以第307号公告公布，自2020年8月1日起实施。规定包括9条内容，主要对养殖者生产自配料时的原料、添加剂和兽药等使用提出明确要求。其中，涉及生猪养殖场自配料概括为“一严禁五不得，一必须五应当”。

（1）“一严禁”。严禁在自配料中添加禁用药物、禁用物质及其他有毒有害物质。

（2）“五不得”。自配料不得对外提供；不得以代加工、租赁设施设备以及其他任何方式对外提供配制服务；不得使用农业农村部公布的《饲料原料目录》《饲料添加剂品种目录》以外的物质自行配制饲料；不得在自配料中超出适用动物范围和最高限量使用饲料添加剂；在日常生产自配料时，不得添加农业农村部允许在商品饲料中使用的抗球虫和中药类药物以外的兽药。

（3）“一必须”。养殖动物发生疾病，需要通过混饲给药方式使用兽药进行治疗的，要严格按照兽药使用规定及法定兽药质量标准、标签和说明书购买使用，兽用处方药必须凭执业兽医处方购买使用。含有兽药的自配料要单独存放并加标识，要建立用药记录制度，严格执行休药期制度，接受县级以上畜牧兽医主管部门监管。

（4）“五应当”。养殖者自行配制饲料的，应当利用自有设施设备，供自有养殖动物使用；养殖者应当遵守农业农村部公布的有关饲料原料和饲料添加剂的限制性使用规定；养殖者应当遵守农业农村部公布的《饲料添加剂安全使用规范》有关规定；养殖者应当使用合法饲料生产企业生产的单一饲料、饲料添加剂、混合型饲料添加剂、添加剂预混合饲料和浓缩饲料，产品为合格产品，并按其产品使用说明和注意事项使用；自配料原料、半成品、成品等应当与农药、化肥、化工有毒产品以及有可能危害饲料产品安全与养殖动物健康的其他物质分开存放，并采取有效措施避免交叉污染。

7.药物饲料添加剂退出的有关要求　根据《兽药管理条例》《饲料和饲料添加剂管理条例》有关规定，按照《遏制细菌耐药国家行动计划（2016—2020年）》和《全国遏制动物源细菌耐药行动计划（2017—2020年）》部署，为维护我国动物源性食品安全和公共卫生安全，农业农村部先后发布相关公告，实施药物饲料添加剂退出行动。

（1）农业农村部第194号公告规定。2019年7月9日，农业农村部发布第194号公告，决定停止生产、进口、经营、使用部分药物饲料添加剂，并对相关管理政策作出调整。主要内容有3个方面：一是自2020年1月1日起，退出除中药外的所有促生长类药物饲料添加剂品种；二是自2020年7月1

日起，饲料生产企业停止生产含有促生长类药物饲料添加剂（中药类除外）的商品饲料；三是改变抗球虫和中药类药物饲料添加剂管理方式，不再核发“兽药添字”批准文号，改为“兽药字”批准文号，可在商品饲料和养殖过程中使用。

（2）农业农村部第246号公告规定。2019年12月19日，农业农村部发布第246号公告，公布修订后的药物饲料添加剂相关质量标准、标签、说明书范本，自2020年1月1日起执行。根据该公告的规定，饲料生产企业生产的商品饲料中可以添加的兽药只有2种中药类促生长药物和16种抗球虫药物。其中，可以用于猪饲料的只有2种：博落回散、山花黄芩提取物散。

（3）农业农村部第327号公告规定。2020年8月26日，农业农村部发布第327号公告，批准一批新兽药。其中，裸花紫珠末用于促进猪的生长，可在商品饲料和养殖过程中使用。

（二）兽药监管

1.兽药管理法规体系 主要包括《兽药管理条例》和配套规章。

（1）《兽药管理条例》。1987年5月21日，《兽药管理条例》由国务院发布，标志着我国兽药法制化管理的开始。2001年进行了第一次修订，2004年进行了全面修改，并以国务院令2004年第404号发布。国务院令2014年第653号、2016年第666号、2020年第726号进行多次修订。

（2）配套规章。为保障《兽药管理条例》的实施，农业农村部制定了相关配套规章。在新兽药研制方面，主要有《兽药注册办法》《新兽药研制管理办法》；在兽药生产方面，主要有《兽药生产质量管理规范》《兽药产品批准文号管理办法》《兽药标签和说明书管理办法》；在兽药经营方面，主要有《兽药经营质量管理规范》《兽用生物制品经营管理办法》《兽药进口管理办法》；在兽药使用方面，主要有《兽用处方药和非处方药管理办法》。

2.兽药监管机构 根据《兽药管理条例》规定，国务院兽医行政管理部门负责全国的兽药监督管理工作。县级以上地方人民政府兽医行政管理部门负责本行政区域内的兽药监督管理工作。兽药检验工作由国务院兽医行政管理部门和省、自治区、直辖市人民政府兽医行政管理部门设立的兽药检验机构承担。国务院兽医行政管理部门，可以根据需要认定其他检验机构承担兽药检验工作。

3.兽药生产管理要求 主要依据相关条例、规范和标准进行管理。

（1）兽药生产质量管理。《兽药生产质量管理规范》是兽药生产和质量管理的基本准则。根据《兽药管理条例》规定，2002年3月，农业部发布《兽药生产质量管理规范》（简称“兽药GMP”），自2002年6月19日起施行。2020年4月，农业农村部发布《兽药生产质量管理规范（2020年修订）》，共13章287条（含附则），在硬件、软件和人员等方面都有明确要求，自2020年6月1日起施行。农业农村部公告第292号发布无菌兽药、非无菌兽药、兽用生物制品、原料药、中药制剂5类兽药生产质量管理的特殊要求作为《兽药生产质量管理规范（2020年修订）》的配套文件，同时施行。

为保障兽药GMP实施，农业农村部制定了《兽药生产质量管理规范检查验收办法》《兽药GMP检查验收评定标准（2020年修订）》等规定。根据兽医诊断制品的产品特殊性，农业部于2015年9月发布了《兽医诊断制品生产质量管理规范》和《兽医诊断制品生产质量管理规范检查验收评定标准》。此外，根据农业部1708号公告要求，农业部制定了《新建兽用粉剂、散剂、预混剂GMP检查验收细则》《新建兽用粉剂、散剂、预混剂生产线GMP检查验收评定标准》。

（2）兽药质量标准。《兽药管理条例》规定，兽药应当符合兽药国家标准。兽药国家标准为国家兽药典委员会制定的、国务院兽医行政管理部门发布的《中华人民共和国兽药典》和国务院兽医行政管理部门发布的其他兽药质量标准。目前，现行版最常用的兽药质量标准为《兽药质量标准（2017年版）》及《中国兽药典（2020年版）》。

《兽药质量标准（2017年版）》包括化学药品卷、中药卷和生物制品卷3个部分，由2010年12月

31日前发布的、未列入《中国兽药典（2015年版）》的兽药质量标准修订编纂而成，自2017年11月1日起施行。

《中国兽药典（2020年版）》自2021年7月1日起施行，自施行之日起，《中国兽药典（2015年版）》《兽药质量标准（2017年版）》及农业农村部公告等收载、发布的同品种兽药质量标准同时废止。《中国兽药典（2020年版）》未收载品种且未公布废止的兽药国家标准，以及经批准公布的兽药变更注册标准且《中国兽药典（2020年版）》未收载的兽药国家标准继续有效，但应执行《中国兽药典（2020年版）》相关通用要求。

（3）兽药产品批准文号管理。兽药产品批准文号是农业农村部根据国家兽药标准、生产工艺和生产条件批准特定兽药生产企业生产特定兽药产品时核发的兽药批准证明文件。《兽药管理条例》规定，兽药生产企业生产兽药，应当取得国务院兽医行政管理部门核发的产品批准文号，产品批准文号的有效期为5年。兽药产品批准文号的核发办法由国务院兽医行政管理部门制定。现行《兽药产品批准文号管理办法》于2015年12月发布，2019年4月进行部分修订。农业农村部负责全国兽药产品批准文号的核发和监督管理工作，县级以上地方人民政府兽医行政管理部门负责本行政区域内的兽药产品批准文号的监督管理工作。

《兽药产品批准文号管理办法》规定，兽药产品批准文号的编制格式为“兽药类别简称+企业所在地省（自治区、直辖市）序号+企业序号+兽药品种编号”。内容如下：一是兽药类别简称。药物饲料添加剂的类别简称为“兽药添字”；血清制品、疫苗、诊断制品、微生态制品等类别简称为“兽药生字”；中药材、中成药、化学药品、抗生素、生化药品、放射性药品、外用杀虫剂和消毒剂等类别简称为“兽药字”；原料药简称为“兽药原字”；农业农村部核发的临时兽药产品批准文号简称为“兽药临字”。二是企业所在地省（自治区、直辖市）序号用2位阿拉伯数字表示，由农业农村部规定并公告。三是企业序号按省份排序，用3位阿拉伯数字表示，由省级人民政府兽医行政管理部门发布。四是兽药品种编号用4位阿拉伯数字表示，由农业农村部规定并公告。2019年7月，农业农村部发布公告第194号，不再核发“兽药添字”批准文号，改为“兽药字”批准文号。

（4）兽药标签和说明书管理。严格兽药标签和说明书管理是保证安全合理用药、保证动物性食品安全的重要举措，兽药标签和说明书的内容、印制、使用在《兽药标签和说明书管理办法》和《兽药标签和说明书编写细则》（农业部公告第242号）中有详细规定。

兽药标签和说明书应当经农业农村部批准后方可使用，其文字及图案不得擅自加入任何未经批准的内容，按照规定的统一要求印制，内容必须真实、准确，不得虚假和夸大，也不得印有任何带有宣传、广告色彩的文字和标识。兽药标签和说明书是消费者获取兽药信息和使用方法的最直接窗口，印刷信息的客观规范有利于保障消费者权益。修订后的《兽药标签和说明书管理办法》加入了二维码的相关规定，兽药标签或最小销售包装上应当按照农业农村部的规定印制兽药产品电子追溯码，电子追溯码以二维码标注。

4.兽药经营管理要求 包括兽药（含兽用生物制品）经营及追溯管理。

（1）兽药经营质量管理。为加强兽药经营质量管理，保证兽药质量，农业部2010年1月15日发布第3号令《兽药经营质量管理规范》（简称“兽药GSP”），自2010年3月1日起实施，2017年农业部发布第8号令进行部分修订。兽药GSP对兽药经营场所和设施、机构与人员、规章制度、采购与入库、陈列与储存、销售与运输、售后服务等作了规定，软件、硬件两手抓，有效减少由于经营企业自身条件及管理能力限制导致兽药有效性和安全性降低的情况。

（2）兽用生物制品经营管理。由于兽用生物制品的特殊性，农业农村部制定《兽用生物制品经营管理办法》，对其经营设定了更为严格的、特殊的管理措施和制度。现行《兽用生物制品经营管理办法》于2021年3月17日以农业农村部第2号令发布，其调整了国家强制免疫用生物制品经营方式，允许兽用生物制品经营企业经营国家强制免疫用生物制品；优化了兽用生物制品经销机制，允许经销商直接将经营的产品销售给养殖场户，也可以销售给其他取得委托资格的兽用生物制品经营企业；增加了冷链储存运输和追溯管理要求，自行配送或委托配送时，均应确保兽用生物制品处于规定的温度环境中。

（3）兽药二维码追溯管理。为强化兽药产品质量安全监管，确保兽药产品安全有效，农业部于2015年发布《兽药二维码体系建设规定》（农业部公告第2210号），利用国家兽药产品追溯系统实施兽药产品电子追溯码（二维码）标识制度，形成功能完善、信息准确、实时在线的兽药产品查询和追溯管理系统。2019年发布《全面推进兽药二维码追溯监管的规定》（农业农村部公告第174号），进一步规范兽药生产企业追溯数据，对兽药经营活动全面实施追溯管理，在养殖场组织开展兽药使用追溯试点。

兽药产品电子追溯码（简称“兽药二维码”）是由国家兽药产品追溯系统随机产生的追溯码，由24位数字构成，第1～8位为追溯码申请日期，第9～13位为企业标识，第14～24位为随机位。兽药二维码具有唯一性，一个二维码对应唯一一个销售包装单位。各级包装按照包装级别赋码，并对2级以上（包含2级）包装建立关联关系。

兽药生产企业生产的在我国市场销售的所有兽药产品，应在兽药产品标签或最小销售包装上按照农业农村部规定印制兽药二维码。因技术原因无法在产品标签或最小销售包装上加印兽药二维码的，应在最小销售包装的上一级包装上加印统一的兽药二维码，涉及的具体产品由兽药生产企业提出申请，企业所在地省级畜牧兽医行政管理部门审查确认，并报农业农村部畜牧兽医局。国内兽药生产企业在产品生产下线后、销售前应及时分别将产品入库、出库信息上传到国家兽药产品追溯系统。获得《进口兽药注册证书》的境外兽药生产企业，应指定一家在我国境内设立的公司、办事机构或产品代理商作为兽药追溯工作的代理机构，承担境外兽药生产企业兽药二维码申请、数据上传及相关工作。兽药经营企业应将实施追溯的兽药产品进行入库、出库信息管理，并及时传送相关数据，实现兽药追溯的全程、闭合运行。兽药标签或最小销售包装印刷追溯码保证了兽药销售使用的每个环节均可通过扫描兽药包装上的二维码获取兽药生产厂家、批号、批准文号等基础信息，让假劣兽药无处遁形，失去“碰瓷”正规兽药企业的能力。

5.兽药使用管理要求 实行兽用处方药和非处方药管理，并遵循基本的使用原则。

（1）兽用处方药和非处方药管理制度。根据兽药的安全性和使用风险程度，将兽药分为兽用处方药和非处方药进行分类管理。2013年9月，农业部颁布了《兽用处方药和非处方药管理办法》。该办法主要确立了5种制度：一是兽药分类管理制度，即将兽药分为兽用处方药和非处方药进行管理，兽用处方药目录的制定及公布由农业农村部负责；二是兽用处方药与非处方药标识制度，即兽用处方药、非处方药在标签和说明书上分别标注“兽用处方药”“兽用非处方药”字样；三是兽用处方药经营制度，兽药经营者应当在经营场所显著位置悬挂或者张贴“兽用处方药必须凭兽医处方购买”的提示语，并对兽用处方药、兽用非处方药分区或分柜摆放；四是兽医处方权制度，兽用处方药应当凭兽医处方笺方可买卖，兽医处方笺由依法注册的执业兽医按照其注册的执业范围开具；五是兽用处方药违法行为处罚制度。

为确保该办法的有效实施，农业部配套发布了《兽用处方药品种目录（第一批）》（2013年农业部公告第1997号）、《兽用处方药品种目录（第二批）》（2016年农业部公告第2471号）和《兽用处方药品种目录（第三批）》（2019年农业农村部公告第245号），并制定了《兽医处方格式及应用规范》，对兽医处方笺的格式、内容、书写要求、处方保存作进一步规范。

（2）食品动物中禁限用兽药相关规定。为保障动物产品质量安全和公共卫生安全，2015年9月1日，农业部颁布第2292号公告规定“食品动物中停止使用洛美沙星、培氟沙星、氧氟沙星、诺氟沙星4种兽药”；2016年7月26日，农业部第2428号公告规定“停止硫酸黏菌素用于动物促生长”；2017年9月15日，农业部第2583号公告规定“禁止非泼罗尼及相关制剂用于食品动物”；2018年1月11日，农业部第2638号公告规定“食品动物中停止使用喹乙醇、氨苯胂酸、洛克沙胂3种兽药”；2019年12月27日，农业农村部颁布第250号公告，修订了食品动物中禁止使用的药品及其他化合物清单，该清单包括21类药品及其他化合物，农业部公告第193号、235号、560号等文件中的相关内容同时废止。

（3）畜禽养殖兽药使用的基本准则。在养殖过程中，要使用合法批准的兽药，按照批准的用途、用法、用量进行使用。严格执行兽药安全使用各项规定，严禁使用禁止使用的药品和其他化合物、停用兽药、人用药品、假劣兽药。严格执行兽用处方药、休药期等制度，按照兽药标签说明书标注事项，对症治疗、用法正确、用量准确。

6.兽用抗菌药使用减量化行动　兽用抗菌药使用减量化是控制动物细菌耐药和畜产品中兽药残留问题的有效途径，是加快推进畜牧业绿色发展、维护养殖生产安全、动物源性食品安全、公共卫生安全和生态环境安全的重要手段。开展兽用抗菌药使用减量化行动，是遏制细菌耐药和兽药残留问题、落实畜禽养殖场主体责任的重要举措。

（1）兽用抗菌药使用减量化试点行动。2015年，农业部出台《全国兽用抗菌药及禁用兽药综合治理五年行动方案》；2017年6月，农业部出台《全国遏制动物源细菌耐药行动计划（2017—2020年）》，发起“科学使用兽用抗生素”百千万接力公益行动；2018年4月，农业农村部办公厅下发《关于开展兽用抗菌药使用减量化行动试点工作的通知》，启动《兽用抗菌药使用减量化行动试点工作方案》，提出2018—2021年全国每年组织不少于100家规模养殖场开展减抗试点工作，推广兽用抗菌药使用减量化模式，减少使用抗菌药类药物饲料添加剂，兽用抗菌药使用量实现“零增长”，兽药残留和动物细菌耐药问题得到有效控制。

（2）兽用抗菌药使用减量化五年行动。2021年12月，农业农村部印发《全国兽用抗菌药使用减量化行动方案（2021—2025年）》，以生猪、蛋鸡、肉鸡、肉鸭、奶牛、肉牛、肉羊等畜禽品种为重点，稳步推进减抗行动，切实提高畜禽养殖环节兽用抗菌药安全、规范、科学使用的能力和水平，确保“十四五”时期全国产出每吨动物产品兽用抗菌药的使用量保持下降趋势，肉、蛋、奶等畜禽产品的兽药残留监督抽检合格率稳定保持在98%以上，动物源细菌耐药趋势得到有效遏制。力争到2025年末，50%以上的规模养殖场实施养殖减抗行动，建立健全并严格执行兽药安全使用管理制度，做到规范科学用药，全面落实兽用处方药制度、兽药休药期制度和“兽药规范使用”承诺制度。减量化行动方案的任务包括以下5个方面：一是强化兽用抗菌药全链条监管；二是加强兽用抗菌药使用风险控制；三是支持兽用抗菌药替代产品应用；四是加强兽用抗菌药使用减量化技术指导服务；五是构建兽用抗菌药使用减量化激励机制。

（3）兽用抗菌药使用减量化效果评价。兽用抗菌药使用减量化效果评价方法和标准：从养殖场（户）基本条件（25分）、养殖场（户）管理制度（15分）、养殖场（户）兽药使用记录（30分）和减抗行动实施效果（30分）4个方面共30项条款内容开展评价。评价方法包括现场检查和材料审查。评价总分不低于80分的，推荐为“达标”；低于80分的，不做推荐。

7.兽药残留监控　兽药残留是指对食品动物用药后，动物产品的任何可食用部分中所有与药品有关的物质的残留，既包括药物原型，也包括药物在动物体内的代谢产物和兽药生产中所伴生的杂质。

（1）兽药残留的种类。在动物性食品中，较易产生残留的兽药主要有抗生素类、喹诺酮类、β-受体激动剂类、磺胺类、硝基呋喃类、抗寄生虫类和激素类等。

（2）兽药残留产生的原因。造成动物性食品中兽药残留超标的因素很多，涉及兽药的生产、经营和使用。其中，养殖环节用药不当是产生兽药残留的最主要原因。一是非法使用国家明令禁止的违禁药物，如广谱抗菌药物氯霉素、能提高瘦肉率的盐酸克伦特罗、有促生长作用的己烯雌酚等。二是在养殖过程中，不按兽药产品标签、说明书中规定的作用与用途、用法与用量给药，超剂量、超范围滥用药物，如把规定仅用于鸡的药物随意用于猪、擅自加大用药剂量、延长用药周期、同时使用几种主成分相同的药物、将治疗药物长期低剂量添加用作预防药物等。三是不严格执行休药期的规定，导致动物性食品中药物残留超标。四是兽药生产企业在兽药产品中非法添加处方外成分，养殖户在饲料中自行非法添加药物或直接将原料药混于饲料，饲料生产企业在可饲用天然植物中非法添加药物等。五是屠宰前为达到增重目的而使用激素类或镇静类药物，如肾上腺素、阿托品和普鲁卡因等，或用来掩饰有病畜禽临床症状的兽药。

(3) 兽药残留监控组织机构。我国兽药残留监控工作的组织机构从职能上可分为管理机构、监测机构和技术支持机构。

县级及县级以上兽医行政管理部门是兽药残留监控工作的管理机构。其中，农业农村部负责全国兽药残留监控工作的组织、协调和监督管理工作，负责制定、修订兽药残留法规和规定，发布兽药残留限量标准、检测方法、监控计划等；省级兽医行政管理部门负责本辖区的兽药残留管理工作，协调本辖区内国家兽药残留监控计划的实施，制定和实施本省的兽药残留监控计划；市、县级兽医行政管理部门负责本辖区的兽药残留管理工作。

兽药残留监测机构是指中国兽医药品监察所及农业农村部指定的相关检测机构、各省份省级兽药残留检测机构和部分省份省级以下的残留检测机构。中国兽医药品监察所负责指导省级兽药残留监测机构的检测工作，参与残留标准的制定。各省级兽药残留检测机构负责本省兽药残留监控计划的检测工作，参与残留标准制定。

全国兽药残留专家委员会和国家级兽药残留基准实验室是兽药残留监控技术支持机构。全国兽药残留专家委员会负责兽药残留标准的拟订、修订和审定，制定和修订国家残留监控计划，汇总和评价残留监控计划的监测结果，国家兽药残留基准实验室的技术协调，以及与相关国际组织的技术交流。国家兽药残留基准实验室主要参与兽药残留标准的制定、国家残留监控计划的制定与实施，负责残留检测结果的最终仲裁，负责对残留检测实验室的技术指导、人员培训，组织比对试验，负责提供技术咨询意见和建议。

(4) 兽药残留监控规范性文件。1997年以来，我国不断建立和完善兽药残留监控规范性文件和标准，陆续出台了《允许作饲料添加剂的兽药品种及使用规定》《饲料药物添加剂使用规范》《食品动物禁用的兽药及其他化合物清单》《动物性食品中兽药最高残留限量》《兽药地方标准废止目录》《禁止在饲料和动物饮水中使用的药物品种目录》《禁止在饲料和动物饮水中使用的物质》、农业部公告第2292号《停止在食品动物中使用洛美沙星等4种原料药的各种盐、酯及各种制剂的公告》、农业部公告第2428号《停止硫酸黏菌素作为药物饲料添加剂使用》、农业农村部公告第250号《食品动物中禁止使用的药品及其他化合物清单》、农业农村部公告第194号《药物饲料添加剂退出和管理政策调整公告》、农业农村部公告第307号《养殖者自行配制饲料有关规定》，修订了《兽药管理条例》及《饲料管理条例》等。2008年农业部发布《国家兽药残留基准实验室管理规定》，2009年中国兽医药品监察所组织出版了《兽药残留检测标准操作规程》。这些技术规范和文件的发布，为我国兽药残留监控工作奠定了良好的基础。

(5) 兽药残留限量标准。农业部于1994年首次发布了42种兽药在动物性食品中的最高残留限量，经历了多次修订和完善。2019年9月，农业农村部、国家卫生健康委员会和国家市场监督管理总局联合发布了《食品安全国家标准 食品中兽药最大残留限量》(GB 31650—2019)，并于2020年4月1日起开始实施。该标准为当前我国现行有效的兽药残留限量标准，标准规定了动物性食品中104种（类）兽药的最大残留限量、154种（类）允许用于食品动物但不需要制定残留限量的兽药、9种

（类）允许作治疗用但不得在动物性食品中检出的兽药。

（6）兽药残留监控计划和实施。1999年3月，农业部与国家质量监督检验检疫总局共同制定了《动物及动物源食品中残留物质监控计划》，迈出了我国残留监控工作的重要一步。该计划明确了我国兽药残留监控体系，划定了残留监控范围，明确企业为残留监控主体，规定了养殖企业必须建立用药记录制度并接受官方兽医检查。

国家兽药残留监控计划主要针对我国禁用兽药和常用兽药品种进行监测，农业农村部于每年年初下达计划，要求各省份按计划实施检测，每季度汇总监测结果报农业农村部和全国兽药残留专家委员会。在实施国家兽药残留监控计划的同时，农业农村部还要求各省份农业农村部门制定和实施本辖区兽药残留监控计划，监控计划的样本数量不得低于国家兽药残留监控计划在该地区抽样数量的20%。自2004年起，我国建立了残留超标样品追溯制度，要求各地对超标样品实施追加样品检测，对检测阳性样品由各省份兽医行政管理部门按《兽药管理条例》的规定进行处理。

我国自1999年实施兽药残留监控计划以来，不断调整并扩大检测的动物品种、检测项目和样品数量。2022年，农业农村部下达的兽药残留监控计划要求对全国31个省（自治区、直辖市）9种动物组织及产品的3 900批样品中37类（种）兽药残留进行检测。其中，猪肉主要检测药物品种为硝基咪唑类、四环素类、磺胺类、氟喹诺酮类、头孢噻呋等共10类（种），猪肝主要检测卡巴氧和喹乙醇残留标示物，猪尿检测赛庚啶和可乐定。

8.动物源细菌耐药性监测　由于临床用药时会出现超剂量、超范围使用、低剂量长期使用、改变给药途径、不遵守药物规定的休药期等情况，最终造成动物源细菌耐药性菌株大量产生，甚至诱发超级细菌的出现。少部分动物源耐药菌还可通过食物链感染人体，或将耐药基因转移至人体病原菌而引发疾病。这加大了畜禽疫病的防控难度，增加了动物性食品安全风险，也给公共卫生安全和人类健康带来了重大的隐患。因此，开展动物源细菌耐药性监测显得尤为重要。

（1）动物源细菌耐药性的形成。耐药性是指细菌、真菌、病毒等微生物基因发生改变而产生对抗菌药物不敏感的现象，它是微生物在自身生存过程中的一种特殊表现形式。细菌耐药性分为固有耐药性和获得性耐药性2类。固有耐药性是细菌稳定的遗传特性，由自身染色体DNA决定，与外界的抗菌药物影响无关。获得性耐药性则是细菌通过基因突变或水平基因转移而获得。当动物长期使用抗菌药物，体内占多数的敏感菌株不断被杀灭，耐药菌株则大量繁殖，代替敏感菌株，从而使细菌对该种药物的耐药性不断升高。

（2）动物源细菌耐药性的现状。据农业农村部统计数据显示，2020年在我国境内使用的全部兽用抗菌药物总量为32 776.298吨。其中，抗生素主要品种有β-内酰胺类、氨基糖苷类、四环素类、大环内酯类、酰胺醇、多肽类等；合成抗菌药主要品种有磺胺类、氟喹诺酮类及其他合成抗菌药等。使用量排名前几位的为四环素类、磺胺类、β-内酰胺类、氟喹诺酮类和酰胺醇类等。耐药情况以动物肠道内的正常寄居菌——大肠杆菌为例，目前分离的动物源大肠杆菌对四环素的耐药率为90%左右；对氨苄西林、磺胺异噁唑的耐药率超过80%；对氟苯尼考和复方磺胺的耐药性也较高，达到70%；对大观霉素、头孢噻呋、恩诺沙星、氧氟沙星的耐药率超过50%。其中，多重耐药菌株（同时对3类或3类以上的抗菌药物同时呈现耐药的菌株）超过总数的90%，有超过70%的菌株对6种以上抗菌药物呈现耐药性，并且绝大多数对8～10种抗菌药物同时耐药。

（3）动物源细菌耐药性监测体系。我国动物源细菌耐药性监测网络组建于2008年，起初由6家国家兽药安全评价（耐药性监测）实验室组成，负责农业农村部每年发布的《动物源细菌耐药性监测计划》的实施。2017年，组建了全国兽药残留与耐药性控制专家委员会。随着监测力度的加大，更多的省级兽药监测机构、农业院校和科研机构加入了监测队伍。至2022年，共有20家单位的耐药性监测实验室共同承担了全国30个省（自治区、直辖市）的动物源细菌耐药性监测任务。同时，国家还建立了相对应的动物源细菌耐药性监测数据库，可通过互联网传输和查询耐药性监测数据，并进行监测结果的综合分析，包括不同养殖场、不同地区、不同动物、不同血清型，以及不同时间的细菌分离率、血清型分布、耐药率、耐药谱和最低抑菌浓度分布等。

（4）动物源细菌耐药性监测形式和检测种类。对养殖场实行定点监测和随机监测相结合的方式，持续跟踪监测全国兽用抗菌药使用减量化行动试点养殖场和监测网络中长期定点监测的养殖场。另外，也随机选取监测责任区域内的养殖场或屠宰场。监测细菌的种类也由一开始的大肠杆菌、沙门氏菌和金黄色葡萄球菌3种，逐步增加了弯曲杆菌（空肠弯曲杆菌和结肠弯曲杆菌）和肠球菌（屎肠球菌和粪肠球菌）、魏氏梭菌、副猪嗜血杆菌和伪结核棒状杆菌。通过对动物源细菌耐药性的监测，为国家和相关部门实时动态掌握我国抗菌药物使用情况和细菌耐药变化形势、研究制定切合实际的管理应对措施提供了科学依据。

（5）动物源细菌耐药性的检测方法。目前，动物源细菌耐药性的检测方法主要依据临床和实验室标准化委员会（Clinical and Laboratory Standards Institute，CLSI）制定的《抗微生物药物敏感性试验执行标准》进行。主要方法有纸片扩散法、稀释法（肉汤稀释法和琼脂稀释法）和E-Test。纸片扩散法是将含有抗生素的纸片贴于接种了被检菌的琼脂平板表面，在培养一定时间后测量抑菌圈直径。因不同直径处的药物浓度无法准确测定，故主要作为定性试验。肉汤稀释法和琼脂稀释法的检测原理相似，都是向培养基中加入已知浓度的特定抗生素，用以确定最低抑菌浓度（minimum inhibitory concentration，MIC），因而可作为半定量分析。E-Test 作为一种改良型纸片扩散法，是将一定浓度梯度的抗生素附着于薄膜试纸上，因而能根据开始出现抑菌圈的试条位置确定MIC。近年来，随着基因技术的发展，聚合酶链式反应（polymerase chain reaction，PCR）、基因芯片等针对特定耐药基因片段的研究正逐步兴起，突破了常规方法对被检菌生长速度的限制这一技术瓶颈，为耐药菌分型、耐药性基因的溯源研究提供了技术平台。

二、防疫监管

猪场防疫监管是指对防疫条件建设、免疫接种、消毒、病死动物无害化处理等工作进行监督管理，旨在提高猪场防疫主体意识，规范防疫行为，提高防疫实效，通过监督、引导、指导等手段提高猪场管理水平，提升猪群抗病能力，助力生猪产业持续高质量发展。

（一）猪场防疫条件建设管理要求

1.猪场防疫条件建设要求　国家实行动物防疫条件审查制度，动物饲养场应具备相应的动物防疫条件，并取得县级人民政府农业农村主管部门核发的动物防疫条件合格证。加强动物防疫条件审查，是动物防疫工作的重要环节，是衡量动物防疫水平的重要指标，也是落实“预防为主”的重要措施。依法实施猪场防疫条件监管，对提升猪场生物安全能力、防控生猪疫病、促进生猪生产健康稳步发展具有重要作用。

（1）选址。猪场选址应遵守当地畜禽养殖布局规划，符合《畜牧法》第四十条、《动物防疫条件审查办法》第五条等规定，场所的位置与居民生活区、生活饮用水水源地、学校、医院等公共场所的距离符合国务院农业农村主管部门的规定。其中，种猪场应符合《动物防疫条件审查办法》第十条规定，建在地势平坦干燥、背风向阳、有利于防疫的地方。为优化动物防疫条件审查工作，按照“放管服”改革要求，2019年，农业农村部调整动物防疫条件审查有关规定，暂停执行关于兴办动物饲养场等场所的选址距离规定，明确由动物防疫条件合格证发证机关组织开展选址风险评估，依据场所周边的天然屏障、人工屏障、行政区划、饲养环境、动物分布等情况，以及动物疫病的发生、流行状况等因素实施风险评估，根据评估结果确认选址。

（2）布局。猪场布局应遵循按分区规划、合理布局的原则，场内生活办公区、生产区和隔离区应严格分开，并有隔离设施。生活办公区应位于场区全年主导风向的上风处或侧风处。隔离区主要布置兽医室、隔离舍和无害化处理设施等，应位于场区全年主导风向的下风处和场区地势最低处，且与生产区有专用通道相连，与场外有专用大门相通。生产区入口处设置更衣消毒室，各养殖栋舍出入口设置消毒池或者消毒垫，生产区内清洁道、污染道分设，各养殖栋舍之间距离在5米以上或者有隔离设施。

（3）防疫设施设备。猪场场区及各栋舍入口处均应配置消毒设备，有条件的猪场要建设车辆洗消中心。布局坚持“单向流动”原则，合理设置预处理区、清洗消毒区、烘干区等。配备必要的高压清洗、自喷雾消杀、高温烘干等设施设备，对进场车辆、人员及物资等进行全面消杀。圈舍地面和墙壁选用适宜材料，以便清洗消毒。同时，应配置与其养殖规模相适应的疫苗冷冻（冷藏）、消毒、诊疗、粪污及病死生猪无害化处理等设施设备。

（4）制度建设。猪场应建立健全各项动物防疫制度，包括免疫、诊疗、用药、检疫申报、疫情报告、消毒、无害化处理、标识、人员进出管理等制度及养殖档案。

2.猪场防疫条件监督要求

（1）加强动物防疫条件审查。兴办猪场应严格按照《动物防疫条件审查办法》及有关文件规定进行选址、工程设计和施工。兴办前，可由县级人民政府农业农村主管部门组织动物防疫机构进行可行性论证，指导做好规划、设计，生产和防疫设施做到同步规划、同步设计、同步建设、同步验收。对经审定不符合动物防疫条件规定的猪场建筑设计或选址，应及时纠正。项目竣工后，场主应向县级人民政府农业农村主管部门提出申请，经审查合格的，发给动物防疫条件合格证，方可投入使用。

（2）强化动物防疫条件监管。获证的企业应在辖区内农业农村主管部门监管下严格执行《动物防疫条件审核办法》中的各项规定，并按照要求于每年定期上报防疫制度执行情况。结合年度报告情况，日常监管以乡镇动物防疫机构监管为主，县级定期进行检查，对获证企业的监督检查要求年度检查全覆盖。对于无证养殖的规模场动物防疫条件不符合规定的，按照《动物防疫法》的相关规定责令整改，情节严重的立案查处。

（二）猪场免疫接种管理要求

免疫接种是生猪疫病防控的关键措施之一，也是提升猪场生物安全管理水平的重要环节。对猪丹毒、仔猪大肠杆菌病、副伤寒等细菌病实施免疫接种，通过主动免疫减少疫病发生，减少抗菌药使用，可以实现源头减抗。同时，在生猪养殖替抗过程中，因为病毒病常引起猪群免疫力下降、健康状况不佳、并发或继发细菌感染等风险，对口蹄疫、猪瘟、猪繁殖与呼吸综合征等疫病进行免疫接种也同样可以发挥源头减抗的作用。

1.法律要求 《动物防疫法》规定，我国对严重危害生猪生产和人体健康的猪病实施强制免疫。

（1）强制免疫范围。国务院农业农村主管部门确定强制免疫的猪病病种和区域。省、自治区、直辖市人民政府农业农村主管部门制定本行政区域的强制免疫计划；根据本行政区猪病流行情况增加实施强制免疫的猪病病种和区域，报本级人民政府批准后执行，并报国务院农业农村部门备案。

（2）猪场强制免疫义务。猪场应当履行动物疫病强制免疫义务，按照强制免疫计划和技术规范，对生猪实施免疫接种，并按照国家有关规定建立免疫档案、加施免疫标识，保证可追溯。

（3）强制免疫监督。县级以上地方人民政府农业农村主管部门负责组织实施动物疫病强制免疫计划，并对猪场履行强制免疫义务的情况进行监督检查。乡级人民政府、街道办事处组织本辖区猪场做好强制免疫，协助做好监督检查；村民委员会、居民委员会协助做好相关工作。

（4）强制免疫总体要求。《国家动物疫病强制免疫指导意见（2022—2025年）》明确指出，要坚持人病兽防、关口前移，预防为主、应免尽免，落实完善免疫效果评价制度，强化疫苗质量管理和使用效果跟踪监测，保证“真苗、真打、真有效”。

2.猪场免疫接种要求　猪场应根据当地疫病流行情况，结合本场实际，科学合理确定免疫病种，制定免疫程序，规范开展免疫接种，确保免疫效果。

（1）免疫程序制定。对口蹄疫等强制免疫病种，在科学评估的基础上选择适宜疫苗，进行O型和（或）A型口蹄疫免疫，群体免疫密度应常年保持在90%以上，免疫抗体合格率保持在70%以上。同时，可根据辖区内动物疫病流行情况，对猪瘟、猪繁殖与呼吸综合征、炭疽等疫病实施免疫。对于猪丹毒、仔猪大肠杆菌病、副伤寒、多杀性巴氏杆菌病等，要根据本场实际情况，采取针对性免疫接种措施。需要注意的是，免疫程序不是一成不变的，要根据猪场及周边地区疫病发生和流行动态，结合免疫效果监测情况，及时进行调整。常见猪病推荐免疫程序可参考农业农村部相关部门发布的年度国家动物疫病免疫技术指南。

（2）疫苗选择。猪场免疫接种使用的疫苗应是来自经国家批准的兽用生物制品生产企业、进口兽用生物制品总代理商和具有供应资格的动物防疫机构提供的预防用生物制品。对口蹄疫，应选择与本地流行毒株抗原相匹配的疫苗。对猪瘟，选择使用猪瘟活疫苗或亚单位疫苗。对猪繁殖与呼吸综合征，疫苗的安全性是首要考虑因素，要科学合理地选择灭活疫苗和活疫苗。在猪繁殖与呼吸综合征发病猪场或阳性不稳定场，可选择使用与本场流行毒株匹配的弱毒活疫苗；在阳性稳定场，可逐渐减少使用弱毒活疫苗；在阴性场、原种猪场和种公猪站，停止使用弱毒活疫苗。当前，商品化疫苗与类NADC30亲缘关系较远，免疫后均无法阻止类NADC30毒株的感染，交叉保护不足，但疫苗免疫能在一定程度上降低感染猪的病毒血症滴度，缩短排毒时间。对炭疽，选择使用无荚膜炭疽芽孢疫苗或Ⅱ号炭疽芽孢疫苗。对猪丹毒、仔猪大肠杆菌病、副伤寒、多杀性巴氏杆菌病等，应选择与本场分离菌株血清型相吻合的疫苗。疫苗产品信息可在中国兽药信息网“国家兽药基础信息查询”平台“兽药产品批准文号数据”中查询。

（3）疫苗使用。猪场采购使用的兽用生物制品必须核查其包装、生产单位、批准文号、产品生产批号、规格、失效期、产品合格证、进货渠道等。免疫接种应在兽医指导下，严格按照兽用生物制品说明书和瓶签的内容以及农业农村部发布的其他使用管理规定来使用兽用生物制品，保证免疫实效。免疫接种前应评估猪群健康状况，接种时应规范操作，接种后要做好观察和记录，并妥善处理疫苗瓶、免疫器械等物品。

（三）猪场消毒管理要求

消毒是猪场生物安全管理的重要组成部分。通过消毒，可以杀灭病原体，消除传染源，降低生猪患病风险，为猪场谋求最大利益。猪场消毒要发挥最大作用，需要消毒药、消毒方法、洗消设备、消毒制度优化组合，四者缺一不可。

1.消毒药选择　对各种道路，应使用碱性消毒药，如氢氧化钠、氢氧化钙等；对车辆及运输工具，应使用酚类、戊二醛类、季铵盐类消毒药，如甲基苯酚（来苏儿）、复方戊二醛、洁尔灭（苯扎氯铵）、新洁尔灭（苯扎溴铵）以及百毒杀等双链季铵盐消毒药；对生产、加工等企业大门口和消毒池、脚踏池，应使用碱性消毒药（如氢氧化钠等）；对圈舍建筑、水泥表面、木质材料、地面，应使用氢氧化钠、戊二醛类、酚类、过氧化物类消毒药（如二氧化氯）；对生产加工设备、器具等，应使用季铵盐类、复方含碘类、过硫酸氢钾类消毒药，如百毒杀（双链季铵盐）、络合碘、复方过硫酸氢钾等；对各类场点的环境和空气消毒，应使用过硫酸氢钾类、二氧化氯类消毒药；对猪的饮水消毒，应使用过硫酸氢钾类、季铵盐类、二氧化氯等；对使用过的工作服、工作帽、胶鞋胶靴，应使用过硫酸氢钾类消毒药；对相关企业办公和生活区域如办公室、宿舍、食堂等，应使用过硫酸氢钾类、二氧化氯类消毒药；对人员消毒，应使用过硫酸氢钾类消毒药。手部可以使用医用酒精（75%）、碘伏等人体适宜使用的医用消毒药。严禁对人随意使用有毒、有腐蚀性、刺激性大的消毒药。消毒过程中，要按疫病流行情况掌握消毒频次，发生疫病时要适当增加消毒频次。要掌握好温湿度，一般温度相对高时消毒效果更好些。所以，每天9：30 ～ 11：30、15：30 ～ 17：00进行消毒较好。湿度在60%～ 70%时，消毒效果更佳。舍温在10 ～ 30℃时，作用30分钟即可取得良好效果；当温度偏低时，应适当延长消毒时间或换用其他更适宜的消毒药。要控制好环境酸碱度，微生物正常生长繁殖的pH范围一般是6 ～ 8。当pH大于7时，细菌带的负电荷增多，有利于氢氧化钠等杀灭细菌。要掌握好消毒剂的浓度，如酒精浓度在70%时消毒效果最好，而非纯酒精或65%的稀释液。不同消毒药品不能混合使用。各类消毒药的具体使用方法参照产品使用说明书，要严格遵循用途、用法用量、注意事项和停药期等使用要求。

2.消毒方法选择　对猪场的地面、墙壁、建筑表面等，先进行全面卫生清洁，彻底清除垃圾、污物、尘土、杂物、油脂等并妥善处理，不仅可清除掉环境中大部分的病原微生物，而且可以提高实际消毒效果。清洁后，使用消毒药进行喷洒、擦拭、浸泡等；对于饲料、生产原料、物品、圈舍的表面进行消毒，可使用紫外线消毒的方法；对猪舍，根据建筑材料情况，可适当采用高温方法进行消毒。例如，对耐高温的金属护栏、土质或水泥砖混结构墙壁等，可以采取火焰高温消毒；对合成材料的水管、隔板以及金属等材质的护栏等，可采用高温高压热水（70℃以上）冲洗或高温蒸汽冲刷的方法；对封闭性较好的空圈舍或其他房间等，可采取消毒药（如高锰酸钾、甲醛）熏蒸的方法，但要严格按照规定进行操作。对工作服、工作鞋以及其他可以浸泡的生产工具、物品和设备，可采用消毒药浸泡，注意按照消毒药说明书要求浸泡足够的时间；对圈舍地面、运输车辆车厢、生产区域地面和设施设备，可在高压水枪冲洗后，选用合适的消毒药进行喷洒。喷洒药液量应根据室温高低或者材质的吸水性适量调整，适当延长保持湿润的时间，以提高实际消毒效果；对于医疗器械，如注射器、注射针头等，在冲洗干净的前提下，可用高压灭菌法消毒或煮沸消毒40分钟以上。

3.洗消设备选择　对于种猪场、规模猪场等条件较好的企业，应使用半自动、全自动车辆消毒通道，以实现全车全方位科学清洗和消毒；配套的自动化控制设备可以按照消毒规程严格设定清洗消毒的持续时间，减少人为因素干扰，从而最大限度地保证对入场车辆的消毒效果。中小场户可以根据本场消毒面积、经济条件等实际，采购使用不同功率、不同消毒方式的消毒机，如喷雾消毒机、火焰高温消毒机、高温高压消毒机、紫外线消毒灯、臭氧消毒机；消毒机的动力可根据本场实际，选择机动（燃油）或电动类型；各类消毒机根据各个生产和防疫环节合理使用，既可以有效处理不适宜使用化学消毒药的场所和物品，又可以降低消毒成本。目前没有建成车辆洗消中心的，应配置车辆斜坡（架），或者选用具有可延伸喷头的喷雾消毒器械，方便消毒工作人员对车辆底部和顶部进行全面洗消。

4.消毒制度　猪场应开展管理人员、兽医、饲养员等不同层级的消毒知识培训，增强消毒意识，提高消毒技术水平；应综合考虑本场现有条件，建立投入品、车辆、人员、猪群、水源等全要素消毒管理制度和操作程序，对消毒过程进行记录；应定期开展消毒效果评估，适时科学调整消毒操作程序，最大限度地发挥消毒灭源作用。

（四）猪场病死动物无害化处理相关要求

病死动物是动物疫病发生的重要传染源。病死动物如未经无害化处理或随意不规范处置，极易造成重大动物疫情传播，危害畜牧业生产安全，污染生态环境，导致畜产品质量安全事件。《动物防疫法》《病死及病害动物无害化处理技术规范》《病死畜禽和病害畜禽产品无害化处理管理办法》等法律法规，明确了病死动物无害化处理的相关责任和规范要求。早期猪场以深埋、化尸窖等处理方式为主，随着近年来病死动物无害化处理机制的不断健全，不少地区已建立无害化收集处理体系，猪场可通过委托无害化处理中心进行处理，逐渐形成以集中处理为主、自行处理为辅的处理模式。

1.处理方式选择 对病死猪实施无害化处理主要是通过物理、化学等方法处理病死动物，以达到消灭其所携带的病原体、消除危害的目的。病死猪无害化处理应符合《病死及病害动物无害化处理技术规范》相关处理工艺要求，包括焚烧法、化制法、高温法、深埋法、硫酸分解法等。猪场应当按照国家有关规定，在县级人民政府农业农村主管部门的监督和指导下，配合做好无害化处理工作。深埋法适于发生动物疫情或自然灾害等突发事件时病死猪的应急处理，以及边远和交通不便地区零星病死猪的处理。化制法、高温法、硫酸分解法等则适于无害化处理场所开展工厂化处置。集中无害化处理体系健全的地区，在做好动物疫病防控的前提下，原则上养殖场户应委托专业无害化处理场进行集中处理。山区、牧区、边远地区等暂时不具备集中处理条件的地区自行处理的，可配备与养殖规模相适应的无害化处理设施设备，严格按照相关技术规范进行处理，逐步减少深埋、化尸窖、堆肥等处理方式，确保有效杀灭病原体，清洁安全，不污染环境。

2.集中处理管理 猪场可依托养殖场自建收集点，对病死猪及时收集、暂存，委托无害化处理中心上门收集，或自行送至乡镇集中收集点，进入收集处理体系。

（1）自建收集点要求。收集点应选择位于猪场外常年主导风向的下风向或侧风向，与规模养殖场生产区、办公区保持防疫安全距离。收集点应设有独立封闭的储存区域，防水、防渗、防鼠、防盗且易于清洗消毒。配备有冷藏冷冻、清洗消毒等设施设备，建设病死猪专用输出通道，采取必要的清洗消毒措施。安装必要的视频监控设施，对病死猪出入库过程进行监控。

（2）病死猪运输要求。运输车辆车厢要密闭、防水、防渗、耐腐蚀，易于清洗和消毒。必要时对病死猪进行包装，防止病原渗漏。运输车辆不得运输病死猪以外的物品。对专业从事病死猪收集和运输的车辆，应按照农业农村部运输车辆备案的有关规定，向县级人民政府农业农村主管部门备案。运输人员应及时对车辆、相关工具及作业环境进行消毒，作业过程如发生泄漏，应妥善处置后继续运输。运输车辆应按规定线路运行，驶离养殖、收集、暂存等场所前，应对车轮及车厢外部进行清洗消毒。在无害化处理中心卸载后，应对运输车辆及相关工具进行彻底清洗、消毒。

（3）病死猪收集处理要求。发生病死猪时，猪场及时向当地乡镇畜牧兽医机构报告。如果参保，应同时报告当地保险经办机构。乡镇畜牧兽医机构接到猪场报告后，及时派员登门或在指定的集中收集点进行现场勘验。在收集点派员监督做好病死猪数量、养殖场户信息等核查登记，以及病死猪的装运、交接。在无害化处理中心派员监督，做好车辆入场、无害化处理、产物出场等工作。安装视频监控设备，对病死猪进（出）场、交接、处理和处理产物存放等环节进行全程监控。有条件的地区，应建立和应用信息化系统，实现全程信息可追溯。

（4）台账记录要求。病死猪的收集、暂存、转运、无害化处理等环节应建有台账，详细记录病死猪数量（重量）、来源、运输车辆、交接人员和交接时间、处理产物销售情况等信息，相关台账和记录至少要保存2年。实行信息化监管的地区，需上传收集、暂存、转运、无害化处理等各环节应用信息，保存必要的运输车辆行车信息和相关环节视频记录。

3.自行处理管理要求

（1）自建无害化处理设施。自建无害化处理设施应选择位于大型养殖企业场内或场外常年主导风向的下风向或侧风向，与其生产区、办公区保持防疫安全距离。处理设施布局应满足猪防疫安全要求，处理工艺符合农业农村部最新技术规范的规定。规范建设消毒池、消毒通道等，配备必要的消毒设施设备。配备专门的无害化处理操作人员，配备必要的视频监控设备，参照集中处理管理要求，应在畜牧兽医人员的监督和指导下，按照规定做好病死猪报告收集勘验、无害化处理、产物管理、消毒等工作，完善相关记录。涉及销售产物的，应严控产物流向，查验购买资质并留存相关材料，签订销售合同，防止流入非法渠道。

（2）深埋处理。依据生物安全防控要求，原则上不主张深埋处理。如果地下水位比较低且土地资源比较富足，可以考虑使用。确需深埋的，应严格按照《病死及病害动物无害化处理技术规范》相关选址、处理技术等要求，在兽医人员的监督和指导下做好深埋处理。深埋后，在深埋处设置警示标识，并认真做好巡查，第一周应每天巡查1次，第二周起应每周巡查1次，连续巡查3个月，深埋坑塌陷处应及时加盖覆土。深埋后，立即用氯制剂、漂白粉或生石灰等消毒药对深埋场所进行1次彻底消毒。第一周应每天消毒1次，第二周起应每周消毒1次，连续消毒3周以上。同时，应完善处理、巡查、消毒等相关记录。

三、屠宰监管

养殖场饲养的生猪能否变成消费者可以安全放心食用的猪肉等产品，保障人民身体健康，国家除在饲料兽药投入品、饲养和动物防疫等管理方面有明确要求外，在生猪屠宰方面也出台了相关管理制度和监管措施，建立了较为完善的屠宰质量控制和溯源管理体系。为加强生猪屠宰管理，1997年12月19日，国务院令第238号公布《生猪屠宰管理条例》，2021年6月25日国务院令第742号第四次修订后发布，其中明确规定，国家实行生猪定点屠宰、集中检疫制度和生猪屠宰质量安全风险监测制度。县级以上地方人民政府农业农村主管部门负责本行政区域内生猪屠宰活动的监督管理，应当根据生猪屠宰质量安全风险监测结果和国务院农业农村主管部门的规定，加强对生猪定点屠宰厂（场）质量安全管理状况的监督检查。国家根据生猪定点屠宰厂（场）的规模、生产和技术条件以及质量安全管理状况，逐步推行生猪定点屠宰厂（场）分级管理制度，鼓励、引导、扶持生猪定点屠宰厂（场）改善生产和技术条件，加强质量安全管理，提高生猪产品质量安全水平。

（一）生猪入厂（场）管理要求

1.查证验物 进入屠宰厂（场）的生猪应持有效的动物检疫合格证明，核验实际入场的生猪数量、耳标编码等与检疫证明载明的内容是否一致。运输车辆必须是已经备案车辆，随车携带备案证明材料，且符合农业农村部目前规定的条件。运输省外生猪时应经省际公路检查站检查，检疫证明需加施指定通道检查站签章。屠宰厂（场）应对入场生猪开展群体检查和个体检查，眼观目测生猪体表有无病变症状，观察生猪群体的精神状况、体温、外貌、呼吸状态及排泄物状态等情况。无有效产地检疫证明、未经指定通道签章以及物证不符的生猪一律不准进厂（场），并报主管部门处理。

2.药残检测 生猪入厂（场）时，屠宰厂（场）每批次按一定比例开展“瘦肉精”检测。检测方法一般采用生猪尿液速测卡检测，并按入厂（场）日期和批次统一编号。检测结果呈阴性的，将生猪卸到待宰圈；若呈现阳性结果，需对相应编号的尿液进行二次检测或对相应编号的生猪二次取尿检测，二次检测仍呈现阳性的，立即将该批生猪隔离并报主管部门处理。有条件的大型企业也可采样并做氯霉素、磺胺类快速检测，药残检测合格后，将健康生猪赶入待宰圈；检测发现阳性结果的，立即报主管部门处理。

3.非洲猪瘟检测　按照农业农村部规定，当前，生猪屠宰厂（场）要依据“头头采、批批检”的原则，对每一头生猪入厂（场）前进行采样，开展非洲猪瘟病原检测。发现阳性的，要及时上报并按相关规定严格处置。

4.档案记录　生猪经屠宰厂（场）查证验物、药残检测后，检疫证明有效、证物相符、生猪耳标符合要求、临床检查健康、“瘦肉精”检测呈阴性，方可入厂（场）。进厂（场）生猪按产地分类送入待宰圈，不同货主、不同批次不得混群。屠宰厂（场）如实记录屠宰生猪的来源、数量、检疫证明号和供货商名称、地址、联系方式、“瘦肉精”检测等内容，有关记录档案保存不少于2年。

（二）生猪屠宰过程管理要求

1.检测人员　屠宰厂（场）应合理配置检验岗位的兽医卫生检验人员。兽医卫生检验人员必须具备肉品品质检验相关的基本知识、基本技能，熟练检验操作，经培训考核合格后方可上岗。

2.检验检测　在屠宰过程中，同步检验要与屠宰操作相对应，按批次将生猪的头、蹄、内脏与胴体生产线同步运行，由检验人员对照检查和综合判定。同步检验以感官检查和剖检为主，通过视检、触检、嗅检、剖检等方法对胴体和脏器进行病理学诊断与处理。抽取猪肝或者猪肉样品进行实验室检验，按批次或每周检测氯霉素、硝基呋喃代谢物、四环素类、磺胺类、恩诺沙星类含量。对检测结果超出标准限值的，立即报主管部门。

3.档案记录　肉品品质检验要与生猪屠宰同步进行，并如实记录检验结果，每天检验工作完毕，要将当天的屠宰头数、产地、货主、宰前检验和宰后检验查出的病猪以及不合格产品的处理情况进行登记备查。药残检测要按屠宰日期统一编号，确保能对应到入厂（场）生猪的批次，实时记录检测仪器使用情况，出具检出含量检验报告，按批屠宰、按批归档、一日一档，有关记录档案保存不少于2年。

（三）产品出厂（场）管理要求

1.凭证出厂（场）制度　屠宰厂（场）应当建立生猪产品出厂（场）制度。肉品品质检验合格、“瘦肉精”等抽检合格的产品，应当加盖肉品品质检验合格验讫印章，附具肉品品质检验合格证。屠宰厂（场）要严格把好出厂（场）查验关，对未按规定加施证章及相关标志的产品不得出厂（场）。

2.产品存储和运输车辆　对具有分割加工业务的屠宰厂（场），在冷库存储猪胴体、产品时，应按生产日期、来源及供应商等信息分批、分垛存放，并加以标识。使用专用的配备制冷、保温等设施的运输工具运输生猪产品。包装肉与裸装肉避免同车运输；如无法避免，应采取物理性隔离防护措施。

3.不合格产品无害化处理　对经肉品品质检验不合格、监测发现具有有害药物残留的生猪及其产品，应当在兽医卫生检验人员的监督下，按照国家有关规定进行无害化处理。病害生猪及产品应隔离存放，并使用带有专门的、封闭不漏水的容器的专用车辆及时运送进行无害化处理。

4.档案记录　屠宰厂（场）应当如实记录出厂（场）生猪产品的名称、规格、数量、检疫证明号、肉品品质检验合格证号、屠宰日期、出厂（场）日期以及购货者名称、地址、联系方式等内容，并保存相关凭证。对需无害化处理的生猪及其产品，屠宰厂（场）应如实记录处理情况，记录应与其生猪来源、供货者等信息相对应，以便于不合格产品的追溯。记录、凭证保存期限不得少于2年。

（四）生猪屠宰监管

1.监督检查　根据农业农村部《生猪屠宰厂（场）监督检查规范》要求，对生猪屠宰厂（场）监督检查分为全面监督检查和日常监督检查。全面监督检查每家生猪定点屠宰厂（场）每年不少于1次，日常监督检查每家生猪定点屠宰厂（场）每季度不少于1次。重点检查屠宰厂（场）生猪进厂（场）、屠宰生产、肉品品质检验、无害化处理、产品出厂（场）情况，对监督检查中发现涉嫌存在违法行为的，由所在地监管部门立案进行查处；发现涉嫌犯罪的，按照有关程序移送司法机关。根据农业农村部《生猪屠宰厂（场）飞行检查办法》要求，监管部门根据监管工作需要，可以适时开展飞行检查。

2.监督抽检　监管部门任命的兽医在生猪屠宰过程中根据每日屠宰量按一定比例抽取膀胱尿，使用速测卡进行快速检测。速测卡检测若呈现阳性结果，需对相应编号的尿液进行二次检测，对“瘦肉精”抽检结果疑似阳性的，立即报主管部门处理并做好相关记录。各级主管部门应每年制订辖区内残留监测方案，可结合开展现场检查，并按一定比例抽取膀胱尿液、组织样品等进行实验室检验。

3.溯源管理　屠宰厂（场）应当建立并认真执行产品追溯机制和产品召回机制，完善风险管理体系。监管部门采取信息化手段，通过采集生猪养殖场（户）出栏、运输车辆、屠宰入厂（场）、产品出厂（场）、无害化处理等关键信息，建立生猪从产地到屠宰的全链条信息化监管模式。对于经肉品品质检验不合格、抽检监测发现有害药物残留的生猪及其产品，监管部门可利用信息化手段，倒查不合格生猪及其产品的供货商，实现高效溯源管理。

4.“黑名单”制度　监管部门应建立养殖场（户）“黑名单”制度。对本行政区域内养殖场（户）的违法、违规失信行为进行记录、认定、惩戒，并通过相关媒体对社会进行公开公布。对在监管部门监测、屠宰厂（场）自检中发现药残超标的养殖场（户），根据违规性质、危害程度列入“黑名单”。对被列入“黑名单”的养殖场（户），监管部门可采取列为重点监控和监督检查对象、取消或者不给予补贴优惠政策和资金扶持、撤销相关荣誉称号以及依法查处等方式进行惩戒。

四、产品监管

2006年《农产品质量安全法》出台，明确要求国家建立农产品质量安全监测制度，县级以上人民政府农业行政主管部门制定并组织实施农产品质量安全监测计划，保障农产品质量安全。各级农业行政部门组织开展了例行监测、监督抽查、普查、专项监测等工作。2012年，农业部根据《农产品质量安全法》组织制定了《农产品质量安全监测管理办法》，明确了农产品质量安全监测的类型范围。同时，将已开展的例行监测、监督抽查、普查、专项监测等工作，根据其功能和目的科学划分为风险监测和监督抽查两大类。

（一）农产品质量安全监管依据

1.法律　目前，我国畜禽产品质量安全监管的主要法律依据有《农产品质量安全法》《食品安全法》《畜牧法》《刑法》。这些是开展农产品质量安全相关工作的重要依据。

2.行政法规　包括条例、规定和办法。目前，涉及农产品质量安全的条例主要有《兽药管理条例》《饲料和饲料添加剂管理条例》等。办法主要有《农产品质量安全监测管理办法》《兽用处方药和非处方药管理办法》《食用农产品合格证管理办法（试行）》《绿色食品标志管理办法》《农产品地理标志管理办法》《农产品产地安全管理办法》《农产品包装与标识管理办法》《农产品质量安全检测机构考核办法》等。

3.刑事衔接依据 农产品质量安全案件中的一些行为会触及刑事犯罪，适用法条为《刑法》，涉及行刑衔接的问题。目前，行刑衔接主要涉及以下依据：《最高人民法院 最高人民检察院关于办理危害食品安全刑事案件适用法律若干问题的解释》（法释〔2021〕24号）；《最高人民法院 最高人民检察院关于办理非法生产、销售、使用禁止在饲料和动物饮用水中使用的药品等刑事案件具体应用法律若干问题的解释》；《最高人民检察院 公安部关于公安机关管辖的刑事案件立案追诉标准的规定（一）、（二）》；《最高人民检察院 公安部关于公安机关管辖的刑事案件立案追诉标准的规定（一）的补充规定》；《行政执法机关移送涉嫌犯罪案件的规定》（国务院令第310号）；《关于行政执法与刑事司法衔接工作的指导意见》（中办发〔2011〕8号）。

4.强制性标准及相关公告 强制性标准是为保障人体的健康、人身、财产安全，以及法律法规规定强制执行的标准。以下标准除农业部公告第265号适用于出口产品外，其他公告均与养殖密切相关，是对养殖行业的最低要求。除此之外，如果产品或基地通过绿色食品、有机食品或地理标志产品的认证，则还需要符合相关产品认证的标准。

《食品安全国家标准 食品中兽药最大残留限量》（GB 31650—2019）

《食品安全国家标准 食品中污染物限量》（GB 2762—2017）

《食品动物中禁止使用的药品及其他化合物清单》（农业农村部公告第250号）

《禁止在饲料和动物饮用水中使用的药物品种目录》（农业部公告第176号）

《停止生产、进口、经营、使用部分药物饲料添加剂的公告》（农业农村部公告第194号）

《停止在食品动物中使用洛美沙星、培氟沙星、氧氟沙星、诺氟沙星4种兽药的公告》（农业部公告第2292号）

《禁止非泼罗尼及相关制剂用于食品动物的公告》（农业部公告第2583号）

《农业农村部194号公告涉及的部分兽药产品质量标准修订和批准文号变更》（农业农村部公告第246号）

《饲料添加剂安全使用规范》（农业部公告第2625号）

《停止经营、使用喹乙醇、氨苯胂酸、洛克沙胂等3种兽药的原料药及各种制剂》（农业部公告第2638号）

《饲料卫生标准》（GB 13078—2017）

《部分国家及地区明令禁用或重点监控的兽药及其他化合物清单》（农业部公告第265号）

（二）农产品质量安全监管部门分工

农产品由于链条长、涉及面广，因此农产品质量安全监管工作由上下各条线多个部门分工协作、相辅相成。涉及农产品质量安全监管的部门主要有农业农村部门、海关、市场监督管理局等，相关工作分工如下。

1.各级政府职责分工 国家负责建立健全农产品质量安全标准体系，农产品质量安全标准是强制性的技术规范。县级以上人民政府农业行政主管部门负责农产品质量安全的监督管理工作，制定并组织实施农产品质量安全监测计划，对生产中或者市场上销售的农产品进行监督抽查。农产品批发市场应当设立或者委托农产品质量安全检测机构，对进场销售的农产品质量安全状况进行抽查检测，发现不符合农产品质量安全标准的，应当要求销售者立即停止销售，并向农业行政主管部门报告。国务院农业行政主管部门或者省、自治区、直辖市人民政府农业行政主管部门按照权限对监督抽查结果予以公布。各级政府相关部门按照各自权限开展农产品质量安全监管。

2.农业农村部与海关总署有关职责分工　农业农村部会同海关总署起草出入境动植物检疫法律法规草案；农业农村部、海关总署负责确定和调整禁止入境动植物名录并联合发布；海关总署会同农业农村部制定并发布动植物及其产品出入境禁令、解禁令。在国际合作方面，农业农村部负责签署政府间动植物检疫协议、协定；海关总署负责签署与实施政府间动植物检疫协议、协定有关的协议和议定书，以及动植物检疫部门间的协议等。

3.农业农村部门与市场监督管理部门有关职责分工　农业农村部门负责食用农产品从种植养殖环节到进入批发、零售市场或生产加工企业前的质量安全监督管理，负责动植物疫病防控、畜禽屠宰环节、生鲜乳收购环节质量安全的监督管理。食用农产品进入批发、零售市场或生产加工企业后，由市场监督管理部门监督管理。

4.农业农村部门内部分工　农业农村部门负责实施农产品质量安全相关法律法规和方针政策，制定并实施农产品质量安全工作规划或计划，依法监督和管理农业标准化、农产品产地环境、农产品包装标识、农产品质量安全检测机构考核认定、农产品质量安全监测、监督检查等工作，并依据职责权限发布农产品质量安全信息和推行农产品产地准出工作，确保农产品质量安全各项工作落实到位。农业农村部门内部，农产品质量安全工作主要由各级农产品质量安全监管司（处、科）牵头负责，畜牧、兽医等部门负责兽药、饲料、检疫、屠宰等工作，绿色食品办公室负责“两品一标”的认证和监督管理，对涉及农产品质量安全案件的行政执法由各级农业综合执法部门负责，如相关案件涉及刑事犯罪，则移交公安部门处理。

（三）农产品质量安全监管技术体系

1.技术部门　农业部从1989年开始规划质检体系，推动农产品质量安全体系队伍从无到有，特别是通过《全国农产品质量安全检验检测体系建设规划（2006—2010年）》和《全国农产品质量安全检验检测体系建设规划（2011—2015年）》2期体系建设工程的组织实施，使全国农产品质量安全检验检测能力有了全面提升。目前，全国共有农产品质检中心2 732个，检测人员近2.8万人。近年来，随着政府购买服务的兴起，越来越多的第三方检测机构不断充实着农产品质量安全检测队伍，为我国农产品质量安全监管提供技术服务。

2.检测方法　以产品性能和质量方面的检测、试验方法为对象而制定，包括检测或试验的类别、检测规则、抽样、取样测定、操作、精度要求等方面的规定，还包括所用仪器、设备、检测和试验条件、方法、步骤、数据分析、结果计算、评定、合格标准、复验规则等。按照其是否根据《标准化法》有关程序和要求公开发布，检测方法可分为标准方法和非标准方法。根据适用范围，标准方法可分为国家标准、行业标准、地方标准、团体标准和企业标准5个类别。其中，国家标准和行业标准适用范围较广，适用于绝大多数的检验工作；地方标准则在有限的地域范围内使用；团体标准和企业标准则一般不作为实验室资质认定的授权方法。在开展监督抽查、仲裁、执法等检验工作时，必须采用经过实验室资质认定授权使用的标准方法，内部质控数据的采集则不受其限制。

3.检测技术　目前，在农产品质量安全监管中常用的检测技术主要有仪器分析技术（如针对重金属等元素类检测的原子吸收分光光度计等光谱仪器分析技术，针对药物残留检测的高效液相色谱仪、气相色谱仪以及具备更高检测精度的质谱仪等分析技术）、快检技术（酶联免疫分析技术、胶体金分析技术）等。各项技术优缺点互补、相辅相成。

（1）仪器分析技术。仪器分析灵敏度高、效率高，可以对物质内部各种微量成分进行测量。但存在环境要求高、检测成本高、检测周期长等缺点，可能出现鲜活农产品检测结果的滞后，从而导致问题不能及时解决。

（2）快检技术。快检技术成本低、检测速度快、对实验环境要求不高、具备现场检验随时出结果等优点，完美地弥补了仪器分析技术存在的一些缺点。但其大多只能做定性分析，难以进行定量分析，还存在着“检不了、检不出、检不准”等问题。

《农产品质量安全监测管理办法》第二十六条、第二十九条专门对监督抽查中使用快速检测方法的法律效力以及适用范围作了规定。因此，在实际监测过程中，通常根据实际需要来合理选择适用的检测技术。

（四）监测类别

1.畜禽产品风险监测 食品安全风险监测是发现食品安全问题隐患、加强风险防控的重要手段。有计划、有重点、持续性、系统性是风险监测的主要特点。风险监测不是以执法为目的，而是以发现风险隐患为目的，动态掌握畜禽产品质量安全状况，适时开展风险评估和有针对性的监管。《农产品质量安全监测管理办法》同时也规定风险监测工作的抽样程序、检测方法等，如果符合监督抽查程序要求，监测结果可以作为执法依据，实现了风险监测与监督执法的有机衔接。

（1）例行监测。例行监测是我国采集数据最多、覆盖面最广、覆盖时段完整的一项农产品质量安全监测工作。因此，该数据比较有代表性，常常用来作为衡量我国农产品质量安全水平的指标。例行监测计划分为3类，分别监测农产品、畜禽、水产品。其中，在畜禽产品方面，2001年4月，农业部经国务院批准正式启动“无公害食品行动计划”，主要开展猪肝和猪尿中的盐酸克伦特罗监测。通过20多年的监测，不断调整和优化。截至当前，监测城市覆盖全国大部分地级市，检测品种覆盖大部分的畜禽产品，监测参数达31项。其中，涉及猪产品的有猪肉、猪肝，监测参数达18项。参照国家例行监测方式，各省份根据自身情况组织开展各级畜禽产品例行监测，作为国家例行监测数据的补充。

（2）畜禽产品专项风险监测。与以整体面上的畜禽产品质量安全形势摸底为目的的例行监测不同，专项风险监测是主动寻找某类畜禽产品具体的质量安全方面问题的手段。专项风险监测工作既可以对某个品种的产品开展监测，也可以针对某种特定的污染物开展监测。与其他监测关注监测结果的判定是否合格或符合相关标准不同，专项风险监测更关注被监测参数的残留水平、季节性变化趋势、地域分布影响等方面的数据。

2.畜禽产品监督抽查 畜禽产品质量安全监督抽查是依法加强畜禽产品质量安全监管的重要措施，是打击畜禽产品质量安全违法行为的重要手段。主要是针对产品质量安全的突出问题和问题相对集中的主要地区进行不定期的、随机的抽样，也可对获证产品后续强化监管。抽查过程遵守《农产品质量安全监督抽查规范》，除绿色食品外，抽样对象均来自“三前”环节（养殖环节到进入批发、零售或生产加工企业前）。

（1）国家监督抽查。国家农产品监督抽查由国务院农业行政主管部门组织实施，主要侧重各地特色品种、部分畜禽主产区或在风险监测中发现隐患较大的品种，抽检时间不确定。承检单位由任务组织部门确定，承检单位应通过计量认证和省级以上农业行政主管部门考核合格，并在资质参数附表中包含相关参数。抽样工作由各地农业执法部门承担，承检单位作技术支撑，抽样点一般从系统中随机抽取。监督抽查的内容主要是影响农产品质量安全的农兽药、重金属、病原微生物、生物毒素、外源性非法添加物、防腐剂、保鲜剂等残留污染物，同时还会现场检查法律法规规定的生产档案记录、包装标识等强制性要求的落实情况。

（2）省级以下监督抽查。各省份开展的畜禽产品监督抽查主要围绕一些节假日重点时段组织开展，并重点关注“两品一标”的获证产品。此外，还会围绕老百姓比较关注的、反应比较强烈的农产品质量安全事件开展一些专项监督抽检工作，如围绕“瘦肉精”监管实施的专项监测等活动。各地监督抽查由各级农业行业主管部门组织，多数采取“抽检分离”的方式，组织形式与国家监督抽查类似。

五、生产环境及养殖档案监管

水源、土壤等环境因素，是能否建设生猪养殖场的前提条件，也是事关生猪能否健康养殖、提供优质安全畜产品的基础。养殖档案监管，是实施饲料、兽药、防疫等监管的重要环节之一，更是对生猪产品实现可追溯管理的重要依据。但在生猪养殖中，这往往容易被养殖者忽视。

（一）养殖场饮用水管理

养殖场饮用水水质好坏直接影响着生猪的健康及猪肉产品的质量安全。饮用水污染易降低生猪饮水量及采食量，降低生猪对疾病的抵抗力，降低机体对营养物质有效吸收和利用，加大生猪肠道疾病感染的风险。

1.生猪饮用水水质指标要求　一般来讲，生猪饮用水水质安全主要涉及三大指标，即感官性状及一般化学指标、细菌学指标、毒理学指标。饮用水中主要指标的任一指标超过生猪饮用水水质安全标准的，都可称为饮用水污染。

（1）感官性状及一般化学指标。

①饮用水的感官性状指标包括水的色度、臭和味。生猪对感官性状指标的要求虽不如人的饮用水要求严格和敏感，但仍应要求饮用水无色、透明、无异臭和无异味。感官性状指标不良的饮水能降低生猪的饮水量，从而导致采食量和生产水平下降。

②饮用水的一般化学指标包括水的总硬度、pH、溶解性总固体和硫酸盐。水的总硬度是指溶于水中的钙、镁等盐类的总含量，一般以碳酸钙的含量（毫克/升）表示，硬度过高的饮用水易造成生猪出现腹泻和消化不良等胃肠道功能紊乱症状。饮用水的正常pH为6.5 ～ 9，当饮用水pH过高或过低时，表示水有受到污染的可能，从而使水的感官性状下降，降低生猪饮欲。溶解性总固体是指溶解在水中的矿物质盐类的数量，其主要成分是钙、镁、钠的碳酸盐、氯化物和硫酸盐，也包括溶解性有机物。当饮水中溶解性总固体浓度过高，饮水可产生苦咸味，影响生猪正常饮水量。生猪对硫酸盐的敏感性相差很大，硫酸盐含量过高可影响饮用水味道，并可引起生猪轻度腹泻和生产性能下降。饮用水中硫酸盐含量一般应不超过500毫克/升（以硫酸根计）。

（2）细菌学指标。饮用水污染可能含有多种细菌。其中，常见以埃希氏杆菌属、沙门氏菌属及钩端螺旋体为主。评价水质卫生的细菌学指标通常有细菌总数和总大肠菌群数。饮用水如果受到病原微生物的污染，则可通过饮水、饲料或接触的方式导致介水传染病的流行。例如，钩端螺旋体病、猪瘟等均可以水为媒介而传播。虽然在自然情况下，由于水体的自净作用，污染水体的病原微生物会很快死亡，但对于可能受到病原微生物污染的水应特别注意，切勿使用。合格的生猪饮用水，细菌总数不超过100个/升，大肠菌群小于3个/毫升。

（3）毒理学指标。主要为有毒元素和重金属等，包括氟化物、氰化物、砷、汞、铅、铬、镉和硝酸盐等。饮用水毒理学指标超出安全标准，会影响生猪的生长发育和生产性能，降低机体的抗病能力，严重的还会导致生猪急、慢性中毒，甚至死亡。

2.生猪饮用水管理要求

（1）水源充足。水源水量必须能满足区域内生活用水、猪只饮用水和饲养管理用水（如冲洗猪舍、清洗用具等)、绿化、防火等用水需求，便于取用和卫生防护。

(2) 水质良好。生猪养殖饮用水应符合《无公害食品　畜禽饮用水水质》(NY 5027—2008) 中规定的感官性状及一般化学指标、细菌学指标、毒理学指标等标准 (表6-1)。

表6-1　生猪养殖饮用水水质安全指标

项 目		标准值
感官性状及一般化学指标	色	≤30°
	浑浊度	≤20°
	臭和味	不得有异臭、异味
	总硬度 (以$CaCO_3$计) (毫升/升)	≤1 500
	pH	5.5 ~ 9
	溶解性总固体 (毫升/升)	≤4 000
	硫酸盐 (以SO_4^{2-}计) (毫升/升)	≤500
细菌学指标	总大肠菌群 (MPN/100毫升)	成年畜≤10，幼畜≤1
毒理学指标	氟化物 (以F^-计) (毫升/升)	≤2.0
	氰化物 (毫升/升)	≤0.2
	砷 (毫升/升)	≤0.2
	汞 (毫升/升)	≤0.01
	铅 (毫升/升)	≤0.1
	铬 (六价) (毫升/升)	≤0.1
	镉 (毫升/升)	≤0.05
	硝酸盐 (以N计) (毫升/升)	≤10

(3) 避免污染。养殖场生猪饮用水水源和员工生活用水最好选用自来水。如采用地面水或地下水，水源周围100米范围内不能存在工业污染源、农业污染源和生活污染源等。如果选择地面水作为饮用水水源，应该根据水质的实际情况进行必要的净化、沉淀和消毒；如果选择地下水作为饮用水水源，应达到地下水质量分类Ⅲ类以上，且经过水质检验合格后，才能作为生猪饮用水。

(4) 经常性进行水质检测。养殖场生猪饮用水必须经过卫生检验后才能使用，并应经常性开展抽样检测，以确保水质符合饮用标准，避免水质受到污染。如使用自来水，每年至少检测1次；如使用地面水和地下水，每年检测不低于2次。不具备自检条件的，应抽样送到有检测能力的单位委托检验。养殖场饮用水水质检测一旦出现超标现象，要及时进行消毒和处理，保证水质安全合格后才能使用。

(5) 加强饲养环节的饮水管理。生猪养殖场既要保证猪只自由饮水，又要保证饮水安全卫生，还要节约用水。传统的水槽饮水既不卫生，还造成了水资源的浪费。规模猪场应采用鸭嘴式、乳头式、杯式等自动饮水装置，保证猪只自由饮水。有条件的养殖场应在冬季对妊娠母猪和仔猪供应温水，避免冷应激造成流产、腹泻等。

(二) 养殖场土壤管理

养殖场土壤管理一般比较容易被忽视。选择不适宜的土壤建造猪场，会给生产管理带来不必要的麻烦，也会对生猪健康和畜产品质量安全产生很大影响。

1.地域与地形地势　生猪养殖场选址既要避开饮用水水源保护区、风景名胜区、自然保护区的核心区和缓冲区、城镇居民区和文化教育科学研究区等人口集中区域等禁止养殖区域，也要避开环境公害污染严重地区。地形地势要选择地势高燥向阳，平坦或有缓坡，土壤通透性好，地下水位应在2米以下，地面高出当地历史洪水线。低洼地建场容易积水潮湿，夏季通风不良，不利于猪只的体热调节和肢蹄健康，反而有利于蚊蝇、病原微生物和寄生虫的生存繁殖，造成生猪频繁发病。

2.土壤质地　透气性和渗水性差的熟土，一般持水力强，降水后易潮湿、泥泞，场区空气湿度较大，潮湿的土壤易造成各种微生物、寄生虫、蚊蝇滋生，并使建筑物受潮，降低保温隔热性能和使用年限。沙土透气透水性好，降水后不易潮湿、易干燥，自净作用好，但其导热性强，热容量小。猪场建设选择沙壤土最为理想，沙壤土透水透气性好，既可避免雨后泥泞潮湿，又不利于病原微生物的生存繁殖。沙壤土颗粒小，温度稳定，有利于土壤的自净，更加有利于猪只的健康和卫生防疫。

3.地面硬化和绿化　对猪舍地面采取硬化措施，便于卫生管理，同时也可以有效减少土壤中有毒有害物质对猪只的侵害。一般多由混凝土构成，为防止散热，可在其地表下层用孔隙较大的炉灰渣、膨胀珍珠岩、空气砖等材料建造一个空气层；为防止潮湿，可在空气层下用油毛毡等防潮材料铺设一个防潮层。对场区道路进行硬化处理，暴露的土壤可以种植牧草或低矮灌木进行适当绿化，可以改善场区卫生防疫条件，同时防止干燥季节尘土飞扬，对猪只健康也具有重要作用。

（三）养殖档案管理

建立养殖档案是落实生猪产品质量责任追究制度、保障生猪产品质量的重要基础，是加强生猪养殖场管理、建立和完善动物标识及疫病可追溯体系的基本手段。生猪养殖场应依法建立科学、规范的养殖档案，准确填写有关信息，做好档案保存工作，以备查验。

1.养殖档案建立依据

(1)《畜牧法》规定。第四十一条提出“畜禽养殖场应当建立养殖档案，载明以下内容：畜禽的品种、数量、繁殖记录、标识情况、来源和进出场日期；饲料、饲料添加剂、兽药等投入品的来源、名称、使用对象、时间和用量；检疫、免疫、消毒情况；畜禽发病、死亡和无害化处理情况；国务院畜牧兽医行政主管部门规定的其他内容”。第六十六条明确“违反本法第四十一条规定，畜禽养殖场未建立养殖档案的，或者未按照规定保存养殖档案的，由县级以上人民政府畜牧兽医行政主管部门责令限期改正，可以处一万元以下罚款”。

(2)《动物防疫条件审查办法》规定。第九条提出“动物饲养场、养殖小区应当按规定建立免疫、用药、检疫申报、疫情报告、消毒、无害化处理、畜禽标识等制度及养殖档案”。

(3)《畜禽标识和养殖档案管理办法》规定。“畜禽养殖场应当建立养殖档案”“饲养种畜应当建立个体养殖档案，注明标识编码、性别、出生日期、父系和母系品种类型、母本的标识编码等信息”“养殖档案和防疫档案保存时间：商品猪为2年，种畜禽长期保存”。并在第三十条提出“有下列情形之一的，应当对畜禽、畜禽产品实施追溯：标识与畜禽、畜禽产品不符；畜禽、畜禽产品染疫；畜禽、畜禽产品没有检疫证明；违规使用兽药及其他有毒、有害物质；发生重大动物卫生安全事件；其他应当实施追溯的情形”。第三十一条明确“县级以上人民政府畜牧兽医行政主管部门应当根据畜禽标识、养殖档案等信息对畜禽及畜禽产品实施追溯和处理”。

2.养殖档案主要内容　养殖档案是养殖场在建设、养殖过程中形成的关于经营资质、场区、进出场管理、养殖过程管理、养殖投入品管理、人员管理等历史记录资料。具体内容包括但不限于养殖场平面图、免疫程序、生产记录、饲料及饲料添加剂和兽药使用记录、消毒记录、免疫记录、诊疗记录、防疫监测记录、病死猪无害化处理记录。为指导养殖场建立养殖档案、规范使用、提升管理水平，《农业部关于加强畜禽养殖管理的通知》（农牧发〔2007〕1号）规定了养殖档案的格式要求

[见表6-2中的（一）至（九）]，具体包括以下内容。

（1）畜禽养殖场平面图。由畜禽养殖场自行绘制。

（2）畜禽养殖场免疫程序。由畜禽养殖场结合当地实际制定并填写。

（3）生产记录。包括圈舍号、时间、出生、调入、调出、死淘、存栏数等内容。

（4）饲料、饲料添加剂和兽药使用记录。包括开始使用时间、投入产品名称、生产厂家、批号/加工日期、用量、停止使用时间等内容。

（5）消毒记录。包括日期、消毒场所、消毒药名称、用药剂量、消毒方法、操作员签字等内容。

（6）免疫记录。包括时间、圈舍号、存栏数量、免疫数量、疫苗名称、疫苗生产厂、批号（有效期）、免疫方法、免疫剂量、免疫人员等内容。

（7）诊疗记录。包括时间、畜禽标识编码、圈舍号、日龄、发病数、病因、诊疗人员、用药名称、用药方法、诊疗结果等内容。

（8）防疫监测记录。包括采样日期、圈舍号、采样数量、监测项目、监测单位、监测结果、处理情况等内容。

（9）病死畜禽无害化处理记录。包括日期、数量、处理或死亡原因、畜禽标识编码、处理方法、处理单位（或责任人）等内容。

为进一步加强生猪养殖管理，做到可追可溯，鼓励养殖场在农业农村部规定的畜禽养殖档案格式基础上，结合本场实际，增加饲料及饲料添加剂和兽药（含疫苗）购进记录、报免与报检记录、养殖场废弃物处理记录、巡查工作记录等养殖档案，参考格式见表6-2中的（十）至（十三）。

表6-2　畜禽养殖场养殖档案

单位名称：______________________

畜禽标识代码：____________________

动物防疫合格证编号：______________

畜禽种类：______________________

中华人民共和国农业农村部监制

（一）畜禽养殖场平面图

（由畜禽养殖场自行绘制）

（二）畜禽养殖场免疫程序

（由畜禽养殖场填写）

（三）生产记录（按日或变动记录）

圈舍号	时间	变动情况（数量）				存栏数	备 注
		出生	调入	调出	死淘		

注：1.圈舍号：填写畜禽饲养的圈、舍、栏的编号或名称。不分圈、舍、栏的此栏不填。

2.时间：填写出生、调入、调出和死淘的时间。

3.变动情况（数量）：填写出生、调入、调出和死淘的数量。调入的需要在备注栏注明动物检疫合格证明编号，并将检疫证明原件粘贴在记录背面。调出的需要在备注栏注明详细的去向。死亡的需要在备注栏注明死亡和淘汰的原因。

4.存栏数：填写存栏总数，为上次存栏数和变动数量之和。

（四）饲料、饲料添加剂和兽药使用记录

开始使用时 间	投入产品名 称	生产厂家	批号/加工日期	用 量	停止使用时 间	备 注

注：1.养殖场外购的饲料应在备注栏注明原料组成。

2.养殖场自加工的饲料在生产厂家栏填写自加工，并在备注栏写明使用的药物饲料添加剂的详细成分。

（五）消毒记录

日期	消毒场所	消毒药名称	用药剂量	消毒方法	操作员签字

注：1.日期：填写实施消毒的日期。

2.消毒场所：填写圈舍、人员出入通道和附属设施等场所。

3.消毒药名称：填写消毒药的化学名称。

4.用药剂量：填写消毒药的使用量和使用浓度。

5.消毒方法：填写熏蒸、喷洒、浸泡、焚烧等。

（六）免疫记录

时间	圈舍号	存栏数量	免疫数量	疫苗名称	疫苗生产厂	批号（有效期）	免疫方法	免疫剂量	免疫人员	备注

注：1.时间：填写实施免疫的时间。

2.圈舍号：填写动物饲养的圈、舍、栏的编号或名称。不分圈、舍、栏的此栏不填。

3.批号：填写疫苗的批号。

4.免疫数量：填写同批次免疫畜禽的数量，单位为头、只。

5.免疫方法：填写免疫的具体方法，如喷雾、饮水、滴鼻点眼、注射部位等。

6.备注：记录本次免疫中未免疫动物的耳标号。

（七）诊疗记录

时间	畜禽标识编码	圈舍号	日龄	发病数	病因	诊疗人员	用药名称	用药方法	诊疗结果

注：1.畜禽标识编码：填写15位畜禽标识编码中的标识顺序号，按批次统一填写。猪、牛、羊以外的畜禽养殖场此栏不填。

2.圈舍号：填写动物饲养的圈、舍、栏的编号或名称。不分圈、舍、栏的此栏不填。

3.诊疗人员：填写作出诊断结果的单位，如某某动物疫病预防控制中心。执业兽医填写执业兽医的姓名。

4.用药名称：填写使用药物的名称。

5.用药方法：填写药物使用的具体方法，如口服、肌肉注射、静脉注射等。

（八）防疫监测记录

采样日期	圈舍号	采样数量	监测项目	监测单位	监测结果	处理情况	备注

注：1.圈舍号：填写动物饲养的圈、舍、栏的编号或名称。不分圈、舍、栏的此栏不填。

2.监测项目：填写具体的内容如布鲁氏菌病监测、口蹄疫免疫抗体监测。

3.监测单位：填写实施监测单位的名称，如某某动物疫病预防控制中心。企业自行监测的填写自检。企业委托社会检测机构监测的填写受委托机构的名称。

4.监测结果：填写具体的监测结果，如阴性、阳性、抗体效价数等。

5.处理情况：填写针对监测结果而对畜禽采取的处理方法。如针对结核病监测阳性牛的处理情况，可填写为对阳性牛全部予以扑杀。针对抗体效价低于正常保护水平，可填写为对畜禽进行重新免疫。

(九)病死畜禽无害化处理记录

日期	数量	处理或死亡原因	畜禽标识编码	处理方法	处理单位(或责任人)	备注

注:1.日期:填写病死畜禽无害化处理的日期。

2.数量:填写同批次处理的病死畜禽的数量,单位为头、只。

3.处理或死亡原因:填写实施无害化处理的原因,如染疫、正常死亡、死因不明等。

4.畜禽标识编码:填写15位畜禽标识编码中的标识顺序号,按批次统一填写。猪、牛、羊以外的畜禽养殖场此栏不填。

5.处理方法:填写农业农村部《病死及病害动物无害化处理技术规范》(农医发〔2017〕25)规定的无害化处理方法。

6.处理单位:委托无害化处理场实施无害化处理的填写处理单位名称;由本场自行实施无害化处理的由实施无害化处理的人员签字。

(十)饲料、饲料添加剂和兽药(含疫苗)购进记录

购进日期	通用名称	商品名称	批准文号	生产批号(许可证号)	有效期	生产企业	供货单位	剂型	规格	数量	采购人	备注

（十一）报免与报检记录

单位：头、只

报告日期	报告项目		畜禽种类	数量	需免疫或出售日期	报告人		接报人		实施日期	结果	实施人签名	备注
	报免	报检				姓　名	电　话	姓　名	电　话				

注：1.本表前列部分由场方人员填写，后面的“实施日期、结果及实施人签名”均由实施人填写。
2.“结果”是指免疫或检疫结果。

（十二）养殖场废弃物处理记录

单位：吨

日　期	废弃物种类	处理数量	处理方式	处理去向	备注

注：废弃物种类主要指畜禽粪便、污水、沼渣、沼液、垫料等。

（十三）巡查工作记录

日　期	巡查内容	巡查意见	巡查人签名	养殖场负责人签名	备注

3.养殖档案规范填写要求

（1）纸张要求。记录用纸应标准化、统一化，除管理部门有规定的外，宜用A4纸张设计档案资料记录表，以装订成册最好。

（2）填写要求。应统一使用黑色签字笔，有特殊要求使用铅笔的除外。填写时，应尽量避免在档案资料上涂改。

（3）时间要求。每天发生的纸质单据及时填写，根据生产实际和管理要求，由专人及时核查汇总。

（4）其他要求。鼓励有条件的养殖场，将养殖档案形成电子表单或开发软件系统，及时录入。

4.养殖档案的保管要求

（1）建立制度。建立养殖档案的保管制度，并张贴或悬挂在相应位置。

（2）整理归档。养殖档案纸质记录按时间、分类别整理齐全，按年度装订成册，放入档案盒，贴上档案标签。对于采用计算机数据系统管理养殖档案的养殖场，应做好计算机资料的备份，同时保管好纸质养殖档案。

（3）保管保存。养殖档案要专柜存放、专人管理，鼓励有条件的养殖场设置档案室。养殖档案保存场所应具备通风、防盗、防火、防潮、防鼠、防虫等条件。

（4）借阅查阅。严格落实养殖档案保管制度，原则上所有档案不得外借出养殖场。单位职工因工作需要借阅档案材料，需经养殖场负责人同意后方可查阅，并按期归还。借阅人员不得擅自拆卷，严禁在档案文件上涂划、修改，严禁泄露养殖场商业秘密。

（5）保存时间。商品猪养殖档案保存时间不低于2年，种猪养殖档案应长期保存。

5.养殖档案的监管要求

（1）指导培训。加强对养殖场生产技术人员和档案管理员、基层动物防疫和检疫员、畜牧兽医执法人员等培训及指导，规范养殖档案建立，提高管理水平。

（2）监督检查。养殖场所在县级及以上畜牧兽医行政主管部门应对养殖场的养殖档案填写、保存情况进行检查，发现未建立养殖档案的或者未按照规定保存养殖档案的，督促指导养殖场建立和完善。如整改仍达不到要求的，可按照《畜牧法》等相关法律法规进行处罚。

第七章
应用案例

主　　编：印遇龙

副 主 编：牛培培

编写人员（按姓氏笔画排序）：

王文茂　王文强　王德国　牛培培　孔祥峰　邓　彬
丛晓燕　印遇龙　邢伟刚　成传尚　刘　闯　刘　淳
刘　超　刘平祥　刘向前　刘金萍　刘莹莹　刘智谋
关大方　江红格　杜运升　李　伟　杨　玲　吴志青
吴青华　吴承武　位　宾　迟俊杰　张　杰　张秀竹
范　伟　林　谦　国春艳　罗兴刚　周玉岩　郝文博
胡友军　胡文继　胡兴平　胡群兵　祝晓晏　唐志文
唐航初　涂　强　诸　辉　黄　鹏　彭地纬　彭激夫
蒋二强　蒋小丰　蒋华宇　韩　强　程龙梅　温黎俊
谢正军　鲍英慧　雍长庚　谭会泽　樊士冉　潘　登
潘宏涛　魏光坤　魏建东　Inge Peeters

审稿人员：李铁军　黄瑞华

内 容 概 要

本章系统梳理了生猪养殖替抗案例，详细介绍了生猪替抗饲养管理具体措施、日粮配制方案、饲料添加物（氨基酸盐、矿物质、短链脂肪酸、植物提取物、维生素及类维生素、溶菌酶、多糖、肽聚糖、微生态制剂、酸制剂、复方中草药等）的复配使用方案；回顾了近年来生猪替抗饲养管理措施、日粮配制、添加物复配应用案例效果，提出了生猪替抗养殖思路及方案，希望对一线生产从业者有所启发。

一、温氏应用案例

（一）案例背景

当前非洲猪瘟防控形势严峻，栏舍隔断全面实体墙化、小单元化，生产管理时常会采取半静默生产，养殖舍内环境控制面临挑战，饲养管理和日常保健压力较大。为了更好地实现替抗养殖，温氏食品集团股份有限公司积极推动多部门联动，探索建立生猪替抗养殖系统的解决方案。该方案从日粮开发、精细化饲喂管理、水质改善、中药保健方面齐发力，结合“公司+养殖小区+农户”技术推广模式，通过多年生产实践，最终实现了猪群健康状况良好、生产成绩稳定的生产目标。

（二）主要做法

1.替抗日粮开发　为维持猪群生产性能，该公司营养研发团队从饲料配方设计、替抗添加剂复配组合、原料品质控制等多维度开发替抗日粮，实现饲料端替抗。

（1）饲料配方设计。首先，该公司于2008年开展饲料原料营养价值的评定并自建原料数据库，在净能体系和可消化氨基酸体系下，设计配方以提高饲料能量和蛋白质利用率。例如，在净能体系下，通过平衡断奶仔猪日粮中赖氨酸、蛋氨酸、苏氨酸、色氨酸、缬氨酸，降低饲料蛋白水平至17%，原料利用率大大提高，肠道健康水平显著改善。其次，合理把握饲料原料使用技巧。控制豆粕用量，优选消化率高、适口性强、抗原蛋白低、氨基酸平衡的蛋白质原料用于教保料；考虑猪相邻生长阶段饲料使用的衔接性，坚持按比例平稳过渡；选择添加优质油脂（如椰油粉和一级豆油）和高效、稳定、易吸收的多维；将系酸力作为教保阶段饲料配方设计的限制指标，例如，选用低系酸力有机钙替代石粉，磷酸二氢钙替代磷酸氢钙，以减少高系酸力原料的使用。最后，关注猪群精准营养。针对膘情偏肥的妊娠母猪，应用高膨胀力、强系水性的膳食纤维，增加胃肠道饱腹感，改善母猪机体代谢状态（如胰岛素敏感性、炎症反应等），以提高母猪生产性能。例如，华东养猪分公司将添加12%大豆皮的妊娠母猪与饲喂常规饲料母猪相比，便秘发生率明显降低，分娩背膘达标率提升了10%～15%，健仔数提高0.3～0.5头/胎，母猪断奶发情间隔缩短0.5天。针对断奶后保育猪，适度提升饲料可消化氨基酸（如色氨酸、苏氨酸等）水平，以提高猪肠道免疫力。针对中大猪饲料中玉米和豆粕替代原料（高粱、大麦、小麦、葵花籽粕、菜籽粕等）消化利用率低的问题，适量添加木聚糖酶和蛋白酶，以提高麦类、葵花籽粕、菜籽粕等饲料原料利用率。

（2）替抗添加剂复配组合。该公司对植物提取物、酸化剂、酶制剂、益生菌、益生元等功能性添加剂进行了复配组合，最终筛选出有互补协同改善肠道功能的替抗方案。方案综合考虑季节、地域、生长阶段、配方结构等因素，按照性价比高低进行轮换选用。例如，针对南方雨季地区，考虑杀灭或抑制肠道病原菌，采用苯甲酸、甲酸等复合单宁酸，以强化收敛抗腹泻作用；针对断奶猪苗体重均匀度较差，通过缬氨酸复合香芹酚和百里香酚，增加机体采食量，提高免疫力。

（3）原料品质控制。根据原料品质做好分级管理和使用。重视对霉菌毒素的监测，明确其含量低于国家标准限额。例如，猪用谷物类原料要求黄曲霉毒素、玉米赤霉烯酮和呕吐毒素分别不超过

30微克/千克、200微克/千克、1 000微克/千克；生长育肥猪配合饲料玉米赤霉烯酮含量不得超过200微克/千克。

2.母猪精细化饲喂管理技术 根据不同地区、品种、季节、生产阶段母猪历史采食数据，建立母猪采食量数据分析库，制订“一场一策”母猪测膘调料方案。通常妊娠阶段后备猪采用“步步高”饲喂模式，经产母猪采用“高低高”饲喂模式。围产期母猪在饲喂餐数和时间点上进行评估与优化，确保分娩过程母猪能量的供应。例如，华南区某种猪场通过将分娩前3天的饲喂餐数由2餐调整为3餐或适度调高第二餐饲喂量的方式，明显减少了死胎（弱仔）发生。

3.生长育肥猪精细化饲喂管理技术 选用断奶阶段教保料过渡的营养强化方案，可显著提升仔猪健康度、均匀度和断奶重。在仔猪遗传背景、断奶日龄、体重、健康状况一致的条件下，“教保阶段仔猪充分饲喂，中大猪阶段自由采食”饲喂模式相比“教保阶段仔猪定量饲喂，中大猪阶段自由采食”，教保阶段仔猪日增重可提高100克，120千克生长育肥猪的上市天龄可缩短10天。而育肥后期适当减少饲喂量10%～15%，可以有效降低生长育肥全程料重比，提高经济效益。生长育肥猪饲养管理要点见表7-1。

表7-1 生长育肥猪饲养管理要点

饲养阶段	技术要点
育肥猪（60千克以上）	应激管理：使用植物提取物如百里香酚进行呼吸道疾病预防 控料技巧：80千克以上则减少饲喂量10%～15% 喂料次数和时间：每天4次，分别在7：30、11：00、15：00、18：00 空槽时间：每天空槽至少2小时

4.水质优化技术 为减少由水质带来的疾病传播，从3个方面进行水质优化：一是针对水质较差和细菌性疾病多发的区域，开展微生物含量检测，对水源进行消毒，定期对水线进行消毒冲洗。二是做好水线清洗、净化工作，确保饮水卫生、水质安全；每次饮用水保洁结束后2小时内对水线进行冲洗，防止黏稠物堵塞管路。三是每批猪群饲养开始前，对湿帘自上而下反复清洗除垢、彻底消毒，以减少呼吸道、腹泻等疾病发生。

5.猪群保健技术 日常猪群保健优选中药类药物。例如，教保阶段仔猪选用大蒜素、黄芪等进行健胃抗拉稀保健，母猪选用黄芪、鱼腥草、金银花等中草药进行抗炎、抗菌、抗病毒保健，提升母猪抗病能力。根据实际情况有针对性地进行药物治疗，切实提高异常猪群临床处置能力，确保猪群健康。

（三）应用效果

以温氏华南区域养猪分公司为例，应用实证发现，适当提高断奶待配母猪日粮消化能，母猪窝总产仔数和健仔数有所提高。妊娠期1胎母猪日粮粗纤维水平提高至8%，泌乳期采食量显著提高。哺乳母猪日粮添加6%发酵豆粕，断奶仔猪个体重显著提高0.38千克/头，仔猪日增重显著增加18克。低蛋白质低磷哺乳母猪日粮（蛋白水平16.0%、有效磷水平0.33%）对泌乳母猪的生产性能和哺乳仔猪的生长性能无显著影响，但显著降低氮、磷排放。日粮添加1%黑水虻虫粉，可以显著降低断奶仔猪料重比。对于50～80千克生长猪，当粗蛋白设置为14.5%时，可保证生长性能不受影响，实现生长猪经济效益最佳。对于70～113千克育肥猪，当消化能水平为13.60兆焦/千克时，日采食量和日增重最高，单头盈利最高。详见表7-2。

表7-2　温氏替抗养殖技术方案应用情况统计

序号	应用阶段	技术方案简介	效果	文献
1	空怀经产母猪	消化能14.23兆焦/千克	日粮消化能14.23兆焦/千克，有利于提高母猪窝均总产仔数和健仔数	单妹等，2020
2	妊娠期1胎母猪	粗纤维4%、6%、8%	日粮粗纤维在8%水平，有利于提高泌乳期采食量、断奶仔猪21日龄个体重、日增重，降低哺乳期仔猪死淘率	单妹等，2015
3	哺乳期经产母猪	发酵豆粕6%	日粮中添加6%发酵豆粕，有利于提高断奶仔猪个体重及日增重	单妹等，2021
4	哺乳期经产母猪	蛋白水平16.0%、有效磷水平0.33%	低蛋白质低磷日粮不影响母猪哺乳性能，显著降低氮、磷排放	梁耀文等，2021
5	断奶仔猪	黑水虻1%	日粮中添加1%黑水虻虫粉，可显著降低断奶仔猪料重比	王斌等，2021
6	50 ～ 80千克生长猪	粗蛋白14.5%	日粮蛋白水平降低至14.5%时，经济效益最佳	王旭莉等，2020
7	70 ～ 113千克育肥猪	消化能13.60兆焦/千克	日粮消化能水平降低至13.60兆焦/千克时，育肥猪日采食量和日增重最高，单头盈利最高	王旭莉等，2019

二、新希望应用案例

（一）案例背景

抗生素主要是通过杀灭肠道病原微生物，提高机体健康水平。因此，开展替抗养殖的关键是如何维持肠道健康，保证机体健康。新希望六和股份有限公司主要是通过使用发酵饲料、改善猪群饮用水水质、有效落实生物安全防控来开展生猪替抗养殖实践。

（二）主要做法

1.发酵饲料应用　发酵饲料富含酵母菌、乳酸菌和芽孢杆菌等多种肠道有益菌，有利于肠道健康。该公司采用湿基发酵技术，建立湿基发酵移动平台，以麸皮、豆粕等原料为发酵底物，降解多种抗营养因子。例如，发酵后，胰蛋白酶抑制因子和植酸磷降解率几乎为100%；大豆球蛋白可降低85%，控制在20毫克/克以下；β-伴大豆球蛋白可降低66%，控制在35毫克/克以下。将湿基发酵原料按照5%的比例添加到生长猪日粮中，可提高饲料转化率和猪群生产性能，减少20%氮、磷排放。目前，该公司已在国内建立105处可移动发酵平台，开发了豆粕、麸皮、菜籽粕、棉籽粕等多种单一原料发酵工艺。

2.猪群饮用水水质改善　寄生虫、细菌、病毒等有害微生物可通过猪场饮水系统进入猪场，导致猪群患病风险提高。饮用水中添加的维生素、黄芪多糖等在供水管道中残留，可滋生细菌从而形成“生物膜”，进而影响猪群健康。饮用水安全卫生越发重要，该公司开发“新型过流式紫外线饮水处理器”，与猪场传统人工使用“物理+化学”方法（沉降、过滤、吸附，添加生石灰、漂白粉、次氯酸、有机酸等）相比，能够快速、高效清洁地饮水。以新希望六和高密猪场为例，新型过流式紫外线饮水处理器作用于原始饮用水7分钟，可使猪流行性腹泻核酸循环阈值从30.49上升到38.88，处理8分钟，荧光定量PCR仪基本检测不到水中的核酸病毒；处理含有高浓度大肠杆菌的井水4分钟，可使水中的大肠菌群从6×10^6菌落形成单位/克（毫升）下降到150菌落形成单位/克（毫升）。新型过流式紫外线饮水处理器三维模型见图7-1。新型过流式紫外线饮水处理器实物见图7-2。

3.生物安全防控技术　完善的消毒程序和疾病监测是替抗背景下保证猪群健康的重要环节。特别是在适应性及抵抗力差的哺乳仔猪和保育猪阶段，减少环境中病原微生物的负荷将更有利于猪群的生长发育。为此，该公司生产管理部门建立了系统规范的消毒程序，针对猪场不同环境、设施、人员和粪便等，综合运用物理法、化学法、生物法3种消毒方法，设立相对应的高效消毒剂及使用方案（表7-3）。持续性的疫病监测是评价消毒效果的重要依据。对猪群排泄物、分泌物等检测，可排查猪群的带毒带菌情况；对猪舍环境、冲洗水、进出车辆车轮、车体和驾驶室等进行多点采样检测，对猪场人员头发、衣物、身体等进行多部位采样检测，可排查消毒盲点，评估消毒效果。

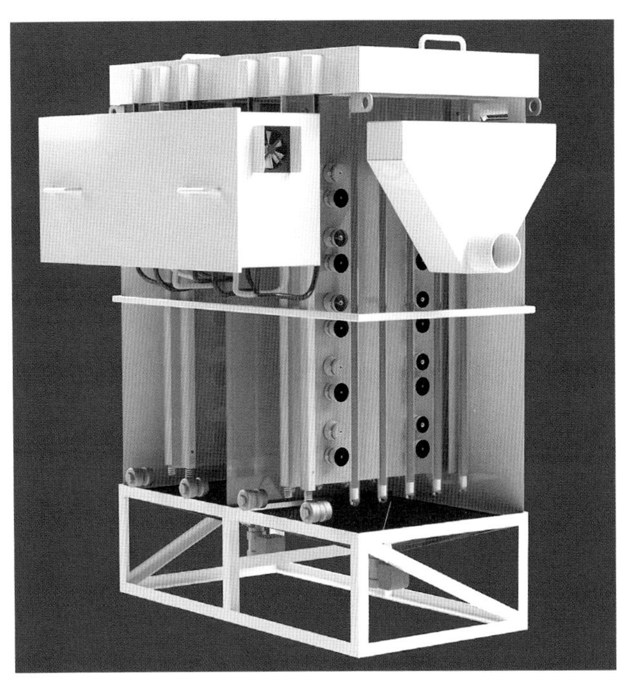

图7-1 新型过流式紫外线饮水处理器三维模型
（图片提供者：樊士冉）

图7-2 新型过流式紫外线饮水处理器实物
（图片提供者：邢伟刚）

表7-3 新希望六和生猪养殖消毒剂及使用方案

对象	区域	方法及时间	消毒剂选择	消毒剂使用量	频率
车辆	整车	场外清洗，无污垢	清水清洗剂、泡沫清洗剂		每车
		雾化，100毫升/米^3 驾驶室，30毫升/米^3，10分钟	三氯异氰尿酸钠	晴天：2克+1千克水 雨天：5克+1千克水	每车
人员	脚垫	所有进入场区人员需经“踩、洗、消”程序消毒3分钟	烧碱	2%	1天/次
			三氯异氰尿酸钠	2克+1千克水	3天/次
	人员通道	消毒房雾化消毒1分钟	过硫酸氢钾复合物	1 ∶ 200兑水	3天/次
			月苄三甲氯铵	1 ∶ 300兑水	3天/次
	手部	洗手消毒1分钟	医用手部消毒产品（建议用胍类产品）	按使用说明书使用	每次
不可洗物品、金属配件	消毒房	臭氧密闭空间30分钟	臭氧	150克/米^3，60℃，70%湿度	每次
		雾化消毒10分钟	过硫酸氢钾复合物	1 ∶ 200兑水	每次
		雾化消毒10分钟	三氯异氰尿酸钠	2克+1千克水	每次
场区环境	道路、办公区、生产车间等	喷洒消毒2次/天	三氯异氰尿酸钠	2克+1千克水	2次/周
饮水和食物	饮水	氯制剂浸泡30分钟	三氯异氰尿酸钠 次氯酸	有效氯5毫克/升	每次
	食物	臭氧密闭空间30分钟	臭氧	150克/米^3，60℃，70%湿度	每次

（三）应用效果

以新希望六和肥城猪场为例，该猪场通过猪群饮水卫生改善、使用发酵饲料、生物安全防控等特色做法实现生猪替抗养殖，对能繁母猪和商品猪生产成绩进行前后对比发现效益明显增加（表7-4和表7-5）。

表7-4　替抗养殖技术应用前后能繁母猪效益测算

组别	料价（元/千克）	断奶均重（千克/头）	窝断奶数（头）	饲料消耗量（千克）	饲料成本（元）	销售价格（元/头）	创造效益（元/头）
技术应用前	4.08	5.80	10.13	486	1 982.88	2 228.60	
技术应用后	3.97	6.11	10.42	490	1 945.30	2 414.92	223.9

注：2022年2—6月，选择肥城猪场（山东省肥城市安临站镇）进行技术应用对比，断奶仔猪销售价格按照2月断奶仔猪价格37.93元/千克测算。

表7-5　替抗养殖技术应用前后商品猪效益测算

组别	料价（元/千克）	料重比	平均初重（千克）	平均终重（千克）	平均饲料消耗（千克）	饲料成本（元）	销售价格（元/头）	创造效益（元/头）
技术应用前	3.31	2.39	13.1	125.22	267.97	886.97	7.91	
技术应用后	3.34	2.36	13.2	119.48	250.82	837.74	7.88	3.60

注：2022年2—6月，选择肥城猪场（山东省肥城市安临站镇）进行技术应用对比，创造效益按照120千克体重计算。

三、环山应用案例

（一）案例背景

2016年，农业部发布第2428号公告提出“禁止在饲料中使用硫酸黏杆菌素预混剂用于动物促进生长”。自此，环山集团股份有限公司组织力量开展商品猪饲料替抗养殖生产实践工作。为减少因肠毒素型大肠杆菌引起断奶仔猪腹泻，遴选免疫增强剂，开发替抗日粮，结合断奶猪群应激管控、生长育肥猪精准营养等建立了商品猪全程替抗生产模式。至今，该公司教保阶段替抗养殖方案已推广使用24个月，生长育肥猪阶段替抗养殖方案已推广使用66个月（比实施饲料禁抗早了42个月），结合肉品品质监测结果来看，该公司替抗养殖技术应用效果较好。

（二）主要做法

1.高消化率均衡营养日粮配制技术　在断奶仔猪饲料开发方面，该公司优选膨化玉米、膨化裸大麦、膨化豆粕、乳清浓缩蛋白、大豆分离蛋白等高消化吸收率低抗原蛋白原料，合理使用抗性淀粉、中短链脂肪酸、有机酸等添加剂，通过AMPK和mTOR等信号通路改善肠道形态结构，促进消化吸收，降低营养物质后肠发酵导致的腹泻，降低胃肠道酸碱度，从而改善仔猪肠道健康。例如，该公司一种断奶仔猪替抗日粮配方见表7-6。实证结果发现，与常规日粮相比，仔猪肠道中大肠杆菌数量降低9%，乳酸杆菌数量增加8%，小肠绒毛的修复时间缩短1 ～ 2天；平均肠绒毛高度比对照组提升50 ～ 100微米；断奶仔猪胃肠道pH不超过4；饲料转化率提高10%。

表7-6　断奶仔猪替抗日粮配方

序号	名称	添加比例（%）	备注（有益成分）
1	膨化玉米	15.00	
2	膨化裸大麦	5.00	
3	膨化豆粕	20.00	
4	乳清浓缩蛋白	1.00	
5	乳清粉	5.40	
6	大豆分离蛋白	2.50	
7	抗性淀粉	1.00	
8	中短链脂肪酸	0.10 ～ 0.30	丁酸和月桂酸
9	益生素	0.01	枯草芽孢杆菌+嗜酸乳杆菌+凝结芽孢杆菌+丁酸梭菌
10	胍基乙酸	0.05	胍基乙酸
11	有机酸	0.30	甲酸、乳酸和柠檬酸
12	复合酶	0.05	木聚糖酶、β-葡聚糖酶、中性蛋白酶、淀粉酶、果胶酶等

2.免疫增强剂（裸藻）替抗技术　裸藻含有易吸收的维生素、矿物质营养素、氨基酸、不饱和脂肪酸等猪必需营养元素。此外，可增强机体免疫力的裸藻多糖含量极为丰富。裸藻作为新食品原料被广泛应用，但很少应用在猪的健康养殖方面。2019年12月，该公司在高消化率均衡营养日粮技

术的基础上，进行超早期断奶仔猪替抗日粮开发，用裸藻替代超早期断奶仔猪日粮中的恩拉霉素。结果显示，裸藻组较均衡营养组极显著地提高了机体免疫球蛋白A（IgA）、免疫球蛋白G（IgG）和免疫球蛋白M（IgM）水平，提升了机体免疫力；恩拉霉素组较均衡营养组也提高了IgA和IgM水平。饲喂42天后，裸藻在提升机体IgA、IgG和IgM水平方面均高于恩拉霉素，尤其是IgA（表7-7）。

表7-7　裸藻替代恩拉霉素对断奶仔猪血清免疫球蛋白水平的影响

单位：微克/毫升

组别	均衡营养组	裸藻组	恩拉霉素组	恩拉霉素＋裸藻组	SEM	裸藻组VS均衡营养组	恩拉霉素组VS均衡营养组	裸藻组VS恩拉霉素组
第14天						*P*值	*P*值	*P*值
IgA	36.97	38.08	37.23	38.65	0.058	0.006	0.341	0.723
IgG	264.77	292.67	268.97	294.26	0.057	<0.000 1	0.173	0.001
IgM	41.16	43.10	42.54	43.82	0.050	0.001	0.013	0.424
第42天						*P*值	*P*值	*P*值
IgA	40.58	43.27	41.91	43.10	0.064	<0.000 1	0.060	0.017
IgG	310.06	337.41	319.25	339.08	0.110	<0.000 1	0.244	0.418
IgM	40.15	43.00	41.26	43.78	0.053	<0.000 1	0.054	0.728

注：恩拉霉素组日粮中恩拉霉素添加量为7.5毫克/千克，裸藻组日粮中裸藻添加量为300毫克/千克。

3.断奶猪群生理性应激管控技术　为降低断奶仔猪因转群、换料、并群、免疫等应激引起的炎症反应和细胞氧化损伤，在转群时，应避免暴力驱赶，并按断奶仔猪体重、公母性别分群饲养；同时采用三阶段保温法，借助环境自动控温系统设定断奶当天至断奶后3～4天环境温度比其最适温度提高2～3℃（图7-3）。断奶后7～10天不改变日粮，定时多餐饲喂，断奶过渡期建议使用液体教槽饲喂系统过渡，降低因饲料形态改变而产生的换料应激。

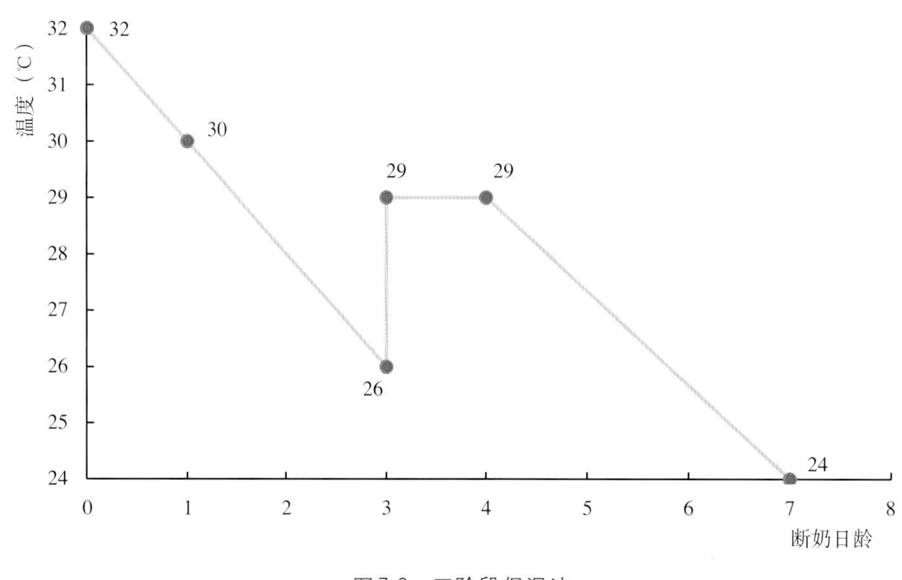

图7-3　三阶段保温法

4.生长育肥猪精准营养技术 商品猪的蛋白质沉积能力主要由其遗传潜力、营养需要和健康度共同决定，不同配套系间差异较大。该公司根据生产用新法系长大皮杜四元商品猪的生长曲线变化，将该品系商品猪的生长育肥阶段划分为5个时期：生长Ⅰ期（30 ~ 45千克）、生长Ⅱ期（45 ~ 65千克）、育肥Ⅰ期（65 ~ 90千克）、育肥Ⅱ期（90 ~ 115千克）和育肥Ⅲ期（115 ~ 130千克）。净能水平根据季节与环境温度情况设计为2 450 ~ 2 550千卡*/千克，赖氨酸与能量比设计水平为0.42 ~ 0.27，随着日龄（体重）的增加而逐步降低，以此在替抗养殖条件下实现商品猪生产节本增效。

（三）应用效果

基于日粮均衡营养、免疫增强、生理应激管控和精准营养技术，该公司按照良好农业规范要求做好关键控制点。2020年，在山东省乳山市盘古庄村环山合作养猪场，选择体况良好的19日龄法系长大皮杜四元商品代断奶仔猪800头，随机分2组，每组4个重复，每重复25头。结果表明，替抗日粮保育期仔猪死亡率、腹泻率与抗生素组无差异（表7-8）。2017年9月28日，在山东省威海市米山镇环山合作养猪场，选择26日龄、性别一致、体况良好的法系长大皮杜四元商品代仔猪425头，随机分5组，每组5个重复，每重复17头，试验周期从断奶至出栏。结果显示，27 ~ 50日龄阶段断奶仔猪及51 ~ 70日龄阶段生长猪腹泻率替抗组最低（图7-4）；36日龄、50日龄、105日龄、136日龄、161日龄体重替抗组有高于抗生素组的情况（表7-9）。对商品猪肉检测发现，冷鲜肉中抗生素残留、卫生与安全指标检测合格率100%（图7-5），猪肉冬季滴水损失低，保持在0.8%左右（市场猪肉抽测滴水损失在2.8%左右），夏季保持在1.8%左右（市场猪肉抽测滴水损失在4.5%左右）。这意味着采用全程替抗技术方案每头猪可增加上市肉2千克左右，屠宰后每头猪增加效益预计在60元/头左右（按猪肉价格30元/千克计算）。为此，该公司无抗猪肉获得了肉品出口商和批发商的青睐，现供应量已占合作出口商出口冷鲜猪肉的90%。由此可见，替抗养殖技术方案不仅保证了肉品安全，改善了商品猪肉肉质，而且显著提升了生猪养殖的经济效益。

表7-8 裸藻替抗对超早期断奶仔猪生长性能、腹泻率与死亡率的影响

项目	19日龄重（千克）	61日龄重（千克）	日增重（千克）	日采食量（千克）	料重比	腹泻率（%）	死亡率（%）
裸藻组	4.86±0.07	26.33±0.17	0.51±0.01	0.68±0.01	1.37±0.01	3.90±0.75	8.83±1.48
恩拉霉素组	4.87±0.08	25.84±0.23	0.50±0.01	0.67±0.01	1.41±0.03	3.70±0.42	10.63±3.86
*P*值	0.91	0.44	0.27	0.67	0.90	0.49	0.13

注：2020年5月，在山东省乳山市盘古庄村环山合作养猪场开展实证（断奶前有流行性腹泻发生）。

表7-9 断奶到出栏商品猪全程增重变化

单位：千克

组别	26日龄重	36日龄重	50日龄重	70日龄重	105日龄重	136日龄重	161日龄重
替抗组	7.59±0.24	10.94±0.28	18.79±0.28a	33.44±0.52a	64.86±1.11a	91.58±1.48a	115.36±2.07a
抗生素1组	7.60±0.22	10.91±0.24	18.07±0.63bc	32.37±0.75b	61.69±1.85bc	88.19±1.41b	109.16±2.97bc
抗生素2组	7.61±0.18	10.73±0.37	17.38±0.52c	29.99±0.75c	60.41±1.12c	86.75±3.13b	107.48±3.03c
抗生素3组	7.60±0.17	10.69±0.12	17.69±0.36c	32.72±0.91ab	63.04±2.15abc	90.80±2.79ab	115.36±2.07a

注：1.2017年9月，在山东省威海市米山镇环山合作养猪场开展实证；2.替抗组日粮不添加抗生素，抗生素1组、抗生素2组、抗生素3组日粮添加2 ~ 3种促生长类抗生素；3.同一列数据标不同小写字母表示差异显著（$P<0.05$）。

* 卡为非法定计量单位，1卡=4.184 0焦耳。

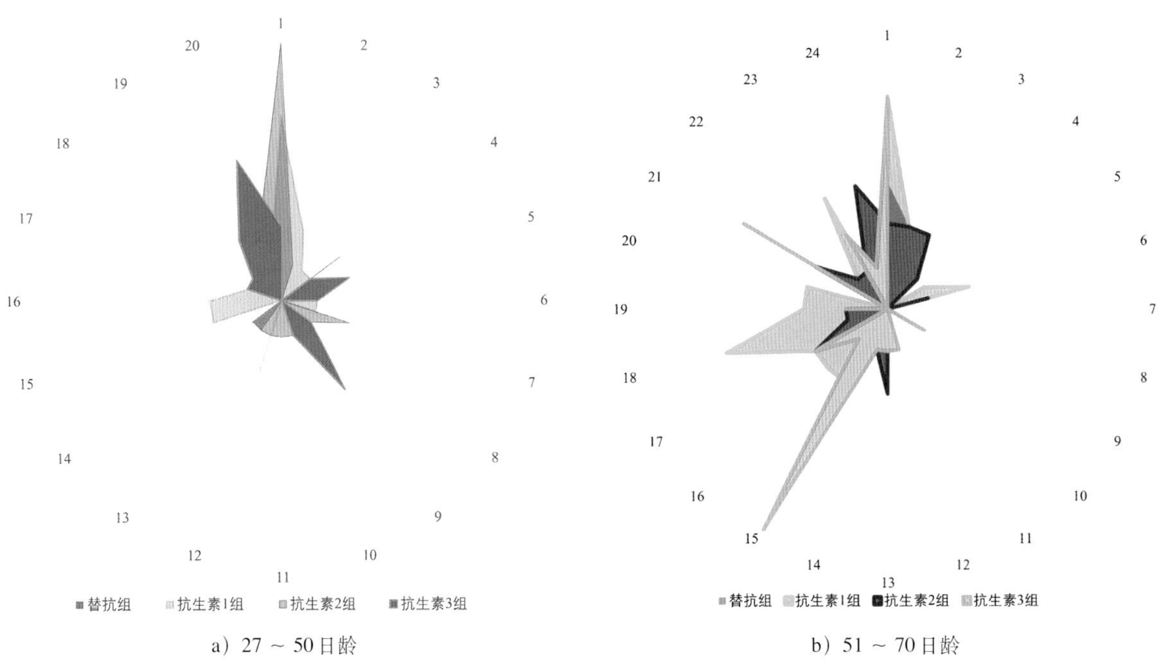

a）27 ~ 50日龄　　b）51 ~ 70日龄

图7-4　各组猪腹泻雷达图

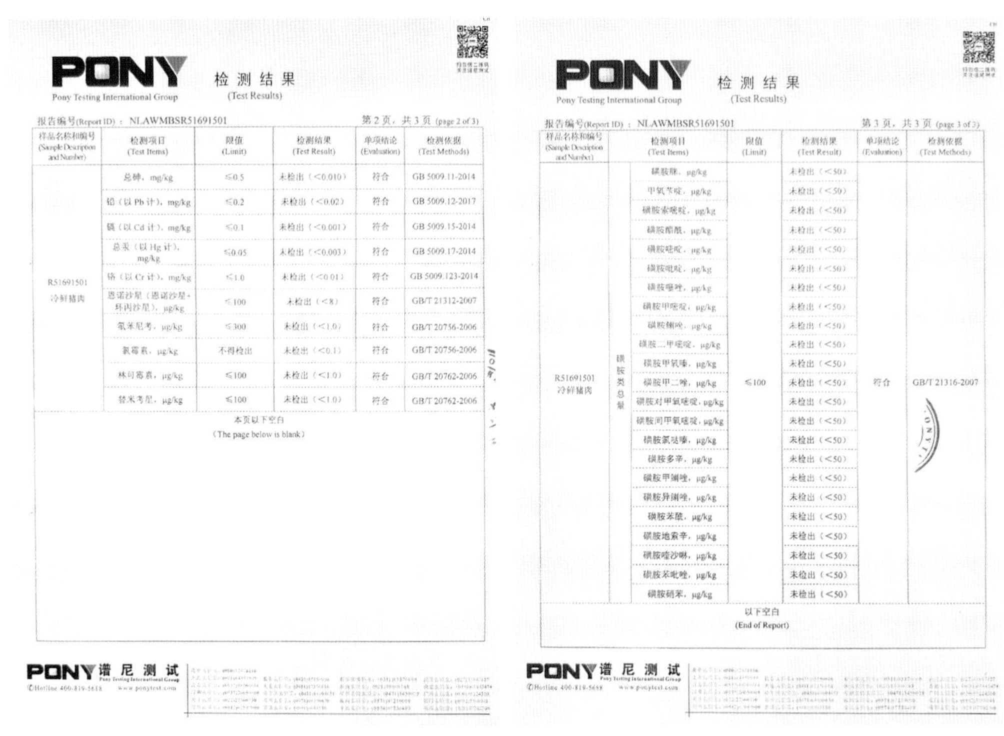

PONY 检测结果 (Test Results)
Pony Testing International Group

报告编号(Report ID)：NLAWMBSR51691501　　第2页，共3页（page 2 of 3）

样品名称和编号 (Sample Description and Number)	检测项目 (Test Items)	限值 (Limit)	检测结果 (Test Result)	单项结论 (Evaluation)	检测依据 (Test Methods)
R51691501 冷鲜猪肉	总砷，mg/kg	≤0.5	未检出（<0.010）	符合	GB 5009.11-2014
	铅（以Pb计），mg/kg	≤0.2	未检出（<0.02）	符合	GB 5009.12-2017
	镉（以Cd计），mg/kg	≤0.1	未检出（<0.001）	符合	GB 5009.15-2014
	总汞（以Hg计），mg/kg	≤0.05	未检出（<0.003）	符合	GB 5009.17-2014
	铬（以Cr计），mg/kg	≤1.0	未检出（<0.01）	符合	GB 5009.123-2014
	恩诺沙星（恩诺沙星+环丙沙星），μg/kg	≤100	未检出（<8）	符合	GB/T 21312-2007
	氟苯尼考，μg/kg	≤300	未检出（<1.0）	符合	GB/T 20756-2006
	氯霉素，μg/kg	不得检出	未检出（<0.1）	符合	GB/T 20756-2006
	林可霉素，μg/kg	≤100	未检出（<1.0）	符合	GB/T 20762-2006
	替米考星，μg/kg	≤100	未检出（<1.0）	符合	GB/T 20762-2006

本页以下空白
（The page below is blank）

PONY谱尼测试 Pony Testing International Group
Hotline 400-819-5688　www.ponytest.com

PONY 检测结果 (Test Results)
Pony Testing International Group

报告编号(Report ID)：NLAWMBSR51691501　　第3页，共3页（page 3 of 3）

样品名称和编号 (Sample Description and Number)	检测项目 (Test Items)		限值 (Limit)	检测结果 (Test Result)	单项结论 (Evaluation)	检测依据 (Test Methods)
R51691501 冷鲜猪肉	磺胺类总量	磺胺脒，μg/kg	≤100	未检出（<50）	符合	GB/T 21316-2007
		甲氧苄啶，μg/kg		未检出（<50）		
		磺胺索嘧啶，μg/kg		未检出（<50）		
		磺胺醋酰，μg/kg		未检出（<50）		
		磺胺嘧啶，μg/kg		未检出（<50）		
		磺胺吡啶，μg/kg		未检出（<50）		
		磺胺噻唑，μg/kg		未检出（<50）		
		磺胺甲嘧啶，μg/kg		未检出（<50）		
		磺胺鯻唑，μg/kg		未检出（<50）		
		磺胺二甲嘧啶，μg/kg		未检出（<50）		
		磺胺甲氧嗪，μg/kg		未检出（<50）		
		磺胺甲二唑，μg/kg		未检出（<50）		
		磺胺对甲氧嘧啶，μg/kg		未检出（<50）		
		磺胺间甲氧嘧啶，μg/kg		未检出（<50）		
		磺胺氯哒嗪，μg/kg		未检出（<50）		
		磺胺多辛，μg/kg		未检出（<50）		
		磺胺甲鯻唑，μg/kg		未检出（<50）		
		磺胺异鯻唑，μg/kg		未检出（<50）		
		磺胺苯酰，μg/kg		未检出（<50）		
		磺胺地索辛，μg/kg		未检出（<50）		
		磺胺喹沙啉，μg/kg		未检出（<50）		
		磺胺苯吡唑，μg/kg		未检出（<50）		
		磺胺硝苯，μg/kg		未检出（<50）		

以下空白
(End of Report)

PONY谱尼测试 Pony Testing International Group
Hotline 400-819-5688　www.ponytest.com

图7-5　环山公司替抗养殖生猪屠宰后冷鲜肉卫生指标与食品安全指标检测结果
（图片提供者：鲍英慧）

四、东瑞应用案例

（一）案例背景

为解决饲料端禁抗面临的问题，东瑞食品集团股份有限公司先后开展“发酵饲料对泌乳母猪生产性能的影响研究”“发酵饲料在养猪生产中的应用”“复合功能性添加剂对母猪产程和仔猪生长及断奶存活率的影响”等研究，为无抗饲料开发奠定了基础。同时，该公司从营养调控、日粮加工技术改进、场内疫病防控、猪群精细管理等方面集成生猪替抗养殖模式，全面提升猪群健康水平。

（二）主要做法

1.营养调控技术 为促进哺乳仔猪生长，提高断奶存活率，给每头预产期母猪饲喂30毫升复合功能性添加剂（每升添加剂含山梨聚糖醇100克、蛋氨酸20克、天门冬氨酸10克、谷氨酸10克、甘氨酸10克、左旋肉碱5克、维生素B_1 2克、泛酸2克、维生素B_6 1克、烟酸10克、维生素B_{12} 15毫克），每头断奶仔猪每天灌服2次，每次2毫升。为提高仔猪断奶窝重，将混合菌（乳酸菌、枯草芽孢杆菌、酵母菌等）、红糖和水按1 ∶ 5.2 ∶ 234的质量比配制菌种混合液，将玉米、豆粕和麸皮按1 ∶ 1 ∶ 1的质量比制成混合饲料；将混合饲料和菌种混合液按质量比500 ∶ 240充分混合，装袋，密封，在28 ～ 32℃下发酵3 ～ 5天制成发酵料，按照8%的比例添加至哺乳母猪日粮中。为解决教槽和保育阶段仔猪腹泻问题，每吨饲料中添加发酵豆粕80千克以上、柠檬酸5千克、苯甲酸3千克、适量的百里香酚和香芹酚。为进一步提高生长育肥猪替抗日粮中蛋白质利用效率，在标准回肠可消化氨基酸模式下，采用低蛋白氨基酸平衡技术，将饲料粗蛋白水平由17%降至14%。

2.日粮加工技术改进 在颗粒饲料制粒过程中，若温度过高，将会杀死益生菌等热敏物质；若温度过低，又可能会导致饲料中灭菌不彻底。实践经验发现，颗粒饲料的质量、硬度以及益生菌数量不仅受生产温度的影响，还受模孔直径大小的影响。为此，该公司在65℃条件下，采用模孔直径比为6 ∶ 1的设备进行制粒；同时启用色选机，以保证原料筛选质量，有效降低发霉原料；增添熟化设备对玉米、豆粕等大宗原料进行熟化，提升淀粉和蛋白原料消化率，减少加工对热敏原料的损害，延长了猪料质保期。

3.场内疫病防控 根据各场的实际情况，制定合理的猪群免疫计划。根据猪群的监测结果，通过检测筛查，遴选健康猪群进入核心区域，淘汰非健康猪群，实现猪伪狂犬病、猪繁殖与呼吸综合征等疾病净化；以周为单位进行猪群批次化管理，每次猪群转移后，对环境进行严格彻底消杀。为有效切断传染性疾病的传播途径，该公司所有猪场采用全封闭式管理，一线的养殖人员住在生产区。所有进入生产区域的人员、物资经过严格的消毒、检测后才能入场；减少场区人员接触，定期对非生产区域和生产区域环境进行消杀，有效降低病原在猪群和环境中的载量。

4.猪群精细管理 采用自动温湿控制系统，优化猪场养殖环境，减少冷应激和热应激对猪群健康造成的伤害。应用全自动智能化饲喂系统，实现自动化精细喂饲。针对广东高温高湿的气候特点，通过比例稀释器在饮水中添加复合有机酸，通过降低猪胃肠道的pH，有效抑制病原菌的生长，促进饲料消化吸收。

（三）应用效果

通过营养调控、饲料加工工艺改进、养殖环节疫病防控和猪群精细化管理，在商品猪替抗生产的同时实现了节本增效。据生产经营数据显示，2021年2月，该公司养猪生产成本同比降低了0.4元/千克，按照年出栏肉猪40万头计，全年可节省生产成本约180万元。2018年，该公司取得了出境动物养殖企业注册证，在商品猪全程应用替抗养殖模式后，猪血、猪肝样品经送检第三方检测机构结果显示，猪无非洲猪瘟、口蹄疫、布鲁氏菌病等重大动物疫病，其重要代谢器官肝脏无抗生素残留（地美硝唑、磺胺类、喹乙醇等35种），结果见图7-6、图7-7。

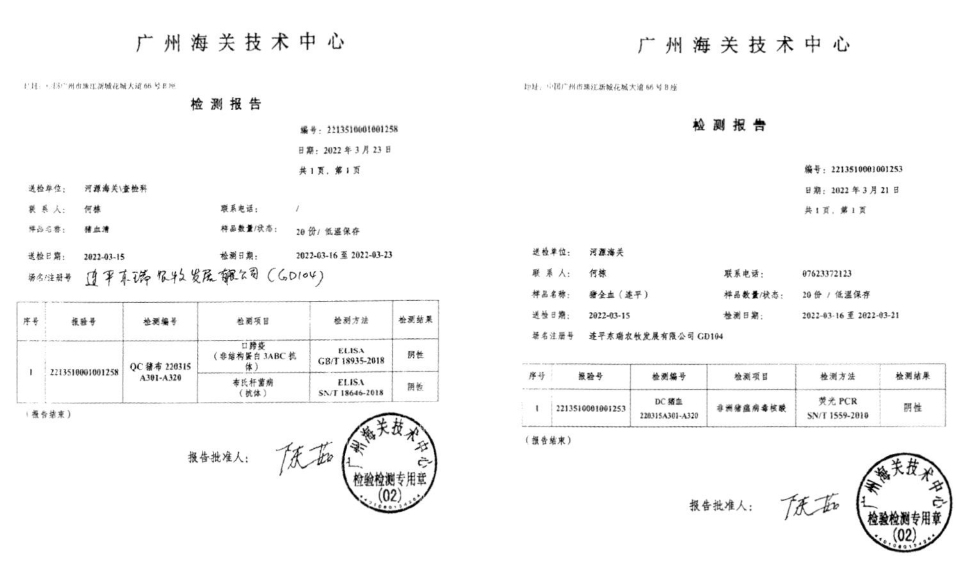

广州海关技术中心

地址：中国广州市珠江新城花城大道66号B座

检测报告

编号：2213510001001258

日期：2022年3月23日

共1页，第1页

送检单位：河源海关\查检科

联系人：何锋　　联系电话：/

样品名称：猪血清　　样品数量/状态：20份/低温保存

送检日期：2022-03-15　　检测日期：2022-03-16至2022-03-23

场名/注册号：连平东瑞农牧发展有限公司（GD104）

序号	报验号	检测编号	检测项目	检测方法	检测结果
1	2213510001001258	QC猪寿220315 A301-A320	口蹄疫（非结构蛋白3ABC抗体）	ELISA GB/T 18935-2018	阴性
			布氏杆菌病（抗体）	ELISA SN/T 18646-2018	阴性

（报告结束）

报告批准人：

广州海关技术中心 检验检测专用章 (02)

广州海关技术中心

地址：中国广州市珠江新城花城大道66号B座

检测报告

编号：2213510001001253

日期：2022年3月21日

共1页，第1页

送检单位：河源海关

联系人：何锋　　联系电话：07623372123

样品名称：猪全血（连平）　　样品数量/状态：20份/低温保存

送检日期：2022-03-15　　检测日期：2022-03-16至2022-03-21

场名注册号：连平东瑞农牧发展有限公司GD104

序号	报验号	检测编号	检测项目	检测方法	检测结果
1	2213510001001253	DC猪血 220315A301-A320	非洲猪瘟病毒核酸	荧光PCR SN/T 1559-2010	阴性

（报告结束）

报告批准人：

广州海关技术中心 检验检测专用章 (02)

图7-6　猪血清海关检测报告
（图片提供者：祝晓晏）

PONY 谱尼测试 Pony Testing International Group

检测结果 (Test Results)

No. C1B518014C1F1008010　　第2页，共4页 (page 2 of 4)

序号 (S/N)	检测项目 (Test Item)	单位 (Unit)	限值 (Limit)	检测结果 (Test Result)	单项结论 (Evaluation)	检测方法 (Test Methods)
1	地美硝唑	μg/kg	不得检出	未检出（<1）	符合	GB/T 21318-2007
2	磺胺类	μg/kg	≤100	未检出（<50）	符合	GB/T 21316-2007
3	氟苯尼考	μg/kg	≤2000	未检出（<1.0）	符合	GB/T 20756-2006
4	氯霉素	μg/kg	不得检出	未检出（<0.1）	符合	GB/T 20756-2006
5	地塞米松	μg/kg	≤2.0	未检出（<0.4）	符合	GB/T 21981-2008
6	喹乙醇代谢物	μg/kg	≤50	未检出（<0.5）	符合	GB/T 20746-2006
7	恶喹酸	μg/kg	≤150	未检出（<1.0）	符合	GB/T 21312-2007
8	甲硝唑	μg/kg	不得检出	未检出（<0.5）	符合	GB/T 21318-2007
9	羟氨苄青霉素（阿莫西林）	μg/kg	≤50	未检出（<5）	符合	GB/T 21315-2007
10	庆大霉素	μg/kg	≤2000	未检出（<20）	符合	GB/T 21323-2007
11	恩诺沙星（以恩诺沙星与环丙沙星之和计）	μg/kg	≤200	未检出（恩诺沙星<1.0，环丙沙星<2.5）	符合	GB/T 21312-2007
12	链霉素	μg/kg	≤600	未检出（<20）	符合	GB/T 21323-2007
13	双氢链霉素	μg/kg				
14	盐酸克伦特罗	μg/kg	不得检出	未检出（<0.5）	符合	GB/T 22286-2008
15	沙丁胺醇	μg/kg	不得检出	未检出（<0.5）	符合	GB/T 22286-2008

Hotline 400-819-5688
www.ponytest.com

PONY 谱尼测试 Pony Testing International Group

检测结果 (Test Results)

No. C1B518014C1F1008010　　第3页，共4页 (page 3 of 4)

序号 (S/N)	检测项目 (Test Item)	单位 (Unit)	限值 (Limit)	检测结果 (Test Result)	单项结论 (Evaluation)	检测方法 (Test Methods)
16	莱克多巴胺	μg/kg	不得检出	未检出（<0.5）	符合	GB/T 22286-2008
17	呋喃唑酮代谢物	μg/kg	不得检出	未检出（<0.25）	符合	农业部781号公告-4-2006
18	呋喃它酮代谢物	μg/kg	不得检出	未检出（<0.25）	符合	农业部781号公告-4-2006
19	呋喃西林代谢物	μg/kg	不得检出	未检出（<0.25）	符合	农业部781号公告-4-2006
20	呋喃妥因代谢物	μg/kg	不得检出	未检出（<0.25）	符合	农业部781号公告-4-2006
21	氧氟沙星	μg/kg	不得检出	未检出（<1.0）	符合	GB/T 21312-2007
22	培氟沙星	μg/kg	不得检出	未检出（<2.0）	符合	GB/T 21312-2007
23	洛美沙星	μg/kg	不得检出	未检出（<1.0）	符合	GB/T 21312-2007
24	诺氟沙星	μg/kg	不得检出	未检出（<2.0）	符合	GB/T 21312-2007
25	土霉素	μg/kg	≤600	未检出（<50.0）	符合	GB/T 21317-2007 7.3.1
26	四环素	μg/kg	≤600	未检出（<50.0）	符合	GB/T 21317-2007 7.3.1
27	金霉素	μg/kg	≤600	未检出（<50.0）	符合	GB/T 21317-2007 7.3.1
28	伊维菌素	μg/kg	≤100	未检出（<1）	符合	农业部781号公告-5-2006
29	氟甲喹	μg/kg	≤500	未检出（<1.0）	符合	GB/T 21312-2007
30	强力霉素（多西环素）	μg/kg	≤300	未检出（<50.0）	符合	GB/T 21317-2007 7.3.1

Hotline 400-819-5688
www.ponytest.com

PONY 谱尼测试 Pony Testing International Group

检测结果 (Test Results)

No. C1B518014C1F1008010　　第4页，共4页 (page 4 of 4)

序号 (S/N)	检测项目 (Test Item)	单位 (Unit)	限值 (Limit)	检测结果 (Test Result)	单项结论 (Evaluation)	检测方法 (Test Methods)
31	卡巴氧	μg/kg	不得检出	未检出（<0.5）	符合	GB/T 20746-2006
32	氨苄青霉素（氨苄西林）	μg/kg	≤50	未检出（<2）	符合	GB/T 21315-2007
33	苄青霉素（青霉素G）	μg/kg	≤50	未检出（<1）	符合	GB/T 21315-2007
34	邻氯青霉素（氯唑西林）	μg/kg	≤300	未检出（<1）	符合	GB/T 21315-2007
35	双氯青霉素	μg/kg	——	未检出（<10）	——	GB/T 21315-2007

——以下空白——
(End of Report)

Hotline 400-819-5688
www.ponytest.com

图7-7　猪肝35种药残检测报告
（图片提供者：祝晓晏）

五、南农淮安研究院应用案例

（一）案例背景

针对长三角地区对高端优质猪肉的市场需求，2016年起，南京农业大学淮安研究院（以下简称研究院）试验猪场开展了“三低一高一无”（低蛋白、低铜、低锌、高纤维、无抗）优质猪生产实践，集成示范生猪养殖替抗生产模式。该模式以精细化饲养管理、“三低一高一无”日粮应用为核心，配套开展重大疫病监控和肉品加工及品牌推广，实现优质猪节能替抗生产，为生猪节能替抗生产和无抗猪肉价值提升积累了宝贵的经验。

（二）主要做法

1.精细化饲养管理　猪场配备猪生长性能测定系统、空气源地暖工程系统、新型自动控制饮水系统、全自动超声雾化消毒系统、手机实时监控系统、全自动刮粪系统及保温型粪尿异位发酵处理系统等设施设备（图7-8）。在进行“三低一高一无”优质猪替抗生产模式实践中严格做好猪舍卫生，尤其是仔猪断奶后7天，每天清洗食槽和饮水碗；生猪出栏后清出余料，对测定站料槽和测定秤进行深度清洗。针对冬春季舍内氨气浓度较高的情况，喷洒除臭吸附剂产品，控制舍内氨气浓度。为减弱断奶仔猪转群应激，原窝转群后饲料（或饮水）中添加葡聚糖（黄芪多糖）产品，可通过PXR和NF-κB信号通路抑制肠道炎症，改善肠道健康，增加小猪的咬食玩具；断奶后7天，喂饲液态奶+教槽料+保育料，逐步过渡。臭氧结合喷雾在舍内进行带猪消毒，具体舍内精细化饲养管理特色做法见表7-10。

a）节水器

b）水线消毒

c）臭氧消毒扩散器

图7-8　南京农业大学淮安研究院试验猪场
（图片提供者：金通、王文强、吴承武）

表7-10 舍内精细化饲养管理特色做法

饲养阶段	养殖环境保障	应激防控管理	舍内生物安全防控
保育猪（15～30千克）	实心隔挡；每隔2～3天按照15～20克/米²喷洒除臭吸附剂，氨气浓度控制在6毫克/升以下；转群猪舍温度27～30℃，以后每周降低1～2℃，至22～25℃，局部保温	断奶后，用液态奶+教槽料过渡3～5天。尽量原窝转群至保育栏，用教槽料+保育料过渡5天。在保育栏，断奶猪8～10天饮水中添加黄芪多糖（含量>70%，200～500克/升），或者饲料中拌入葡聚糖产品（200～300克/吨），添加猪的咬食玩具	每天2次臭氧消毒：9：00～10：00、14：00～15：00各1次；臭氧浓度控制在4～6毫克/升 每周2次进行常规喷雾消毒，17：00～18：00
生长猪（30～60千克）	实心隔挡，饲养密度1.0～1.2米²/头；采用节水型饮水器饮水；每隔3～4天按照15～20克/米²喷洒除臭吸附剂，氨气浓度控制在8毫克/升以下；猪舍温度22～25℃，舍内湿度为60%～80%		每天2次臭氧带猪消毒9：00～10：00、14：00～15：00；臭氧浓度控制在6～8毫克/升 每周2次进行常规喷雾消毒，选择17：00～18：00
育肥猪（60千克以上）	实心隔挡，饲养密度1.5～1.6米²/头；采用节水型饮水器饮水；每隔3～4天按照20～30克/米²喷洒除臭吸附剂，氨气浓度控制在10毫克/升以下；猪舍温度19～22℃，舍内湿度为60%～80%		每天2次臭氧带猪消毒9：00～10：00、14：00～15：00；臭氧浓度控制在8～10毫克/升 每周2次进行常规喷雾消毒，选择17：00～18：00

注：技术应用地点在江苏省淮安市清江浦区淮安市现代农业科技示范园内。

2.“三低一高一无”日粮应用　为降低断奶仔猪腹泻发生率，促进蛋白质充分利用，适度降低饲料蛋白质水平，断奶仔猪饲料中添加1%高品斜发沸石，饮水中添加0.15%有机酸复合物；为改善商品猪肉质，选用脱脂米糠部分替代玉米。不同饲养阶段日粮技术应用要点见表7-11。日粮委托专业饲料生产商实施契约订单生产，生产完成后，对成品料进行蛋白质、中性洗涤纤维、酸性洗涤纤维、可溶性膳食纤维、不可溶性膳食纤维、氨基酸、抗生素、铜、锌、重金属、霉菌毒素等指标进行检测，确保饲料成品品质符合设定的营养及安全要求。

表7-11 “三低一高一无”日粮技术应用要点

饲养阶段	技术要点
保育猪（15～30千克）	营养水平：粗蛋白16%～17%，代谢能13～14千焦/千克 断奶后2周纳米氧化锌使用量：300～600毫克/千克（以锌计） 柠檬酸铜使用量：30～60毫克/千克（以铜计） 吸附剂饲料添加：0.5%～1%的高品斜发沸石，粒径D（50）=5.3微米，粒径D（97）=48.87微米 有机酸复合物饮水添加：0.10%～0.15% 米糠使用量：4%～5%
生长猪（30～60千克）	营养水平：粗蛋白14%～15%，代谢能13～14千焦/千克 吸附剂饲料添加：0.5%～1%的高品斜发沸石，粒径D（50）=5.3微米，粒径D（97）=48.87微米 有机酸复合物饮水添加：0.10%～0.15% 米糠使用量：6%～8%
育肥猪（60千克以上）	营养水平：粗蛋白13%～14%，代谢能13～14千焦/千克 高品吸附剂饲料添加：1.0%～1.5%的斜发沸石，粒径D（50）=5.3微米，粒径D（97）=48.87微米 有机酸复合物饮水添加：0.10%～0.15% 米糠使用量：8%～11%

3.重大疫病监测及精准控制 为保障优质猪无抗健康生产，进行养殖全程监测。在进猪（人、料）之前做好猪（人、料、车）和养殖环境的采样检测，具体样品采集、处理、保存和运输注意事项见表7-12。饲养期定期抽检生产环境、生活环境，以确保生物安全措施到位、效果可靠。设置前置物资静置消毒仓库，对饲料、生活用品等实施“5＋2”隔离洗消制度（5天在前置物资仓库静置消毒，检测合格后进入生产区中转仓，消毒静置2天后进入生产区），设置前置隔离宿舍对进场人员实施“3＋1”隔离洗消制度（3天在前置隔离宿舍，检测合格方可入场进入生活区宿舍，洗消隔离1天后进生产区），严格执行消毒剂使用方案，提升猪场生物安全控制效果。

表7-12 样品采集、处理、保存和运输注意事项

采样类型	采样操作	样品处理	样品保存和运输
猪栏环境样	采样区选取墙壁、地面、围栏、料槽、饮水器等位置，选择5个采样点（5厘米×5厘米），保持单向移动。尽量选择破损处或清洗死角，用生理盐水纱布（7.5厘米×7.5厘米）涂擦表面	放入含样品保护液的自封袋（离心管），封口标记	应尽快送往实验室。采集后放在4℃车载冰箱中，24小时内送达实验室。如24小时内不能送达，可将样品冷冻后再送检，并保证运输过程处于低温状态
出猪台采样	采样区选择脏净区交界处；脏区侧壁、地面；净区侧壁、地面；赶猪工具、挡板。选择5个采样点，保持单向移动。尽量选择破损处或清洗死角，用生理盐水纱布涂擦表面		
宿舍采样	采样区域包含但不限于内外门把手、门框周边、开关、地面、鞋架、衣柜、桌椅、被褥、计算机、手机等。选择5个采样点，保持单向移动。尽量选择破损处或清洗死角，用生理盐水纱布涂擦表面		
人员采样	采样区域包含但不限于头发、脸颊、鼻孔、指甲缝、衣服、鞋底以及随身物品等。尽量多点采样，保持单向移动。尽量选择清洗死角，用生理盐水纱布涂擦表面		
车辆采样	车体采样区域包含但不限于门把手、挡把、方向盘、油门、离合、刹车、地垫、车厢表面、车轮、挡泥板等。选择5个采样点，保持单向移动。尽量选择清洗死角，用生理盐水纱布涂擦表面		
唾液采样	将唾液采集棉绳悬挂于栏内，猪只充分咀嚼，置于密封袋内，剪去袋子一角后挤压唾液棉绳		
尾根血采样	穿无菌防护服进入舍内，用一次末梢采血针，尾根刺血，棉签蘸取尾根血		

（三）应用效果

研究院“三低一高一无”优质猪替抗生产模式，实现了生猪养殖环境条件安全、应激管理得当、日粮替抗节能减排效果明显、疫病防控精准有效，为高品质猪肉精细化分割生产及品牌营销奠定了基础，经济效益、生态效益和社会效益显著。

1.节本增效，经济效益显著 经过6年的实践验证，在苏淮猪保育后期平衡氨基酸后降低蛋白水平至14%，发现猪群生产性能差异不显著，但猪群腹泻率显著降低；在苏淮猪育肥后期用11%脱脂米糠替代玉米、用7%麸皮替代生长期梅山猪和大白猪基础日粮，猪群生长性能不受影响

(表7-13)。实践表明，在替抗条件下，平衡氨基酸、适当降低饲料蛋白水平、增加高纤维饲料原料，有利于实现优质猪替抗生产节本增效，有利于显著提升养殖经济效益。

表7-13　节能替抗日粮实证结果

序号	应用品种及阶段	实验证实简介	参考文献
1	苏淮猪（16～30千克）	在氨基酸平衡情况下，蛋白水平降至14%，苏淮保育猪腹泻率显著下降	牛培培等，2020
2	苏淮猪（60千克以后）	添加11%脱脂米糠替代玉米，饲料消化率最高	蒲广等，2019；韩萍等，2020
3	苏淮商品猪（52～80千克母猪）	添加34.8%的米糠替代部分玉米，对生长性能无显著影响，但可增加皮下脂肪不饱和脂肪酸含量，降低饱和脂肪酸含量	郝帅帅，2016
4	梅山猪（30～50千克）	7%麸皮替代基础日粮时，对猪群采食量、日增重和料重比无影响	蒲广等，2021
5	大白猪（45～65千克）	7%麸皮替代基础日粮对大白猪生长趋势变化无影响	曹旸，2018

2.生态健康，示范带动作用强　研究院“三低一高一无”优质猪替抗生产模式，解决了替抗生产中普遍存在的腹泻率高、生长性能和效益不高，以及铜、锌等物质含量高而易污染环境的问题。目前，通过模式实践示范，带动淮安黑猪地理标志农产品生产企业开展无抗品牌黑猪肉生产开发(图7-9)。实践经验先后被江苏电视台、南京电视台、淮安电视台、今日头条、科技日报、新华日报、淮安日报、搜狐网等媒体报道，促进了当地优质猪产业升级。

图7-9　无抗苏淮猪肉及产品
(图片提供者：武恩在、赵倩倩)

3.优质健康，品牌示范效果显著　研究院试验猪场采用“三低一高一无”模式饲喂苏淮商品猪达80千克左右出栏，委托专业屠宰企业进行标准化屠宰和冷链排酸，经专用冷链车运至冷链车间进行分割、真空包装；为保障肉食消费“最后一公里”的肉品安全，坚持“夕发朝至”的快递运送原则。第三方检测中心定期检测苏淮猪猪肉未检出抗生素（图7-10、图7-11），农业农村部肉及肉制品质量监督检验测试中心检测发现，苏淮猪后腿肉饱和脂肪酸含量与市场普通猪肉相比明显较低，二十碳四烯酸含量与市场普通猪肉相比较高；此外，苏淮猪背最长肌7种必需氨基酸占总氨基酸的比例为39.86%，鲜味氨基酸占总氨基酸的比例为40%；基于苏淮商品猪猪肉品质优秀，生产销售单位连续4年获“淮味千年”农业区域公共品牌授权（图7-12）。作为淮扬菜特色菜品“樱桃肉”的原料肉，研究院试验猪场与淮安市淮扬菜博物馆、淮扬菜商贸集团、北京淮扬菜品鉴堂建立了长期合作关系。

农业部肉及肉制品质量监督检验测试中心（南京）

检 验 报 告

NO. WT16-0493（g）

样品名称	苏淮猪冷鲜肉	型号规格	/
		商 标	/
送检单位	淮安市南农大新农村发展研究有限公司	检验类别	委托检验
生产单位	/	样品等级、状态	生肉块可检
送样地点	本中心业务大厅	送样日期	2016年09月08日
样品数量	约500 g	送 样 者	[illegible]
抽样基数	/	原编号或生产日期	/
检验依据	GB 5009.12-2010 GB 5009.15-2014 GB 5009.17-2014 GB/T 5009.11-2003 GB/T 20764-2006 GB 29694-2013 GB 5009.5-2010 GB/T 9695.7-2013 GB/T 5009.124-2003 农业部1025号公告-14-2008	检验项目	铅、镉、总砷、总汞、恩诺沙星、土霉素、四环素、强力霉素、磺胺二甲基嘧啶、蛋白质、脂肪、氨基酸
所用主要仪器	[illegible] PE 9001 [illegible] [illegible] Buchi E-816 [illegible] [illegible] AFS-9700 [illegible] Waters e2695	实验环境条件	符合检测要求
检验结论	无判定依据，不进行判定。 （检验报告专用章） 签发日期： 2016年 11月 [illegible]日		
备注	该报告仅对来样负责。		

批准： 日期：2016.11.7 审核： 日期：2016.11.7 制表： 日期：2016.11.7

第3页，共5页

样品编号	检测项目	检验结果	标准值	检测方法	单项判定	备注
WT16-0493	恩诺沙星	未检出	/	农业部1025号公告-14-2008	/	/
WT16-0493	磺胺二甲基嘧啶	未检出	/	GB 29694-2013	/	/
WT16-0493	土霉素	未检出	/	GB/T 20764-2006	/	/
WT16-0493	四环素	未检出	/		/	/
WT16-0493	强力霉素	未检出	/		/	/
WT16-0493	金霉素	未检出	/		/	/

（注：“检验报告”可附页；“/”表示不需填写。）

图7-10 苏淮猪肉抗生素指标检测报告（2016年）
（图片提供者：金通、张总平）

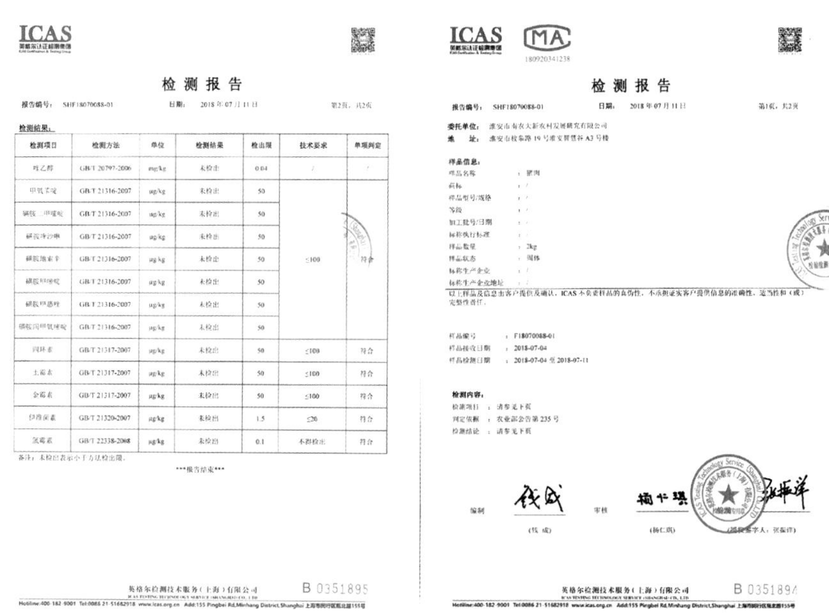
ICAS

检 测 报 告

报告编号： SHF18070088-01 日期： 2018年07月11日 第2页，共2页

检测结果：

检测项目	检测方法	单位	检测结果	检出限	技术要求	单项判定
喹乙醇	GB/T 20797-2006	mg/kg	未检出	0.04	/	/
甲氧苄啶	GB/T 21316-2007	μg/kg	未检出	50	≤100	符合
磺胺二甲嘧啶	GB/T 21316-2007	μg/kg	未检出	50		
磺胺喹沙啉	GB/T 21316-2007	μg/kg	未检出	50		
磺胺地索辛	GB/T 21316-2007	μg/kg	未检出	50		
磺胺甲噻唑	GB/T 21316-2007	μg/kg	未检出	50		
磺胺甲恶唑	GB/T 21316-2007	μg/kg	未检出	50		
磺胺间甲氧嘧啶	GB/T 21316-2007	μg/kg	未检出	50		
四环素	GB/T 21317-2007	μg/kg	未检出	50	≤100	符合
土霉素	GB/T 21317-2007	μg/kg	未检出	50	≤100	符合
金霉素	GB/T 21317-2007	μg/kg	未检出	50	≤100	符合
伊维菌素	GB/T 21320-2007	μg/kg	未检出	1.5	≤20	符合
氯霉素	GB/T 22338-2008	μg/kg	未检出	0.1	不得检出	符合

备注：未检出表示小于方法检出限。

报告结束

英格尔检测技术服务（上海）有限公司 B 0351895

Hotline:400-182-9001 Tel:0086 21-51682918 www.icas.org.cn Add:155 Pingbei Rd,Minhang District,Shanghai

ICAS MA 180920341238

检 测 报 告

报告编号： SHF18070088-01 日期： 2018年07月11日 第1页，共2页

委托单位： 淮安市南农大新农村发展研究有限公司

地 址： 淮安市枚皋路19号淮安智慧谷A3号楼

样品信息：

样品名称 ： 猪肉
商标 ： /
样品型号/规格 ： /
等级 ： /
加工批号/日期 ： /
标称执行标准 ： /
样品数量 ： 2kg
样品状态 ： 块状
标称生产企业 ： /
标称生产企业地址 ： /

以上样品及信息由客户提供及确认，ICAS不负责样品的真伪性，不承担证实客户提供信息的准确性、适当性和（或）完整性责任。

样品编号 ： F18070088-01
样品接收日期 ： 2018-07-04
样品检测日期 ： 2018-07-04 至 2018-07-11

检测内容：

检测项目 ： 请参见下页
判定依据 ： 农业部公告第235号
检测结论 ： 请参见下页

编制 （钱 成） 审核 （杨仁琪） （授权签字人：张振洋）

英格尔检测技术服务（上海）有限公司 B 0351894

Hotline:400-182-9001 Tel:0086 21-51682918 www.icas.org.cn Add:155 Pingbei Rd,Minhang District,Shanghai

图7-11 苏淮猪肉抗生素指标检测报告（2018年）
（图片提供者：张博）

图7-12　苏淮无抗猪肉推介会和区域公共品牌授牌仪式
（图片来源：张博、杜新平）

六、淮阴大北农应用案例

（一）案例背景

为应对仔猪断奶面临的离乳、转群、环境、饲料形态变化、免疫等应激，营养调控方案大量涌现，多数通过有机酸、短链脂肪酸、微生态制剂、植物精油或中草药提取物等产品的组合应用来达到降低应激水平、控制断奶仔猪腹泻的目的。淮阴市大北农饲料有限公司从实际使用效果和成本控制两方面综合考虑，通过饲料原料发酵应用、日粮配方优化、生产工艺改进、母仔猪饲养管理4个方面形成断奶仔猪替抗生产方案。

（二）主要做法

1.发酵饲料原料　按照45％麸皮、2％玉米、20％豆粕、15％米糠粕重量配比，加入0.01％～0.03％非淀粉多糖酶（≥2.88×10^5酶单位/克）、0.01％～0.02％蛋白酶（≥1.8×10^6酶单位/克），混合搅拌；按照0.01％乳酸菌（植物乳杆菌活菌浓度≥7×10^{11}菌落形成单位/克）、0.05％酵母菌（布拉迪酵母活菌浓度≥7.2×10^{11}菌落形成单位/克）、0.05％无机盐＋葡萄糖，在33℃条件下制成活化菌液，均匀喷洒到搅拌机内的物料中，控制水分含量40％左右；出料装入呼吸袋，热合密封；入保温库静置发酵，环境温度不低于25℃，夏季发酵3天、春秋季5天、冬季7天，出库转入成品库室温保存。

2.优化乳仔猪日粮配方　在净能体系和可消化氨基酸体系下，为提高饲料转化率，乳仔猪日粮配方可进行如下调整：发酵原料添加12％左右，蛋白水平调至18％左右，膳食纤维水平调至9％左右；每吨日粮添加枯草芽孢杆菌200克、溶菌酶1 000克、抗菌肽500克。

3.改进饲料生产工艺　为提升饲料的熟化度，降低热敏元素的损失，改善适口性，提升饲料品质，该公司采用二次制粒工艺（二次粉碎、二次制粒）。玉米、豆粕类物料第一次使用筛孔直径为1.0毫米超微粉碎机粉碎，第一次调制温度尽可能高（90℃以上），以保证其与蒸汽的充分混合与熟化；第二次粉碎使用筛孔直径为2.0毫米的筛粉碎，第二次调制温度不可过高（50～60℃），避免造成部分营养成分损失。

4.优化母仔猪饲养管理　母猪产前7天转入产房。转入产房前，将母猪按照胎次分组。母猪分娩前第三天饲喂哺乳饲料3千克左右，分娩前第二天饲喂2千克左右，分娩当天视情况补料，产后逐渐加料，每天增加1千克，产后第五天自由采食。7日龄开始教槽，每天6次，早期1次只放入3～5克饲料，根据饲料消耗情况确定下次放入多少料。尽量保证投放的饲料都被及时吃掉，保证饲料新鲜。仔猪断奶前，做好保育圈舍清洗消毒后，提供干燥、温暖和舒适的猪舍环境，使用配套电暖或地暖升温，床面撒些麸皮，将舍内温度提升至28℃（温度计离地1米）以上。断奶仔猪全部转入保育舍后，每天加料次数不少于2次，确保饲料新鲜。饮水器水流速度调整为0.5～1升/分钟。

（三）应用效果

2020年1—2月在淮安某集团养殖场，选择胎龄一致、体况良好的母猪，在产房内分成2组，每组14头。母猪饲喂同一种哺乳料，对应哺乳仔猪分别饲喂抗生素教槽料、替抗教槽料（图7-13）。结果发现，断奶前替抗组头均采食量显著高于抗生素组（表7-14）。仔猪断奶第二天转入保育舍，随机分为2组，确保2组仔猪起始体重差异不显著，每组8栏公母各半，每栏14 ~ 16头，在保育过渡期10天分别饲喂以上2种教槽料。结果显示，替抗组头均耗料量显著高于抗生素组，由此说明替抗教槽料适口性强，有利于提高乳仔猪阶段采食量（表7-15、表7-16）。根据当时的饲料原料价格计算，替抗组饲料成本高于抗生素组120元/吨，但替抗组仔猪增重略高，按照当时的仔猪均价40元/千克计算，两者经济效益基本一致（表7-17）。

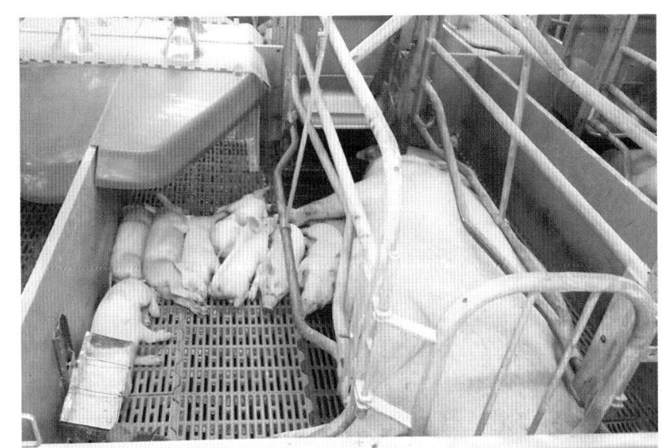

图7-13　试验现场
（图片提供者：吴青华）

表7-14　乳仔猪实证试验分组情况

类别	营养水平	添加产品	饲养时间
A组仔猪	蛋白水平18% 膳食纤维9% 复合发酵原料使用量12%	枯草芽孢杆菌200克/吨（≥4.0×10^{10}菌落形成单位/克） 溶菌酶1 000克/吨（≥5.0×10^{7}单位/克、溶菌酶二聚体≥30%） 抗菌肽500克/吨（≥5.0×10^{10}菌落形成单位/克）	2020年1月13—28日
B组仔猪	蛋白水平18% 膳食纤维9% 复合发酵原料使用量12%	15%金霉素预混剂75克/吨 50%吉他霉素预混剂50克/吨 50%维吉尼亚霉素预混剂10克/吨	2020年1月13—28日
C组断奶仔猪	蛋白水平18% 膳食纤维9% 复合发酵原料使用量12%	枯草芽孢杆菌200克/吨（≥4.0×10^{10}菌落形成单位/克） 溶菌酶1 000克/吨（≥5.0×10^{7}单位/克、溶菌酶二聚体≥30%） 抗菌肽500克/吨（≥5.0×10^{10}菌落形成单位/克）	2020年1月29日至2月9日
D组断奶仔猪	蛋白水平18% 膳食纤维9% 复合发酵原料使用量12%	15%金霉素预混剂75克/吨 50%吉他霉素预混剂50克/吨 50%维吉尼亚霉素预混剂10克/吨	2020年1月29日至2月9日

注：A组、C组为替抗组，B组、D组为抗生素组。

表7-15 断奶前乳猪生产数据统计

组别	窝数	平均胎次	断奶平均日龄	断奶头数	断奶均重（千克）	采食量（千克/头）
A组（替抗组）	14	2.9	22	141	5.81±0.04	391.49±12.33a
B组（抗生素组）	14	3.1	22	144	5.88±0.03	339.60±11.14b

注：1. 2020年1月13—28日江苏省淮安市淮安区顺河镇某集团养殖场；2.同一列数据标不同小写字母表示差异显著（$P<0.05$）。

表7-16 保育过渡期断奶仔猪生产性能

项目	C组（替抗组）	D组（抗生素组）
断奶仔猪重（千克）	5.83±0.03	5.82±0.03
断奶12天后仔猪体重（千克）	8.48±0.11	8.43±0.15
平均日增重（克）	220.00±3.70	218.00±8.18
头均耗料量（千克）	3.67±0.09a	3.52±0.04b
料重比	1.45±0.02	1.35±0.04
腹泻率（%）	0.05±0.00	0.04±0.00

注：1. 2020年1月29日至2月9日江苏省淮安市淮安区顺河镇某集团养殖场；2.同一列数据标不同小写字母表示差异显著（$P<0.05$）。

表7-17 保育过渡期断奶仔猪经济效益测算

组别	饲料价格（元/千克）	平均耗料量（千克）	平均增重（千克）	仔猪销售价格（元/千克）	创造效益（元/头）
替抗组	8.62	3.67	2.65	40	74.4
抗生素组	8.50	3.52	2.61	40	74.5

七、双胞胎应用案例

（一）案例背景

生猪饲料禁抗后，双胞胎（集团）股份有限公司面临断奶仔猪腹泻增加、健康度下降、生长猪增重降低、饲料效率下降等问题，尤其是养殖环境差、现场管理水平落后的猪场压力较大。为了解决实际问题，该公司研究院自2016年开始探索替抗饲料综合解决方案，最终以营养均衡为原则，通过营养调控、饲料添加剂配合、生产工艺优化、猪群精细化管理4个方面的努力形成了断奶仔猪替抗养殖方案，实践效果反馈较好。

（二）主要做法

1.营养调控 一是选择发酵酶解豆粕、膨化大豆替代常规豆粕。该公司将断奶后仔猪日粮发酵酶解豆粕用量控制在15%～20%，以提升消化吸收率，降低肠道负担。二是注重氨基酸平衡。根据需要补充赖氨酸、蛋氨酸、色氨酸、苏氨酸、缬氨酸等合成氨基酸。实践经验表明，氨基酸平衡状态断奶仔猪蛋白水平下降至18.0%～18.5%，可有效降低断奶仔猪营养性腹泻发生率。三是保持电解质平衡。钠、钾、氯等离子平衡值控制在250～300毫克当量/千克，以促进猪群生长。

2.饲料添加剂配合 配合选择酸化剂（每吨饲料中添加5～8千克二甲酸钾、乳酸、苯甲酸、富马酸等复合物）、酶制剂（根据饲料结构，每吨饲料中添加非淀粉多糖酶7 000～9 000单位/千克、蛋白酶7 500～10 000单位/千克、葡萄糖氧化酶200～300单位/千克、淀粉酶100～200单位/千克）、益生菌（每吨饲料中添加0.5～1千克复合菌，其中乳酸菌≥5×10^7菌落形成单位/克、枯草芽孢杆菌活菌数≥5×10^6菌落形成单位/克、酵母菌活菌数≥6×10^6菌落形成单位/克）等进行功能型添加剂复配。

3.生产工艺优化 采用双层调质，提高调质温度至90℃，延长调质时间90秒超长高温制粒，提升饲料原料熟化度，以降低饲料源性病原菌引发的仔猪肠道健康问题。针对高温易导致维生素、酶制剂等损失的问题，使用喷涂工艺包被原料，减少功能性原料损失；对易损失的功能性原料适当溢量添加，以保证饲料产品性能。

4.猪群精细化管理 一是做好小环境控制。针对哺乳仔猪和断奶后2周的仔猪，在寒冷天气时通过加装保温灯、保温箱、搭建屋中屋等方式做好保温工作。一般5～10千克仔猪（21～36日龄），环境温度不低于29℃；10～15千克仔猪（37～50日龄），环境温度不低于28℃；15～20千克仔猪（50～60日龄），环境温度不低于27℃；20～30千克仔猪（60～75日龄），环境温度不低于26℃。二是做好通风工作，降低舍内氨气浓度，避免呼吸道疾病的发生。夏季高温季节增加降温设备，减少热应激对猪群健康及生长的影响。三是做好混群、转群、换料等管控。按体重差异做好分群管理，分群前后饲喂多维，每天分3～5次饲喂。做好料槽清洁，保证料的新鲜度。在不同阶段饲料换料期间，做好5～7天的过渡饲喂工作，按照7：3、5：5、3：7的比例逐步过渡。

（三）应用效果

2020年2—4月，在江西省赣州市信丰县合作试验场，选取健康状况良好的三元（杜×长×大）25日龄断奶仔猪，初始体重7千克左右，随机分为2组，抗生素组329头、替抗组335头，饲养期14天，观测断奶保育前期仔猪头耗料量、日增重、腹泻率等指标；随后进入保育后期，继续饲养25天。实证结果显示，断奶后替抗组和抗生素组日增重、料重比数值上差别不大，但替抗组抗腹泻能力有所提升，保育前期腹泻率下降20%（表7-18），保育后期腹泻率下降13%（表7-19）。

表7-18　保育前期断奶仔猪生产数据统计

组别	头数	平均初重（千克）	平均末重（千克）	平均日增重（千克）	料重比	平均耗料量（千克）	腹泻率（%）
抗生素组	329	7.08±0.09	11.04±0.22	0.283±0.013	1.12±0.05	4.44±0.05	1.68±0.79
替抗组	335	7.01±0.11	11.1±0.19	0.292±0.015	1.08±0.05	4.42±0.04	1.35±0.65

表7-19　保育后期断奶仔猪生产数据统计

组别	头数	平均初重（千克）	平均末重（千克）	平均日增重（千克）	料重比	平均耗料量（千克）	腹泻率（%）
抗生素组	329	11.1±0.19	22.2±0.28	0.444±0.014	1.45±0.05	16.1±0.1	1.24±0.77
替抗组	335	11.04±0.22	22.34±0.25	0.452±0.008	1.42±0.02	16.09±0.11	1.08±0.49

八、山东亚太海华应用案例

（一）案例背景

山东亚太海华生物科技有限公司推动了腐植酸钠增补进入《饲料原料目录》，参与了《饲料原料 腐植酸钠》（NY/T 4120—2022）农业行业标准的制定工作。为了充分发挥腐植酸钠替抗作用，该公司综合国内外相关研究成果，结合单一替抗添加物实证效果，拟定了生长育肥猪替抗添加物复配方案。实证结果表明，替抗效果较为理想。

（二）实证试验

腐植酸钠是一类富含酚羟基与羧基的芳香大分子物质，具有吸附收敛、止血止泻、抗菌消炎的作用，能够保护胃肠道黏膜，改善肠道屏障功能。三丁酸甘油酯可为肠细胞发育提供能量，促进肠上皮细胞增殖，调节肠细胞功能。半胱胺是生长抑素的耗竭剂，能解除生长抑素对生长的抑制作用，提高机体生长素浓度。在猪日粮中添加半胱胺，能促进机体生长发育、提高饲料转化率。为了形成应对猪群应激管理的系统解决方案，该公司首先围绕单一替抗添加物开展实证试验，实证效果见表7-20。

表7-20 单一替抗添加物实证效果统计

序号	添加物	猪群生长阶段	时间地点	头数	实证结果
1	腐植酸钠	三元断奶仔猪	2019年6月 山东亚太海华生物科技有限公司试验动物场	120头	0.3%腐植酸钠添加组与抗生素组生长性能差异不显著
2	三丁酸甘油酯	三元断奶及保育猪	2019年3月 山东亚太海华生物科技有限公司试验动物场	150头	0.2%、0.3%丁酸甘油酯添加组，21 ~ 35日龄断奶猪采食量、日增重略低于抗生素组，但差异不显著；36 ~ 63日龄保育猪饲料中添加0.3%丁酸甘油酯，采食量与日增重与抗生素组接近
3	半胱胺盐酸盐	三元保育及育肥猪	2018年9月 山东亚太海华生物科技有限公司试验动物场	90头	150毫克/千克包被半胱胺盐酸盐添加组与抗生素组差异不显著
4	维生素C	三元生长猪	2019年7月 山东亚太海华生物科技有限公司试验动物场	90头	300毫克/千克维生素C添加组与对照应激组相比，干物质、氮、粗脂肪消化率、日采食量、日增重数值上略高，但差异不显著
5	复合氨基酸络合铁	三元哺乳仔猪	2018年4月 山东亚太海华生物科技有限公司试验动物场	120头	50毫克/千克复合氨基酸络合铁添加组与对照组相比，血红蛋白含量显著提高
6	超微粉高纤维	三元断奶及保育猪	2019年3月 山东亚太海华生物科技有限公司试验动物场	100头	日粮中添加1% ~ 3%的超微粉高纤维原料到仔猪日粮，可显著降低仔猪营养性腹泻率

（三）应用效果

从增强肠道屏障功能、提升营养物质利用率、降低应激水平和促进生长等方面综合考虑，结合实证结果，选择腐植酸钠、三丁酸甘油酯、氨基酸螯合铁、维生素C、包被半胱胺、超微粉高纤维进行复配组合，形成不同养殖阶段“替抗、促生长、抗应激”营养素复配方案（表7-21）。2019年7月，该公司选择240头猪（公母各半，每组12栏120头）进行实证。结果发现，复配组各阶段日增重、采食量、腹泻率与抗生素组无差异，复配组各阶段采食量略高于抗生素组。由此可见，使用复配方案有利于增加猪群采食量，可保持添加抗生素时的生产水平（表7-22）。

表7-21 “替抗、促生长、抗应激”营养素复配方案

阶段	体重	推荐营养复配方案
保育阶段	15 ~ 30千克	0.3%腐植酸钠+0.15%三丁酸甘油酯+0.03%氨基酸螯合铁+0.02%维生素C；日粮粗纤维含量3.0%
生长阶段	30 ~ 60千克	0.2%腐植酸钠+0.015%包被半胱胺+0.005%氨基酸螯合铁
育肥阶段	60千克至出栏	0.2%腐植酸钠+0.015%包被半胱胺

表7-22 “替抗、促生长、抗应激”营养素复配方案实证结果

日龄	项目	复配组	抗生素组
21 ~ 35日龄	21日龄平均体重（千克）	6.82±0.25	6.81±0.33
	35日龄平均体重（千克）	12.41±0.31	12.34±0.34
	平均日增重（克）	406.48±17.42	402.29±19.32
	平均日采食量（克）	518.06±12.55	505.89±11.21
	料重比	1.27±0.14	1.25±0.13
	腹泻率（%）	4.90	4.80
36 ~ 63日龄	63日龄平均体重（千克）	26.93±0.71	26.23±0.92
	平均日增重（克）	518.57±18.20	496.08±27.55
	平均日采食量（克）	803.78±10.31	768.92±9.46
	料重比	1.55±0.15	1.55±0.14
	腹泻率（%）	3.90	4.10
64 ~ 123日龄	120日龄平均体重（千克）	69.99±2.15	69.8±2.36
	平均日增重（克）	717.8±22.35	716.3±30.27
	平均日采食量（克）	1 737.07±30.19	1 726.28±20.19
	料重比	2.42±0.21	2.41±0.19
	腹泻率（%）	1.02	0.98

九、广东驱动力应用案例

（一）案例背景

市场上常用的抗生素替代物主要有中草药、酸化剂、抗菌肽、活菌制剂、酶制剂等，以上产品均有一定的抗菌促生长效果。但必须注意的是，如果饲养动物处于贫血状态，抗原抗体反应和白细胞功能将会受到影响，以上替抗产品使用效果会大打折扣。广东驱动力生物科技股份有限公司近10年来致力于动物造血营养复合制剂的研发、应用及推广，已建立60个动物贫血监测网点，通过开展各阶段猪群血红蛋白水平监测及实证试验，建立了菠菜提取物（卟啉铁含量>13.5%）配伍维生素B_{12}复合制剂使用方案。目前，该类产品在福建、江西、广东、湖南、河北等省份2 000多家养殖公司（规模养殖场）进行应用，示范推广效果较好。

（二）实证试验

目前，国际上认定的猪血红蛋白分级标准见表7-23。采集猪血，用虹吸式血红蛋白仪检测发现多数猪群处于亚临床型贫血状态。为此，该公司开展了母仔猪、保育猪、育肥猪日粮中添加菠菜提取物和维生素B_{12}复合制剂改善血液血红蛋白的实证试验。结果表明，妊娠猪饲料中添加该类产品，母仔猪血红蛋白水平升高，感官表现为母猪肤色好、产程短、奶水好，仔猪肤色红润、活力强、脐带粗（图7-14、图7-15）。保育猪饲料中添加该类产品，猪群血红蛋白浓度、育成率有所提高，被毛整齐有光泽（图7-16），料重比有所降低。育肥猪饲料中添加该类产品，表现为猪群被毛整齐、有光泽，整齐度较好，屠宰后肉色鲜亮，滴水损失较少（图7-17）。

表7-23　猪血红蛋白分级标准

状态	血红蛋白浓度（克／升）
达标	＞110
亚临床型贫血	90 ～ 110
临床型贫血（严重贫血）	＜90

注：来自《警惕仔猪缺铁性贫血》国外畜牧学（猪与禽）。

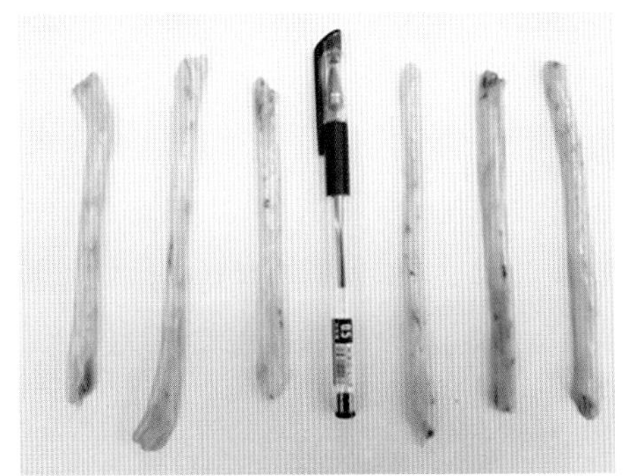

a）对照组

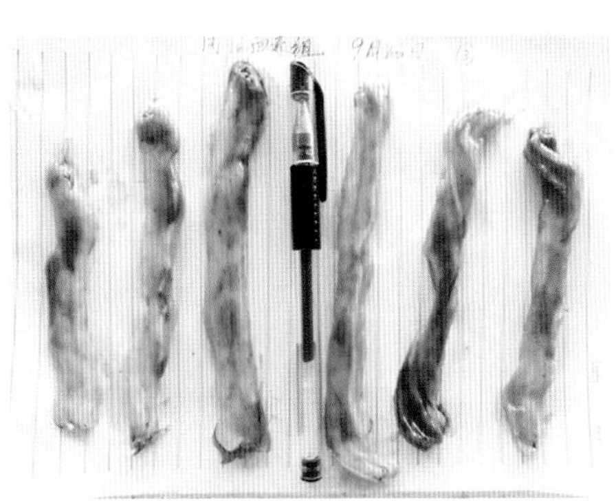

b）添加组

图7-14　初生仔猪脐带
（图片提供者：程龙梅）

a）对照组

b）添加组

图7-15　母仔体况
（图片提供者：程龙梅）

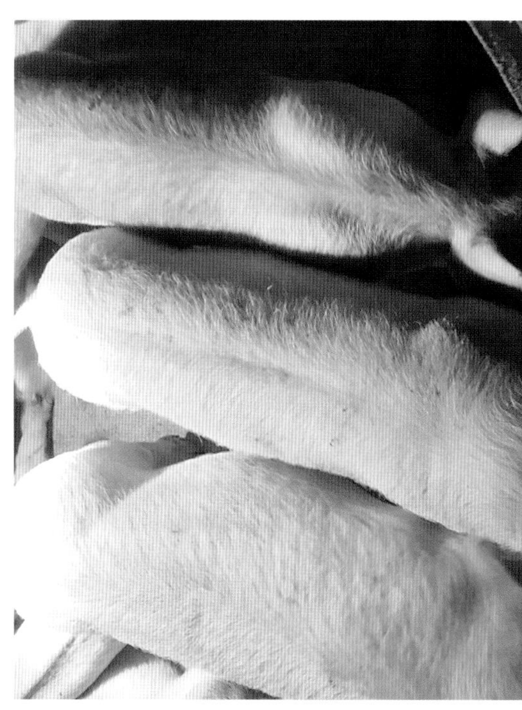
a）对照组

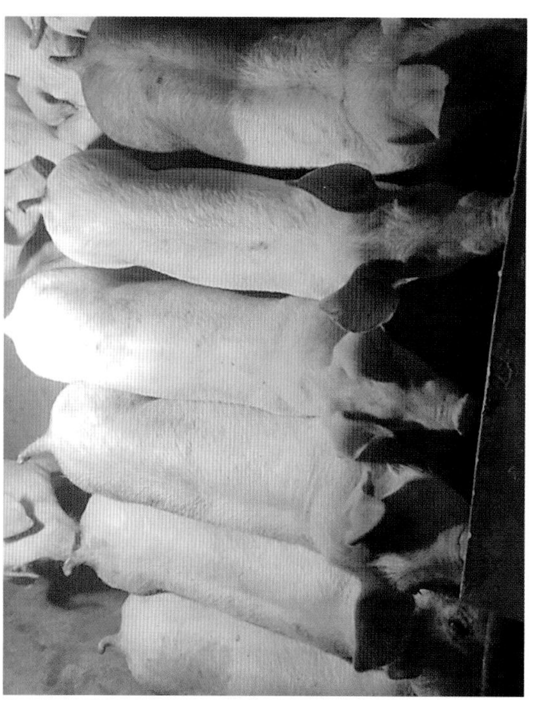
b）添加组

图7-16　保育猪毛色
（图片提供者：刘金萍）

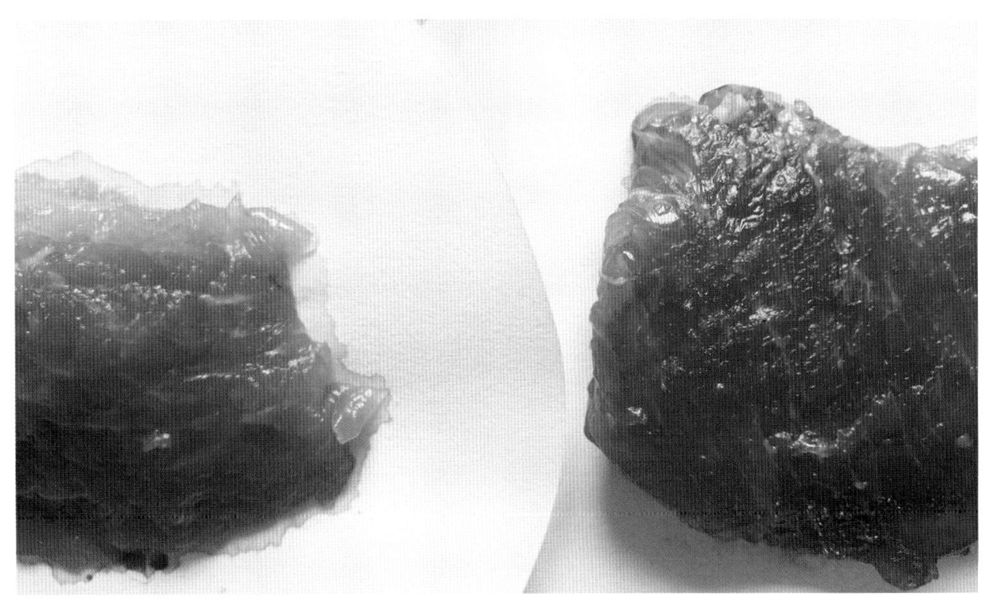

图7-17　对照组和添加组育肥猪屠宰后肉色和失水率对比效果
（图片提供者：刘平祥）

（三）应用效果

基于实证结果（表7-24），建议保育期猪饲料里添加量为1.0千克/吨，大猪建议添加量为0.5千克/吨。广西南宁市江南区某养殖集团生猪养殖基地（年出栏商品猪1万头）在保育结束到出栏阶段，每吨饲料中添加0.5千克菠菜提取物和维生素B_{12}复合制剂，使用后猪群表现皮肤红润、毛短细亮、抵抗力增强、饲料消耗稍低、商品猪增重效果明显，见表7-25。

表7-24　菠菜提取物和维生素B_{12}复合制剂应用于不同生理阶段猪群实证结果

序号	生长阶段	试验地点	试验期	添加量	猪群规模	应用前后血红蛋白水平比较	应用前后性能比较
1	妊娠母猪	河北省保定市阜平县保阜路江城乡	产前30天	1千克/吨	2组，每组22头 胎次：添加组3.27胎，对照组3.05胎	添加组108.09克/升、对照组98.64克/升，显著提高9.58%	添加组窝重15.12千克、初生均重1.61千克，分别比对照组高20.38%、13.04%
2	妊娠母猪	广东省韶关市浈江区犁市镇	产前30天	1.5千克/吨	2组，每组30头	添加组所产仔猪117.90克/升、对照组107.00克/升，显著提高10.19%	添加组窝重17.46千克，比对照组高7.18% 添加组每窝产程257.4分钟，比对照组显著缩短128.4分钟
3	妊娠母猪	江西省抚州市东乡区	产前30天	1.5千克/吨	2组，每组19头 胎次：添加组3.68胎，对照组3.11胎	添加组100.32克/升、对照组93.74克/升，显著提高9.93% 添加组所产仔猪114.70克/升、对照组105.66克/升，显著提高8.56%	添加组窝重16.44千克，比对照组高16.68% 添加组每窝产程204.1分钟，比对照组显著缩短50.2分钟

（续）

序号	生长阶段	试验地点	试验期	添加量	猪群规模	应用前后血红蛋白水平比较	应用前后性能比较
4	保育猪	福建省南平市建阳区	36天	前9天1.25千克/吨，后27天1.00千克/吨	2组，每组89头	添加组101.58克/升、对照组92.67克/升，显著提高9.60%	添加组育成率100%，比对照组高6.74%
5	保育猪	江西省赣州市定南县天九镇	50天	1.0千克/吨	2组，每组450头	添加组108.66克/升、对照组100.24克/升，显著提高8.40%	添加组育成率97.10%，比对照组略高
6	保育猪	广东省肇庆市四会市	21天	0.8千克/吨	2组，每组220头	添加组116.12克/升、对照组112.33克/升，提高了3.37%	添加组日增重499克、育成率95.91%，分别比对照组高了15.7克、4.60%
7	育肥猪	广东省肇庆市四会市	60天	0.5千克/吨	2组，每组90头	添加组111.44克/升、对照组99.56克/升，提高了11.93%	添加组日增重766.76克、育成率96.96%，分别比对照组高了32.5克、3.60%。48小时滴水损失降低了13.17%

表7-25　菠菜提取物和维生素B_{12}复合制剂应用商品猪生产情况

类别	料重比	平均初重（千克）	平均末重（千克）	平均饲料消耗（千克）
应用前	2.42	33.10	105.53	175.28
应用后	2.20	33.78	112.43	173.03

注：数据来自2015年12月10日至2016年4月12日广西南宁市江南区某养殖集团生猪养殖基地生产情况统计。

十、湖北浩华应用案例

（一）案例背景

三丁酸甘油酯在小肠中脂肪酶的作用下释放出丁酸，到达肠后段为肠道上皮细胞提供能量，参与细胞分化、肠道发育、免疫调节等生理过程。生产上，通常在仔猪日粮中添加三丁酸甘油酯，以改善猪肠道健康、促进生长。湖北浩华生物技术有限公司在2003年申请了“三丁酸甘油酯作为饲料添加剂的应用”发明专利，此后近20年专注于猪用甘油酯类产品的开发应用。近年来，儿茶作为传统中药具有收敛止泻、抑菌、整肠、抗氧化的功效，已成为一种新型替抗饲料添加剂。该公司结合三丁酸甘油酯、儿茶实证试验，形成了三丁酸甘油酯配伍儿茶应用方案，通过实践熟化方案，为断奶仔猪替抗养殖生产提供参考。

（二）实证试验

2019年9月，湖北省天门市皂市镇某猪场选择出生日期和体重相近的断奶仔猪，添加组每吨日粮分别添加0.5千克、1.0千克三丁酸甘油酯（图7-18）。结果显示，添加组能有效提高日增重，显著降低腹泻率，显著减弱断奶应激。在同批次猪群中挑选弱仔猪、僵猪16头，随机分为弱仔组和添加组，添加组添加1.5千克/吨三丁酸甘油酯。结果发现，添加组可有效提高弱仔猪日增重，降低腹泻率，提升弱仔猪活力。2020年5月，湖北省襄阳市南漳县某猪场选取出生日期和体重相近、健康且

图7-18　三丁酸甘油酯
（图片提供者：范伟）

采食正常的断奶仔猪，对照组饲喂基础日粮，添加组添加0.5千克/吨儿茶（图7-19）。试验结果显示，添加组可有效改善断奶仔猪日增重，降低腹泻率。2020年7月，湖北省襄阳市南漳县某猪场，选取体重相近、健康且采食正常的待转仔猪，对照组饲喂基础日粮，添加组每吨小猪料添加0.3千克儿茶。结果同样发现，添加组可以提高猪只日增重，降低腹泻率，减弱换料应激（表7-26）。

图7-19　儿　茶
（图片提供者：杨玲）

表7-26　三丁酸甘油酯、儿茶应用于仔猪阶段实证结果

序号	生长阶段	试验地点	试验期	添加量	猪群规模	实证结果简介
1	断奶仔猪 28日龄	湖北省天门市皂市镇某猪场	21天	0.5千克/吨、1.0千克/吨三丁酸甘油酯含量60%	3组，每组3栏，每栏12头	0.05%和0.10%添加组日采食量550克、560克，略高于对照组3.96%、5.64%；日增重高于对照组4.86%、10.31%；腹泻率低于对照组5.06%、10.31%
2	弱仔 28日龄	湖北省天门市皂市镇某猪场	14天	15千克/吨三丁酸甘油酯含量60%	2组，添加组8头，对照组8头	添加组平均日增重157克，数值上显著高于未添加组175%；腹泻率4.08%，显著低于对照组56%
3	仔猪 35日龄	湖北省襄阳市南漳县某猪场	14天	0.5千克/吨儿茶	2组，每组4栏，每栏12头	添加组日增重477克，高于对照组9.15%；腹泻率1.36%，低于对照组73.64%
4	仔猪 60日龄	湖北省襄阳市漳县某猪场	14天	0.3千克/吨儿茶	2组，每组3栏，每栏25头	添加组日增重634克，高于对照组9.90%；腹泻率2.14%，低于对照组53.98%

（三）应用效果

结合以上实证试验结果，建议在断奶仔猪每吨日粮中添加1.0千克三丁酸甘油酯和0.5千克儿茶替代抗生素。为了验证复配方案替抗效果，选择120头断奶仔猪，每组60头，抗生素组每吨基础日粮中添加1.0千克20%土霉素钙、0.1千克50%吉他霉素，替抗组每吨基础日粮中添加1千克三丁酸甘油酯、0.5千克儿茶。结果显示，2组断奶仔猪平均日增重、平均日采食量、料重比无差异，且替抗组腹泻率低于抗生素组18.75%（表7-27）。由此说明，三丁酸甘油酯复配儿茶添加剂组合可替代土霉素钙复配吉他霉素组合而不影响其生产性能，且前者更具有抗腹泻优势。

表7-27　三丁酸甘油酯和儿茶组合替代抗生素对断奶仔猪生长性能的影响

项目	抗生素组	替抗组
平均日增重（克）	327.54±15.12	334.42±12.78
平均日采食量（克）	528.63±22.46	530.18±25.13
料重比	1.61±0.05	1.58±0.04
腹泻率（%）	4.32	3.51

注：数据来自2020年5—6月湖北省襄阳市南漳县某养殖场。

十一、河南禹州合同泰应用案例

（一）案例背景

迷迭香是一种唇形科的天然香料植物，主要成分为酚酸类、黄酮类、萜类与挥发性物质等。迷迭香提取物具有良好的抗氧化、抗炎、抗菌等生物学功能，因此常作为饲用添加剂应用于畜牧生产。河南省禹州市合同泰药业有限公司为开发猪用替抗添加剂，近5年在实验室和现场条件下开展了迷迭香提取工艺优化和植物精油复配效果试验验证，基于迷迭香可通过激活PXR/NF-κB信号通路缓解肠道炎症的机理，针对细菌引起的仔猪腹泻，形成了复合精油母仔猪保健应用方案，为植物精油类替抗添加剂开发提供了参考。

（二）实证试验

根据不同提取方法对迷迭香精油最小抑菌浓度试验（表7-28），选择对金黄色葡萄球菌、大肠杆菌、绿脓杆菌抑菌效果较好的亚临界法萃取迷迭香精油。根据不同精油组合的最小抑菌浓度（表7-29）和抑菌圈直径试验（表7-30），复配精油（主要成分为迷迭香精油10%、大蒜精油1%、牛至精油1%）对于金黄色葡萄球菌、链球菌、大肠杆菌、沙门氏菌的抑菌效果最好。精油复配后进行包被，在断奶仔猪日粮中添加不同水平的复合精油。结果发现，添加组与对照组日增重和料重比之间差异不显著，但添加组腹泻率下降趋势明显。为了验证复合精油对仔猪血清抗氧化能力和养分表观消化率的影响，选择64头初重为7.8千克左右的28日龄健康的断奶仔猪（杜长大），随机分为2组，每组4个重复，每个重复8头（公母猪各半）；每吨饲料中添加0.3千克包被复合精油。与对照组相比，添加组可显著提高中性洗涤纤维消化率、血清谷胱甘肽过氧化物酶活性、超氧化物歧化酶活性（表7-31）。

表7-28　不同提取方法对迷迭香精油最小抑菌浓度的影响

提取方法	最小抑菌浓度（毫克／毫升）			
	金黄色葡萄球菌26003	大肠杆菌BL-21	牛致病大肠杆菌4605	绿脓杆菌10104
水蒸气提取法	2.97	2.97	2.97	5.94
SDE提取法	1.49	1.49	2.97	2.97
亚临界法萃取	0.74	0.74	1.49	2.97

注：数据来自2019年9月河南省食品安全生物标识快检技术重点实验室。

表7-29　不同精油组合的最小抑菌浓度

菌种	抑菌剂	抑菌剂浓度（微升／毫升）									最小抑菌浓度（微升／毫升）
		8.0	4.0	2.0	1.0	0.5	0.25	0.125	0.063	0.032	
金黄色葡萄球菌	迷迭香精油	－	－	－	－	－	++	++	++	++	0.500
	牛至油	－	－	－	－	－	++	++	++	++	0.500

（续）

菌种	抑菌剂	抑菌剂浓度（微升／毫升）									最小抑菌浓度（微升／毫升）
		8.0	4.0	2.0	1.0	0.5	0.25	0.125	0.063	0.032	
金黄色葡萄球菌	肉桂油	-	-	-	-	-	++	++	++	++	0.500
	丁香油	-	-	-	++	++	++	++	++	++	2.000
	复配精油	-	-	-	-	-	-	-	+	++	0.125
链球菌	迷迭香精油	-	-	-	-	-	++	++	++	++	0.500
	牛至油	-	-	-	-	-	++	++	++	++	0.500
	肉桂油	-	-	-	-	-	++	++	++	++	0.500
	丁香油	-	-	-	+	++	++	++	++	++	2.000
	复配精油	-	-	-	-	-	-	+	++	++	0.250
大肠杆菌	迷迭香精油	-	-	-	-	-	+	++	++	++	0.500
	牛至油	-	-	-	-	-	+	++	++	++	0.500
	肉桂油	-	-	-	-	-	++	++	++	++	0.500
	丁香油	-	-	-	-	+	++	++	++	++	1.000
	复配精油	-	-	-	-	-	-	-	+	++	0.125
沙门氏菌	迷迭香精油	-	-	-	-	-	++	++	++	++	0.500
	牛至油	-	-	-	-	-	+	++	++	++	0.500
	肉桂油	-	-	-	-	-	++	++	++	++	0.500
	丁香油	-	-	-	-	++	++	++	++	++	1.000
	复配精油	-	-	-	-	-	-	-	++	++	0.125

注：1.–表示无菌生长，+表示有少量菌生长，++表示有大量菌生长；2.数据来自2019年10月河南省食品安全生物标识快检技术重点实验室。

表7-30　不同精油对抑菌圈直径的影响

抑菌剂	抑菌圈直径（毫米）			
	金黄色葡萄球菌	链球菌	大肠杆菌	沙门氏菌
迷迭香精油	11.17±0.23C	9.57±0.35Cc	11.50±0.25C	10.57±0.23CDd
牛至油	9.30±0.21D	8.50±0.10CDd	10.17±0.23D	11.57±0.30Cc
肉桂油	15.70±0.12B	13.17±0.22B	17.20±0.21B	16.53±0.18B
丁香油	6.37±0.18E	5.83±0.23E	7.30±0.32E	6.87±0.23E
复配精油	23.57±0.30A	21.67±0.32A	25.23±0.29A	24.37±0.27A

注：1.同一列数据标不同小写字母表示差异显著（$P<0.05$），同一列数据标不同大写字母表示差异极显著（$P<0.01$）；2.数据来自2019年10月河南省食品安全生物标识快检技术重点实验室。

表7-31 复合精油应用于仔猪的实证结果

序号	阶段	试验地点	试验期	组别	猪群规模	实证结果简介
1	仔猪 35日龄	河南省新乡市辉县某猪场	14天	0.4千克/吨添加组 对照组	2组，每组4个重复，每个重复12头	添加组日增重469克、日采食量557克，分别高于对照组7.15%、4.72% 添加组及对照组的料重比分别为1.27、1.39；添加组及对照组的腹泻率分别为2.08%、18.75%
2	仔猪 60日龄	河南省新乡市辉县某猪场	14天	0.2千克/吨添加组 对照组	2组，每组3个重复，每个重复15头	添加组日增重635克、日采食量972克，分别高于对照组5.35%、3.23% 添加组及对照组的料重比分别为1.63、1.79；添加组及对照组的腹泻率分别为0%、6.67%
3	仔猪 28日龄	农业农村部饲料工业中心动物试验基地	21天	0.3千克/吨添加组 对照组	2组，每组4个重复，每个重复8头	添加组及对照组的日增重和日采食量无差异，添加组可显著提高中性洗涤纤维表观消化率、血清超氧歧化酶和谷胱甘肽过氧化物酶活性

（三）应用效果

依据实证结果，当仔猪发生细菌性腹泻时，建议每日每头使用0.5克复合精油，母猪每日每头使用1 ~ 2克复合精油直到情况稳定。2020年10月，河南省南阳市多个自繁自养猪场部分母猪和断奶阶段的仔猪出现腹泻症状。核酸检测病原主要是大肠杆菌，选择上述方案进行保健，断奶仔猪连续使用3天后症状消失，第4天未再出现腹泻症状（图7-20）。

a）未使用复合精油

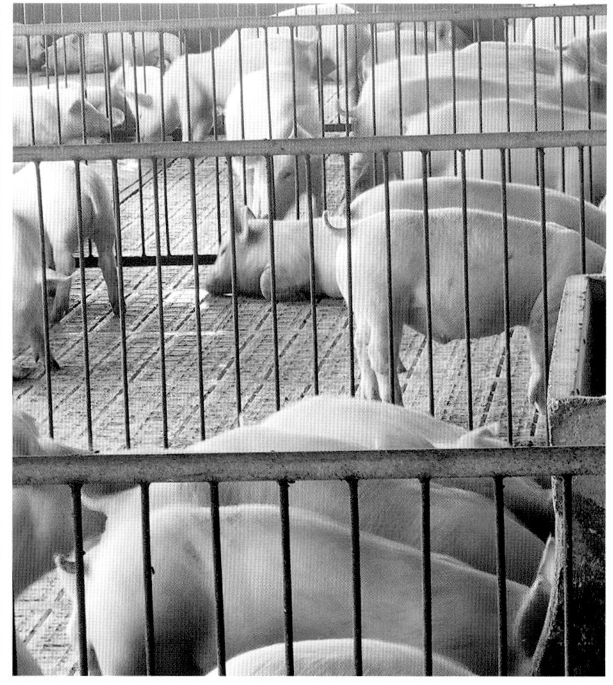

b）使用复合精油后

图7-20 仔猪腹泻情况
（图片提供者：江红格）

十二、广东海纳川应用案例

（一）案例背景

菌丝霉素是从腐生子囊菌淡黑假黑盘菌中分离到的一种多肽，通过阻断细胞壁成分肽聚糖的合成，表现出较强的抑菌活性。近年来，菌丝霉素常作为促生长抗生素替代品应用于生猪健康养殖，以提高猪群日增重、日采食量，降低料重比和腹泻率。广东海纳川生物科技股份有限公司利用酿酒酵母基因工程菌高密度发酵，实现了菌丝霉素的工业化大规模生产。为了更好地推进菌丝霉素作为饲料添加剂应用于猪群替抗生产，该公司联合中国农业大学开展了菌丝霉素应用商品猪替抗养殖试验效果验证，并明确了添加方案。

（二）实证试验

湖南省邵阳市某试验猪场选用21日龄杜长大外三元断奶仔猪150头，随机分为5组：基础日粮组、抗生素组（硫酸黏菌素、喹乙醇、金霉素等）、350克/吨菌丝霉素组、200克/吨植物精油组、800克/吨地衣芽孢杆菌代谢物组（即微生态制剂组），每组3栏，每栏10头，公母各半。饲养14天后发现，菌丝霉素组日采食量比基础日粮组、植物精油组、微生态制剂组显著提高了17.04%、8.33%、7.82%，日增重显著提高了23.89%、11.04%、8.80%；对比抗生素组，以上指标略高，但差异不显著，料重比5组差别不大。菌丝霉素组腹泻率比基础日粮组、植物精油组、微生态制剂组显著降低了62.50%、53.85%、57.14%，对比抗生素组降低了25.09%，但差异不显著。由此推测，断奶仔猪日粮中添加350克/吨菌丝霉素促生长效果与抗生素组无差异，且使用效果优于添加200克/吨植物精油、800克/吨地衣芽孢杆菌代谢物（表7-32）。

表7-32　不同抗生素替代品对断奶仔猪生长性能的影响

项目	基础日粮组	抗生素组	菌丝霉素组	植物精油组	微生态制剂组
平均日采食量（克）	282.85 ± 14.73c	322.91 ± 10.24a	331.04 ± 19.44a	305.57 ± 17.87b	307.03 ± 16.87b
平均日增重（克）	213.37 ± 15.30c	260.20 ± 14.66a	264.36 ± 10.73a	238.07 ± 11.69b	242.98 ± 8.08b
料重比	1.25 ± 0.06	1.24 ± 0.09	1.25 ± 0.06	1.28 ± 0.01	1.26 ± 0.03
腹泻率（%）	5.33c	2.67a	2.00a	4.33b	4.67b

注：同一行数据标不同小写字母表示差异显著（$P<0.05$）。

2017年11月，在福建丰泽农牧科技有限公司试验基地，选取同批次、健康状况良好、体重相近的二元后备母猪，随机分为4组，每个组11头猪，采用自动饲喂系统饲喂，饲喂至100千克左右出栏，饲喂期70天。菌丝霉素组血清总蛋白、白蛋白、碱性磷酸酶含量数值上高于基础日粮组和30克/吨吉他霉素抗生素组。其中，200克/吨菌丝霉素组血清碱性磷酸酶、血清免疫球蛋白A、免疫球蛋白G、免疫球蛋白M含量显著高于其他各组（表7-33）；血清丙二醛含量显著低于基础日粮组，血清总超氧化物歧化酶、总抗氧化力和溶菌酶含量显著高于基础日粮组，血清总抗氧化力、溶菌酶、血清谷胱甘肽S转移酶含量显著高于抗生素组（表7-34）。

表7-33　菌丝霉素对生长育肥猪血清生化、免疫指标的影响

项目	基础日粮组	抗生素组	100克／吨菌丝霉素组	200克／吨菌丝霉素组
总蛋白（克/升）	69.70±3.11	64.82±3.42	71.38±1.25	71.72±1.63
白蛋白（克/升）	34.03±1.32	33.72±1.54	35.17±1.48	35.25±0.54
碱性磷酸酶（单位/升）	187.42±4.88b	186.85±5.06b	191.87±5.15b	210.47±8.96a
免疫球蛋白A（克/升）	0.86±0.03b	0.91±0.04b	0.77±0.06b	1.10±0.05a
免疫球蛋白G（克/升）	8.35±0.41b	7.98±0.27b	7.65±0.20b	9.19±0.19a
免疫球蛋白M（克/升）	0.69±0.03b	0.68±0.05b	0.65±0.03b	0.86±0.05a

注：同一行数据标不同小写字母表示差异显著（$P<0.05$）。

表7-34　菌丝霉素对生长育肥猪血清抗氧化指标的影响

项目	基础日粮组	抗生素组	100克／吨菌丝霉素组	200克／吨菌丝霉素组
总超氧化物歧化酶（单位/毫升）	132.96±3.00b	136.74±3.33ab	130.37±2.62b	142.26±2.07a
总抗氧化力（单位/毫升）	6.48±0.34b	6.74±0.49b	6.35±0.30b	8.80±0.62a
丙二醛（纳摩尔/毫升）	4.73±0.27ab	4.11±0.30bc	5.06±0.36a	3.75±0.19c
谷胱甘肽S转移酶（微摩尔/升）	13.89±0.54ab	13.12±0.66b	12.21±0.71b	15.57±0.74a
溶菌酶（微克/毫升）	2.34±0.16b	2.10±0.06b	2.31±0.14b	2.77±0.02a

注：同一行数据标不同小写字母表示差异显著（$P<0.05$）。

（三）添加方案

根据实证试验，为了降低仔猪腹泻发生率、促生长，建议在断奶仔猪日粮中按照350克/吨添加菌丝霉素。在应激状态下，为了提升生长育肥猪群免疫和抗氧化能力、促进消化吸收，建议在生长育肥猪日粮中按照200克/吨添加菌丝霉素。

十三、宁波希诺亚应用案例

（一）案例背景

猪群在生理阶段、环境、病菌、生产管理等因素影响下产生应激，会出现个体免疫力下降等情况，尤其是在免疫接种后或传染病流行不能控制的情况下。因此，有效提高机体免疫力尤为重要。小核菌多糖，来自我国东海海域分离出来的一株海洋小核菌，由其所分泌产生的一种非离子型抗盐抗温生物多糖聚合物——硬葡聚糖。该真菌多糖可通过注射或饲喂的方式进入猪体内激活巨噬细胞、颗粒细胞及自然杀伤细胞，从而增强机体免疫力。近年来，宁波希诺亚海洋生物科技有限公司结合小核菌多糖的免疫增强作用，通过实证试验逐渐建立了小核菌多糖在日粮中的替抗添加方案。

（二）实证试验

1.断奶仔猪饲喂实证试验 选择80头体重相近、健康状况一致的21日龄断奶仔猪，随机分为2组，每组2栏，每栏4头，试验期35天。结果发现，与对照组相比，50克/吨小核菌多糖组十二指肠绒毛高度、断奶仔猪血清中免疫球蛋白A和TNF-α水平数值较高（表7-35、表7-36）。选择400头体重相近、健康状况一致的25日龄断奶仔猪，随机分为2组，每组10栏，每栏20头，试验期50天。通过小核菌多糖生产成绩比较发现，与对照组相比，50克/吨小核菌多糖组末重、日增重、采食量数值差别不大，料重比数值较低（表7-37）。

表7-35 小核菌多糖对小肠十二指肠绒毛高度的影响

组　别	十二指肠肠绒毛高度（微米）
对照组	196.0±13.2b
小核菌多糖组	273.0±17.9a

注：测定56日龄十二指肠肠绒毛高度，数据来自2019年6月美国Schwartz Farms猪场。同一列数据标不同小写字母表示差异显著（$P<0.05$）。

表7-36 小核菌多糖对血清IgA和TNF-α的影响

组　别	TNF-α（%）	IgA（%）
对照组	100	100
小核菌多糖组	124	134

注：51日龄测定血清IgA和TNF-α水平，数据来自2019年6月美国Schwartz Farms猪场。

表7-37 小核菌多糖对断奶仔猪生产成绩的影响

组　别	平均初重（千克）	平均末重（千克）	平均采食量（千克）	平均日增重（千克）	平均增重（千克）	料重比
对照组	6.53	29.10	38.36	0.448	22.4	1.71
小核菌多糖组	6.60	30.55	39.12	0.460	23.2	1.68

注：数据来自2019年6月美国Schwartz Farms猪场。

2.断奶仔猪低锌实证试验 选择160头体重相近、健康状况一致的25日龄断奶仔猪，随机分为2组，每组4栏，每栏20头，试验期20天。结果发现，与3千克/吨氧化锌高锌添加组（即对照组）相比，1千克/吨氧化锌+1千克/吨小核菌多糖组（即试验组）仔猪日增重数值较高，料重比较低（表7-38）。由此可见，添加适宜水平的小核多糖可降低断奶仔猪替抗日粮中氧化锌添加水平。

表7-38 低锌条件下小核菌多糖对断奶仔猪生产成绩的影响

组 别	初重（千克/头）	末重（千克/头）	日采食量（千克/头）	采食量（千克/头）	日增重（千克/头）	增重（千克/头）	料重比
对照组	6.34	15.11	0.461	9.21	0.357	7.13	1.292
试验组	6.36	15.41	0.466	9.32	0.391	7.81	1.193

注：数据来自2019年6月美国Schwartz Farms猪场。

3.断奶仔猪大肠杆菌攻毒实证试验 选择36头体重相近、健康状况一致的21日龄断奶仔猪，随机分为3组，每组12栏，每栏1头，试验期30天，见表7-39。试验开始前3天用大肠杆菌攻毒，随后用小核菌多糖喂养治疗发现，小核菌多糖25克/吨和50克/吨添加组（即试验1组和试验2组），可显著降低断奶仔猪腹泻发生率（表7-40）。因此，如果断奶仔猪发生细菌性腹泻时，建议在其日粮中添加25 ～ 50克/吨小核菌多糖对断奶仔猪进行保健。

表7-39 断奶仔猪大肠杆菌攻毒过程

动物	3周龄断奶仔猪
周期	30天
攻毒	大肠杆菌攻毒F18 *E.coli*第0天、第1天、第2天

表7-40 断奶仔猪大肠杆菌攻毒治疗腹泻结果

组别	腹泻率（%）
对照组	19.00
试验1组（小核菌多糖25克/吨）	13.30
试验2组（小核菌多糖50克/吨）	5.60

注：数据来自2019年6月美国Schwartz Farms猪场。

（三）添加方案

根据以上实证试验形成断奶仔猪小核菌多糖添加使用方案：断奶仔猪按强弱大小分栏饲养，每栏仔猪体重接近，按每头猪0.9米^{2}饲养密度饲养。断奶后7 ～ 10天，饲喂断奶前的乳猪料，逐渐减少直至完全饲喂仔猪料；控制仔猪采食量，实行少喂多餐（每天喂4 ～ 6次），逐渐过渡到自由采食；注意自动饮水器高度适宜，对于刚转栏仔猪，可适当在饮水中加入电解多维，保证饮水洁净充足。为了减少大肠杆菌腹泻的发生，促进饲料转化利用，建议在断奶仔猪日粮中添加50克/吨小核菌多糖。为了适当降低日粮中锌的添加水平，可在3周龄断奶仔猪日粮中添加1千克/吨小核菌多糖部分替代氧化锌。

十四、湖南诺泽应用案例

（一）案例背景

山苍子又称山鸡椒，为樟科木姜子属芳香性木本植物，其提取物具有抗氧化、抗菌、驱蚊驱虫等生物功能活性。2020年，湖南诺泽生物科技有限公司与中国科学院亚热带农业生态研究所合作开展了山苍子油应用生猪替抗养殖技术示范，旨在扩大山苍子油的应用领域，丰富替抗添加物的选择方案。

（二）实证试验

选择120头体重相近、健康状况一致的育肥猪，随机分为5个组（每组6栏，每栏4头），正式试验35天。结果发现，与金霉素处理相比，0.50千克/吨山苍子油包被物添加组血清低密度脂蛋白显著降低36.93%。添加山苍子油包被物有提高育肥猪血清总蛋白和球蛋白水平的趋势，且这种变化随山苍子油包被物添加量线性增加。与金霉素处理相比，0.50千克/吨山苍子油包被物添加组过氧化氢酶显著提高了62.05%，谷胱甘肽提高了22.73%（表7-41～表7-43）。

表7-41　不同山苍子油包被物水平对育肥猪生长性能的影响

项目	金霉素（千克/吨）	山苍子油水平（千克/吨）				*P*值	*P*值	
	0.075	0	0.25	0.50	1.00		线性	二次
平均始重（千克）	82.02±2.46	82.69±2.83	80.83±4.68	80.97±3.25	81.66±4.30	0.233	0.679	0.426
平均末重（千克）	107.33±2.91	107.36±3.32	109.47±4.38	108.58±3.85	107.36±5.30	0.642	0.910	0.352
平均日增重（千克）	0.73±0.61	0.71±0.06	0.83±0.10	0.79±0.09	0.74±0.06	0.470	0.707	0.023
平均日采食量（千克）	2.98±0.16	2.83±0.18	2.99±0.18	3.09±0.21	2.98±0.08	0.162	0.099	0.078
料重比	4.08±0.29	3.97±0.09	3.63±0.36	3.89±0.31	4.03±0.37	0.065	0.445	0.068

注：数据来自中国农业科学院麻类研究所（南方经济作物研究中心）动物试验基地。

表7-42　不同山苍子油包被物水平对育肥猪血清生理生化指标的影响

项目	金霉素（千克/吨）	山苍子油水平（千克/吨）				*P*值	*P*值	
	0.075	0	0.25	0.50	1.00		线性	二次
总胆固醇（毫摩尔/升）	2.54±0.17	2.16±0.71	1.96±0.45	1.88±0.63	2.73±0.25	0.117	0.201	0.081
尿素（毫摩尔/升）	4.93±1.32	3.50±0.97	4.74±0.81	5.00±0.35	5.23±0.86	0.119	0.006	0.454

（续）

项目	金霉素（千克／吨）	山苍子油水平（千克／吨）				P值	P值	
	0.075	0	0.25	0.50	1.00		线性	二次
总蛋白（克/升）	65.11±7.53	58.63±10.37	60.27±8.47	60.93±7.95	75.10±2.25	0.058	0.015	0.137
白蛋白（克/升）	24.19±1.88	22.19±5.99	20.62±1.90	20.58±3.27	25.80±2.50	0.195	0.224	0.096
球蛋白（克/升）	40.93±5.93	36.43±6.44	39.65±8.04	40.34±4.75	49.30±3.78	0.081	0.012	0.356
低密度脂蛋白（毫摩尔/升）	1.11±0.16a	0.93±0.22ab	0.74±0.16b	0.70±0.18b	0.88±0.17ab	0.040	0.438	0.095
碱性磷酸酶（单位/升）	74.53±5.75	79.14±14.86	70.22±9.62	72.10±4.76	84.96±9.37	0.242	0.417	0.056

注：1.数据来自中国农业科学院麻类研究所（南方经济作物研究中心）动物试验基地；2.同一行数据标不同小写字母表示差异显著（$P<0.05$），反之则不显著。

表7-43　不同山苍子油包被物水平对育肥猪血清抗氧化指标的影响

项目	金霉素（千克／吨）	山苍子油水平（千克／吨）				P值	P值	
	0.075	0	0.25	0.50	1.00		线性	二次
超氧化物歧化酶（单位/毫升）	35.19±16.77	41.69±10.11	39.07±8.81	37.96±10.35	39.72±8.35	0.945	0.745	0.651
过氧化氢酶（单位/毫升）	4.19±1.07b	4.65±1.35b	5.61±0.59ab	6.79±1.08a	4.70±0.34b	0.012	0.534	0.006
谷胱甘肽（微摩尔/升）	43.37±11.71	37.70±9.95	49.59±3.65	53.23±2.73	45.39±5.10	0.087	0.029	0.017
总抗氧化能力（毫摩尔/升）	1.17±0.13	1.31±0.05	1.13±0.16	1.23±0.22	1.29±0.20	0.519	0.835	0.160
丙二醛（纳摩尔/毫升）	2.55±0.86	2.58±0.58	2.44±0.84	2.48±0.61	2.23±0.48	0.955	0.505	0.831

注：1.数据来自中国农业科学院麻类研究所（南方经济作物研究中心）动物试验基地；2.同一行数据标不同小写字母表示差异显著（$P<0.05$），反之则不显著。

（三）添加方案

根据以上实证应用效果显示，生长育肥猪日粮中添加山苍子油包被物替代金霉素是可行的。建议育肥后期（60千克以后）山苍子油包被物替抗添加量为0.4～0.5千克/吨。

十五、山东祥维斯应用案例

（一）案例背景

三甲基甘氨酸又称甜菜碱，可作为高效甲基供体，调节蛋氨酸循环，降低体内同型半胱氨酸含量，提高机体免疫力，促生长；通过mTOR信号通路改善肠道形态和消化吸收功能，调节肠道菌群结构，保障肠道健康；发挥渗透调节作用，增强动物抗应激能力。因此，三甲基甘氨酸在替抗日粮开发中应用较为广泛。山东祥维斯生物科技股份有限公司于2016年获得“一种甜菜碱型复合发酵助剂及其在发酵豆粕中的应用”发明专利授权，此后专注于三甲基甘氨酸在生猪日粮中的开发应用。通过多年来开展的实证实践，该公司形成了三甲基甘氨酸应用添加方案，为生猪替抗养殖提供参考。

（二）实证试验

2018年8月，在中国科学院亚热带农业生态研究所石门试验基地，选取3 ～ 7胎次配种的巴马香猪母猪26头，随机分为2组，其中基础日粮组12头，饲喂基础日粮；添加组14头，在基础日粮中添加3.5千克/吨三甲基甘氨酸盐酸盐，从配种后第三天饲喂至所产仔猪21日龄。结果表明，三甲基甘氨酸盐酸盐添加组仔猪死亡率显著低于基础日粮组，断奶仔猪头数有高于基础日粮组的趋势（表7-44）。2019年1月，选取28日龄断奶仔猪26窝，每窝选取4头接近平均体重的仔猪，随机分为2组，每组2头，每 2 头为1栏。基础日粮组12栏，饲喂基础日粮；母猪添加组7栏，母猪饲喂添加3.5千克/吨三甲基甘氨酸盐酸盐日粮；母仔猪添加组7栏，母猪饲喂添加3.5千克/吨三甲基甘氨酸盐酸盐日粮，仔猪饲喂添加2.5千克/吨三甲基甘氨酸盐酸盐日粮。在断奶体重无差异的前提下，125日龄母仔添加组体重显著高于基础日粮组，35 ～ 65日龄日增重以及35 ～ 65日龄、35 ～ 95日龄采食量均显著高于基础日粮组（表7-45）。

表7-44　三甲基甘氨酸盐酸盐对巴马香猪母猪繁殖性能的影响（高乾坤等，2020）

项目	基础日粮组	添加组（3.5千克/吨）	*P*值
总产仔数（头）	10.3±0.7	10.3±0.6	0.928
产活仔数（头）	9.6±0.7	10.1±0.6	0.632
死亡率（%）	0.15±0.05a	0.03±0.01b	0.032
断奶仔猪数（头）	8.3±0.5	9.5±0.5	0.087

注：1.数据来自2020年12月中国科学院亚热带农业生态研究所石门试验基地；2.同一行数据标不同小写字母表示差异显著（$P < 0.05$）。

表7-45　三甲基甘氨酸盐酸盐对巴马香猪生长性能的影响（Cheng Y T et al., 2021）

项目	日龄	基础日粮组	母猪添加组	母仔添加组
平均体重（千克）	35	4.94±0.17	4.99±0.36	4.70±0.17
	65	9.11±0.25	9.77±0.31	9.72±0.12
	95	14.64±1.07ab	12.24±0.80b	17.06±1.07a
	125	22.66±2.69b	27.00±1.79ab	32.46±2.55a
平均日增重（千克）	35～65	0.15±0.01b	0.16±0.01b	0.19±0.01a
	35～95	0.16±0.01ab	0.13±0.01b	0.20±0.02a
	35～125	0.21±0.03	0.22±0.02	0.29±0.03
平均日采食量（千克）	35～65	0.41±0.01b	0.39±0.02b	0.47±0.02a
	35～95	0.51±0.02b	0.53±0.04b	0.66±0.02a
	35～125	0.66±0.05	0.69±0.05	0.82±0.03
料重比	35～65	2.84±0.13	2.51±0.12	2.53±0.16
	35～95	3.66±0.34	4.28±0.25	3.49±0.31
	35～125	3.67±0.61	3.10±0.09	2.89±0.25

注：1.数据来自中国科学院亚热带农业生态研究所石门试验基地；2.同一行数据标不同小写字母表示差异显著（$P<0.05$）。

（三）添加方案

综合实证结果，基于母仔一体化营养策略，建议母猪妊娠阶段饲料每吨添加2.0～2.5千克三甲基甘氨酸或2.5～3.5千克三甲基甘氨酸盐酸盐（为甜菜碱盐酸盐形式，纯度95%）。为了降低仔猪断奶应激反应，建议在每吨教槽料和保育料中添加1.5～2.0千克三甲基甘氨酸或2.0～2.5千克三甲基甘氨酸盐酸盐。许多全球知名饲料公司在仔猪料中添加三甲基甘氨酸盐酸盐。例如，加拿大安大略省华伦斯坦饲料供应公司在12千克体重以下仔猪料中添加2千克/吨三甲基甘氨酸，以降低应激反应，提高仔猪成活率和生长率。为促进育肥猪生长、降低料重比，建议在育肥猪饲料中每吨添加1.25～1.50千克三甲基甘氨酸或1.5～2.0千克三甲基甘氨酸盐酸盐。

十六、湖南乾坤生物应用案例

（一）案例背景

显齿蛇葡萄，是土家族、瑶族等少数民族地区的常用药物，含有植物蛋白、多酚及二氢杨梅素等黄酮类活性成分。湖南、湖北、广西等地多将其加工成“莓茶”“藤茶”，用作养生“代用茶”。2008年农业部第1136号公告，批准“藤茶黄酮”为新饲料添加剂（适用于鸡），以醇提工艺生产的“藤茶黄酮”获农业部新饲料添加剂证书，并收录于农业部《饲料添加剂品种目录（2013）》。2020年11月，湖南乾坤生物科技有限公司与中国科学院亚热带农业生态研究所国家工程实验室、湖南农业大学国家植物功能成分利用工程技术研究中心等单位共建了“张家界市乾坤莓茶工程技术研究中心”新型研发机构，承担了湖南省重大产品创新项目“莓茶替抗新饲料添加剂研发及产业化”，主要参与完成了湖南省地方标准《张家界莓茶 种植技术规程》《张家界莓茶 加工技术规程》的制定工作。目前，作为新型饲料添加剂用于生猪替抗养殖。

（二）实证试验

张家界莓茶主产区生态环境优越，人工栽培莓茶品种主要是小叶种显齿蛇葡萄，品质优良。莓茶水提取物主要成分有植物多酚、二氢杨梅素等。经广东省科学院测试分析研究所检测，该类提取物含有17种氨基酸，其中植物多酚高于欧盟银杏提取物饲料添加剂标准，二氢杨梅素高于市面上杜仲叶提取物饲料添加剂标准（表7-46）。植物多酚和二氢杨梅素因具有抗氧化性强、增强免疫力、抗菌消炎等作用，该类提取物多用于减少仔猪断奶应激和改善仔猪生产性能。

表7-46　显齿蛇葡萄叶水提取物主要成分

检验项目	批次			平均结果
	XST2020111001	XST2020111101	XST2020111401	
能量（千焦/百克）	1 431	1 473	1 473	1 459
蛋白质（%）	2.81	1.76	2.29	2.29
脂肪（%）	3.2	4.1	4.0	3.8
碳水化合物（%）	72.9	74.8	74.4	74.0
钠（‰）	1.26	282	1.05	171
水分（%）	5.86	7.27	5.74	6.29
灰分（%）	12.1	9.6	10.9	10.9
总膳食纤维（%）	3.13	2.5	2.65	2.76
总黄酮（以二氢杨梅素计）（%）	57.6	57.9	58.3	57.9
二氢杨梅素（%）	29.4	36.2	31.8	32.5
植物多酚（以干燥品计）（%）	47.7	51.5	49.2	49.5
总糖（%）	16.5	15.6	15.3	15.8
氨基酸总量（%）	1.38	1.36	1.21	1.32

注：数据来自2021年9月广东省科学院测试分析研究所（中国广州分析测试中心）检测报告。

2021年11—12月，湖南乾坤生物科技有限公司、湖南加农正和生物技术有限公司在湖南浏阳新康猪场，选择外三元断奶健康仔猪32头，随机分为4组，分别为空白对照组、显齿蛇葡萄叶水提取物低剂量组（125克/吨）、中剂量组（250克/吨）、高剂量组（500克/吨），试验期29天，各组初始体重经统计分析无显著性差异。显齿蛇葡萄叶水提取物溶解于少量水后拌料使用，于每天8：00、14：30、18：00定点喂食3次，每天称取采食量，空腹后翌日称取每组仔猪体重。试验期间，每天称取各组采食量，观察猪群精神、粪便以及健康状况。结果发现，添加组头均增重数值上高于空白对照组，低剂量组终末体重显著高于空白对照组且料重比数值最小（表7-47）。

表7-47　不同添加水平显齿蛇葡萄叶水提取物对断奶仔猪生长性能的影响

组别	空白对照组	低剂量组（125克／吨）	中剂量组（250克／吨）	高剂量组（500克／吨）
平均初重（千克）	12.3 ± 1.7	11.8 ± 1.9	12.1 ± 1.8	12.2 ± 1.0
平均末重（千克）	23.0 ± 4.1b	29.2 ± 5.1a	25.9 ± 7.3ab	26.7 ± 5.5a
平均日增重（克）	369.0 ± 176.4b	603.4 ± 179.3a	479.3 ± 159.1ab	500.0 ± 138.1a
头均采食量（千克）	24.0 ± 3.2b	31.1 ± 3.8a	29.1 ± 3.6ab	28.6 ± 3.5ab
料重比	2.25	1.78	1.84	1.97

注：同一行数据标不同小写字母表示差异显著（$P < 0.05$）。

（三）添加方案

研究发现，在断奶仔猪每吨饲料中加入0.1千克藤茶黄酮可以降低仔猪咳喘率，提升仔猪日增重。综合该公司实证数据，建议断奶仔猪每吨饲料添加0.125千克显齿蛇葡萄叶水提取物，溶解于少量水后拌料使用，以改善机体健康水平，提高断奶仔猪生长性能。

十七、伊士曼应用案例

（一）案例背景

随着饲料禁抗时代的到来，寻找环保、绿色、高效的抗生素替代品成为饲料工业领域的研究热点。酸化剂因杀菌抑菌效果较好，被广泛应用于生猪替抗生产。伊士曼（中国）投资管理有限公司在研发、生产、推广固体和液体酸化剂时发现，以甲酸为基础的复合酸化剂可抑制胃肠道病原菌生长，降低饲料pH和饲料系酸力，提高消化酶活性，提升营养物质的消化利用率，从而发挥猪的健康生长潜力。

（二）实证试验

1.复合酸化剂对微生物的抑制作用　采集比利时洛夫福斯、西佛兰德斯、博加特韦尔海格和奥杜斯利4个不同猪场的饮用水进行微生物培养。对照组为未经处理的水样，复合酸化剂组水样中添加0.1%的复合酸化剂。将2组水样分别在22℃和37℃条件下培养。在培养3小时、6小时、12小时和24小时后，分别对各组菌落数进行统计。结果发现，在2种温度条件下，复合酸化剂对猪场饮用水的微生物抑菌效果显著。结果见表7-48、表7-49。

表7-48　22℃条件下复合酸化剂对饮水中菌落数的影响

时间	0小时	3小时	6小时	12小时	24小时
复合酸化剂组菌落形成单位的常用对数	2 900±140	74±12b	63±10b	58±11b	51±15b
对照组菌落形成单位的常用对数	2 900±221	510±69a	2 300±255a	19 800±430a	35 600±2 840a

注：同一列数据标不同小写字母表示差异显著（$P<0.05$）。

表7-49　37℃条件下复合酸化剂对饮水中菌落数的影响

时间	0小时	3小时	6小时	12小时	24小时
复合酸化剂组菌落形成单位的常用对数	63±8	35±6b	25±5b	28±7b	26±11b
对照组菌落形成单位的常用对数	63±4	75±12a	132±21a	8 700±2 400a	115 200±2 400a

注：同一列数据标不同小写字母表示差异显著（$P<0.05$）。

2.复合酸化剂对断奶仔猪生长性能的影响　为了评估添加复合酸化剂对猪生长性能的影响，美国北卡罗来纳州立大学完成了断奶仔猪饲养试验。试验选取21日龄、体重6.8千克左右、健康外三元杂交断奶仔猪48头，随机分为2组，每组8栏，每栏3头。抗生素组日粮中添加0.05%水杨酸杆菌肽预混料（水杨酸杆菌肽含量为10%）。复合酸化剂组饲喂基础饲粮，饮水中添加0.3%复合酸化剂。试验期42天。结果表明，饮水中添加0.1%的复合酸化剂、日粮中添加0.3%复合酸化剂，可显著降低胃肠pH，提高平均日增重，降低料重比及腹泻率。结果见表7-50～表7-52。

表7-50　复合酸化剂和抗生素对仔猪胃肠道pH的影响

组别	胃部pH	十二指肠pH
抗生素组	6.61±0.03a	6.77±0.04a
复合酸化剂组	3.13±0.02b	6.16±0.03b

注：同一列数据标不同小写字母表示差异显著（$P<0.05$）。

表7-51　复合酸化剂、抗生素对断奶仔猪平均采食量和日增重的影响

组别	0～7天 日采食量（克）	8～21天 日采食量（克）	21～42天 日采食量（克）	0～42天 日采食量（克）
抗生素组	149.85±22.06	512.77±42.36a	1 072.15±69.78	731.97±48.77
复合酸化剂组	130.70±17.44	482.48±33.49b	1 144.65±55.16	754.94±38.56
*P*值	0.075	0.042	0.089	0.125
组别	**0～7天 日增重（克）**	**8～21天 日增重（克）**	**21～42天 日增重（克）**	**0～42天 日增重（克）**
抗生素组	41.49±26.74b	385.77±30.43b	618.86±48.78b	444.94±33.13b
复合酸化剂组	60.20±21.14a	365.68±24.06a	677.79±38.56a	470.82±26.19a
*P*值	0.013	0.028	0.011	0.021

注：同一列数据标不同小写字母表示差异显著（$P<0.05$）。

表7-52　复合酸化剂、抗生素对断奶仔猪各阶段生产成绩的影响

指标	料重比				腹泻率（%）			
组别	0～7日龄	8～21日龄	21～42日龄	0～42日龄	0～7日龄	8～21日龄	21～42日龄	0～42日龄
抗生素组	3.63	1.48	1.73	1.69	10.23	5.31	3.29	3.13
复合酸化剂组	2.77	1.35	1.58	1.53	8.10	2.71	2.10	2.15

（三）添加方案

建议在断奶保育阶段的猪群饮水中添加0.1%复合酸化剂，以降低饮水中的细菌含量；日粮中添加0.3%复合酸化剂，促进营养物质的消化，降低剩余营养物质在后肠的积累发酵引发的腹泻率，降低胃内pH，提高猪群日采食量和日增重，降低保育猪料重比，促进断奶仔猪生长。

十八、广州酸能应用案例

（一）案例背景

有机酸具有抑菌杀菌、提高消化率、改善肠道黏膜营养等生物学功能，在替抗产品选择方面具有较强的优势。大量体内外试验研究表明，苯甲酸具有广谱抑菌杀菌能力，能抑制大肠杆菌、沙门氏菌等肠道有害菌，促进动物健康生长；但在生理条件下，苯甲酸易引起动物出现饱腹感，采食量下降。此外，其代谢过程需要消耗甘氨酸，易导致日粮甘氨酸缺乏。为此，广东酸能生物科技有限公司近5年致力于动物用缓释包被复合苯甲酸的产品研发及应用，以提高苯甲酸过胃率，提升其在肠道释放效率，有效抑菌，维护肠道健康。

（二）实证试验

2021年7月，河南省信阳市固始县超群试验猪场选用25日龄断奶仔猪72头，随机分为3组：基础日粮组、0.5%苯甲酸原粉组和0.2%包被苯甲酸组，每组6栏，每栏4头，公母各半。饲养30天后发现，与基础日粮组相比，0.2%包被苯甲酸组平均日采食量、平均日增重显著提高了6.65%、12.09%，料重比显著降低了4.32%；与0.5%苯甲酸原粉组相比，各指标之间差异不显著（表7-53）。由此推测，断奶仔猪日粮中添加0.2%包被苯甲酸可显著提高断奶仔猪日采食量和日增重，降低料重比。

表7-53　包被苯甲酸对断奶仔猪生长性能的影响（25 ~ 55日龄）

项目	基础日粮组	0.5%苯甲酸原粉组	0.2%包被苯甲酸组
平均初重（千克）	6.41 ± 0.42	6.43 ± 0.44	6.42 ± 0.41
平均末重（千克）	13.33 ± 1.04b	13.56 ± 1.20ab	14.18 ± 1.25a
平均日采食量（克）	390.5 ± 33.1b	401.2 ± 29.6ab	416.5 ± 30.3a
平均日增重（克）	239.62 ± 18.72b	245.90 ± 16.25ab	268.60 ± 20.43a
料重比	1.62 ± 0.12a	1.62 ± 0.10a	1.55 ± 0.13b
腹泻评分	28.50 ± 6.32	21.00 ± 7.05	17.50 ± 3.26

注：同一行数据标不同小写字母表示差异显著（$P < 0.05$）。

选择56 ~ 77日龄保育猪，继续饲养21天后发现，与基础日粮组相比，0.2%包被苯甲酸组平均日采食量、平均日增重、钙消化率、磷消化率显著提高了7.81%、10.63%、16.30%、20.62%，料重比显著降低了3.41%。与0.5%苯甲酸原粉组相比，钙消化率、磷消化率显著提高（表7-54、表7-55）。由此推测，保育猪日粮中添加0.2%包被苯甲酸显著提高断奶仔猪生长性能和消化率，降低料重比，可替代0.5%苯甲酸原粉。

表7-54 包被苯甲酸对保育猪生长性能的影响（56 ~ 77日龄）

项目	基础日粮组	0.5%苯甲酸原粉组	0.2%包被苯甲酸组
平均初重（千克）	13.82±1.23	13.95±1.14	14.03±1.27
平均末重（千克）	27.58±2.03a	27.78±1.95a	29.23±2.21b
平均日采食量（克）	1 203.5±80.1a	1 230.1±92.5ab	1 297.4±98.3b
平均日增重（克）	687.33±72.4a	692.50±80.52ab	760.01±85.39b
料重比	1.76±0.19a	1.78±0.22a	1.70±0.17b

注：同一行数据标不同小写字母表示差异显著（$P<0.05$）。

表7-55 包被苯甲酸对断奶仔猪养分消化率的影响

项目	基础日粮组	0.5%苯甲酸原粉组	0.2%包被苯甲酸组
干物质（%）	88.72±1.72	89.27±1.81	90.98±1.79
粗脂肪（%）	78.51±0.52	81.35±0.61	82.54±0.57
粗蛋白（%）	75.96±3.16	77.97±3.25	78.13±3.47
钙（%）	59.69±1.32a	67.81±1.46b	69.42±1.63b
磷（%）	48.25±1.06a	56.46±0.83b	58.21±0.97b

注：同一行数据标不同小写字母表示差异显著（$P<0.05$）。

（三）添加方案

根据实证试验结果，建议在断奶保育阶段（6.5 ~ 30千克），按照0.20%添加量添加包被苯甲酸到断奶保育猪日粮，以促进断奶仔猪生长。与市场上目前常用的苯甲酸原粉相比，包被复合苯甲酸添加量小，节本增效显著。

十九、湖南普菲克应用案例

（一）案例背景

微生态制剂可通过与肠道中致病菌竞争黏附位点、氧气及营养等竞争性地抑制有害菌群扩大，同时产生有机酸、酶等保护肠道健康，常被添加到饲料中用于改善肠道健康。植物精油具有抗炎、抗氧化、提高动物免疫力等作用，常被作为替代抗生素的优选品。二者虽具有天然无污染、无耐药性、安全度高等特点，但在饲料高温制粒过程中极易受损。湖南普菲克生物科技有限公司通过近10年的努力，从动物肠道中筛选出来的一株功能性微生态制剂菌株（枯草芽孢杆菌1702），其耐高温、耐胃酸，抗逆性强，代谢产物丰富。此外，通过优化植物精油配方，采用膜包被技术，大大降低了精油挥发。通过功能性微生态制剂（枯草芽孢杆菌有效活菌数≥1×10^{11}菌落形成单位/克）复配精油（主要成分为香芹酚和百里香酚含量≥4%，肉桂醛含量≥14%）动物实证试验，已形成了针对仔猪日粮替抗添加剂复配应用方案。

（二）实证试验

2019年5月，在湖南省株洲市茶陵商品猪场，选择健康、平均体重为6.5千克左右的断奶仔猪90头（外三元杂交断奶仔猪），按体重随机分为3个处理，每个处理3个重复（每栏为1个重复），每个重复10头（公母各半）。设计日粮蛋白水平19.8%，抗生素组（每吨日粮中添加15%金霉素500克、50%喹烯酮100克、50%吉他霉素100克）、基础日粮组（日粮中无抗生素且不添加抗生素替代品）、替抗组（每吨日粮中添加枯草芽孢杆菌800克、复配精油500克），试验期10天。结果表明，断奶仔猪日增重、日采食量、料重比、腹泻率替抗组与抗生素组差异不显著，且均显著优于基础日粮组（表7-56）。替抗组粪便中沙门氏菌、金黄色葡萄球菌显著低于基础日粮组和抗生素组，替抗组粪便中乳酸菌组显著高于基础日粮组和抗生素组（表7-57）。

表7-56　替抗日粮对断奶仔猪生长性能的影响

项目	抗生素组	基础日粮组	替抗组
平均初重（千克）	6.57±0.60	6.79±1.13	6.64±0.95
平均末重（千克）	9.84±1.27a	8.85±2.68b	10.17±1.09a
平均日增重（克）	327.00±19.67a	206.00±36.77b	353.00±16.85a
平均日采食量（克）	426.50±32.94a	385.70±49.72b	429.60±27.80a
料重比	1.30±0.06b	1.87±0.17a	1.22±0.07b
腹泻率（%）	3.7±0.47b	25.3±5.22a	3.00±0.39b

注：同一行数据标不同小写字母表示差异显著（$P<0.05$）。

表7-57 替抗日粮对断奶仔猪粪便微生物的影响

组别	大肠杆菌 菌落形成单位的常用对数	沙门氏菌 菌落形成单位的常用对数	金黄色葡萄球菌 菌落形成单位的常用对数	乳酸菌 菌落形成单位的常用对数
抗生素组	7.65±1.24b	6.87±1.3a	6.35±0.86a	7.09±1.22b
基础日粮组	8.84±0.94a	7.56±1.52a	7.33±0.77a	6.44±1.04b
替抗组	7.82±0.72b	5.23±1.07b	5.10±0.91b	8.90±0.95a

注：同一行数据标不同小写字母表示差异显著（$P<0.05$）。

2018年3月，在广西防城港市华石镇商品猪场，选择健康、平均体重为9.5千克左右的断奶仔猪90头（外三元杂交断奶仔猪），按体重随机分为3组，每组3个重复，每个重复10头。设计日粮蛋白水平18.6%，抗生素组（每吨日粮中添加15%金霉素500克、50%喹烯酮100克、50%吉他霉素100克）、基础日粮组（日粮中无抗生素且不添加抗生素替代品）、替抗组（每吨日粮中添加枯草芽孢杆菌500克、复配精油300克），试验期30天。结果表明，替抗组断奶仔猪日增重、日采食量、腹泻率与抗生素组差异不显著（表7-58）；但日增重均显著高于基础日粮组，腹泻率均显著低于基础日粮组。替抗组粪便中大肠杆菌、沙门氏菌、金黄色葡萄球菌与基础日粮组和抗生素组相比无差异；但替抗组粪便中乳酸菌组显著高于基础日粮组和抗生素组（表7-59）。

表7-58 替抗日粮对断奶仔猪生长性能的影响

项目	抗生素组	基础日粮组	替抗组
平均初重（千克）	9.57±1.72	9.82±1.52	9.71±2.04
平均末重（千克）	23.94±3.64	22.59±5.21	24.63±2.73
平均日增重（克）	479±26.51a	425.67±38.91b	497.33±22.74a
平均日采食量（克）	872.7±58.21	846.9±69.47	884.1±48.33
料重比	1.82±0.08	1.99±0.25	1.78±0.07
腹泻率（%）	2.60±0.21a	8.70±1.2b	2.40±0.18a

注：同一列数据标不同小写字母表示差异显著（$P<0.05$）。

表7-59 替抗日粮对断奶仔猪粪便微生物的影响

组别	大肠杆菌 菌落形成单位的常用对数	沙门氏菌 菌落形成单位的常用对数	金黄色葡萄球菌 菌落形成单位的常用对数	乳酸菌 菌落形成单位的常用对数
抗生素组	7.81±1.17	7.23±1.58	6.97±0.75	6.36 ± 1.05^{a}
基础日粮组	8.65±0.75	7.95±1.49	7.66±0.63	6.84 ± 1.11^{a}
替抗组	7.29±0.63	6.89±1.22	7.10±0.75	8.35 ± 0.94^{b}

注：同一列数据标不同小写字母表示差异显著（$P<0.05$）。

（三）添加方案

综合实证数据，建议教槽阶段，每吨日粮中添加800克枯草芽孢杆菌1702，复配500克包膜精油；保育阶段，每吨日粮添加500克枯草芽孢杆菌1702和300克包膜精油，可提高仔猪日增重、日采食量，降低仔猪腹泻率和料重比，以提升仔猪生产效益。

二十、中科院深圳研究院应用案例

（一）案例背景

停止在饲料中使用促生长类抗生素药物添加剂后，仔猪断奶、离乳、转群等应激影响猪群健康的问题凸显，加上非洲猪瘟疫情的影响，替抗健康养殖难度加大。为了降低猪群饲养难度，提高生猪健康度，实现生猪替抗生产，中国科学院深圳先进技术研究院（简称中科院深圳研究院）联合山东亿安生物工程有限公司进行技术创新。利用复合微生态制剂（包括嗜酸乳杆菌、德氏乳杆菌、枯草芽孢杆菌、产朊假丝酵母、酿酒酵母。其中，乳杆菌活菌浓度≥5.0×10^8菌落形成单位/毫升，枯草芽孢杆菌活菌浓度≥1.0×10^9菌落形成单位/毫升，酵母菌活菌浓度≥1.0×10^9菌落形成单位/毫升），优化饲养环境，改善肠道健康水平，实现饲料端替抗。目前，该类复合微生态制剂广泛应用于生猪养殖各生长阶段，可优化养殖环境，提升猪群肠道健康水平，改善肉质，市场认可度较高，深受广大养殖者信赖。

（二）实证试验

1.改善饲养环境 自2020年4月20日开始，山东省青岛市黄岛区玉杰农场开展了分组对照试验，选择断奶仔猪440头，分2栋猪舍饲喂，每栋1组，每组220头。起始体重10千克左右，试验组每平方米猪舍喷洒液态复合微生态制剂25毫升，与对照组的猪舍氨气浓度相比，试验组猪舍浓度仅为对照组的10%～30%（表7-60）。

表7-60 复合微生态制剂对舍内氨气浓度的影响

组别	日期（月/日）												
	4/20	4/21	4/22	4/23	4/24	4/25	4/28	5/4	5/6	5/11	5/13	5/20	5/23
对照组（毫克/米^3）	8.91	9.21	7.63	7.89	9.08	9.21	11.18	11.33	13.03	9.21	7.89	10.09	7.63
试验组（毫克/米^3）	1.88	2.63	0.93	1.32	1.70	1.50	2.25	2.25	3.01	2.45	1.32	3.01	0.93
比例	0.21	0.29	0.12	0.17	0.19	0.16	0.20	0.20	0.23	0.27	0.17	0.30	0.12

注：数据来自2020年4月20日至5月23日山东省青岛市黄岛区玉杰农场；1毫克/米^{3}氨气即为0.76毫克/升氨气。

2.促进仔猪肠道健康 选取自然感染、症状典型的7日龄黄痢三元杂交仔猪40头，将试验猪随机分为2组，每组20头，公母各半。试验组基础日粮中添加复合微生态制剂，添加量为2毫升/头；对照组金霉素添加量为0.1%。每天早、晚各喂1次，连续7天。试验组在第二天后精神状态好转，粪便变稠，拉稀仔猪数量减少；第三天，仔猪主动吃奶，粪便变干，精神状态良好，食欲增加。从试验治疗结果可以看出，复合微生态制剂可治疗仔猪黄痢病，与传统的抗生素疗法相比效果更好，具有治愈迅速、复发率低的特点（表7-61）。

表7-61　复合微生态制剂对仔猪腹泻的影响

组别	试验数（头）	痊愈数（头）	治愈率（%）	复发数（头）	复发率（%）	死亡数（头）	死亡率（%）
对照组	20	19	95	26	10.5	1	5
试验组	20	12	60	6	50	8	40

注：数据来自2020年4月20日至5月23日山东省青岛市黄岛区玉杰农场。

3.促生长改善肉质　2020年8月在玉杰农场，利用复合微生态制剂对精料进行发酵处理后，能提高平均日增重8.7%，降低料重比5.2%（表7-62）。用复合微生态制剂发酵日粮饲喂育肥猪，出栏后肉品质得到显著改善，后腿比例、瘦肉率、眼肌面积数值上有所升高，平均皮厚、失水率有所降低（表7-63）。

表7-62　复合微生态制剂发酵日粮对育肥猪前期生长性状的影响

组别	头数（头）	平均始重（千克）	试验天数（天）	平均增重（千克）	平均日增重（克）	料重比
对照组	120	25.10	99	80.80	887	2.42
试验组	120	25.23	99	87.90	816	2.29

注：数据来自2020年5月20日至9月9日山东省青岛市黄岛区玉杰农场。

表7-63　复合微生物菌剂发酵日粮对屠宰性状的影响

组别	后腿比例（%）	瘦肉率（%）	眼肌面积（厘米^2）	平均膘厚（厘米）	脂肪比例（%）	板油比例（%）	平均皮厚（厘米）	失水率（%）	熟肉率（%）
对照组	31.75	62.79	40.19	2.28	17.83	1.59	0.31	15.73	66.98
试验组	33.16	67.60	45.74	2.25	14.23	1.41	0.25	14.70	67.40

注：数据来自2020年10月15日山东省青岛市黄岛区玉杰农场。

（三）添加方案

以乳酸杆菌、酵母菌、枯草芽孢杆菌为主要成分的复合微生态制剂（乳杆菌活菌浓度$\geqslant 5.0 \times 10^8$菌落形成单位/毫升，芽孢杆菌活菌浓度$\geqslant 1.0 \times 10^9$菌落形成单位/毫升，酵母菌活菌浓度$\geqslant 1.0 \times 10^9$菌落形成单位/毫升），圈舍内均匀雾化喷洒地面及空间，每周2次，2周后能显著降低粪便氨气及臭气。长期使用，可以明显降低饲养环境中的氨气浓度，提高舍内空气质量，改善猪群健康。

复合微生态制剂发酵日粮制作及使用方案：基料、复合微生态制剂、益菌液（或红糖）、水按照1 000 ∶ 3 ∶ 1 ∶ 350的比例混匀，装入袋、水泥槽或缸中，把料压紧盖严，发酵温度控制在15 ～ 35℃，发酵时间为夏天1 ～ 2天、冬天3 ～ 5天；将发酵好的复合微生态制剂按照0.4%的比例添加到饲料中，在25℃、厌氧发酵2天后使用。不同阶段饲料中复合微生态制剂建议添加量：乳猪，0.2 ～ 0.5毫升/头；仔猪，1 ～ 2毫升/头；中猪，3 ～ 5毫升/头；每天早、晚各1次。

二十一、长沙博海应用案例

（一）案例背景

随着饲料端抗生素禁用，养殖行业出现了多种饲料添加剂。中草药作为饲料添加剂在我国的使用历史已经有数千年，具有抗应激、促生长、改善肉质的作用。长沙博海生物科技有限公司开发抗应激和改善肉质添加组方2个，对改善母猪繁殖性能、提高生长育肥猪生长性能、改善商品猪肉质作用效果较好。

（二）实证试验

组方1：淡竹叶19份、黄芩10份、芦根12份、五加皮9份、合欢皮3份等中草药成分，以及多维0.02份（维生素B_1、维生素B_2、维生素B_{12}、维生素B_6和维生素D_3的组合比例为0.015 ∶ 0.018 ∶ 0.012 ∶ 0.018 ∶ 0.013）。

组方释义：淡竹叶含有大量的黄酮类化合物、生物活性多糖及其他有效成分，如酚酸类化合物、蒽醌类化合物、特种氨基酸和锰、锌、硒等微量元素，具有清热泻火、利尿的功效；黄芩中含有黄酮类化合物，如黄芩苷、黄芩素、汉黄芩素等，有清热燥湿、泻火解毒、止血、安胎等功效；芦根含有大量的维生素、蛋白质、氨基酸、脂肪酸、甾醇、生育酚等，能清热生津、除烦、止呕、利尿；五加皮具有祛风利湿、活血舒筋、理气止痛功效；合欢皮主要含三萜类物质，具有提高动物免疫力、抗应激能力和抗氧化功能，且生物利用度高、吸收好；多维中含有维生素B_1、维生素B_2、维生素B_{12}、维生素B_6和维生素D_3，用于预防动物疲劳和因饮食不平衡所引起的维生素缺乏。配方各成分相互协同，可提高猪抗应激能力，改善其生长或繁殖性能。

韩国檀国大学前的试验农场（2015年4—9月），开展了6次组方1的使用效果验证。结果发现，在生长育肥猪阶段添加0.05%组方1，有利于提高猪群日增重和消化率，有利于降低料重比及血液中皮质醇含量；在哺乳母猪阶段，每头每天摄入5克或10克有利于提高母猪的日采食量、消化率、受胎率，有利于提高哺乳仔猪日增重，有利于降低母猪血液中的皮质醇含量和断奶后发情天数（表7-64）。

表7-64　复方中草药应用于生长育肥和哺乳阶段的实证结果

序号	阶段	试验地点	试验期	添加量	猪群规模	实证结果简介
1	生长育肥猪（30 ~ 120千克）	韩国檀国大学前的试验农场	84天	0.05%组方1	2组，每组10栏，每栏5头	0.05%添加组头增重数值高于基础日粮组，料重比数值低于基础日粮组
2	生长育肥猪（15 ~ 110千克）	韩国檀国大学前的试验农场	120天	0.05%组方1	2组，每组4栏，每栏5头	0.05%添加组日增重数值高于基础日粮组，料重比数值显著低于基础日粮组
3	育肥猪（40 ~ 120千克）	韩国檀国大学前的试验农场	90天	0.025%组方1 0.05%组方1	3组，每组9栏，每栏5头	0.025%添加组和0.05%添加组日增重、消化率显著高于基础日粮组，料重比显著低于基础日粮组

（续）

序号	阶段	试验地点	试验期	添加量	猪群规模	实证结果简介
4	哺乳母猪	韩国檀国大学前的试验农场	33天	每头每天10克组方1	2组，每组20头	10克添加组母猪直肠温度更接近正常水平、断奶后发情天数显著低于基础日粮组、受胎率显著高于基础日粮组
5	哺乳母猪	韩国檀国大学前的试验农场	36天	每头每天5克组方1 每头每天10克组方1	3组，每组15头	5克添加组和10克添加组母猪采食量、消化率显著高于基础日粮组，血液内皮质醇含量显著低于基础日粮组
6	哺乳母猪	韩国檀国大学前的试验农场	36天	每头每天5克组方1 每头每天10克组方1	3组，每组4头	5克添加组和10克添加组终末重、日增重、消化率显著高于基础日粮组，血液内皮质醇含量显著低于基础日粮组

组方2：黄芪15份、党参10份、大蒜3份、五加皮10份、构树叶5份、甘草1份。

组方释义：黄芪、党参、甘草中含有多糖、黄酮和皂苷等有效物质，可有效增强动物食欲、促进生长。五加皮和构树叶中含有多种营养物质与天然活性成分，是饲养动物的非常规饲料原料，可用于改善畜产品风味。大蒜中的大蒜素能够刺激动物胃肠蠕动，促进营养吸收，提高饲料转化率。配方中各组分可通过NF-κB和IL-17信号通路调控肠道炎症，改善肠道健康，降低腹泻，用于提高猪群食欲，促进生长，改善肉质。

韩国檀国大学前的试验农场（2018年3—7月）选择120头三元杂交品种的育肥猪，初始体重45千克左右，随机分为3组（基础日粮组、0.025%添加组、0.05%添加组），每组4栏，每栏5头，饲养期12周。结果表明，中草药配方对育肥猪生长性能具有显著影响，0.05%添加组平均日增重显著高于基础日粮组33克，0.025%添加组和0.05%添加组料重比显著低于基础日粮组。检测猪肉中的氨基酸含量发现，0.05%添加组鲜猪肉中天冬氨酸、谷氨酸、甘氨酸、精氨酸、丙氨酸、赖氨酸、组氨酸显著高于基础日粮组；猪肉中脂肪酸检测结果显示，0.05%添加组鲜猪肉中亚油酸、亚麻酸、神经酸及不饱和脂肪酸显著高于基础日粮组（表7-65）。

表7-65 中草药配方对育肥猪生长性能的影响

项目	组别			标准误差
	基础日粮组	0.025%添加组	0.05%添加组	
平均初体重（千克）	45.67	45.65	45.64	0.01
平均末体重（千克）	112.56	114.45	114.96	0.79
平均日增重（克）	792b	819ab	825a	9
平均日采食量（克）	2 578	2 553	2 556	10
料重比	3.255b	3.117a	3.098a	0.004
天冬氨酸*#	1.62b	1.88b	2.70a	0.56
谷氨酸*#	2.77b	3.08b	4.67a	0.42
甘氨酸*#	0.83b	0.94b	1.38a	0.19

（续）

项目	组别			标准误差
	基础日粮组	0.025%添加组	0.05%添加组	
精氨酸*	1.13b	1.62a	1.72a	0.75
丙氨酸*	1.09b	1.17b	1.81a	0.62
赖氨酸△	1.54b	1.77b	2.55a	0.33
组氨酸△	0.71b	1.33a	1.30a	0.51
非必需氨基酸总量	10.48b	12.95b	17.3a	3.21
必需氨基酸总量	6.68b	7.39b	11.2a	1.57
总氨基酸	17.16b	20.34b	28.5a	4.69
肉豆蔻酸**	1.15b	1.31a	1.35a	0.09
亚油酸△△	11.9b	15.0a	16.9a	0.15
α-亚麻酸△△	0.48b	0.732a	0.78a	0.42
油酸△△	39.2b	42.7a	42.1a	0.11
月桂酸**	0.062 5	0.072 2	0.076 7	0.37
神经酸△△	0.086b	0.107ab	0.127a	0.25
不饱和脂肪酸	58.53b	60.90ab	62.32a	1.24
饱和脂肪酸	41.47	39.04	38.72	1.67
总脂肪酸	100.01	99.94	101.04	2.69

注：*表示非必需氨基酸，△表示必需氨基酸，#表示鲜味氨基酸；**表示饱和脂肪酸，△△表示不饱和脂肪酸。同一行数据标不同小写字母表示差异显著（$P < 0.05$）。

（三）添加方案

建议在生长育肥猪无抗日粮中添加0.05%组方1，以提高生长育肥猪的生长性能；在哺乳母猪无抗日粮中添加0.05%组方1，以提高母猪哺乳性能。在育肥猪日粮中添加0.05%组方2，可改善育肥猪生长性能，增加猪肉中鲜味氨基酸和不饱和脂肪酸的含量，提升猪肉的鲜味。从提升营养和食用价值的角度考虑，组方2对于高品质猪肉生产具有重要的借鉴意义。

二十二、湖南葆骉川应用案例

（一）案例背景

现代中药研究表明，中药不仅可以调节动物机体平衡，还可以在替抗生产中补充益生素、维生素、矿物质，保护肠道功能，提高机体免疫力和健康水平，减弱机体的应激反应。非洲猪瘟常态化和饲料端禁抗对猪群生物安全管理提出了更高的要求，同时对中药的组方选择和使用时机也提出了更高的要求。湖南葆骉川生物科技有限公司针对各阶段猪群亚健康保健，总结了近5年应用实证经验，不断完善复方中草药组方及使用方案。实践表明，该类复方中药制剂使用后可增强亚健康猪群抗病力，提高群体生产成绩，提升养殖生产效益。

（二）实证试验

组方1：防风、荆芥、甘草、川芎、芍药、板蓝根、茯苓、白术、党参、麦冬、黄芩、当归、大黄、桔梗、补骨脂、干姜、金银花、淫羊藿、杜仲、菟丝子、柴胡、熟地和天麻等。

组方2：芍药、川芎、菟丝子、淫羊藿、白术、党参、麦冬、大枣、黄芩等。

组方3：白术、党参、当归、蒲公英、甘草等。

湖南省浏阳市镇头镇某公司育肥场，于2020年11月25日转入保育猪1 920头，分2栋饲养。随后均发现猪群不稳定，饲养18天后，2栋猪群成活率分别为67.5%和66.77%，均有精神状况差、不食或少食、轻微腹式呼吸等症状。当天A栋淘汰猪群同时使用常规抗生素治疗；B栋淘汰猪群同时使用饲料添加组方1和组方3，1 ～ 3天4千克/吨，3 ～ 7天2千克/吨，8 ～ 35天1千克/吨。饲养53天后，按照组方使用要求停用，此时B栋猪群基本稳定，且成活率达87.83%，平均日增重达898.58克，远超过A栋；后期B栋猪群部分选种进入后备母猪群，其发情和受胎率均表现正常，见表7-66。

表7-66　复方中草药制剂对亚健康保育猪群生产成绩的影响

栋舍	进猪数（头）	死亡数[1]（头）	成活率[1]（%）	保健方案	死亡数[2]（头）	成活率[2]（%）	初均重（千克）	终均重（千克）	平均日增重（克）
A	960	312	67.50	阿莫西林、多西环素和卡巴比林钙	428	33.95	73.85	88.86	427.92
B	960	319	66.77	组方1和组方3	78	87.83	67.58	98.98	898.58

注：1.表示饲养18天后的猪群死亡数和成活率，2.表示饲养53天后的猪群死亡数和成活率。

在广东省清远市某猪场和湖南省衡阳市某猪场进行亚健康基础母猪保健，在湖北省潜江市某猪场和湖南省湘潭市某猪场进行亚健康后备母猪保健。结果显示，广东省清远市猪场7个月内（2021年4—11月）因基础疾病共计淘汰母猪23头，剩余母猪产仔发情正常；湖南省衡阳市猪场3个多月内（2021年5—8月）因基础疾病共计淘汰母猪11头，剩余母猪产仔发情正常；相对于组方应用前，母猪健康水平大大提升。湖北省潜江市和湖南省湘潭市杨家桥家庭农场引进后备母猪后就开始使用，跟踪两胎繁殖性能数据可见猪群健康且状态稳定，见表7-67。

表7-67 复方中草药制剂对亚健康母猪群生产成绩的影响

序号	猪群	地点	组方使用方案	规模	应用前	应用后生产成绩
1	母猪	广东省清远市	饲料添加1千克/吨组方1和组方2，第一次连续35天，以后7天/月连续使用	367头	非常规疾病的淘汰178头	7个月淘汰23头，剩余344头母猪，产仔发情正常
2	母猪	湖南省衡阳市	饲料添加1千克/吨组方2，第一次连续使用35天	421头	非常规疾病的淘汰500多头	3个多月淘汰11头，剩余410头母猪，产仔发情正常
3	后备母猪	湖北省潜江市	饲料添加1千克/吨组方3和组方2，第一次连续使用35天，以后7天/月连续使用	20头	无症状	后备母猪发情率100%，一胎分娩率98%，二胎断奶发情率100%，二胎分娩率96.45%
4	后备母猪	湖南省湘潭市	饲料添加1千克/吨组方2和组方3，第一次连续添加35天，以后7天/月，按阶段连续使用组方1	20头	无症状	后备母猪发情率100%，一胎分娩率97%，二胎断奶发情率100%，二胎分娩率88.23%

湖南省益阳市农户育肥场存栏104头，湖南省常德市某规模育肥场1 780头，均有呼吸及繁殖障碍疾病。为做好猪群健康生产，以上两场分别采取不同组方使用方案，具体情况见表7-68。按组方要求使用，湖南省益阳市猪场5个月后出栏，出栏体重115 ～ 135千克，成活率达到95.19%；湖南省常德市规模养殖场饲养7个月左右，猪群出栏成活率超过85%，出栏平均体重158千克。由此可见，复方中草药保健方案有利于保障亚健康育肥猪的生产性能。

表7-68 复方中草药制剂对亚健康生长育肥猪群生产成绩的影响

序号	生长阶段	试验地点	组方及使用方案	猪群规模	应用前情况	应用后生产成绩
1	育肥猪	湖南省益阳市	饲料添加1 ～ 2千克/吨组方3；第一次连续使用35天，以后7天/月连续使用	104头	已死亡7头，59头体温升高	5个月内死亡5头，150天出栏体重115 ～ 135千克，成活率95.19%
2	育肥猪	湖南省常德市	饲料添加1千克/吨组方3；第一次连续使用35天，以后7天/月连续使用	1 780头	20 ～ 25千克，死亡淘汰严重，生长缓慢，计划全群淘汰处理	7个月后出栏1 538头，出栏体重平均158千克，成活率86.40%

（三）添加方案

为了充分发挥复方中药粉剂的作用效果，在猪场饲养管理时，需要从以下3个方面细化管理。

1.加强生物安全管控　严格清洗消毒作业，对生产区清洗直至在墙面、地面、栏杆等表面不可见猪粪遗留物方可结束。用2%～ 4%的烧碱消毒，空栏干燥7天，再消毒，再空栏干燥3 ～ 7天。进猪前1 ～ 2天，密封猪舍进行烟雾熏蒸消毒。水塔需经过清洗消毒再清洗，饮水线需经过消毒清洗方可使用；饲料原料、疫苗等生产必需品需在进猪前7 ～ 10天转移至中转仓进行消毒静置。舍外设置消毒盆（池），内装4%烧碱，生产用具专舍专用，每周带猪消毒至少2次。

2.控制饲养密度　20千克以下体重猪群漏缝地面控制在0.3米^2/头以上，21 ～ 60千克体重猪群控制在0.5米^2/头以上，61 ～ 130千克体重猪群控制在1.2米^2/头以上，非漏缝地面密度适当降低30%。

3.猪舍内温湿度控制　为减弱因强风和温差引起的猪群应激反应，在关闭门窗后，低频率启动风机，进风口避免直吹猪群，夏季舍内温度可根据风速适当高于猪群最适温度2 ～ 6℃；冬季可以用彩条布封闭猪舍的西北墙面，防止贼风侵袭。为减弱高湿环境引起猪群的应激，无漏缝地板猪舍尽量采用“干清粪+局部水冲洗”；在高湿环境下，不要冲洗猪身体，尽量通过加热、吸附或通风等方式尽快除湿，保持栏舍干燥。

结合生产实证，在替抗养殖条件下猪多器官感染时，建议复方中药粉剂由饲料厂代为添加；如果在自配料猪场，建议先用玉米粉与中药预混合均匀，再与大宗原料混合配料。饲料中如涉及使用其他中药产品，一定要注意配伍禁忌。组方使用种类及添加量见表7-69。复方中草药组方使用后，可显著提高亚健康保育、育肥猪出栏成活率、日增重，显著改善亚健康母猪群断奶发情率和分娩率，减少年非生产天数。由此可见，复方中草药可显著提升亚健康猪群保健效果，提高生猪养殖效益。

表7-69 替抗条件下亚健康猪群复方中药粉剂保健方案

主要用途	亚健康猪群保健
使用方案	对于不吃料猪只，灌服使用复方中药组方1，每头3～5克/天，每天灌服2～4次，一般连续使用3～15天可使猪群稳定。对于吃料猪只，在前1～3天猪群每吨饲料中添加4～8千克组方1，4～7天每吨饲料添加2千克，8～35天每吨饲料添加1千克。 对于基础母猪，按照每吨饲料中添加1千克组方2，连续使用25 ～ 32天，间隔70天后再次连续使用20天 对于生长育肥猪（或后备猪），按照以上组方每吨饲料中添加1千克组方3，连续使用25 ～ 32天，间隔70天后再次连续使用20天

亚健康保育猪复方中草药使用前后表现见图7-21。

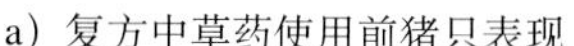

a）复方中草药使用前猪只表现

b）复方中草药使用7天后猪只表现

图7-21 亚健康保育猪复方中草药使用前后表现
（图片提供者：罗兴刚）

二十三、吉林无抗养殖协会应用案例

（一）案例背景

为了积极响应禁抗政策，促进动物健康、食品安全和畜牧业绿色发展，在吉林省畜牧业管理局和全国无抗产业科技创新联盟的指导下，成立了吉林省无抗养殖技术协会。近年来，在中医辨证论治的基础上，中健安检测认证中心、吉林省畜牧业管理局、吉林省畜牧总站、吉林农业大学以及当地的养殖企业针对畜禽各阶段生理结构的变化，结合各季节时疫病的差异，开展了大量的养殖生产实践，积累了丰富的经验。目前，随着复方中药无抗养殖技术的应用推广，使得吉林省部分养殖企业具备了开展生猪无抗产品的认证条件，现累计10家企业先后获得了无抗产品认证证书。

（二）组方应用

结合猪群生理阶段、健康状况进行组方设计。而后将组方原料按照300目微粉粉碎制成中草药添加剂，按不同组方功效、应用阶段、推荐用量添加到饲料中使用。具体组方使用阶段及方案见表7-70。

表7-70　生猪复方中草药组方使用阶段及方案

组方	组方成分	功效	使用阶段	推荐用量
组方1	绞股蓝150克、芡实200克、地骨皮100克、五加皮50克	降火、消炎、止痢	仔猪断奶保健	4～6千克/吨
组方2	党参340克、茯苓340克、白术210克、甘草110克	提高机体免疫力，促生长	生长育肥期	1千克/吨
组方3	枸杞叶200克、麦芽200克、枇杷叶200克、胡萝卜50克、大枣100克、山药200克、金银花50克	提高机体免疫力，促生长	保育期	5～10千克/吨
组方4	蒲黄50克、土茯苓150克、桑枝100克、党参100克、茯苓50克	补气养血，活血化瘀	母猪产后保健	2～3千克/吨
组方5	党参100克、黄芪100克、黄精50克、山楂50克、山茱萸50克、蒲公英100克	补肾健脾，益血安胎	母猪妊娠阶段	2～4千克/吨
组方6	藿香50克、野菊花150克、茯苓150克、党参150克	增食增乳，提高初生重和断奶重	母猪攻胎及哺乳阶段	2～4千克/吨

2017年1月，中健安检测认证中心、吉林农业大学、吉林省农业科学院、长春市农业科学院、长春市畜牧总站、吉林康发无抗生态农牧科技有限公司在吉林省厚德经贸有限公司（2.8万头）、吉林省阔源牧业公司（1.0万头）、长春市福林牧业公司（0.2万头）选择4万头断奶仔猪，分10个批次，每批次间隔20～30天，连续1年组织开展复方中草药对育肥猪生产成绩影响的实证。每个批次

实证猪群规模4 000头左右，组方添加组和基础日粮组各半。生长育肥猪全程按照表7-70使用组方1、组方2和组方3，生产统计10批次育肥生产成绩发现，组方添加组平均料重比低于基础日粮组0.2、平均发病率和平均死亡率远低于基础日粮组（表7-71）。

表7-71　复方中草药对生长育肥猪生产成绩的影响

组　别	平均料重比	平均发病率（%）	平均死亡率（%）
组方添加组	3.1 ： 1	5.20	0.25
基础日粮组	3.3 ： 1	7.70	0.80

2018年1月，在吉林省厚德经贸有限公司母猪舍选择胎次、体况一致的经产母猪116头，组方添加组49头，基础日粮组67头。组方添加组断奶前3天至配种成功，每吨空怀母猪日粮中添加2 ～ 4千克组方4；妊娠开始至93天，每吨妊娠母猪日粮中添加2 ～ 4千克组方5；妊娠97天至断奶前3天，每吨母猪日粮中添加2 ～ 4千克组方6；分娩前1天、分娩后2天（分娩当天不用），每吨母猪日粮中添加2 ～ 4千克组方4。生产统计显示，组方添加组经产母猪产程比基础日粮组减少至少36分钟，28天断奶仔猪成活率高于基础日粮组4.3个百分点（表7-72）。2018年下半年，吉林康发无抗生态农牧科技发展有限公司将上述试验中使用的几种中草药制剂优化比例后混合制成“经产母猪保健添加剂”，并简化了使用程序，在吉林农安周边地区的几百家中小型养殖户中进行小范围推广。截至目前，使用“经产母猪保健添加剂”的经产母猪平均窝产活仔数达到14 ～ 15头，平均年胎次高达2.5，状况良好。

表7-72　复方中草药对经产母猪生产成绩的影响

指标	单位	组方添加组	基础日粮组
经产母猪数量	头	49	67
平均产程	小时	≤ 2.5	3.1
总产仔数	头	629	716
平均窝产活仔数	头	12.8	10.7
平均窝产活仔重	千克	20.11	15.83
28天断奶仔猪成活数	头	606	659
28天断奶仔猪成活率	%	96.34	92.04

（三）应用效果

2018—2019年，由吉林省畜牧业管理局、长春市畜牧业管理局等单位牵头组织遴选29家养猪场开展了生猪中草药饲料添加剂无抗养猪试点，并组织开展了对比试验。经第三方检测结果发现，添加中草药组猪肉中胆固醇含量明显低于基础日粮组，维生素B_1含量高于基础日粮组，铜含量低于基础日粮组（图7-22）。基于以上生产实践经验，吉林康发无抗生态农牧科技发展有限公司、长春市农业科学院、长春市畜牧总站牵头制定了《无抗猪生产技术规范》（DB22/T 3132—2020）。同时，由吉林省现代无抗畜产品产业研究院、吉林省畜禽无抗养殖技术协会等牵头组织复方中药无抗养殖技术应用推广工作，现累计10家企业先后获得了猪无抗产品认证证书（图7-23）。

PONY

Pony Testing International Group

编号：GLA96P7D182375B01a　　日期：2017.07.27　　第 1 页 共 1 页

委托单位：长春市畜牧总站
委托单位提供样品信息如下：
样品名称：猪肉 1 号（对照组）
样品状态：散装、正常
样品来源：吉林省阔源牧业有限公司

样品接收日期：2017.06.27
测试日期：2017.06.27~2017.07.27

参考方法：GB 5009.124-2016、PONY-BJXZSP211-2009A
数据：

样品编号和名称	测试项目	测试结果
D18237501 猪肉 1 号（对照组）	胱氨酸，g/100g	0.27
	色氨酸，g/100g	0.26

批准人：

日期：2017.07.27

以下空白

PONY谱尼测试

www.ponytest.com　Hotline 400-819-5688

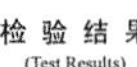

检验结果
(Test Results)

报告编号(Report ID)：GLA96P7D182355A01a　　第 2 页，共 2 页 (page 2 of 2)

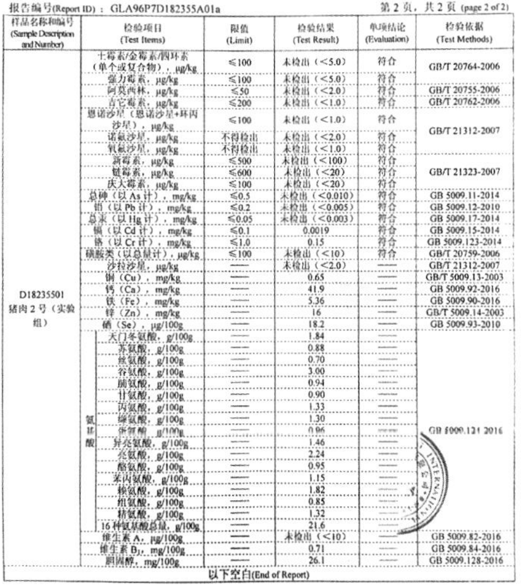

样品名称和编号 (Sample Description and Number)	检验项目 (Test Items)	限值 (Limit)	检验结果 (Test Result)	单项结论 (Evaluation)	检验依据 (Test Methods)
D18235501 猪肉 2 号（实验组）	土霉素/金霉素/四环素（单个或复合物），μg/kg	≤100	未检出（<5.0）	符合	GB/T 20764-2006
	强力霉素，μg/kg	≤100	未检出（<5.0）	符合	
	阿莫西林，μg/kg	≤50	未检出（<2.0）	符合	GB/T 20755-2006
	吉它霉素，μg/kg	≤200	未检出（<1.0）	符合	GB/T 20762-2006
	恩诺沙星（恩诺沙星+环丙沙星），μg/kg	≤100	未检出（<1.0）	符合	GB/T 21312-2007
	诺氟沙星，μg/kg	不得检出	未检出（<2.0）	符合	
	氧氟沙星，μg/kg	不得检出	未检出（<1.0）	符合	
	新霉素，μg/kg	≤500	未检出（<100）	符合	GB/T 21323-2007
	链霉素，μg/kg	≤600	未检出（<20）	符合	
	庆大霉素，μg/kg	≤100	未检出（<20）	符合	
	总砷（以 As 计），mg/kg	≤0.5	未检出（<0.010）	符合	GB 5009.11-2014
	铅（以 Pb 计），mg/kg	≤0.2	未检出（<0.005）	符合	GB 5009.12-2010
	总汞（以 Hg 计），mg/kg	≤0.05	未检出（<0.003）	符合	GB 5009.17-2014
	镉（以 Cd 计），mg/kg	≤0.1	0.0019	符合	GB 5009.15-2014
	铬（以 Cr 计），mg/kg	≤1.0	0.15	符合	GB 5009.123-2014
	磺胺类（以总量计），μg/kg	≤100	未检出（<10）	符合	GB/T 20759-2006
	沙拉沙星，μg/kg	—	未检出（<2.0）	—	GB/T 21312-2007
	铜（Cu），mg/kg	—	0.65	—	GB/T 5009.13-2003
	钙（Ca），mg/kg	—	41.9	—	GB 5009.92-2016
	铁（Fe），mg/kg	—	5.36	—	GB 5009.90-2016
	锌（Zn），mg/kg	—	16	—	GB/T 5009.14-2003
	硒（Se），μg/100g	—	18.2	—	GB 5009.93-2010
	氨基酸 天门冬氨酸，g/100g	—	1.84	—	GB 5009.124-2016
	苏氨酸，g/100g	—	0.88	—	
	丝氨酸，g/100g	—	0.70	—	
	谷氨酸，g/100g	—	3.00	—	
	脯氨酸，g/100g	—	0.94	—	
	甘氨酸，g/100g	—	0.90	—	
	丙氨酸，g/100g	—	1.33	—	
	缬氨酸，g/100g	—	1.30	—	
	蛋氨酸，g/100g	—	0.96	—	
	异亮氨酸，g/100g	—	1.46	—	
	亮氨酸，g/100g	—	2.24	—	
	酪氨酸，g/100g	—	0.95	—	
	苯丙氨酸，g/100g	—	1.15	—	
	赖氨酸，g/100g	—	1.82	—	
	组氨酸，g/100g	—	0.85	—	
	精氨酸，g/100g	—	1.32	—	
	16 种氨基酸总量，g/100g	—	21.6	—	
	维生素 A，μg/100g	—	未检出（<10）	—	GB 5009.82-2016
	维生素 B_1，mg/100g	—	0.71	—	GB 5009.84-2016
	胆固醇，mg/100g	—	26.1	—	GB 5009.128-2016

以下空白(End of Report)

PONY谱尼测试 Pony Testing International Group

Hotline 400-819-5688　www.ponytest.com

a）未使用复方中草药组猪肉检测报告

PONY

Pony Testing International Group

编号：GLA96P7D182355B01a　　日期：2017.07.27　　第 1 页 共 1 页

委托单位：长春市畜牧总站
委托单位提供样品信息如下：
样品名称：猪肉 2 号（实验组）
样品状态：散装、正常
样品来源：吉林省阔源牧业有限公司

样品接收日期：2017.06.27
测试日期：2017.06.27~2017.07.27

参考方法：GB 5009.124-2016、PONY-BJXZSP211-2009A
数据：

样品编号和名称	测试项目	测试结果
D18235501 猪肉 2 号（实验组）	胱氨酸，g/100g	0.45
	色氨酸，g/100g	0.27

批准人：

日期：2017.07.27

以下空白

PONY谱尼测试

www.ponytest.com　Hotline 400-819-5688

检验结果
(Test Results)

报告编号(Report ID)：GLA96P7D182375A01a　　第 2 页，共 2 页 (page 2 of 2)

样品名称和编号 (Sample Description and Number)	检验项目 (Test Items)	限值 (Limit)	检验结果 (Test Result)	单项结论 (Evaluation)	检验依据 (Test Methods)
D18237501 猪肉 1 号（对照组）	土霉素/金霉素/四环素（单个或复合物），μg/kg	≤100	10	符合	GB/T 20764-2006
	强力霉素，μg/kg	≤100	未检出（<5.0）	符合	
	阿莫西林，μg/kg	≤50	未检出（<2.0）	符合	GB/T 20755-2006
	吉它霉素，μg/kg	≤200	未检出（<1.0）	符合	GB/T 20762-2006
	恩诺沙星（恩诺沙星+环丙沙星），μg/kg	≤100	未检出（<1.0）	符合	GB/T 21312-2007
	诺氟沙星，μg/kg	不得检出	未检出（<2.0）	符合	
	氧氟沙星，μg/kg	不得检出	未检出（<1.0）	符合	
	新霉素，μg/kg	≤500	未检出（<100）	符合	GB/T 21323-2007
	链霉素，μg/kg	≤600	未检出（<20）	符合	
	庆大霉素，μg/kg	≤100	未检出（<20）	符合	
	总砷（以 As 计），mg/kg	≤0.5	未检出（<0.010）	符合	GB 5009.11-2014
	铅（以 Pb 计），mg/kg	≤0.2	未检出（<0.005）	符合	GB 5009.12-2010
	总汞（以 Hg 计），mg/kg	≤0.05	未检出（<0.003）	符合	GB 5009.17-2014
	镉（以 Cd 计），mg/kg	≤0.1	0.0026	符合	GB 5009.15-2014
	铬（以 Cr 计），mg/kg	≤1.0	0.16	符合	GB 5009.123-2014
	磺胺类（以总量计），μg/kg	≤100	未检出（<10）	符合	GB/T 20759-2006
	沙拉沙星，μg/kg	—	未检出（<2.0）	—	GB/T 21312-2007
	铜（Cu），mg/kg	—	1.2	—	GB/T 5009.13-2003
	钙（Ca），mg/kg	—	42.9	—	GB 5009.92-2016
	铁（Fe），mg/kg	—	10.4	—	GB 5009.90-2016
	锌（Zn），mg/kg	—	24	—	GB/T 5009.14-2003
	硒（Se），μg/100g	—	14.4	—	GB 5009.93-2010
	氨基酸 天门冬氨酸，g/100g	—	1.97	—	GB 5009.124-2016
	苏氨酸，g/100g	—	0.86	—	
	丝氨酸，g/100g	—	0.66	—	
	谷氨酸，g/100g	—	3.35	—	
	脯氨酸，g/100g	—	0.93	—	
	甘氨酸，g/100g	—	1.06	—	
	丙氨酸，g/100g	—	1.41	—	
	缬氨酸，g/100g	—	1.20	—	
	蛋氨酸，g/100g	—	0.71	—	
	异亮氨酸，g/100g	—	1.41	—	
	亮氨酸，g/100g	—	2.05	—	
	酪氨酸，g/100g	—	0.77	—	
	苯丙氨酸，g/100g	—	1.25	—	
	赖氨酸，g/100g	—	1.86	—	
	组氨酸，g/100g	—	0.83	—	
	精氨酸，g/100g	—	1.36	—	
	16 种氨基酸总量，g/100g	—	21.7	—	
	维生素 A，μg/100g	—	未检出（<10）	—	GB 5009.82-2016
	维生素 B_1，mg/100g	—	0.64	—	GB 5009.84-2016
	胆固醇，mg/100g	—	40.2	—	GB 5009.128-2016

以下空白(End of Report)

PONY谱尼测试 Pony Testing International Group

Hotline 400-819-5688　www.ponytest.com

b）使用复方中草药组猪肉检测报告

图 7-22　吉林阔源牧业有限公司猪肉检测报告
（图片提供者：杜运升）

无抗产品认证证书

证书编号：R2016275NAP0442101

兹证明

认证委托人（证书持有人）：吉林省厚德经贸有限公司

统一社会信用代码：912201037911025479

地址：长春市双阳区奢岭街道九三村二社

生产的产品符合标准：

CTS BZ/ZJA-NAP-001-A01-2017 无抗产品认证规范

认证覆盖的场所名称：吉林省厚德经贸有限公司

地址：长春市双阳区奢岭街道九三村二社

认证覆盖的业务范围：

生猪的养殖

发证日期：2021年08月12日　　有效期至：2022年08月11日

Signed by: Deng bin

中健安检测认证中心

a）吉林省厚德经贸有限公司无抗产品认证书

无抗产品认证证书

证书编号：R2016275NAP0402101

兹证明

认证委托人（证书持有人）：吉林阔源牧业有限公司

统一社会信用代码：91220183756167556C

地址：德惠市夏家店镇2814渔厂

生产的产品符合标准：

CTS BZ/ZJA-NAP-001-A01-2017 无抗产品认证规范

认证覆盖的场所名称：吉林阔源牧业有限公司

地址：德惠市夏家店镇2814渔厂

认证覆盖的业务范围：

生猪和仔猪的养殖

发证日期：2021年06月18日　　有效期至：2022年06月17日

Signed by: Deng bin

中健安检测认证中心

b）吉林阔源牧业有限公司无抗产品认证书

图7-23　无抗产品认证证书

（图片提供者：邓彬）

二十四、浙江艾杰斯应用案例

（一）案例背景

抗生素在有效控制疾病、提高饲料转化率方面发挥了重要作用，但带来的细菌耐药性问题更为突出。2001年，浙江艾杰斯生物科技有限公司开始溶酶菌技术开发，2006年依托科技部创新基金项目开展溶菌酶中试生产，2010年开展溶菌酶的产业化生产，2012年参与《食品安全国家标准　食品添加剂　溶菌酶》标准制定，2017年组织《饲料添加剂　溶菌酶》团体标准制定。该公司先后形成了"一种抗猪腹泻的无抗饲料""一种微生物发酵制备的无抗饲料""一种含溶菌酶和中药提取物的饲料添加剂""一种防治仔猪腹泻的饲料添加剂""一种溶菌酶冻干饲料添加剂"等专利技术，组织开展了母仔阶段和生长育肥阶段生长替抗试验，实践表明，溶菌酶在替代抗生素方面有一定的效果。

（二）实证试验

2015年，该公司委托浙江省农业科学院畜牧兽医研究所在海宁科技牧场开展替抗试验。试验选择长大母猪，按照胎次、预产期相近的原则，随机分成试验组和对照组，每组12头。试验期为母猪产前1个月至仔猪100日龄，免疫、饲养管理条件一致（表7-73）。母猪阶段（产前30天至产后28天），对照组产后母猪饲料添加阿莫西林1.5千克/吨，饲喂1周；每头母猪肌肉注射头孢1次/天，连用3天；仔猪出生后灌服恩诺沙星，预防仔猪腹泻，教槽阶段使用商品教槽料（含抗生素）。试验组母猪饲料产前添加300克/吨溶菌酶（100单位/毫克），产后添加500克/吨溶菌酶（100单位/毫克）；仔猪出生后连续3天灌服5毫升/头溶菌酶（20单位/毫升）预防仔猪腹泻，教槽阶段使用添加溶菌酶教槽料，整个饲养过程母仔猪不使用抗生素。结果发现，试验组仔猪平均初生重比对照组提高了8.80%，试验组哺乳仔猪腹泻率下降了58.33%，试验组母猪发情间隔天数降低了0.66天（表7-74）。

表7-73　基础饲粮及营养水平

项目	哺乳母猪	教槽料	保育料	育肥前期料
原料				
玉米	62	62	62	62
膨化大豆		11	10	
普通豆粕	23			25
去皮豆粕		9	18	
发酵豆粕	2			
喷雾干燥血浆蛋白粉		2.7		
乳清粉		8	4	
进口鱼粉	1	3	3	1
50%脂肪粉	4			4

（续）

项目	哺乳母猪	教槽料	保育料	育肥前期料
麸皮	4			3
氧化锌		0.3		
预混料	4	4	3	2
合计	100	100	100	100
营养水平				
粗蛋白	17	18	19	18.5
消化能（兆焦/千克）	14.6	14.4	14.6	14.4
总氨基酸（%）	0.86	1.3	1.25	1.1
钙（%）	0.8	0.65	0.7	0.8
总磷（%）	0.65	0.55	0.6	0.65

表7-74　溶菌酶对母仔猪性能的影响

组别	项目			
	初生均重（千克）	断奶均重（千克）	哺乳仔猪腹泻率（%）	断奶至发情平均天数（天）
对照组	1.47±0.16	6.25±1.12	1.2	4.08
试验组	1.60±0.37	6.61±1.30	0.5	3.42

注：28天断奶至发情平均天数=Σ（发情天数×头数）/12，腹泻率=试验期内仔猪腹泻的总头次/（试验天数×仔猪头数）×100。

选用28日龄断奶仔猪240头，随机分为2组。对照组断奶仔猪阶段（28～42日龄）饲喂商品教槽料（含抗生素），保育猪阶段（42～70日龄）饲喂商品保育料（含抗生素），生长育肥猪阶段（70～100日龄）饲喂商品生长育肥料（每吨饲料添加金霉素75克、硫酸黏杆菌素20克）。试验组饲喂无抗教槽料（每吨饲料中添加溶菌酶1 500克，100单位/毫克）、无抗保育料（每吨饲料中添加溶菌酶1 000克，100单位/毫克）、生长育肥料（每吨饲料中添加溶菌酶500克，100单位/毫克）。结果发现，在同等试验条件下，断奶开始至100日龄阶段，试验组平均日增重和料重比与对照组相比无显著差异（表7-75）。

表7-75　溶菌酶对断奶28～100日龄猪群生长性能的影响

组别	项目					
	28日龄均重（千克）	100日龄均重（千克）	成活率（%）	平均日增重（克）	平均日采食量（克）	料重比
对照组	6.25±1.12	41.60±4.37	99	491±62.35	981±129.46	2.00±0.44
试验组	6.61±1.30	42.21±5.67	96	494±70.15	932±109.91	1.88±0.11

采集试验组和对照组10头母仔猪的粪样，进行粪便细菌基因组DNA的提取，随后通过高通量测序生物信息学分析。结果发现，在门水平上，试验组母猪粪便中代表有益菌拟杆菌门显著增加，而

代表有害菌的蓝藻门则显著降低（图7-24）。在试验组仔猪粪便中，同样发现添加溶菌酶后代表有害菌的蓝藻门显著降低（图7-25）。由此可见，饲料中添加溶菌酶后有利于丰富母仔猪肠道中的有益菌，也有利于降低肠道有害菌，还有利于维护猪群肠道健康。

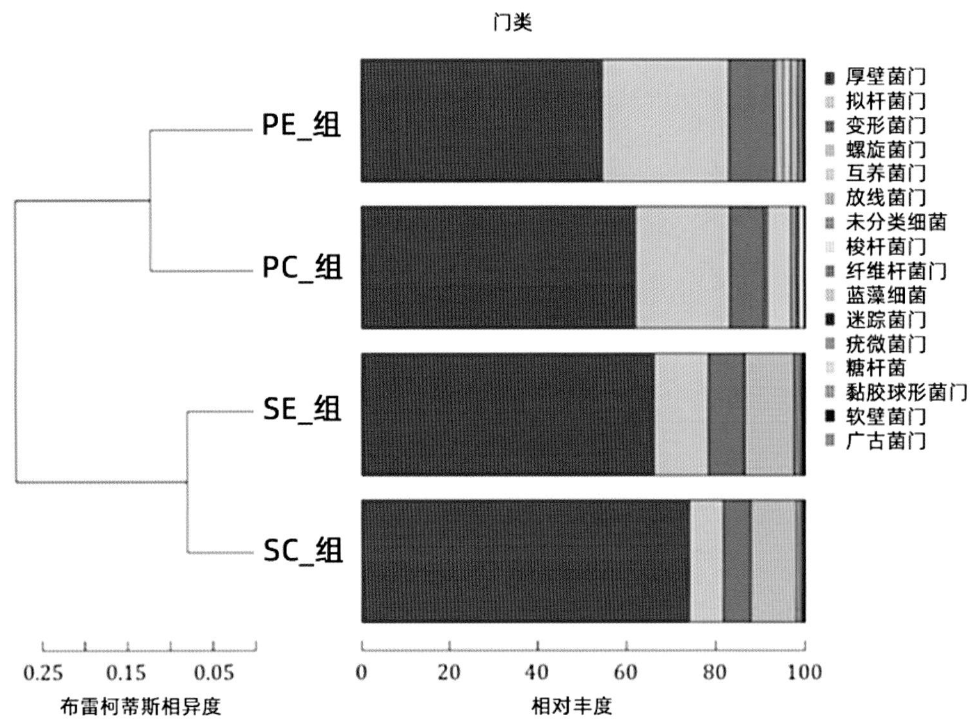

图7-24　母猪粪样16S rDNA测序结果
（图片提供者：浙江省农业科学院邓波等）

PE.仔猪饲喂添加溶菌酶的基础日粮　PC.仔猪饲喂基础日粮　SE.母猪饲喂添加溶菌酶的基础日粮　SC.母猪饲喂基础日粮

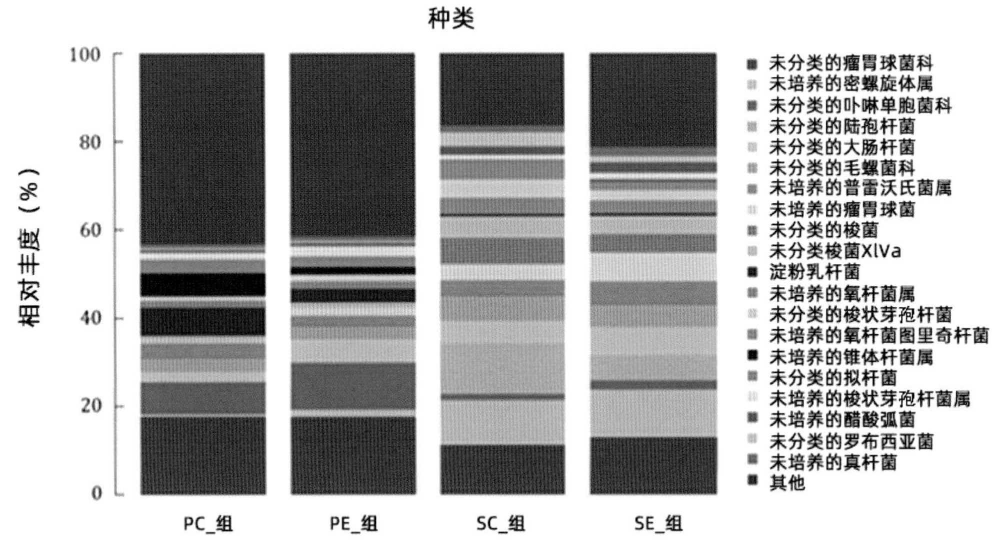

图7-25　仔猪粪样16S rDNA测序结果
（图片提供者：浙江省农业科学院邓波等）

PC.仔猪饲喂基础日粮　PE.仔猪饲喂添加溶菌酶的基础日粮　SC.母猪饲喂基础日粮　SE.母猪饲喂添加溶菌酶的基础日粮

（三）添加方案

实证结果表明，母猪产前1个月至仔猪100日龄阶段，用溶菌酶替代饲料中抗生素的技术手段是可行的。为了降低仔猪腹泻率、改善母猪繁殖性能，建议在产前1个月至断奶阶段母猪日粮中按照300 ～ 500克/吨添加溶菌酶；为了降低仔猪应激反应、改善断奶后猪群肠道健康，建议在哺乳仔猪日粮中按照800 ～ 1 000克/吨添加溶菌酶，在断奶仔猪日粮中按照500 ～ 800克/吨添加溶菌酶，在生长育肥猪日粮中按照300 ～ 500克/吨添加溶菌酶。

主要参考文献

鲍英慧，2019. 一种替抗复合植物精油预混合饲料及制备方法：中国，CN109170231B [P]. 03-26.
鲍英慧，王永，尹昭智，等，2016. 一种断奶仔猪饲料及其生产方法：中国，CN105831421A [P]. 08-10.
鲍英慧，张静波，胡新旭，等，2018. 一种超早期断奶的乳猪用饲料：中国，CN107950797A [P]. 04-24.
鲍英慧，张善鹏，郝文博，等，2016. 一种高大麦型育肥猪饲料及生产方法：中国，CN106071198A [P]. 11-09.
毕璐璐，王夏雯，方自强，等，2020. 一种乳仔猪无抗功能性发酵饲料及其制备方法：中国，CN111938034A [P]. 11-17.
曹旸，2018. 日粮纤维水平对不同品种猪生长性能、血液生理生化指标及肠黏膜免疫机能的影响 [D]. 南京：南京农业大学.
陈清华，陈风鸣，肖晶，等，2015. 葡萄糖氧化酶对仔猪生长性能、养分消化率及肠道微生物和形态结构的影响 [J]. 动物营养学报 (10): 3218-3224.
陈一资，胡滨，2009. 动物性食品中兽药残留的危害及其原因分析 [J]. 食品与生物技术学报，28(2): 162-166.
程学慧，刘涛，彭健，2000. 早期断奶仔猪的营养需要研究进展 [J]. 畜禽业 (8): 12-13.
池仕红，叶润全，何家豪，等，2019. 不同酸制剂对断奶仔猪生长性能的影响 [J]. 黑龙江畜牧兽医 (20): 122-124.
戴玲，皮承浩，刘向前，2022. 复方中草药对育肥猪生长性能、养分消化率及血清指标的影响 [J]. 湖南饲料 (3): 6-10.
戴玲，皮承浩，刘向前，2022. 中草药配方对育肥猪生长性能及肉质风味的影响 [J]. 湖南饲料 (1): 23-26.
董义春，2009. 食品安全与兽药残留监控 [J]. 中国兽药杂志，43(10): 24-28.
董正林，2021. 铁缺乏对猪肠细胞增殖和凋亡的影响及补铁对哺乳仔猪肠道功能的研究 [D]. 长沙：湖南师范大学.
樊士冉，闫雪冬，米凯臣，等，2021. 一种猪场用超滤水处理设备：中国，CN214880720U [P]. 11-26.
范惠敏，孙丹丹，崔志英，等，2017. 教槽料中使用不同抗生素替代品对断奶仔猪生产性能及腹泻率的影响 [J]. 广东饲料，26(4): 25-27.
高乾坤，马翠，宋明彤，等，2020. 母猪饲粮添加甜菜碱对巴马香猪哺乳仔猪血液指标的影响 [J]. 动物营养学报，32(2): 925-931.
谷佳，杜佳毅，赵谭军，等，2022. 基于网络药理学探讨莓茶作用于 ACE2 防治新型冠状病毒肺炎的潜在机制 [J]. 湖南中医杂志，38(4): 139-146.
谷龙葛，邓近平，李铁军，等，2020. 复方菠菜提取物、维生素 B_{12} 合剂对育肥猪血红蛋白浓度及肉质的影响 [J]. 广东饲料，29(5): 25-26.
郭洁平，2020. 羟基蛋氨酸锌对仔猪氧化应激的影响及相关机制 [D]. 长沙：湖南农业大学.
郭筱华，黄齐颐，2003. 中国兽药残留监控管理 (上)[J]. 动物科学与动物医学 (5): 31-33.
韩萍萍，高琛，李平华，等，2020. 不同脱脂米糠水平日粮对苏淮猪胴体性状及肉品质的影响 [J]. 畜牧兽医学报，51(4): 783-793.
郝帅帅，2016. 高米糠日粮对苏淮猪生产性能、血液指标及肉质性状的影响 [D]. 南京：南京农业大学.
何惠，曹文涛，2021. 藤茶黄酮在畜禽生产中的应用研究 [J]. 畜禽业，32(11): 13-14.

何睿,2021.我国生猪产业政策的量化评价研究[D].武汉:华中农业大学.

何树旺,胡新旭,卞巧,等,2016.发酵液体饲料在养猪生产中的应用优势及存在的问题[J].猪业科学,33(10):48-50.

何怡,2020.黔产罗汉果抗炎抑菌谱效关系研究[D].贵阳:贵州大学.

侯永清,2006.三丁酸甘油酯作为饲料添加剂的应用:中国,CN1273036B[P].09-06.

侯永清,2017.仔猪安全环保饲料关键技术研究及应用[D].武汉:武汉轻工大学.

侯永清,易丹,丁斌鹰,等,2021.油脂组合物在制备猪禽饲料添加剂上的用途、饲料添加剂及饲料:中国,CN108208341B[P].11-30.

侯振平,蒋桂韬,李闯,等,2017.不同葡萄糖氧化酶对断奶仔猪生长性能、血清生化指标及养分消化率的影响[J].中国饲料(23):25-28.

胡文继,张悦,孙丹丹,2015.直面饲料无抗时代来临(一)——广东省“替抗”“减抗”技术储备及实践[J].广东饲料,24(10):10-13.

黄河,黄皓天,燕磊,等,2022.一种微生物发酵饲料发酵系统:中国,CN113907382A[P].01-11.

黄志胜,2019.调质温度及模孔长径比对颗粒饲料加工质量的影响[J].中国动物保健,21(12):63-64.

江科,李和刚,戴正浩,等,2013.益生菌在动物养殖业中应用的研究进展[J].中国畜牧兽医,40(12):90-94.

孔子林,解克伟,朱永喜,等,2022.一种迷迭香提取用离心装置:中国,CN215507110U[P].01-14.

冷向军,王康宁,杨凤,等,2002.周安国酸化剂对早期断奶仔猪胃酸分泌、消化酶活性和肠道微生物的影响[J].动物营养学报,14(4):44-48.

李聪,周锐,程燕玲,2018.精准营养之保育猪用饲料组合:中国,CN108651695A[P].10-16.

李登云,李灵娟,韩露,等,2017.蛙皮素抗菌肽Dermaseptin-M对育肥猪生长性能和免疫功能的影响[J].现代牧业,1(1):23-25.

李方方,杨晶晶,张瑞阳,等,2019.植物精油对断奶仔猪生长性能、血清生化指标及养分表观消化率的影响[J].动物营养学报,31(3):1428-1433.

李建喜,吴志青,赵艳平,2018.一种提高采食量和免疫力的猪用饲料添加剂:中国,CN108142687A[P].06-12.

李俊柱,2009.浅谈规模化养猪从业人员问题[J].中国猪业,4(2):64-65.

李马成,李杰,刘全新,等,2015.代谢有机酸对保育猪生长性能和血液指标的影响[J].饲料工业,36(16):7-9.

李世传,朱长生,尹荣华,2014.发酵豆粕的营养特性及其在饲料中的应用[J].饲料工业(S1):11-13.

梁耀文,郭长义,柒启恩,等,2021.低蛋白质低磷饲粮对泌乳母猪生产性能、血清生化指标和氮、磷排放的影响[J].动物营养学报,33(3):1766-1773.

林映才,陈建新,蒋宗勇,等,2001.复合酸化剂对早期断奶仔猪生产性能、血清生化指标、肠道形态和微生物区系的影响[J].养猪(1):13-16.

刘超,张友胜,王文茂,等,2019.一种复方黄酮营养液及制备方法:中国,CN109527574A[P].03-29.

刘澜,卢贵梅,王亚芳,等,2021.一种防治非洲猪瘟疾病的中药组合物及其制备方法与应用:中国,CN113350429A[P].09-07.

刘平祥,陈嫦青,刘金萍,等,2019.复方菠菜提取物、维生素B_{12}合剂对母猪血红蛋白含量和生产性能的影响[J].猪业科学,36(11):80-81.

刘平祥,程龙梅,陆应诚,等,2019.一种缩短母猪发情间隔的组合物及其制备方法:中国,CN109480108A[P].03-19.

刘平祥,梁鹏帅,程龙梅,等,2019.复方菠菜提取物、维生素B_{12}合剂对猪血红蛋白和猪瘟抗体的影响[J].中国饲料(7):49-52.

刘平祥,曾娟娟,刘金萍,等,2019.一种缩短母猪产程的补血组合物及其制备方法:中国,CN109602815A[P].04-12.

刘平祥,曾娟娟,陆应诚,等,2019.一种仔猪用珍珠状补血胶囊及其制备方法:中国,CN109645242A[P].04-19.

刘向前,2021.一种提高动物体内神经酸和精氨酸含量的饲料添加剂:中国,CN112998127A[P].06-22.

刘向前，皮承浩，李明淮，2021. 一种用于禽畜抗应激的饲料添加剂及其制备方法：中国，CN113854407A [P]. 12-31.
刘新泽，胡友军，赵晓南，等，2022. 饲粮中添加不同类型和水平的酸化剂对肉鸡生长性能、养分表观代谢率及血清生化、抗氧化和免疫指标的影响[J]. 动物营养学报，34(5): 2949-2960.
刘雪连，王根宇，邵根伙，等，2022. 一种重组枯草芽孢杆菌及其构建方法和应用：中国，CN113699091B [P]. 02-01.
刘玉兰，2021. 仔猪免疫应激营养调控关键技术与产品创制[D]. 武汉：武汉轻工大学.
卢丹，王金伟，王玉豪，等，2020. 半胱胺锌在饲料生产中稳定性能的研究[J]. 山西农经 (24): 115-116.
路则庆，胡喻涵，黄向韵，等，2019. 富硒胞外多糖对断奶仔猪生长、抗氧化功能、肠道形态结构和抗菌肽表达的影响[J]. 动物营养学报，31(8): 3755-3762.
栾康，吴启郁，祝小晏，等，2020. 发酵饲料对泌乳母猪生产性能的影响研究[J]. 农业与技术，40(22): 133-135.
罗晗，赵勤辉，高凤磊，等，2019. 复合功能性添加剂对母猪产程和仔猪生长及断奶存活率的影响[J]. 今日养猪业 (6): 87-89.
罗强华，黄凌，左晓红，等，2014. 复合微生物添加剂饲喂长大二元瘦肉型猪试验[J]. 中国猪业，9(12): 55-57.
马红，马嘉瑜，龙沈飞，等，2021. 包被迷迭香精油对断奶仔猪生长性能、养分表观消化率及血清免疫、抗氧化指标的影响[J]. 动物营养学报，33(12): 6740-6748.
马琳，马兴群，韩强，等，2019. 一种调理肠道应激反应的无抗饲料添加剂及其制备方法：中国，CN109984276A [P]. 07-09.
马兴群，吕丽娟，刘雨，等，2016. 一种甜菜碱型复合发酵助剂及其在发酵豆粕中的应用：中国，CN105211614A [P]. 01-06.
马兴群，吕丽娟，宋琦，等，2015. 一种适合大规模生产的发酵豆粕生产工艺：中国，CN105124136A [P]. 12-09.
苗旭，史兆国，张玺，等，2020. 中草药饲料添加剂对畜禽繁殖性能影响的研究进展[J]. 中国草食动物科学，40(1): 42-48.
牛培培，王文强，杜新平，等，2020. 低蛋白日粮对苏淮保育猪生产性能及血清生化指标的影响[J]. 国外畜牧学（猪与禽），40(12): 33-37.
欧阳张智，李聪，吴建东，2018. 一种无抗生素的保育猪饲料：中国，CN108541820A [P]. 09-18.
彭奔，2018. 一种促进幼猪消化吸收的饲料及其制备方法：中国，CN108477411A [P]. 09-04.
蒲广，侯黎明，刘根盛，等，2021. 日粮纤维水平对梅山猪生长性能、纤维表观消化率及肠道微生物区系的影响[J]. 中国畜牧杂志，57(S1): 262-267.
蒲广，黄瑞华，牛清，等，2019. 日粮脱脂米糠替代玉米水平对苏淮猪生长性能、肠道发育及养分消化率的影响[J]. 畜牧兽医学报，50(4): 758-770.
漆良国，黄志胜，李雪军，等，2022. 一种猪饲料加工用的原料色选机：中国，CN215764010U [P]. 02-08.
秦圣涛，张宏福，唐湘方，等，2007. 酸化剂主要生理功能和复合酸选配依据[J]. 动物营养学报，19(suppl): 515-520.
单妹，凌宝明，蓝天，等，2015. 妊娠期饲粮不同粗纤维水平对母猪生产性能的影响[J]. 养猪 (2): 35-37.
单妹，凌宝明，张冠群，等，2020. 配种前不同能量水平饲粮对断奶母猪生产性能的影响[J]. 养猪 (2): 3.
单妹，梁敏，邓素军，等，2021. 发酵豆粕对哺乳母猪采食量及泌乳性能的影响[J]. 养猪 (2): 33-34.
申学林，李爱萍，姚曼，等，2021. 复方中草药添加剂对生长育肥猪肉质的影响[J]. 家畜生态学报，42(2): 37-42.
沈彦萍，陈宇光，潘宏涛，等，2005. 溶菌酶可溶性粉剂防治仔猪腹泻的效果观察[J]. 饲料工业，26(6): 16-18.
史运江，2016. 一种猪用无公害饲料添加剂及制备方法：中国，CN105661073A [P]. 06-15.
宋海彬，赵国先，李娜，等，2008. 葡萄糖氧化酶及其在畜牧生产中的应用[J]. 饲料与畜牧 (7): 10-13.
宋维平，2021. 我国饲用豆粕减量替代技术路径探讨[J]. 畜牧产业 (10): 32-37.
宋晓曼，李文林，杨丽丽，等，2021. 常用药食两用中药免疫增强作用研究进展[J]. 河南中医，41(8): 1271-1276.
苏文璇，黎育颖，田军权，等，2021. 植物精油的生理作用及其有机酸复合使用效果的研究进展[J]. 中国畜牧杂志，57(6): 1-7.

孙丹丹，陈宗伟，刘橼利，2015.天蚕素对母猪繁殖性能及产后哺乳仔猪生长性能的影响[J].饲料工业，136(13): 38-40.
孙秋艳，沈美艳，2015.浒苔多糖体外抗猪传染性胃肠炎病毒研究[J].动物医学进展，36(12): 4.
孙晓杰，刘滢，汪攀，等，2021.一种饲用霉菌毒素吸附剂及其制备方法与应用：中国，CN109619267B [P]. 05-11.
谭碧娥，王婧，印遇龙，2018.仔猪肠道发育和氨基酸营养调控机制[J].农业现代化研究，39(6): 970-976.
田冬冬，费前进，刘德军，2018.酸化剂在畜禽业中的应用研究[J].饲料博览(2): 28-32.
涂强，张友明，潘登，等，2018.一种复合微生态制剂及其在生猪养殖中的应用方法：中国，CN108477407A [P]. 09-04.
汪以真，2014.动物源抗菌肽的研究现状和展望[J].动物营养学报，26(10): 2934-2941.
王斌，邹仕庚，胡文锋，等，2021.饲粮添加黑水虻虫粉对断奶仔猪生长性能和血清生化指标的影响[J].饲料工业，42(7): 38-42.
王冲，许毅，刘德徽，等，2021.一种家禽养殖用空气净化湿帘进风系统：中国，CN213756223U [P]. 07-23.
王德国，张永清，解克伟，等，2022.一种植物精油饲料添加剂生产用原料配比混合装置：中国，CN215586173U [P]. 01-21.
王红宁，2006.仔猪腹泻成因及综合防治技术措施[J].中国畜牧杂志，42(6): 58-60.
王丽，李爱科，段涛，等，2021.饲用添加剂型抗生素替代品的研究进展[J].粮油食品科技，29(4): 161-169.
王丽娟，胡国清，李桂娟，2019.日粮中添加不同剂量有机酸型酸制剂替代抗生素对断奶仔猪生长性能的影响[J].畜牧与饲料科学，40(11): 27-30.
王淼，万鹏，诸琳，等，2019.缺铁性贫血(IDA)引起的小鼠结肠损伤[J].黑龙江大学自然科学学报，36(2): 212-218.
王旭莉，凌宝明，张冠群，等，2019.不同能量水平饲粮对肥育猪生长性能、体型和经济效益的研究[J].养猪(6): 44-46.
王旭莉，凌宝明，张冠群，等，2020.饲粮粗蛋白质水平对生长猪生长性能和经济效益的影响[J].养猪(4): 25-26.
王兆斌，2020.维生素A对断奶仔猪生长性能、肠道发育及隐窝干细胞分化的调控作用[D].长沙：湖南师范大学.
王治华，陈俊东，尤峰，2002.复合酸化剂对断奶仔猪抗腹泻效果和生产性能的影响[J].安徽技术师范学院学报，16(1): 14-16.
位宾，冯辉，丛晓燕，等，2022.一种高锰含量的饲料用甘氨酸锰的制备方法：中国，CN114163342A [P]. 03-11.
吴汉东，2013.溶菌酶对生长育肥猪生长性能和肉质特性的影响[J].饲料研究(7): 47-49.
吴青华，田青，2020.两种新型仔猪饲料饲喂效果比较[J].养殖与饲料(5): 23-25.
吴志青，李建喜，冯华根，2018.一种改善肠道和促生长的猪用饲料添加剂：中国，CN108094724A [P]. 06-01.
解克伟，孔子林，朱永喜，等，2022.一种迷迭香提取用过滤除杂装置：中国，CN215609811U [P]. 01-25.
熊佳梁，黄宣运，许彦阳，等，2021.我国农产品质量安全例行监测发展历程、现状和展望[J].农产品质量与安全(4): 5-10.
熊云霞，王丽，2018．藤茶黄酮在畜禽生产中的应用研究进展[J]．广东饲料，27(12): 28-30.
徐博成，李智，汪以真，等，2020.抗菌肽对仔猪生长性能、腹泻率和免疫球蛋白水平影响的Meta分析[J].动物营养学报，32(8): 3584-3593.
严欣茹，董瑗榕，余淼，等，2020.复合酸制剂对断奶仔猪生长性能、粪便微生物数量及血液指标的影响[J].饲料工业，41(17): 43-48.
燕磊，吕尊周，杨维仁，等，2021.一种能够提高猪肉肉质的发酵饲料及其制备方法：中国，CN113016954A [P]. 06-25.
杨飞来，罗杰，邓敦，等，2020.淫羊藿提取物和止痢草油对公猪精液量和精液品质的影响[J].湖南饲料(4): 39-41.
杨汉春，周磊，2022.2021年猪病流行情况与2022年流行趋势及防控对策[J].猪业科学，39(2): 50-53.
杨娟，赵炳超，于倩倩，等，2011.新型饲料添加剂藤茶黄酮的研究进展[J].中国畜牧兽医，38(4): 47-51.
杨玲，胡群兵，雷钢，2021.一种高效液相色谱检测三丁酸甘油酯的方法：中国，CN113109479A [P]. 07-13.
杨钰潇，张明晓，白羽琦，等，2020．南北五味子古今功效的考证[J]．中国现代中药，22(5): 800-804.
姚健，刘思洋，2018.亿安奇乐应用于养殖业的体会[J].山东畜牧兽医，39(5): 46.

叶滔，周玉岩，逯佩凤，等，2016. 一种抗菌肽菌丝霉素成膜剂及其制备方法与应用：中国，CN105288586A [P]. 02-03.

印遇龙，杨哲，2020. 天然植物替代饲用促生长抗生素的研究与展望[J]. 饲料工业，41(24): 1-7.

于立婷，金毅，杨莉萍，等，2019. 鱼腥草抗炎药理作用的研究现状[J]. 中国临床药理学杂志，35(17): 1935-1938.

张遨然，尹望，刘武，等，2021. 一株植物乳杆菌NHE-LpB6401及应用：中国，CN113430140A [P]. 09-24.

张遨然，尹望，周航，等，2021. 一株具有益生作用的贝莱斯芽孢杆菌及应用：中国，CN112574922B [P]. 09-28.

张博，2014. 脾虚大鼠肠黏膜屏障功能变化及四君子汤对其影响的实验研究[D]. 沈阳：辽宁中医药大学.

张帆，彭密军，邓百川，2021. 二氢杨梅素抗炎作用研究进展[J]. 饲料研究，44(18): 117-121.

张杰，朱小玲，丛晓燕，等，2018. 含低聚糖腐植酸钠制品及其应用：中国，CN108740345A [P]. 11-06.

张杰，朱小玲，丛晓燕，等，2021. 含低聚糖腐植酸钠制品及其应用：中国，CN108740345B [P]. 10-29.

张静，马景林，孙丹丹，等，2020. 菌丝霉素对生长育肥猪生长性能、血清生化指标和肠道健康的影响[J]. 中国畜牧杂志，56(1): 138-143.

张莹，2019. 诃子提取物对LPS致小鼠肠黏膜损伤的保护作用及机制研究[D]. 哈尔滨：东北农业大学.

张勇，付启宾，刘忠，2021. 一种仔猪的保育饲料：中国，CN113303405A [P]. 08-27.

张永清，王德国，解克伟，等，2022. 一种植物精油饲料添加剂生产用造粒干燥装置：中国，CN215540646U [P]. 01-18.

张志清，代珍青，黎卓莹，等，2022. 一种菌丝霉素添加剂及其应用：中国，CN112250739B [P]. 04-08.

赵晓南，胡友军，陈元富，等，2021. 一种甲酸型肠道缓释型酸化剂及其制备方法：中国，CN113662097A [P]. 11-19.

赵晓南，胡友军，陈元富，等，2021. 一种甲酸型肠道缓释型酸化剂的制备装置：中国，CN113679608A [P]. 11-23.

赵晓南，孙丹丹，张丽娜，等，2021. 一种液体酸化剂及其制备方法：中国，CN112408573A [P]. 02-26.

赵晓南，张丽娜，孙丹丹，等，2021. 消化酸在低消化率蛋白饲粮中的应用及经济效益分析[J]. 广东饲料，30(2): 31-34.

周红玲，2020. 基于斑马鱼模型的中药抗内毒素活性筛选及甘草苷抑制LPS诱导急性肺损伤作用机制研究[D]. 广州：南方医科大学.

周明霞，2009. 我国兽药残留监控体系建设的成绩与思考[J]. 中国动物检疫，26(1): 15-16.

朱荣生，王怀中，刘俊珍，等，2016. 一种改善仔猪肠道发育饲料添加剂的应用效果分析[J]. 养猪(5): 6-8.

朱荣生，王怀中，齐波，等，2018. 饲粮中添加腐植酸钠和核苷酸对断奶仔猪生长性能的影响[J]. 家畜生态学报，39(7): 30-36.

朱荣生，徐伟，王怀中，等，2020. 饲粮添加不同水平三丁酸甘油酯对断奶仔猪生长性能、血清生化指标、肠组织形态和养分消化率的影响[J]. 动物营养学报，32(2): 664-673.

祝晓晏，邓跃林，2019. 发酵饲料在养猪生产中的应用[J]. 养殖与饲料(5): 59-60.

Banin E, Hughes D, Kuipers O P, 2017. Bacterial pathogens, antibiotics and antibiotic resistance[J]. FEMS Microbiology Reviews, 41(3): 450-452.

Bhattarai S, Nielsen J P, 2015. Association between hematological status at weaning and weight gain post-weaning in piglets[J]. Livestock Science(182): 64-68.

Bourgot C L, Ferret-Bernard S, Blat S, et al, 2016. Short-chain fructooligosaccharide supplementation during gestation and lactation or after weaning differentially impacts pig growth and IgA response to influenza vaccination[J]. J Funct Foods(24): 307-315.

Brown E D, Wright G D, 2016. Antibacterial drug discovery in the resistance era[J]. Nature, 529(7586): 336-343.

Chen C, Wang Z, Li J, et al, 2019. Dietary vitamin E affects small intestinal histomorphology, digestive enzyme activity, and the expression of nutrient transporters by inhibiting proliferation of intestinal epithelial cells within jejunum in weaned piglets1[J]. Journal of Animal Science, 97(3): 1212-1221.

Cheng Y T, Song M T, Zhu Q, et al, 2021. Impacts of betaine addition in sow and piglet' s diets on growth performance, plasma hormone, and lipid metabolism of Bama mini-pigs[J]. Front Nutr(8): 779171.

Comroe Jr. J H, 1978. Pay dirt: the story of streptomycin: Part I. From waksman to waksman[J]. American Review of Respiratory Disease, 117(4): 773-781.

Demirci H, Murphy F, Murphy E, et al, 2013. A structural basis for streptomycin-induced misreading of the genetic code[J]. Nature Communications, 4(1): 1-8.

Fu J, Wang T, Xiao X, et al, 2021. Clostridium butyricum ZJU-F1 benefits the intestinal barrier function and immune response associated with its modulation of gut microbiota in weaned piglets[J]. Cells, 10(3): 527.

Golkar T, Bassenden A V, Maiti K, et al, 2021. Structural basis for plazomicin antibiotic action and resistance[J]. Communications Biology, 4(1): 1-8.

Guo Zhongyang, Chen Xiaoling, Huang Zhiqing, et al, 2021. Dietary dihydromyricetin supplementation enhances antioxidant capacity and improves lipid metabolism in finishing pigs.[J]. Food & Function, 12(15): 6925-6935.

Jacoby G A, 2005. Mechanisms of resistance to quinolones[J]. Clinical Infectious Diseases, 41(Supplement 2): 120-126.

Jang K B, Kim J H, Purvis J M, et al, 2020. Effects of mineral methionine hydroxy analog chelate in sow diets on epigenetic modification and growth of progeny[J]. Journal of Animal Science, 98(9): 271.

Kiarie E G, Mills A, 2019. Role of feed processing on gut health and function in pigs and poultry: conundrum of optimal particle size and hydrothermal regimens[J]. Frontiers in Veterinary Science(6): 19.

Lan R, Kim I, 2020. Enterococcus faecium supplementation in sows during gestation and lactation improves the performance of sucking piglets[J]. Vet Med Sci(6): 92-99.

Lewis K, 2013. Platforms for antibiotic discovery[J]. Nature Reviews Drug Discovery, 12(5): 371-387.

Li Lexing, Sun Xueyan, Zhao Dai, et al, 2021. Pharmacological applications and action mechanisms of phytochemicals as alternatives to antibiotics in pig production[J]. Frontiers in Immunology(12): 798553.

Li Yihang, et al, 2016. Dietary iron deficiency and oversupplementation increase intestinal permeability, ion transport, and inflammation in pigs[J]. The Journal of Nutrition, 146(8): 1499-1505.

Lillehoj H, Liu Y, Calsamiglia S, et al, 2018. Phytochemicals as potential antibiotic alternatives to promote growth and enhance host health: a report from the second international symposium on alternatives to antibiotics[J]. Veterinary Research(46): 76-93.

Liu Y, Che T M, Song M, et al, 2013. Dietary plant extracts improve immune responses and growth efficiency of pigs experimentally infected with porcine reproductive and respiratory syndrome virus[J]. Journal of Animal Science(91): 5668-5679.

Liu Y, Song M, Che T M, et al, 2014. Dietary plant extracts modulate gene expression profiles in ileal mucosa of weaned pigs after an *Escherichia coli* infection[J]. Journal of Animal Science(92): 2050-2062.

Liu Y, Wu X, Jin W, et al, 2020. Immunomodulatory effffects of a low molecular weight polysaccharide from *Enteromorpha prolifera* on RAW 2647 macrophages and cyclophosphamide-induced immunosuppression mouse models[J]. Marine Drugs (18): 340-354.

Liu Yingying, Xiao Yi, Yin Yulong, et al, 2022. Dietary supplementation with flavonoids from mulberry leaves improves growth performance and meat quality, and alters lipid metabolism of skeletal muscle in a Chinese hybrid pig[J]. Animal Feed Science and Technology(285): 115-211.

Long S F, Xu Y T, Pan L, et al, 2018. Mixed organic acids as antibiotic substitutes improve performance, serum immunity, intestinal morphology and microbiota for weaned piglets[J]. Anim Feed Sci Tech (235): 23-32.

MAK Azad, Q K Gao, C Ma, et al, 2022. Betaine hydrochloride addition in Bama mini-pig's diets during gestation and lactation enhances immunity and alters intestine microbiota of suckling piglets[J]. J Sci Food & Agric(102): 607-616.

Makkink C A, Negulescu G P, Guixin Q, et al, 1994. Effect of dietary protein source on feed intake, growth, pancreatic enzyme activities and jejunal morphology in newly-weaned piglets[J]. British Journal of Nutrition, 72(3): 353-368.

Murray C J, Ikuta K S, Sharara F, et al, 2022. Global burden of bacterial antimicrobial resistance in 2019: a systematic analysis[J]. The Lancet, 399(10325): 629-655.

Nyachoti C M, Kiarie E, Bhandari S K, et al, 2012. Weaned pig responses to *Escherichia coli* K88 (ETEC)oral challenge when receiving a lysozyme-supplement[J]. J Anim Sci(90): 252-260.

Oliver W T, Wells J E, Maxwell C V, et al, 2014. Lysozyme as an alternative to antibiotics improves performance in nursery pigs during an indirect immune challenge[J]. J Anim Sci, 92(11): 4927-4934.

Privalsky T M, Soohoo A M, Wang J, et al, 2021. Prospects for antibacterial discovery and development[J]. Journal of the American Chemical Society, 143(50): 21127-21142.

Puig-Timonet Adrià, Castillo-Martín Miriam, Pereira B A, et al, 2018. Evaluation of porcine beta defensins-1 and -2 as antimicrobial peptides for liquid-stored boar semen: Effects on bacterial growth and sperm quality[J]. Theriogenology(111): 9-18.

Schulze M, Dathe M, Waberski D, et al, 2016. Liquid storage of boar semen: Current and future perspectives on the use of cationic antimicrobial peptides to replace antibiotics in semen extenders[J]. Theriogenology, 85(1): 39-46.

Shi J K, Zhang P, Xu M M, et al, 2018. Effects of composite antimicrobial peptide on growth performance and health in weaned piglets[J]. Animal Science Journal(89): 397-403.

Sköld O, 2011. Antibiotics and antibiotic resistance[M].John Wiley & Sons.

Sotira S, Dell' anno M, Caprarulo V, 2020. Effects of tributyrin supplementation on growth performance, insulin, blood metabolites and gut microbiota in weaned piglets[J]. Animals, 10(4): 726.

Stokes J M, Lopatkin A J, Lobritz M A, et al, 2019. Bacterial metabolism and antibiotic efficacy[J]. Cell Metabolism, 30(2): 251-259.

Stokes J M, Yang K, Swanson K, et al, 2020. A deep learning approach to antibiotic discovery[J]. Cell, 180(4): 688-702.

Tagliapietra F, Bailoni L, Bortolozzo A, 2004. Effects of sugar beet pulp on growth and health status of weaned piglets[J]. Italian Journal of Animal Science, 3(4): 337-351.

Tiseo K, Huber L, Gilbert M, et al, 2020. Global trends in antimicrobial use in food animals from 2017 to 2030[J]. Antibiotics (Basel), 9(12): 1-14.

Wang H, Ha B D, Kim I H, 2021. Effects of probiotics complex supplementation in low nutrient density diet on growth performance, nutrient digestibility, faecal microbial, and faecal noxious gas emission in growing pigs[J]. Ital J Anim SCI(1): 163-170.

Wang J, Li D, Che L, et al, 2014. Influence of organic iron complex on sow reproductive performance and iron status of nursing pigs[J]. Livestock Science(160): 89-96.

Wang L, Tan X, Wang H, et al, 2021. Effects of varying dietary folic acid during weaning stress of piglets[J]. Animal Nutrition (Zhong guo xu mu shou yi xue hui), 7(1): 101-110.

Wang M, Wu H, Lu L, et al, 2020. Lactobacillus reuteri promotes intestinal development and regulates mucosal immune function in newborn piglets[J]. Front Vet Sci(7): 1-9.

Wang S, Wu S, Zhang Y, et al, 2022. Effects of different levels of organic trace minerals on oxidative status and intestinal function in weanling piglets[J]. Biological Trace Element Research(201): 720-727.

Wang T, Huang Y, Yao W, et al, 2019. Effect of conditioning temperature on pelleting characteristics, nutrient digestibility and gut microbiota of sorghum-based diets for growing pigs[J]. Animal Feed Science and Technology(254): 114227.

Wang Y, Zhou J, Wang G, et al, 2018. Advances in low-protein diets for swine[J]. Journal of Animal Science and Biotechnology(9): 60.

Wilson D N, 2014. Ribosome-targeting antibiotics and mechanisms of bacterial resistance[J]. Nature Reviews Microbiology, 12(1): 35-48.

Wioletta S, Edyta K V, Grela E R, 2018. Comparative effect of different dietary inulin sources and probiotics on growth performance and blood characteristics in growing–finishing pigs[J]. Arch Anim Nutr(72): 379-395.

Xiao H, Tan B E, Wu M M, et al, 2013. Effects of composite antimicrobial peptides in weanling piglets challenged with deoxynivalenol: Ⅱ. Intestinal morphology and function[J]. Journal of Animal Science, 91(10): 4750-4756.

Xiong X, Tan B, Song M, et al, 2019. Nutritional intervention for the intestinal development and health of weaned pigs[J]. Frontiers Veterinary Science(6): 46.

Xu Y T, Liu L, He Z X, et al, 2020. Micro-encapsulated essential oils and organic acids combination improves intestinal barrier function, inflammatory responses and microbiota of weaned piglets challenged with enterotoxigenic *Escherichia coli* F4 (K88 +) [J]. Anim Nutr, 6(3): 269-277.

Yi Z, Tan X, Wang Q, et al, 2021. Dietary niacin affects intestinal morphology and functions via modulating cell proliferation in weaned piglets[J]. Food & Function, 12(16): 7402-7414.

Yin L, Li J, Wang H, et al, 2020. Effects of vitamin B_6 on the growth performance, intestinal morphology, and gene expression in weaned piglets that are fed a low-protein diet[J]. Journal of animal science, 98(2): 22.

Zhang Y, Duan X, Wassie T, et al, 2022. Enteromorpha prolifera polysaccharide-zinc complex modulates the immune response and alleviates LPS-induced intestinal inflammation via inhibiting the TLR4/NF-κB signaling pathway[J]. Food Funct, 13(1): 52-63.

图书在版编目（CIP）数据

生猪养殖替抗指南/印遇龙，黄瑞华主编．—北京：中国农业出版社，2022.12（2023.3重印）
ISBN 978-7-109-30314-0

Ⅰ.①生… Ⅱ.①印…②黄… Ⅲ.①猪病-用药法-指南 Ⅳ.①S858.28-62

中国版本图书馆CIP数据核字（2022）第244699号

中国农业出版社出版
地址：北京市朝阳区麦子店街18号楼
邮编：100125
责任编辑：刘 伟 冀 刚
责任校对：刘丽香 责任印制：王 宏
印刷：北京通州皇家印刷厂
版次：2022年12月第1版
印次：2023年3月北京第2次印刷
发行：新华书店北京发行所
开本：889mm×1194mm 1/16
印张：19.75
字数：560千字
定价：198.00元